华信咨询设计研究院专家团队

5G网络安全规划与实践

章建聪 陈 斌 景建新 邱云翔 董 平 汤雨婷◎编著

人民邮电出版社
北 京

图书在版编目（CIP）数据

5G网络安全规划与实践 / 章建聪等编著. -- 北京 : 人民邮电出版社, 2023.3（2024.5重印）
ISBN 978-7-115-60472-9

Ⅰ. ①5… Ⅱ. ①章… Ⅲ. ①第五代移动通信系统－安全技术 Ⅳ. ①TN929.538

中国版本图书馆CIP数据核字(2022)第219597号

内容提要

本书详细介绍了5G网络安全规划的具体内容和实践方案，阐述了5G网络安全规划方法论，以架构为驱动，以能力为导向，着眼现在，布局未来，并基于新一代NIST CSF IPDRR模型，对5G安全能力框架进行了详细的规划，旨在形成实战化、体系化、常态化的5G安全能力开放体系。5G网络安全实践主要聚焦践行规划目标及实施路径，贯穿5G网络安全风险评估、设计、建设、测评、运营等不同阶段，覆盖“云、网、端、边、数、业”一体化的5G网络安全解决方案，旨在系统地推进5G安全体系建设落地见效。

本书适合从事5G网络安全规划、设计和维护的工程技术人员、安全服务人员和管理人员参考使用，也适合从事5G垂直行业应用安全相关的工程技术人员参考使用，并可作为教材供高等院校移动通信网络安全相关专业的师生使用。

◆ 编　　著　章建聪　陈　斌　景建新
　　　　　　邱云翔　董　平　汤雨婷
　责任编辑　张　迪
　责任印制　马振武

◆ 人民邮电出版社出版发行　　北京市丰台区成寿寺路11号
　邮编　100164　　电子邮件　315@ptpress.com.cn
　网址　https://www.ptpress.com.cn
　固安县铭成印刷有限公司印刷

◆ 开本：787×1092　1/16
　印张：20.75　　　　2023年3月第1版
　字数：436千字　　　2024年5月河北第3次印刷

定价：129.90元

读者服务热线：(010)53913866　印装质量热线：(010)81055316
反盗版热线：(010)81055315
广告经营许可证：京东市监广登字20170147号

序

当前，第五代移动通信技术（5G）已日臻成熟，国内外各大主流运营商均在积极准备 5G 网络的演进升级。促进 5G 产业发展成为国家战略，我国连续出台相关政策文件，加快推进 5G 网络商用，加速 5G 网络发展建设进程。2019 年 6 月初，工业和信息化部发放了 5G 商用牌照，标志着我国正式进入 5G 时代。4G 改变生活，5G 改变社会。新的网络技术带动了多场景服务的优化和互联网技术的演进，也将引发网络技术的大变革。5G 不仅是移动通信技术的升级换代，还是未来数字世界的驱动平台和物联网发展的基础设施，将对国民经济的方方面面带来广泛而深远的影响。5G 和人工智能、大数据、物联网及云计算等技术的协同融合点燃了信息化新时代的引擎，为消费互联网向纵深发展注入强劲动力，为工业互联网的兴起提供新动能。

5G 推动了新一代信息技术的发展，5G 时代不仅是移动通信的新时代，也是 IT 技术发展的新时代。由于网络安全与信息技术产品总是相伴而生、博弈同行，5G 时代在解决一些原有的网络安全风险的同时，又将面临新的安全挑战，主要包括虚拟化的挑战、切片化的挑战、开放化的挑战、开源化的挑战、大连接的挑战、智能化的挑战、数据私密性的挑战、数据资产化的挑战、应用行业化的挑战、网络安全生态化的挑战等。我们也必须正视 5G 带来的与以往截然不同的安全挑战，因为 5G 的虚拟化和软件定义能力，以及协议的互联网化、开放化带来了新的安全风险，使网络有可能遭到更多的渗透和攻击。由于 5G 新一代信息基础设施更广泛和深入地服务社会经济，其安全问题带来的后果更为严峻，需要有新的战略来增强安全能力。目前，5G 应用正处于规模化发展的关键时期，5G 技术、产业、应用迈入无经验可借鉴的“无人区”，而安全问题永远是“魔高一尺，道高一丈”，没有能永远解决的方法，网络安全问题永远在路上，5G 安全同样在探索中前行。

在此背景下，工程技术应用领域亟须加强针对 5G 网络业务推广与安全设施同步规划、同步建设、同步发展方面的研究，为建设与 5G 应用发展相适应的安全保障体系做好技术支撑。

安全与发展是一体之两翼，5G 安全也应统一谋划、统一部署、统一推进、统一实施。

本书作者来自华信咨询设计研究院有限公司，长期跟踪移动通信领域网络安全技术的发展和演进，一直从事移动通信网络安全规划设计工作，还长期跟踪研究国内外 5G 安全标准、规范与技术，深度参与国内 5G 核心网、5G 专网、5G 行业应用等安全专题的规划、设计、测评和攻防演练等工作，积累了 5G 网络安全技术和工程建设方面的丰富经验。

本书作者依托其在网络安全规划和工程设计方面的技术背景，系统地介绍了 5G 网络安全规划设计的内容和方法，全面提供了从 5G 安全规划、方案、测评、实训理论到建设实践的方法和经验。本书将有助于工程设计人员更深入地了解 5G 网络安全，更好地进行 5G 网络安全规划和工程建设。本书对构建与 5G 应用发展相适应的安全保障体系有着重要的参考价值和指导意义。

2022 年 10 月

前　言

5G 作为新一代信息通信技术演进升级的重要方向，是实现万物互联的关键信息基础设施、经济社会数字化转型的重要驱动力量。5G 行业应用是促进经济社会数字化、网络化、智能化转型的重要引擎。5G toB 如何从“1”走向“*N*”，实现规模化发展成为业界关注的核心问题。5G toB 的规模化发展，是 5G toB 成功的必由之路，也是 5G 找到新业态和新模式的必由之路。目前，5G 行业应用正从“点状开花”向各行业、全流程、全环节渗透，5G 行业应用正处于规模化发展的关键时期，迫切需要构建与 5G 应用发展相适应的安全保障体系。

首先，5G 网络安全需要进行体系规划、全局视角和顶层设计。截至 2022 年 7 月底，我国建成开通 5G 基站 196.8 万个，5G 移动电话用户达到 4.75 亿户。据中国信息通信研究院测算，预计到 2025 年，5G 网络建设投资累计达到 1.2 万亿元，形成万亿级 5G 相关产品和服务市场。然而对于这个万亿级市场，网络安全是不容回避的话题。我国需坚持责任导向，从国家安全、整体安全、大安全视角来谋划 5G 网络安全，并强化其与国家级网络安全顶层规划的统筹协调；坚持目标导向，驱动牵引构建 5G 网络安全体系架构的“四梁八柱”；坚持问题导向，创新推动构建条块结合、纵横联通、协同联动的端到端 5G 关键性、基础性安全能力。在加快 5G 等新基建进度的同时，5G 网络安全首先需要进行体系规划、全局视角和顶层设计。5G 网络安全规划需要基于企业业务发展战略，立足 5G 网络安全的总体形势，着眼于 5G 网络安全风险和挑战，从而制定适应企业发展的 5G 网络安全战略、安全目标和总体架构，由此确定 5G 网络安全保障重点工作任务，并落实推进计划，进而构建一套具备体系化、实战化、常态化的 5G 网络安全体系，保障企业数字化业务平稳、可靠、有序和高效运行。

其次，5G 网络安全体系建设需推动落地见效，形成标准化、模块化、可复制、易推广的安全解决方案。2021 年 7 月，工业和信息化部联合中共中央网络安全和信息化委员会办公室、国家发展和改革委员会等九部门印发《5G 应用“扬帆”行动计划（2021—2023 年）》，提出加强5G应用安全风险评估，开展5G应用安全示范推广，提升5G应用安全测评认证能力，强化5G应用安全供给支撑服务。安全解决方案应践行“体系化、实战化、常态化”理念，将其贯穿于5G网络安全风险评估、设计、建设、测评、运营等不同阶段；强化整体分层设计和部署实施，构建覆盖“云、网、端、边、数、业”等多层次、多维度、一体化、全方位的5G网络安全体系；精准匹配网络安全服务供给与行业应用安全需求，在5G网络安全落地中极大地缩短5G网络安全项目建设从客户沟通到方案落地的整体时间，减少人力成本，实现“模块化”封装、“标准化”输出和“规模化”应用的“交钥匙”服务。因此，有必要打造标准化、模块化、可复制、易推广的安全解决方案，纵深推进重点行业规模化应用，系统推进5G网络安全体系建设及相关措施落地。

由此可见，随着电信运营商5G网络建设规模化，以及5G网络与垂直行业应用的深度融合，按照“三同步”原则，亟须针对5G网络安全规划和实践等方面的相关经验及成果进行总结和梳理，从而为大规模5G网络安全建设提供参考与借鉴。

华信咨询设计研究院有限公司的移动通信安全技术人员长期跟踪研究国内外5G网络安全标准、规范与技术，深度参与国内5G核心网、5G专网、5G行业应用等安全专题的规划、设计和测评，对5G网络安全技术有较深刻的理解。在编写过程中，本书融入了作者团队在长期从事移动通信网络安全规划设计工作积累的经验和心得，使读者能够较全面地理解5G网络安全规划、实践等内容。

本书分为规划篇和实践篇两大部分，共16章。

第一部分规划篇，共8章。第1章5G安全规划方法，系统地介绍了如何利用系统工程方法论，从业务视角、信息化视角、5G安全整体视角出发来阐述5G安全顶层规划和体系设计的思路和建议。第2章5G网络空间资产测绘规划，主要运用以5G资产测绘为起点，以5G的脆弱性和风险管理为落点，以5G资产安全运营为终点的阶梯式建设方法论，旨在实现对5G网络空间资产安全的“挂图作战”。第3章5G安全防御规划，主要参考网络安全滑动标尺模型和自适应安全架构模型，规划构建动态防御、主动防御、纵深防御、精准防护、整体防控、联防联控的5G整体协同防御体系。第4章5G威胁检测规划，从攻击视角，通过5G威胁识别、5G威胁模型，详细梳理了5G威胁检测需求，由此给出了5G威胁检测架构、技术及规划方案。第5章5G安全态势分析规划，主要强调安全态势分析是构建主动网络安全防御体系的重要组成部分，如何规划基于情报、分析、响应和编排构建的5G安全态势分析平台，使其成为5G网络主动安全防御体系的“安全大脑”。第6章5G安全编排和自动化响应能力规划，主要介绍基于 SOAR[1] 的 5G 自动化响应系统，以编排为核心，充分地使用自动化技术，将人、技术和流程协同起来，并应用到 5G 安全防护、检测与响应的每个环节，实现闭环，提高效率，这是未来 5G 安全运营能力的关键组成部分。第 7 章 5G 网络攻防靶场规划，主要强调网络安全离不开攻防演练，实战是检验安全防护能力的最佳手段，5G 网络攻防靶场规划的目的是打造 5G 网络安全专业人才的“练兵场”、检验 5G 网络安全防护能力的“试金石”、提升 5G 网络攻防能力的“磨刀石”。第 8 章 5G 安全能力开放规划，主要介绍基于服务化的 5G 网络能力开放架构体系是一种全新的电信网络设计理念，5G 网络需要具备模块化、可编排、可灵活调度开放的安全能力，用以满足不同应用场景动态、差异化的安全要求。

第二部分实践篇，共 8 章。第 9 章 5G 核心网安全方案，主要从分析 5G 核心网架构和部署现状、5G 核心网采用的新技术带来的安全风险入手，提出 5G 核心网安全纵深防御、零信任、自适应的总体设计思路和基于 IPDRR[2] 的 5G 核心网安全防护体系框架。第 10 章 5G MEC 安全方案，重点提供了对 MEC 安全总体架构、安全域划分、安全基础能力、MEC 各级系统和应用的安全防护和检测，以及安全管理等方面的安全解决方案。第 11 章 5G 数据安全方案，通过梳理 5G 网络下的数据资产分类和流转情况，分析了 5G 数据安全新挑战、新风险，提出了 5G 数据安全总体方案设计原则、思路与架构，给出了 5G 数据安全整体防护方案，并针对未来 5G 数据安全防护发展趋势给出了建议与展望。第 12 章 5G 消息安全方案，全面分析和梳理了 5G 消息面临的安全风险及安全需求，明确了 5G 消息业务安全建设总体方案的设计原则、思路和架构，为 5G 消息业务的安全系统建设提供了有针对性的解决方案。第 13 章 5G 垂直行业应用安全方案，以 5G 行业应用发展的重大安全需求为导向，以 5G 应用安全供给侧能力提升为主线，针对重点行业 5G 应用安全痛点，遵循实战化、体系化、常态化的原则，融合可信架构、内生安全、安全中台、云边协同等创新理念，打造“云、网、端、边、数、业”的一体化安全方案，旨在提供与 5G 应用发展相适应的安全保障体系。第 14 章 5G 安全测评方案，主要以共识的 5G 安全测评标准系列规范为指导依据，从 5G 行业应用资产安全风险分析入手，对测评对象进行梳理，形成可实际落地实施的 5G 安全测评体系框架、测评手段和测评方法，形成贴合实际应用的 5G 安全测评体系，进而为电信运营商 5G 行业应用安全风险评估和测试提供重要参考。第 15 章 5G 攻防靶场部署与实践，主要强调以实战为导向，以攻促防，提升 5G 网络安全全面防护、智能分析和自动响应的一体化防护效果，全力提高 5G 场景化应用应对重大安全事件的“韧性”。第 16 章 5G 安全技术实践发展趋势，零信任、AI/ML、区块链、量子加密等安全创新技

1 SOAR（Security Orchestration，Automation and Response，安全编排、自动化和响应）。
2 IPDRR（Identify, Protect, Detect, Respond and Recover，识别、保护、检测、响应、恢复）。

术作为内生安全的关键能力，正逐步融入5G网络安全体系的发展和演进中，这对构建5G网络威胁的自我发现、自我修复、自我平衡的安全免疫能力，形成网络一体化安全服务，有着不可或缺的作用，从而保障5G网络安全向下一代网络安全平滑演进。

本书由章建聪主持编写，主要作者有章建聪、陈斌、景建新、邱云翔、董平、汤雨婷，参加本书编写工作的人员还包括谢晓刚、彭畅、戢茜、钱科能、姚梦成等。华信咨询设计研究院有限公司是国内最早从事移动通信网络规划、设计和咨询的设计院之一，在5G网络安全咨询、规划、设计、测评和攻防等方面具备雄厚的技术实力和丰富的实战经验。本书的编写工作得到了华信咨询设计研究院有限公司多位领导和同事的大力帮助和支持，特别是王鑫荣总经理和朱东照总工程师的关心和鼓励，在此表示感谢！

同时，本书的编写工作还得到了中国电信集团有限公司网信安部、研究院领导及专家们的指导，在此表示感谢。本书关于5G安全技术架构和工作原理的内容主要参考第三代合作伙伴计划（3rd Generation Partnership Project，3GPP）5G系列规范，并参考了大量国内外的5G安全专著、白皮书和技术文献，在此对相关作者致以敬意。

由于5G网络与业务的发展还在不断的演进过程中，5G网络安全技术也随之在不断验证和完善，因此，本书对5G网络安全的介绍还不够全面、深入，加上编者的认知水平有限，书中难免有疏漏与不妥之处，恳请读者批评指正。

编著者

2022年10月于杭州

第一部分 规划篇

第二部分 实践篇

第一部分

规 划 篇

第 1 章　5G 安全规划方法

数字时代，安全已经被重新定义，网络安全具有战场大、对手多、目标大、布局大、手法多、危害大、挑战大的新特点，想要真正建立强大的网络防御体系，形成对手不敢轻易攻击的震慑力，必须有安全新理念和新框架。显然，没有安全顶层设计和方法论，数字化就是“裸奔”。正因如此，作为数字时代发展引擎及关键信息基础设施之一的 5G 网络，应提前做好应对网络安全风险的规划措施，这无疑是体系化构建适应 5G 网络发展和垂直应用安全防护体系最基础、最重要的环节。

5G 安全规划要基于企业业务发展战略，立足 5G 网络安全的总体形势，着眼于 5G 网络安全风险和挑战，从而制定适合企业发展的 5G 网络安全战略、安全目标和总体架构，由此确定 5G 网络安全保障重点工作任务，制订并落实推进计划，构建一套具备体系化、实战化、常态化的 5G 网络安全防护体系，保障企业数字化业务平稳、可靠、有序和高效运行。

1.1　5G 安全规划方法论

5G 安全规划应根据企事业单位“十四五”信息化战略目标和安全现状，遵循国家及行业法规政策要求，参照国内外最佳实践模型，采用科学的信息安全规划方法论，构建符合企事业单位“十四五”未来发展的网络安全总体架构，并通过业务和项目约束关系分析关键实施计划和路径，用以指导 5G 安全建设方向，满足法律、规范、管理与业务发展需要。

5W2H 方法论是做规划论证的有力工具，在规划过程中，结构化思路能够起到“事半功倍”的效果。因此，建议在做 5G 安全规划的过程中践行 5W2H 方法论，让 5W2H 方法论真正贯穿于制定整个 5G 安全规划的各个方面。

5W2H 方法论是一种分析框架和分析思路，5W2H 方法论如图 1-1 所示。

① Why——为什么要做？理由何在？原因是什么？

② What——做什么？目标是什么？

③ How——怎么做？如何实施？路径是什么？

④ Who——谁来做？由谁承担？谁来完成？

⑤ When——何时做？什么时间完成？什么时机最适宜？

⑥ Where——在哪里做？哪里实施？

⑦ How much——做到什么程度？所需资源是什么？费用产出如何？

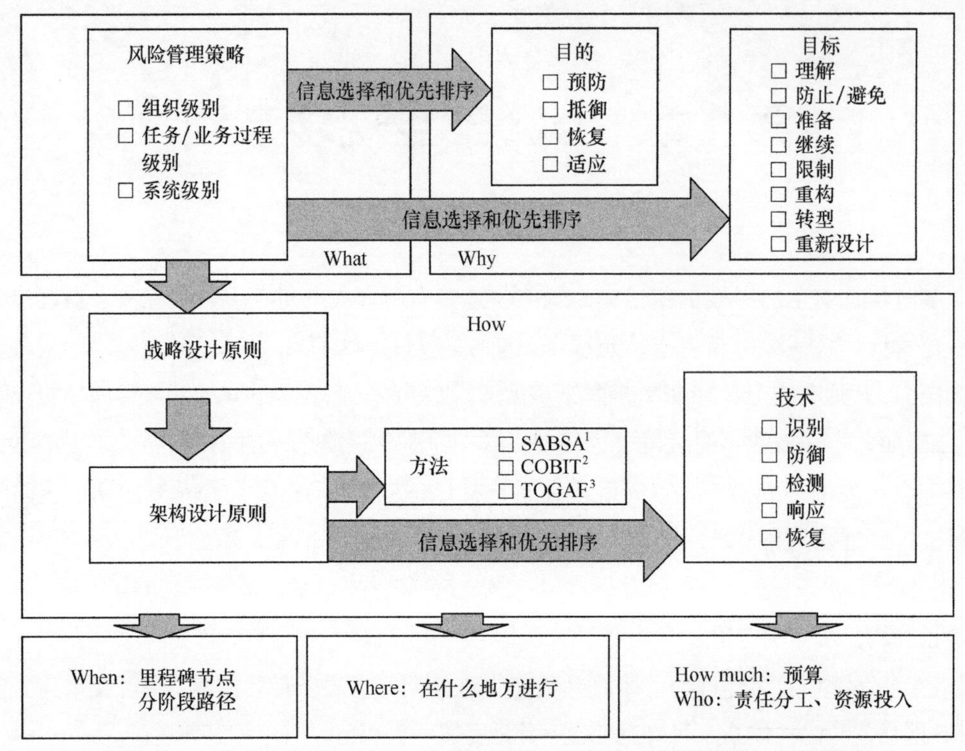

1. SABSA（Sherwood Applied Business Security Architecture）是一套信息系统安全架构框架。
2. COBIT（Control Objectives for Information and Related Technology，信息系统和技术控制目标）。
3. TOGAF（The Open Group Architecture Framework，开发群组架构框架）。

图1-1　5W2H方法论

5G安全规划阶段主要包括现状调研与需求分析、总体架构与蓝图设计、实施路径规划和规划保障措施4个部分。5G安全规划流程如图1-2所示。

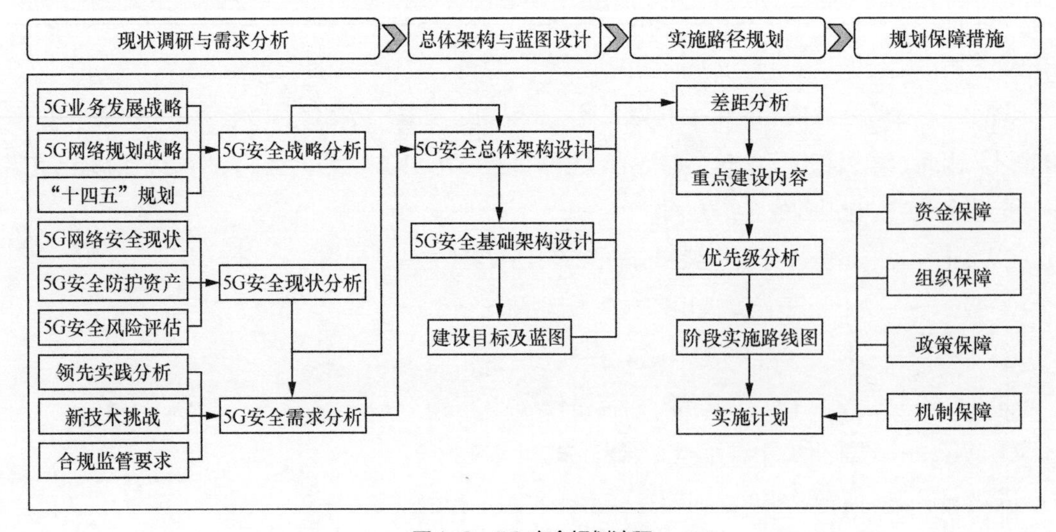

图1-2　5G安全规划流程

1.2 现状调研与需求分析

现状调研与需求分析是5G安全规划的起点，主要包括5G安全战略分析、5G安全现状分析、5G安全需求分析三大任务，旨在揭示5G安全现状，明确与国家标准、行业标准之间的差距，识别5G安全需求和期望达到的安全目标，为制定5G安全架构提供基础数据和设计依据。

1.2.1 5G安全战略分析

通过资料分析法、现场调研、召开部门座谈会、领导访谈及专家访谈等方式，分析确定5G网络安全体系建设的阶段性目标，要以5G业务发展战略目标、5G网络规划战略目标为出发点，保障战略目标的一致性，围绕5G业务发展战略构建5G安全战略，形成完善的目标体系，实现5G安全能力组件与5G网络及业务层的深度融合和全面覆盖。

宏观形势分析是做任何规划的第一步（5W2H方法论中的Why），5G安全规划也不例外。宏观形势分析就是回答为什么要做5G安全。一般说来，可以按照PEST[1]结构化的方式进行分析，从政策层面、经济层面、社会层面、技术层面进行具体分析，即从国家战略、企业发展战略、业务发展战略、技术和产业趋势等方面分析5G安全面临的挑战。

第二步，将宏观目标向下分解，形成不同业务板块的安全目标。安全目标的设计要依据SMART[2]原则，确保在规划期内能够被有效地完成，且具有一定的前瞻性。

同时，对5G网络安全相关的国家战略、法律、标准、行业监管要求进行梳理和分析，将其纳入安全规划需求范围，确保5G安全体系建设框架设计落地时安全合规、有章可循。

1.2.2 5G安全现状分析

现状分析主要是结合前期的宏观形势分析，以问题为导向，剖析不足，现状和差距就是入手的地方。要全面系统地找出问题，可以从以下4个方面，通过结构化思路展开。

（1）业务网络现状

调研并细分5G业务中各业务特征、业务分布状况、涉及行业等情况，全面摸底5G网络基础设施现状，梳理分析业务、网络建设对5G安全的需求。

（2）安全能力现状

调研5G现网中的安全能力现状，重点了解存在的不足及曾经发生过的安全事件，从合规、威胁防护、风险管理等角度进行需求分析，纳入安全规划需求范围。将企业的安全能力现状与目标能力进行比较，识别出存在的能力差距。

（3）安全运营管理现状

调研安全运营体系，获取当前5G安全运营的全面视图。调研安全管理组织架构、人员配置、

---

1 PEST（Policy、Economy、Society、Technology，政策、经济、社会、技术）。

2 SMART（Specific、Measurable、Attainable、Relevant、Time-bound，具体的、可以衡量的、可以达到的、有相关性的、截止期限）。

相关流程和制度现状，分析现有安全管理存在的问题，梳理可行的安全管理机制及相关的改进措施。

（4）安全风险评估

采用威胁分析方法对5G业务和网络现状进行分析，识别5G安全风险，对风险影响范围、影响程度、后果严重性、可能性等方面进行综合评估。有条件的企业也可以采用“攻防模拟实战”的方式，并利用渗透测试等手段进行安全风险排查。

1.2.3 5G安全需求分析

通过5G安全战略分析、5G安全现状分析、现状评估及其他相关规划分析等方面的工作，梳理出5G安全建设需求。

安全需求分析，基于5G安全战略、现状分析及现状评估，以及5G业务、网络规划等维度，明确提出5G安全建设需求。建设需求分析包括但不限于企业战略、目标分析、业务需求分析、合规性需求分析、安全功能需求分析、基础资源需求分析、安全性能需求分析、安全运营关联需求分析、内控需求分析等内容，融合形成需求矩阵。

领先实践分析，开展外部调研，了解同行业、同规模企业当前的安全规划与建设情况，基于企业自身情况在各个领域进行差距分析，对标ISO 27001信息安全管理体系、第三方支付行业的数据安全标准、信息系统安全等级保护等国内外网络安全最佳实践和技术规范。

新技术成熟度分析，调研安全领域的新技术、新理念，分析安全技术发展趋势和技术成熟度，将其纳入安全规划需求范围。

在技术迭代方面，安全技术迭代速度当前呈现显著加快的趋势：安全技术的发展一方面受底层信息技术（Information Technology，IT）基础架构发展的驱动，尤其在以云为代表的新的IT基础架构下，网络空间安全的风险点及防护机制发生了显著变化；另一方面受新型的安全威胁及安全攻击方式的驱动，安全技术从早期“碎片化”的防火墙、防病毒、入侵检测系统（Intrusion Detection System，IDS）、日志等，逐渐向“体系化”云安全、安全信息和事件管理（Security Information and Event Management，SIEM），以及用户行为分析、威胁诱捕等演进，再向“智能化”的大数据/人工智能（Artificial Intelligence，AI）分析、自动化应急响应等技术手段不断进阶演进，例如用户和事件行为分析（User and Event Behavioral Analytics，UEBA）、扩展检测与响应、安全接入服务边缘、零信任、SOAR等技术正在与传统安全技术深度融合。从技术的发展趋势来看，“主动安全”时代逐渐来临，在“云+5G”的泛物联网时代下，安全需求全面升级，被动防御模式已不再适用，取而代之的是基于“主动安全”思想构建起来的安全技术体系。网络安全技术发展趋势如图1-3所示。

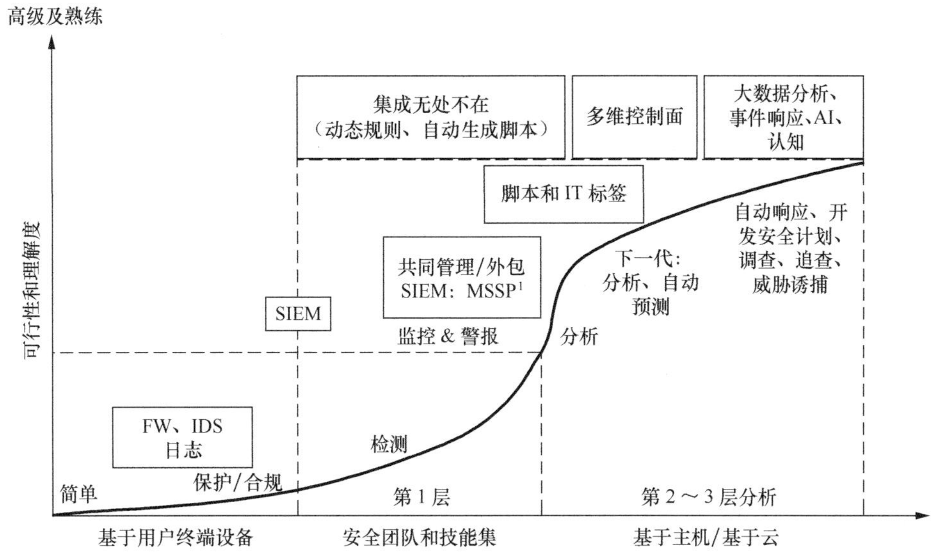

1. MSSP（Managed Security Service Provider，安全托管服务提供方）。

图1-3 网络安全技术发展趋势

1.3 总体架构与蓝图设计

总体架构与蓝图设计是5G安全规划的核心，包括5G安全总体架构设计、5G安全基础架构设计、建设目标及蓝图三大任务，旨在明确信息安全建设的目标和方向。

1.3.1 5G安全总体架构设计

在需求分析的基础上，确定5G安全建设的指导思想、基本原则、建设目标等内容，识别5G安全重点建设任务，5G安全总体架构如图1-4所示。

5G安全总体架构之所以受到重视，是因为该架构运用系统工程方法论，结合“内生安全”的理念，改变了以往“局部整改”和以“产品堆叠”为主的安全规划及建设模式，用系统工程方法论，从顶层视角建立安全体系全景视图以指导安全建设，强化安全与信息的融合，提升网络安全能力成熟度，凸显安全对业务的保障作用。可借鉴P2DR[1]、PDRR[2]、自适应安全框架等主流网络安全框架，实现网络安全建设遵从法规、符合标准、接轨业界技术发展的新要求。构建纵深防御、全网感知、多维检测、集中管控、技管并重的一体化5G网络安全防御体系，形成覆盖全生命周期的网络安全防护能力，开放安全能力服务，从而满足差异化业务安全需求。

1 P2DR（Policy, Protect, Detection and Reaction，策略、保护、检测、响应）。
2 PDRR（Protect, Detect, Respond and Recover，保护、检测、响应、恢复）。

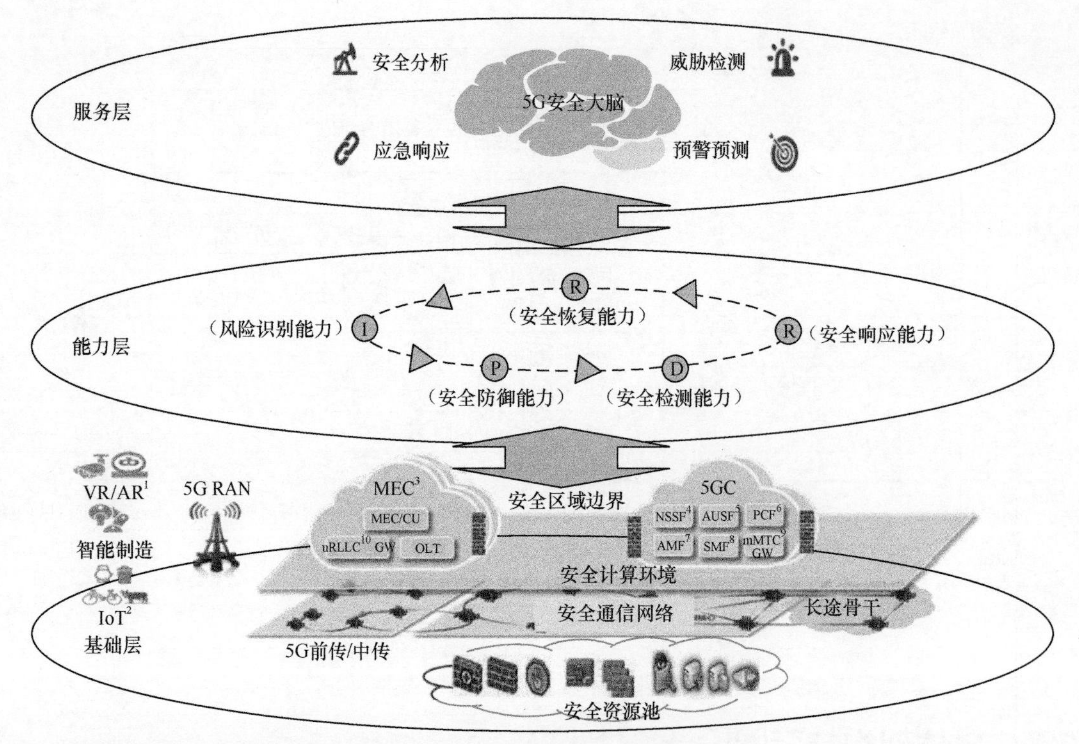

1. VR/AR（Virtual Reality/Augmented Reality，虚拟现实/增强现实）。
2. IoT（Internet of Things，物联网）。
3. MEC（Multi-access Edge Computing, 多接入边缘计算）。
4. NSSF（Network Slice Selection Function，网络切片选择功能）。
5. AUSF（Authentication Server Function， 鉴权服务功能）。
6. PCF（Policy Control Function，策略控制功能）。
7. AMF（Access and Mobility Management Function，接入和移动性管理功能）。
8. SMF（Session Management Function，会话管理功能）。
9. mMTC（massive Machine-Type Communication，大连接物联网）。
10. uRLLC（ultra-Reliable and Low-Latency Communication，低时延高可靠通信）。

图1-4 5G安全总体架构

1.3.2 5G安全基础架构设计

依据5G安全建设需求和目标，从业务安全、数据安全、安全能力服务、运营与管理安全、服务化架构（Service Based Architecture，SBA）安全、网络切片安全、核心网安全、云原生安全、MEC安全、网络安全、终端安全、IT基础设施安全、设备系统采购安全等，以及各维度之间的关系出发，对涵盖“云、网、端、边、数、业”的安全基础架构进行设计，最终得出5G安全基础架构设计。5G安全基础架构设计如图1-5所示。

1.3.3 建设目标及蓝图

定目标是5G安全规划的核心部分，是未来一段时间内5G安全建设的行动纲领。主要回答5W2H方法论中的What、When、Where、Who、How、How much。目标可以分为总体目标、细分目标、阶段目标。

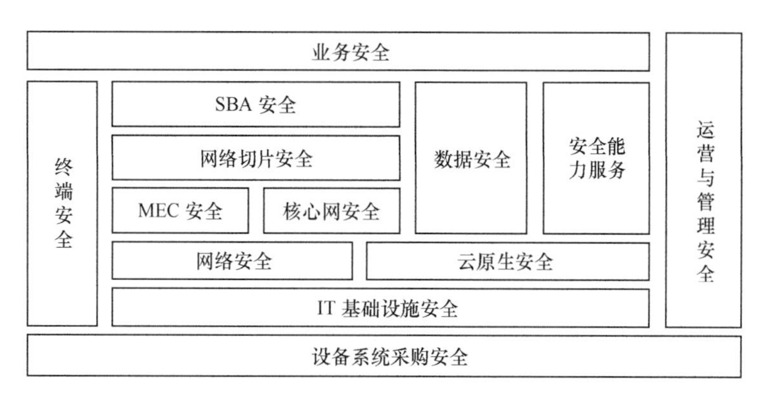

图 1-5　5G 安全基础架构设计

定总体目标，主要是把方向、提原则。目标的设计应是明确的、可衡量的、可达成的，目标应用企业战略和业务发展一致，目标应具有明确的时限，具体要求如下。

① 要服务于企业的业务规划、组织规划、信息化规划，不能“闭门造车”，要服从业务的开展、组织的变化、信息化的实施，思考怎么从管理、技术、运维手段确保 5G 安全，最好能对照 5G 业务规划、网络规划，对其中的任务要求逐条分析，思考 5G 安全如何保障、如何支撑，才能让 5G 安全服务于 5G 业务。

② 要遵循“安全与发展兼顾”“技术与管理配合”“管控与效率平衡”的原则来制定目标。在这个过程中，要做到和业务部门、建设部门、运行维护部门进行充分沟通，征求听取他们的意见，让 5G 安全规划的目标真正切实可行。

③ 要区分存量增量，已经建好的 5G 业务系统和网络系统如何添加安全加固手段，新建业务系统如何让 5G 安全同步规划、同步建设，同步运营侧重是不一样的。

1.4　项目规划与实施设计

项目规划与实施设计是 5G 安全规划的结果，主要包括 5G 安全现状与总体架构之间的差距分析与改进措施、重点建设内容、实施路径规划等任务，旨在明确 5G 安全建设步骤和实施计划。

1.4.1　差距分析与改进措施

差距分析基于前期的现状分析和调研，主要包括：当前目标和当前现状间的问题和差距分析；业界参考目标 / 最佳实践和当前现状下的差距分析；安全能力现状对目标安全能力的差距分析；安全风险现状对安全合规要求和国内外安全标准的差距分析。

通过差距分析可得出的目标是多个子目标，是一个目标群，需要推动多个子目标分阶段、分步骤并通过项目规划和建设的方式来实现。

1.4.2 重点建设内容

从 5G 安全建设目标出发，依据系统工程方法论和结构分析等方法论，结合总体架构设计和基础架构设计的内容，提出 5G 安全建设的主要任务和重点建设内容。

定重点任务，主要是按照结构化的分析思路，根据 5G 安全发展需求和资源，分解总体目标，明确 5W2H 方法论中的 What 和 Where。每一项重点任务要明确具体目标、实施路径、责任分工、资源投入等。具体目标就是明确每一项任务要在哪一年达成什么效果（What、When）；实施路径是指具体怎么干、干到什么程度和资金估算（How、How much）；责任分工就是匹配、调集资源的过程，需要明确到具体的责任部门（Who）。

1.4.3 实施路径规划

通过分析现状与目标的差距，提出有效的、可操作的实施路径。5G 安全规划的实施路径要做好以下两个方面。

① 让宏观的"十四五"规划和"三年规划"与年度的经营预算、年度的行动计划挂钩，将规划任务落实到每年的行动中，确定规划期内的举措，并细化举措内容，明确各项工程和任务的关键点。

② 滚动修订规划，要根据规划执行的结果、最新信息安全形势的变化，实时修订规划，即常说的 PDCA[1] 循环。在规划期内持续跟踪规划的执行情况，及时发现执行中出现的问题并进行分析总结。对需要改进的方面，应按需纳入安全规划需求范围，再次执行。

结合业务发展对 5G 安全需求的依赖程度、紧迫程度及难易程度等，对工程和任务进行优先级和依赖性分析，明确各阶段的实施计划、目标和任务等。

5G 安全实施路径规划参考如图 1-6 所示。

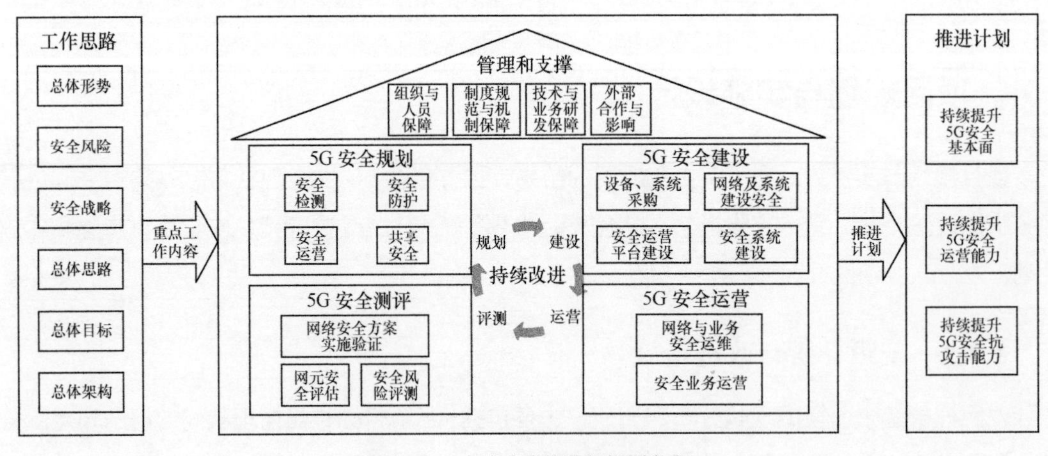

图 1-6 5G 安全实施路径规划参考

1 PDCA（Plan、Do、Check、Act，计划、执行、检查、处理）。

1.5　5G 安全新需求

5G 时代在解决原有一些网络安全风险的同时，将面对新的安全挑战，对网络系统和网络服务提出了新的要求，同时业务应用场景的多样性决定了安全需求的灵活性和实现的复杂性。5G 安全总体需求如图 1-7 所示。

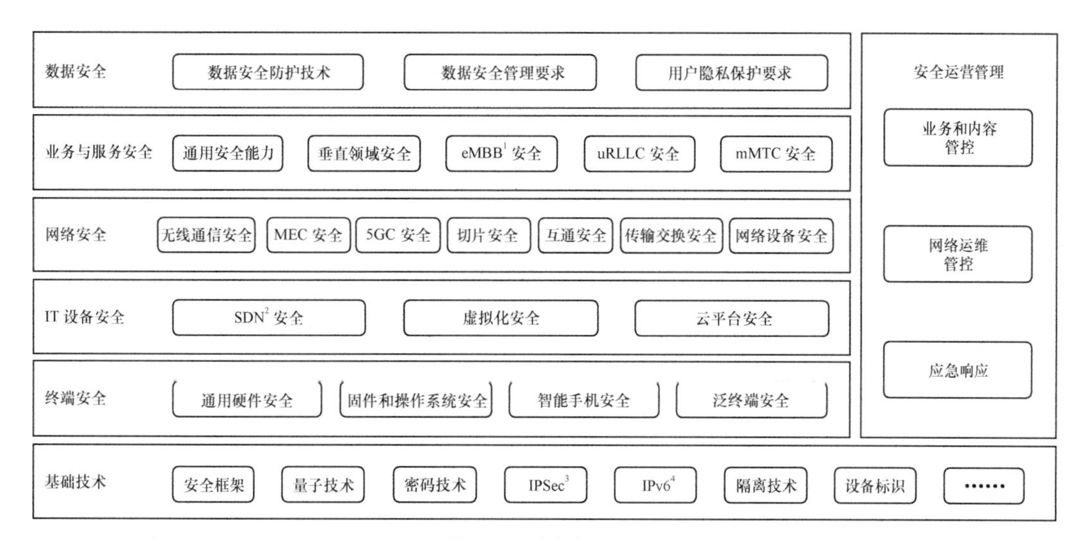

1. eMBB（enhanced Mobile Broadband，增强型移动宽带）。
2. SDN（Software Defined Network，软件定义网络）。
3. IPSec（Internet Protocol Security，互联网络层安全协议）。
4. IPv6（Internet Protocol version 6，第 6 版互联网协议）。

图 1-7　5G 安全总体需求

（1）基础技术

需要一些通用的、成熟的、具备前瞻性的基础技术为 5G 安全提供基础的技术支撑，同时也要考虑其中的一些新技术（例如，量子技术、IPv6 等）会对已有的安全基础形成新需求。

（2）终端安全

由于 5G 中 mMTC 和 uRLLC 场景将引入大量新型终端，泛终端安全将可能成为一个新的需求。重点在于保障行业终端的安全管理和接入要求，保证对多样化类型终端设备的可管可控，同时也需要保障物联网设备卡内信息的不可篡改性、完整性和可用性。由于物联网设备计算存储能力受限，其安全机制应尽可能轻量化，减少安全负担。

（3）IT 设备安全

5G 中 IT 设备的虚拟化带来的新需求如下。

① SDN 安全。SDN 的控制平面、应用平面、数据平面和标准接口等方面都提出了安全需求，SDN 自身的安全问题将成为制约其商用化和推广的一个重要因素。

② 虚拟化安全。网络功能虚拟化（Network Functions Virtualization，NFV）的基础设

施层安全风险、Hypervisor（虚拟机监视器）安全风险、虚拟机安全风险、虚拟网络功能（Virtual Network Function，VNF）安全风险，以及管理和编排（Management and Orchestration，MANO）安全风险等。

③ 云平台安全。云平台的安全需求主要体现在虚拟化、数据集中和可用性保障3个方面。一是虚拟化技术会带来虚拟机逃逸、租户间的攻击、虚拟机和物理主机的共享漏洞等安全问题；二是在云平台用户的数据存储、处理和网络传输等过程中，如何有效保障数据安全，如何对多租户应用进行数据隔离，如何避免数据服务被阻塞，如何确保云端退役数据的妥善保管或销毁等；三是云平台可用性问题，涉及服务等级协定和IT流程、安全策略、事件处理等方面。

（4）网络安全

除了传统的无线通信安全、5G核心网（5G Core Network，5GC）安全、互通安全、网络设备安全和传输交换安全，MEC安全和切片安全是新的重点。

① MEC安全。边缘计算作为物联网和云计算的媒介，能够解决物联网和云计算结合引起的终端节点请求时延、云服务器存储和计算负担过重、网络传输带宽压力过大等问题。然而，边缘计算兴起的同时也对边缘计算网络中的用户、边缘节点和云服务器的安全防护提出了新的需求。

② 切片安全。网络切片的特征是切片和切片之间在逻辑功能上是分离的，但在物理资源上是共享的。因而切片安全首先要保证网络切片之间彻底的安全隔离。如果没有隔离，拥有某个切片访问权限的攻击者，会以此切片为跳板，攻击其他的目标切片。另外，在实际业务运行时，终端切片网络的网元交互、安全协议和流程，都需要考虑相应的安全技术。

（5）业务与服务安全

业务与服务安全包括通用安全能力、垂直领域安全、5G特定应用场景的安全特性3个方面。

① 通用安全能力。通用安全能力包括但不限于业务的安全框架、物理安全要求、接入安全要求、通信安全要求、设备安全要求、数据安全要求和个人隐私保护要求等，引导相关安全技术、产品及产业的健康发展。

② 垂直领域安全。针对智慧城市、工业互联网、家庭物联网和车联网等不同的应用领域，围绕5G应用的特点，针对性地建立相关安全分析，尽快形成标准。

③ 5G特定应用场景的安全特性。在eMBB、uRLLC、mMTC三大应用场景，相关业务对网络安全提出了新需求，尤其是针对特定领域的安全风险和需求，例如工业互联网和无人驾驶等。

（6）数据安全

在数据安全方面，除了现有的数据安全防护技术、数据安全管理要求和用户隐私保护要求，5G还具备新特征。

5G的高速特性将激发更多的数据产生和传输。5G被应用于社会生产和关键应用场景，这里面包含影响人身和物理安全的关键数据。5G的数据安全保护只是整个数据生态中的一个环节，需要结合整个应用场景考虑5G数据的安全性。5G安全及更加广泛意义上的数据安全需要在产业界的各个环节得到应用，包括设备商、电信运营商和业务服务商等。因此对 5G 数据安全的分级保护提出了新需求，敏感数据在传输、存储和共享等流通过程中要采用安全措施，保障 5G 网络的数据安全。

（7）安全运营管理

针对 5G 全生命周期安全的日常管控与运维，需要从安全态势感知、应急响应、安全漏洞管理和新技术应用安全管理等方面出发，构建运营管控体系。

不良信息、虚假主叫、骚扰电话、上网日志留存等常规的管控系统覆盖到 5G，将给 5G 安全监管带来新的风险和挑战。需要结合 5G 网络基础设施部署和业务开展情况，对现有手段的部署方式、监测对象、评估指标等方面做出进一步的适用性评估，进行升级改造以符合 5G 新技术、新特征和新业务场景的安全监管需求。

1.6　5G 安全规划思路

（1）安全合规，坚持总体国家安全观

首先，应将 5G 网络安全放在我国总体国家安全观的框架之中考虑。以《中华人民共和国网络安全法》、GB/T 22239—2019《信息安全技术 网络安全等级保护基本要求》等系列标准（以下简称等保 2.0）、安全标准体系、《关键信息基础设施安全保护条例》为依据，实现对 5G 基础设施安全保护对象和安全保护领域的全覆盖，强化“一个中心，三重防护”的安全保护体系，5G 安全具备“三化六防”措施，即实战化、体系化、常态化的思路，以及动态防御、主动防御、纵深防御、精准防护、整体防控、联防联控的安全要求。

（2）全局视角，谋划 5G 安全体系全景视图

全局视角是 5G 网络安全要做到内外融合、点面结合。内外融合的“内”主要强调注重 5G 内生安全防护，“外”主要强调借助智能化运营手段，内外深度融合；点面结合的“点”主要强调 5G 安全基线要求和合规性要求，守住安全底线，“面”主要强调主动防御，综合防范，从全局视角构建 5G 网络安全。

（3）整体安全，构建一体化内生安全体系

5G 网络安全是一个系统化工程，从合规标准体系、安全管理体系、安全技术和安全运营体系 4 个方面，构建全网感知、纵深防御、多维检测、集中管控、技管并重的一体化 5G 网络安全防御体系，形成覆盖全生命周期的网络安全防护能力。同时，开放安全能力服务，满足差异化业务安全需求。

（4）能力导向，引导 5G 安全建设方向

随着网络安全形势的日益复杂，我们已经很难清晰地识别出所有的敌对威胁行为体，因此需要从基于威胁的规划模式转为基于能力的规划模式，更聚焦敌对方可能采用的进攻方式，识别出为了达到威慑击败敌对方所需要的安全能力。以获得安全能力为建设目标，通过叠加演进的能力分类方法，形成 5G 网络安全能力体系，采用系统工程方法，对安全能力进行组合，重点关注安全能力的完整性、关联性、协同性。

（5）创新融合，持续推进 5G 安全新技术迭代

可基于 IT、CT[1]、DT[2]、OT[3]、ST[4] 等跨领域融合和基于云计算、大数据、AI、物联网、边缘计算、软件定义、区块链、量子加密等新技术的融合，构建 5G 安全平台化、智能化、服务化、实战化的创新安全防护能力。

在不断变化的安全形势下，需要持续关注安全新技术、新理念与 5G 安全的融合，例如推进人工智能、机器学习（Machine Learning，ML）、威胁情报、零信任等技术理念在 5G 安全场景的落地和应用，以实现“5G+ 业务”与 5G 安全同步发展。

（6）安全左移，实现贯穿全生命周期的安全

“安全左移”即在设计阶段考虑更多的安全因素，以此规避很多安全风险，降低解决安全问题的成本。“安全防护左移”实现内生安全，已成为业界共识。传统的先建设、后防护的安全能力模式，已被证实无法适应攻击日益频繁、手段日益高级的网络安全形势。5G 基础能力组件在系统 / 平台 / 产品 / 业务开发建设上线过程中，应实现“同步规划、同步建设、同步运营”，确保信息化和安全能力建设一体化推进。

（7）以人为本，人是安全的尺度

网络安全的本质是人与人对抗，人是安全运营的核心和关键，技术的进步对安全人员提出了更高的要求，然而人也是网络安全工作中最薄弱的环节，安全架构的规划设计应当充分考虑人的因素，以尽可能规避人的因素带来的风险，当然，人也是网络安全中最积极的因素。通过 5G 安全实训平台能力规划，培养一支 5G 安全专业人员队伍，可有效应对 5G 网络面临的各类风险，实现 5G 人才懂安全，安全人才懂 5G。

（8）多元协同，多方参与合作完成

5G 安全需要多元生态一起合作，例如电信运营商、设备厂商、服务商、监管部门、科研机构和高等院校，通过多方参与、联动、协同，以共赢为驱动，形成“生态资源共享、能力互补、生态共建”的 5G 网络安全合作机制。

1.7 5G 安全能力规划重点

借鉴企业架构思想，以架构为驱动，以能力为导向。首先，基于 5G 网络安全防护目标，综合考虑相关的 5G 安全要素；其次，按照新一代网络安全框架，例如参考美国国家标准与技术研究院 CSF[5] IPDRR 模型，对 5G 安全框架进行规划和构建；最后，形成实战化、体系化、常态化的 5G 安全能力体系。5G 安全能力体系规划如图 1-8 所示。

1 CT（Communication Technology，通信技术）。
2 DT（Data Technology，数据技术）。
3 OT（Operational Technology，运营技术）。
4 ST（Security Technology，安全技术）。
5 CSF（Cybersecurity Framework，网络安全框架）。

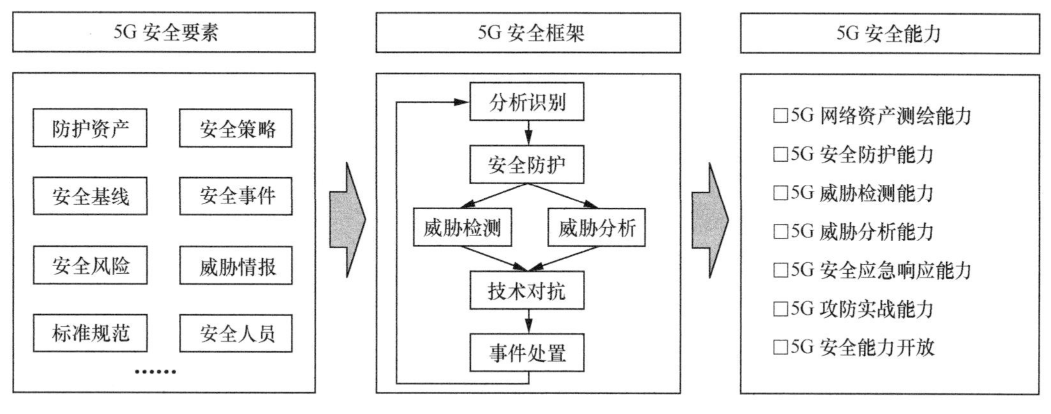

图 1-8　5G 安全能力体系规划

在进行 5G 安全能力规划时，需要以攻击者视角，分析攻击手段和行为，通过场景分析发现威胁和薄弱环节，确定防守要点，同时分阶段演进规划，并围绕其业务系统及其承载的数据，加强资产安全管理的同时，梳理攻防场景，全面提升防御、威胁检测能力，利用大数据 /AI 手段，开展多维度智能安全分析，构建“安全大脑”，实现对风险的主动响应及自动化处置，打造人防到技防的安全能力体系。

（1）5G 网络资产测绘能力

资产是 5G 安全的核心要素，安全对抗讲究“知己知彼”。也就是说，首先要做到“知己”，摸清自己的家底。通过网络探测、采集或挖掘等技术，获取 5G 实体资源、5G 虚拟资源及其网络属性；通过设计有效的关联分析方法和知识图谱算法，将实体资源映射到地理空间，将虚拟资源映射到社会空间，并将探测结果和映射结果进行可视化展现；将网络空间、地理空间和社会空间进行相互映射，将虚拟、动态的网络空间资源绘制成一份动态、实时、可靠的网络空间地图，有效支撑其他能力或应用，例如态势感知、SIEM、SOAR 等。

（2）5G 安全防护能力

从业务安全、数据安全、安全能力服务、运营与管理安全、SBA 安全、网络切片安全、5GC 安全、云原生安全、MEC 安全、网络安全、终端安全、IT 基础设施安全、设备系统采购安全等层面提升 5G 安全防护能力，完善协同机制，达到动态防御、主动防御、纵深防御、精准防护、整体防控、联防联控的安全防护要求。

（3）5G 威胁检测能力

5G 威胁检测能力需要更有效地监测和分析整个网络的流量变化。基于机器学习的自动威胁检测技术变得格外重要，这是因为基于人工的检测与响应将难以应对 5G 网络海量的数据流量处理需求。

（4）5G 威胁分析能力

“安全大脑”是新一代安全能力的核心。“安全大脑”首先是以安全大数据为基础的，它具备安全大数据的分析能力，可以通过人机结合的方式不断积累和更新安全知识和经验。利用机器学习构建“5G 安全大脑”，充分利用 5G“云、边、端”的威胁检测能力，结合安全情报，对海量的安全信息进行自动分析与深度挖掘，及时掌握网络的安全状况和趋势，制定有预见性的应急预案，实现“云、网、端、边”协同联动，形成实时、智能、敏捷的网络防护体系，提升应对5G网络安全威胁的能力，能够更高效、更精准、更快速地处理网络安全问题。

（5）5G安全应急响应能力

构建5G安全编排自动化与响应能力，可实现安全业务的编排和管理，并实现5G网络与安全的深度协同，充分发挥网络威胁情报的驱动作用，实施精准化、针对性的防御行动，及时发现潜藏在网络中的安全威胁，对入侵途径及攻击者背景进行研判与溯源。5G安全编排自动化与响应能力通过自动化或半自动化工具、流程和策略，可进行自动化安全事件的响应和预防，加快事件响应的速度。实现从单点防御到全网协防，将威胁损失降到最小，并通过策略智能运维自动完成基于业务驱动的策略生成与部署，实现从人工运维到智能运维的转变，节约运维成本。

（6）5G攻防实战能力

《中华人民共和国网络安全法》颁布，出台了网络安全演练相关规定：关键信息基础设施的运营者应“制定网络安全事件应急预案，并定期进行演练”。而网络安全离不开攻防演练，网络安全的本质是对抗，对抗的本质是攻防两端实力的较量。5G安全能力最终的衡量方法只能通过实战来检验，实战是检验安全防护能力的最佳手段。这种实战检验能力的需求，可通过“实兵、实网、实战”的方式，以“实战化、体系化、常态化”的服务体系来满足，实现5G安全创新研究、测评认证、攻防对抗、人才培训的靶场即服务的新模式。

（7）5G安全能力开放

相较于传统的3G/4G网络，5G网络本质上是一种按需编排的云化网络，通过更灵活的控制和转发机制、更泛在的接入方式，除了可以为各垂直行业提供差异性的连接服务，还能按需提供差异化的安全防护能力。针对不同用户提供差异化的安全防护能力，可实现安全功能服务化，将虚拟化的安全功能按需编排到网络切片中，使不同等级的安全资源在相应的网络切片中独立提供。各个虚拟安全节点根据用户和业务需求调用防火墙、入侵检测、负载均衡、访问控制、病毒检测等基础安全能力集，从而实现性能可定制、功能可组合的要求。

1.8 小结

5G安全规划为企业提供从业务视角、信息化视角、5G安全整体视角出发的顶层规划和体系设计的思路和建议，利用系统工程方法论，从顶层视角建立5G安全体系全景视图，指导5G安全建设，以“三同步”原则推进5G安全与信息化的全面覆盖、深度融合，通过以架构为驱动，以能力为导向的5G安全体系设计方法，对5G安全能力统一规划、分步实施，逐步建成面向数字化时代的一体化5G安全体系，保障企业数字化业务平稳、可靠、有序和高效运行。

1.9 参考文献

[1] MT-2020(5G) 推进组 . 5G 安全报告 [R]. 中国信息通信研究院 , 2020.

[2] 杨婕 . 基于顶层设计思路的企业安全架构总体设计 [J]. 信息通信 , 2017(7): 249-251.

[3] 丁禹哲 , 敬铅 , 孙伟 . 面向企业信息化规划的安全架构开发模型设计 [J]. 信息安全研究 , 2018, 4(9):825-835.

[4] 邱勤 , 张滨 , 吕欣 . 5G 安全需求与标准体系研究 [J]. 信息安全研究 , 2020,6(8):673-679.

第2章 5G网络空间资产测绘规划

网络空间成为继陆、海、空、天之外的第五空间，虚拟空间和现实世界深度融合，面对不断涌现的各种已知和未知的网络安全威胁，首先要清楚保护对象，网络空间的保护对象是网络空间资产，更好地梳理、发现和管理网络空间资产，才能为网络安全建设体系提供基础。随着5G网络技术的发展和商用化，“万物互联、万物智联”的5G网络空间中的资产形态更加复杂多样，不仅包括传统的设备、逻辑拓扑等软硬件资产形态，也包括SDN/NFV、网络切片、能力开放、服务化应用、数据资产等动态多变的虚拟资源形态。如何刻画5G网络空间资产？如何评估5G网络空间资产的安全性？如何打通关联虚拟空间与现实世界？当前，网络空间资产测绘技术已得到主管部门、学术界、产业界的广泛关注。网络空间资产测绘技术通过构建近乎实时、可交互的5G网络空间地图与网络资产画像，实现5G网络空间资产安全的“全息视图”，辅助企业进行5G网络资产的脆弱性管理和风险控制，并赋能5G网络空间态势感知、威胁情报、SOAR等实现5G资产的安全闭环持续运营。

本章主要从网络空间资产测绘的概念出发，对5G网络空间资产进行全面梳理，给出了5G网络空间资产测绘规划方案，并对其中的关键技术进行了探讨。

2.1 基础概念

网络空间资产测绘技术是通过网络测量、网络实体定位、网络连接关系及其他相关信息的可视化等理论和科学技术手段，对网络空间进行真实描述和直观反映的一种创新技术。网络空间资产测绘的目标是实现对来源众多、类型各异的网络空间资产全面测绘，是实现网络空间资产摸底的重要方法。

根据网络空间要素的结构和特点，并结合网络安全业务需求，可将网络空间要素划分为地理环境层、网络环境层、行为主体层和业务环境层4个层次。

（1）地理环境层

地理环境层是各类网络空间要素依附的载体，强调网络空间要素的地理属性，例如网络基础设施和网络行为主体的地理位置、空间分布和区域特性，涉及距离、尺度、区域、边界、空间映射等概念。

（2）网络环境层

网络环境层主要是各类网络空间要素形成的节点和链路，即逻辑拓扑关系，可分为物理环境和逻辑环境，包含各种网络设备、网络应用、软件、数据、IP地址、协议端口等。

（3）行为主体层

行为主体层包含实体角色和虚拟角色，主要关注网络行为主体（即实体角色或虚拟角色）

的交互行为及其社会关系，包括信息流动、虚拟社区、公共活动空间等。

（4）业务环境层

业务环境层主要包括业务部门重点关注的各类网络安全事件（案件）、网络安全服务主体、网络安全保护对象等。

地理环境层、网络环境层、行为主体层和业务环境层的要素之间相互联系、相互影响，共同构成网络空间要素体系。

网络空间资产测绘主要由探测、分析和绘制 3 个阶段组成。其中，探测阶段是网络资产测绘的首要环节，通常是利用主被动探测引擎等技术对网络空间中的网络资源的网络属性（例如，IP 地址、网络拓扑等）和网络活动（例如，对外提供的网络服务）进行识别和测量；分析阶段主要是利用数据挖掘和数字建模等技术对探测收集的网络资源信息进行抽象化，建立资源画像和资源间的关联关系，并形成网络资源的庞大知识库；绘制阶段是基于探测和分析的结果，将网络空间中抽象化的网络资源和网络资源间的相互关系，用可视化技术映射为网络空间的全息地图，用以展现网络资源分布情况，感知网络安全的当前态势并预测其演变趋势。基于网络空间资产测绘勾勒出的资产全息地图可提供有价值的战略情报，用户“按图索骥”，能够把握资产属性状态及发展趋势，减少资产管理决策活动的不确定性。

5G 网络空间资产测绘是对 5G 网络空间中的各类资产及其属性进行全面探测、融合分析和叠加绘制，通过绘制 5G 网络空间资产全息地图，全面描述和展示 5G 网络空间资产信息，能够为各类应用（例如，网络空间态势感知、威胁情报、SOAR 等）提供数据和技术支撑。

2.2 问题与需求

2.2.1 问题分析

当前，关键信息基础设施安全防护普遍存在业务资产不清晰、真正风险不可见、系统未按合规要求进行加固、安全能力聚合效果差、安全运营效率低、攻防实战压力大的共性顽疾与共性问题，无法有效应对和满足日益复杂的网络环境及实战化、体系化、常态化的需求。主要问题如下。

（1）资产无统一管理

无全局平台掌握资产全貌，了解哪些资产是对外提供服务，哪些是对内提供服务，同时各业务线的资产占比是什么情况，安全资源如何进行分配和投入等。

（2）资产属性覆盖不全

无有效的技术手段，对资产的安全属性进行识别和补全，各个业务系统上运行了什么程序、具体是什么版本覆盖不全，未形成自动化、周期性的资产识别、更新和检查校验机制。

（3）资产归属责任不清

资产归属责任不清，当资产负责人调动或离职时，未变更资产负责人或交接资产，特别是发生安全事件或安全漏洞时，无法准确定位到资产负责人。

（4）资产风险分布不明

缺乏风险管控手段，漏洞的处置、验证及跟踪机制不完善，容易导致漏洞遗留、疏漏等风险；漏洞对应的资产排查缓慢，传统工具耗时过长，应对效果差；漏洞威胁的影响范围未知，重大高危漏洞无法做到小时级别的漏洞应急响应。

（5）资产之间无关联

各个维度的资产之间都是“孤立的竖井”，无关联性，各个节点和系统之间没有对应关系和依赖关系。例如域名与应用之间、应用与数据库之间未建立关联关系，当发生安全事件时，无法准确判断对业务系统的影响范围。

2.2.2　需求分析

（1）政策导向

《中华人民共和国网络安全法》、等保 2.0 系列标准、《关键信息基础设施安全保护条例》等一系列法规的出台，要求推动网络空间安全治理，并提出相关网络管理规范及要求，将网络安全检查常态化。对于企事业单位来说，要满足网络安全检查要求，提升网络安全治理能力，一项重要的基础性工作就是详细、完整地识别组织内部的信息资产，并制定覆盖所有网络设备的网络安全策略，只有这样才能尽可能封堵组织内部的安全漏洞，保护数据资产的安全性。

等保 2.0 系列标准对资产安全管理提出了明确要求：应编制并保存与保护对象相关的资产清单，包括资产责任部门、重要程度和所处位置，应根据资产的重要程度对资产进行标识管理，根据资产价值选择相应的管理措施；同时在漏洞和风险管理部分，也提出要采取必要的措施识别安全漏洞和隐患，对发现的安全漏洞和隐患要及时修补或评估可能的影响后进行修补；在集中管控部分，提出要对补丁升级等安全相关事项进行集中管理。

在关键信息基础设施安全保护方面，作为关键信息基础设施的运营者，应通过资产识别、威胁识别、脆弱性识别、漏洞管理、已有安全措施识别和风险分析对关键信息基础设施进行风险识别。

（2）全面识别

实现万物互联、万物智联的 5G 网络空间带来了资产海量化、边界模糊化、业务快速变化、资产范畴不断外延、暴露面和风险持续扩大、监管日趋严格、攻击愈演愈烈、漏洞和应急响应常态化等现状。做好 5G 网络空间资产摸底工作，实现对 5G 网络资产全面准确识别，通过绘制 5G 网络空间地图，清楚保护对象的资产及其属性、关联关系和存在风险是安全管理的第一步，也是快速进行漏洞预警和应急事件响应处置的必要前提。

5G 网络空间的资产识别应避免空间和时间的盲区。现实中，绝大多数受安全管控的资产，都在冰山模型的冰上部分，而像边缘资产、隐匿资产等很多冰面以下的资产则是安全保护的薄弱环节，很容易成为黑客攻击的目标。传统碎片化、静态、孤立的资产管理方式无法满足现有资产安全管理的要求，因此亟须运用网络空间测绘手段，对所属 5G 网络资产和安全情况进行全面摸底，绘制 5G 网络空间资产安全的“全景视图”，掌握资产全貌，并清楚地知道资产的分布情况、部署情况和使用情况，帮助进行事前摸底排查，开展暴露面收敛、升级加固等工作，同时提供事中检测监控和事后响应处置的基础数据支撑。

（3）深度挖掘

对5G网络空间资产规则和资产指纹进行全面提取、识别并重新定义，实现多维度特征挖掘，实现5G资产多维度画像、资产分层画像、资产关联分析、开放服务关联分析、资产权责归属分析，实现资产、风险、情报等一体化5G资产关联库、风险库、知识库等，并动态、持续地与现网情况进行匹配和同步更新。

5G资产发现阶段所获取的资产信息繁杂且不规则，还需对5G资产信息进行分类分级、标签标识、更新与绘制，使其成为更有价值的资产数据，由此形成对5G资产的关联绘制。纵向上实现底层地理空间—中层网络协议空间—上层行为语义空间的多层映射；横向上通过关联威胁情报信息、漏洞信息、资产归属信息等数据能力形成全息映射，打破传统空间测绘在视角上的束缚，形成多层次、多类型、全要素数据的映射关系。通过智能关联分析5G资产的归属组织，发现未知或未监控资产、服务和数据等。面对复杂而庞大的数据，需在归类、统计、分层等的基础上通过直观的图表形式进行展示，全面展现5G资产画像、知识图谱、网络态势等多维度信息。长期并持续形成的技术、数据与经验的积累，才是5G网络空间资产测绘能力的核心评价标准。

（4）持续运营

构建以5G资产为核心的安全持续运营模型，应以资产测绘为起点，解决网络空间有什么、是什么、有什么风险、哪些业务和责任人有关等问题，通过不同的资产属性来确定其归属的安全域；应以脆弱性和风险管理为落点，界定不同类型资产的风险级别，从而制定合理的访问控制措施，之后在相应的安全边界建立对应的安全防护和安全监测手段；应以资产安全运营为终点，实现在线资产持续安全自查、问题资产快速应急处置、安全事件精准协同防护。

具体来说，面向5G独立组网（Standalone，SA）空间的资产管理系统应是一个以持续监测和分析为核心的安全联动平台，需实现5G资产的清点、5G安全的监测、威胁情报的关联分析、实时查询与统计、闭环安全处置、考核上报等功能。通过安全与业务融合，自内而外地自动感知资产变化，满足灵活的风险分析，实现集约化、自动化、精细化的5G资产安全运营管理。

（5）挂图作战

5G作为关键信息基础设施，关乎国家信息化的基础“命脉”，在面临网络空间安全“实战化、体系化、常态化”对抗的背景下，做好关键信息基础设施网络安全一体化，关系到行业用户的发展和使用，也是安全生产普遍研究和关注的重点。“三化六防挂图作战”正在成为网络安全防护建设的指导思想，可以确保“资产清晰化、风险动态化、能力生态化”，真正满足“动态防御、主动防御、纵深防御、精准防护、整体防控、联防联控”的安全保障需求，实现一体化安全管理运营与指挥协同挂图作战。

对于国家、区域、行业的监管机构来说，资产测绘的重要场景之一是绘制网络空间地图，为“挂图作战”做准备。“挂图作战”是一种作战方式或工作方式，通过直观的图表形式将目标、方案、措施、流程、进度等呈现出来，用于指导计划的具体实施过程，是一种类似作战的快速响应行动方式。通过网络空间地图，资产标识、漏洞分布、安全影响一目了然，一旦发生安全漏洞或攻击，监管能及时接收预警信息，看到相关目标和坐标，并据此迅速开展应急响应措施。

2.3　5G 资产梳理

5G 网络是一个复杂的组合体，由于引入云原生、SDN/NFV、MEC、网络切片、SBA 等新技术，其网络形态比 4G 复杂。在网络生态组织上，除了传统通信设备厂商、基础电信企业，许多 IT、IP、互联网厂商也加入 5G 网络组成的各个环节，多领域垂直行业也深度参与 5G 应用。

通用的 5G 架构单元主要包括用户设备（User Equipment，UE）、无线接入网络（Radio Access Network，RAN）、MEC、5G 核心网、数据网络、网络功能、网络切片、5G 安全架构、垂直业务、MANO、NFV、SDN、运营支撑系统（Operation Support System，OSS）/ 业务支撑系统（Business Support System，BSS）、虚拟化基础设施、物理基础设施（计算、存储、网络）等。5G 网络资产分类如图 2-1 所示，主要包括管理和编排、网络产品、协议、数据、互联、服务、流程和组织等的组件和实体，主要考虑根据每个资产类的特征，定义不同的资产安全策略的可能性。这些类中的资产共享一些重要特征，例如漏洞类型、生态组织和控制。这些特征发生了很大的变化，需要在 5G 资产安全策略中采取差异化方法。

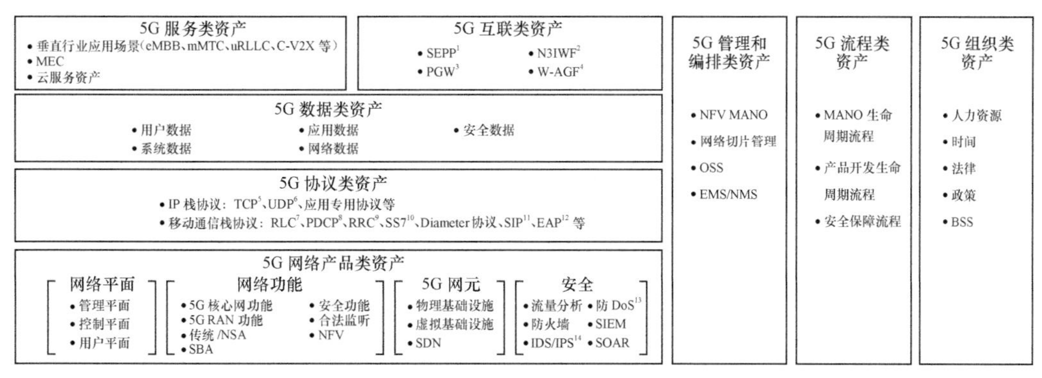

1. SEPP（Security Edge Protection Proxy，安全边缘保护代理）。
2. N3IWF（Non-3GPP Inter-Working Function，非 3GPP 互操作功能）。
3. PGW（PDN Gateway，分组数据网络网关）。
4. W-AGF（Wireline Access Gateway Function，有线接入网关功能）。
5. TCP（Transmission Control Protocol，传输控制协议）。
6. UDP（User Datagram Protocol，用户数据协议）。
7. RLC（Radio Link Control，无线链路控制）。
8. PDCP（Packet Data Convergence Protocol，分组数据汇聚协议）。
9. RRC（Radio Resource Control，无线电资源控制）。
10. SS7（Signaling System No.7，7 号信令系统）。
11. SIP（Session Initiation Protocol，会话起始协议）。
12. EAP（Extensible Authentication Protocol，可扩展认证协议）。
13. DoS（Denial of Service，拒绝服务）。
14. IPS（Intrusion Prevention System，入侵防御系统）。

图 2-1　5G 网络资产分类

2.3.1 5G 管理和编排类资产

5G 管理和编排类资产主要包括网络功能、网络切片、操作支持系统、网元管理系统（Element Management System，EMS）/ 网络管理系统（Network Management System，NMS）和 SDN 控制器的管理。MANO 是 5G 基础设施最重要的部分之一，负责控制整个网络功能、虚拟化和与此相关的整个软件生命周期，MANO 的主要部分是 NFV 编排器、VNF 管理器和虚拟基础设施管理器。鉴于其重要作用，MANO 将面临大量攻击，对整个受管理的 5G 基础设施环境可能产生重大影响。

① NFV MANO：NFV 编排（服务性能、服务管理、服务运营、服务可编程、用户权限管理、端到端服务目录）、VNF 管理（虚拟化基础设施管理、网络功能生命周期管理）。

② 网络切片管理：网络切片管理功能、网络切片子网管理功能、管理功能基于服务接口。

③ OSS。

④ EMS/NMS。

2.3.2 5G 网络产品类资产

5G 网络产品类资产主要包括网络平面、网络功能、5G 网元和安全。该类别是 5G 架构的核心部分，也是任何 5G 资产映射中最关键的一部分。

① 网络平面：管理平面、控制平面、用户平面。

② 网络功能：5G 核心网功能、5G RAN 功能、传统 / 非独立组网（Non Standalone，NSA）、SBA、安全功能、合法监听、NFV。

③ 5G 网元：物理基础设施包含网络、云数据中心、边缘数据中心、UE、无线接入；虚拟基础设施包含容器、虚拟机监视器、虚拟机；SDN 包含 SDN 资源、SDN 控制器、SDN 应用、应用程序接口（Application Programming Interface，API）。

④ 安全：流量分析、防火墙、IDS/IPS、防 DoS、SIEM、SOAR 等。

2.3.3 5G 协议类资产

5G 协议类资产的主要类别包括 IP 栈协议和移动通信栈协议。

① IP 栈协议：TCP、UDP、应用专用协议等。

② 移动通信栈协议：RLC、PDCP、RRC、SS7、Diameter 协议、SIP、EAP 等。

2.3.4 5G 数据类资产

5G 数据类资产的主要类别包括用户、应用、系统、网络和安全数据，还包括任何 5G 操作所需的全部数据目录和使用的数据。

① 用户数据：用户认证授权数据，包含用户隐藏标识（Subscription Concealed Identifier，SUCI）、用户永久标识（Subscription Permanent Identifier，SUPI）、认证向量、密钥系列、

身份标志号；5G-GUTI[1]；用户订阅数据等。

② 应用数据：API 数据、应用数据等。

③ 系统数据：配置数据、日志数据、备份数据等。

④ 网络数据：网络接入和会话管理数据、网络切片数据、网络配置数据、SDN 数据等。

⑤ 安全数据：威胁情报、监测数据、安全事件数据、加密密钥、安全日志等。

2.3.5 5G 互联类资产

5G 互联类资产主要包括 SEPP、PGW、N3IWF、W-AGF 等。

2.3.6 5G 服务类资产

5G 服务类资产主要包括垂直行业应用场景、MEC 和云服务资产。这些服务与 5G 网络的资产盈利模式直接相关，因此代表了需要保护部分资产所产生的价值。

2.3.7 5G 流程类资产

5G 流程类资产主要包括 MANO 生命周期流程、产品开发生命周期流程和安全保障流程，这些都是保障 5G 网络安全可靠运行的关键。

① MANO 生命周期流程：网络设计、建设、运营、风险管理等。

② 产品开发生命周期流程。

③ 安全保障流程：资格认证、符合性评估、标准化等。

2.3.8 5G 组织类资产

5G 组织类资产主要包括人力资源、时间、法律、政策和 BSS 类资产。人力资源资产被认为是一个重要的群体，因为人力资源代表了参与 5G 网络运营的所有个人和组织。时间资产在许多依赖时间的功能中起着重要的作用，例如 Release16 版本发布的时间敏感网络，需要恒定时间同步的关键业务场景用例的引入，例如智能交通系统、车联网、工业物联网和 uRLLC，该子类资产在 5G 网络中扮演着更加重要的角色。

① 人力资源：运营人员、第三方人员、业务用户。

② 时间：时间同步、时钟同步。

③ 法律：合同、规范、知识产权。

④ 政策：安全、业务连续性、风险管理、合规。

⑤ BSS：产品管理、用户管理、计费管理、订阅管理。

下面按照两类标准对 5G 各类网元资产的敏感性进行评估：影响的类型，即保密性、可用性、完整性受到的损害程度；影响的规模，即用户、持续时间、受影响的基站或小区数量、被更改

1 GUTI（Globally Unique Temporary Identity，全球唯一临时标识）。

或访问的信息量等。5G 资产敏感性评估见表 2-1。

表 2-1　5G 资产敏感性评估

要素和功能类别	敏感程度	关键要素说明
5G 核心网功能	极度敏感	用户设备认证、漫游和会话管理功能
		用户设备数据传输功能
		访问策略管理
		网络服务的注册和授权
		最终用户和网络数据的存储
		与第三方移动网络的连接
		核心网功能对外部应用程序的开放
		最终用户设备接入网络切片
NFV 管理和网络编排	极度敏感	
管理系统和服务支撑	中 / 高度敏感	安全管理系统
		计费和其他支撑系统
无线接入网络	高度敏感	基站
传输	中 / 高度敏感	底层网络设备（例如，路由器、交换机等）
安全防御	中 / 高度敏感	防火墙、IPS/IDS 等
网络互联	中 / 高度敏感	互联网间互联
		与第三方网络互联

由于 5G 网络的复杂性和 5G 网络的标准、开发、部署还处于早期的发展阶段，5G 资产的梳理和映射是一项持续性任务，需要不断迭代优化才能达到成熟阶段。

2.4　规划方案

2.4.1　规划思路

5G 网络空间资产测绘规划基于网络空间测绘所面临的“查不清”“摸不准”“找不到”“险不明”“绘不全”等共性问题，按照以 5G 全景资产测绘为起点，以 5G 脆弱性和风险管理为落点，以 5G 资产安全运营为终点的 5G 资产安全管理方法论，构建三大关键元素（数字化资产、资产属性、指纹特征）和两大关键能力（资产探测、资产绘制）的 5G 网络空间资产测绘平台体系。以完整性、实时性、关联性、准确性、开放性和持续性这 6 个核心要素作为规划方案的基本要求。

（1）完整性

规划方案拥有丰富的 5G 资产探测手段，可应对复杂多变的 5G 网络环境、业务场景，包括主动扫描采集、被动流量采集，以及其他技术手段，获取全量、多维的资产数据。

（2）实时性

5G 资产是变化的，安全是动态的。有必要及时掌握 5G 资产的实时信息，洞察 5G 资产异动，并与安全事件、情报关联分析，快速收敛攻击暴露面，缩短攻击时间窗口。

（3）关联性

有效的安全管理需要闭环。因此要与业务信息关联、与负责人关联、与安全情报关联，提高风险处置与响应效率，也为安全决策（漏洞影响范围、修复优先级）提供数据支撑。

（4）准确性

风险检测要精准且结果可复现，才能确保管理效率。基于概念验证（Proof of Concept，PoC）的漏洞检测方式，可覆盖各类型安全漏洞与攻击手法的检测，检测结果将还原攻防场景中的实际效果。

（5）开放性

5G 资产安全作为整个 5G 安全体系的基石之一，需要良好的开放性。通过 API 开放，对接第三方产品联动与数据共享，提供更多的管控触角。支持用户根据自身的资产特性，增加资产识别指纹与 PoC 检测脚本。

（6）持续性

5G 网络空间资产测绘平台具备查清（渐进式发现）、找准（多维度探查）、找到（流程和运营）、可管（统一管理）持续闭环能力，辅助指挥决策，支撑预测、保护、检测、响应等安全体系的能力。

2.4.2　技术体系

5G 网络空间资产测绘体系是一个探测、分析、绘制、应用的循环过程，对各种网络空间资产进行协同探测，获取探测数据，对这些数据进行融合分析和多域映射，可形成网络空间资源知识库；在此基础上，通过多域叠加和综合绘制来构建网络空间资产全息地图；最后，根据不同的场景目标按需应用这一全息地图，通过迭代演进不断提升测绘能力。5G 网络空间资产测绘体系如图 2-2 所示。

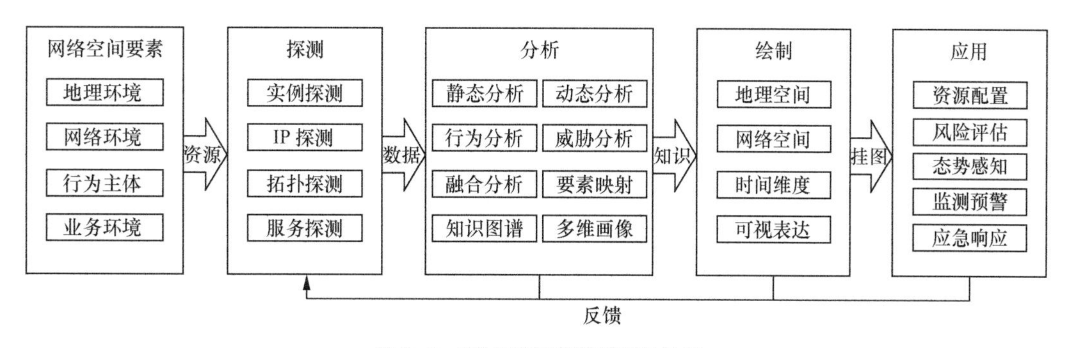

图 2-2　5G 网络空间资产测绘体系

（1）探测

探测是精确全面地获取5G网络空间要素全面资产测绘数据的过程，探测内容包括虚实资源及其属性和行为，对实体资源的测量包含实体探测、IP探测、拓扑探测等，对虚拟资源的测量包含用户探测、服务探测等。网络空间资产测量方法应该满足稳定性、准确性、全面性、可重复4个需求。稳定性要求网络空间资产轻微变化不会导致测量方法失效；准确性要求探测结果能够准确反映网络空间资源的真实情况；全面性要求测量方法和结果能够尽可能全面地获取和覆盖被测资源的各种参数；可重复则是在相同的测量条件下，多次测量结果应是一致的。

（2）分析

分析是从测量结果中提取数据及其属性，并进行分析建模和关联映射，实现对5G网络空间资产高精度全景画像和追踪定位。分析内容包括对实体资产和虚拟资产的属性提取、关联和画像，以及向物理空间和社会空间的关联映射。网络空间资产分析需要解决复杂属性解析、缺失属性填充、多表征归一、跨域映射等一系列关键问题，分析结果是形成一系列5G网络空间资源知识库。

（3）绘制

基于探测结果和分析结果，将多维的网络空间资源及其关联关系投射到一个低维的可视化空间，构建网络空间资源的分层次、可变粒度的网络地图，实现对多变量、时变型网络资源的可视化过程。绘制需要对数量巨大、多源异构的信息数据，按时间、空间、地点等多维度信息进行融合、统一管理与描述。基于统一的时空基准数据模型和资源标识，对数据进行有效关联组织和可视化表达，对网络空间资源的分布、状态、发展趋势等进行全方位动态展示。

（4）应用

根据网络空间资产全息地图，面向不同的综合业务，应用不同的层次数据。与地理地图一样，网络空间资产全息地图既可以独立使用，也可以与其他资源、状态、外部信息、知识图谱等叠加。网络空间资产测绘的结果可以应用到改进网络部署、提升网络性能、评估网络安全态势、主动预警和防御网络攻击等场景。

2.4.3 平台架构

5G网络空间资产测绘平台通过主动采集、被动采集和在线、离线导入等手段实现对5G网络资产信息和安全属性的数据采集；利用交互式数据可视化技术，通过不同维度全面展现5G网络资产的分布情况和整体安全态势，结合完善的资产指纹特征库、漏洞库、弱口令库、资产基线知识库，通过内置高效关联分析及机器学习等智能化模型对数据进行全面实时的分析；通过工作流引擎提供风险处置自动化管理流程，最终实现资产的拓扑结构生成、安全检测、威胁预警、风险处置，确保5G网络空间资产安全可见、可知、可控。

5G网络空间资产测绘平台功能架构如图2-3所示。

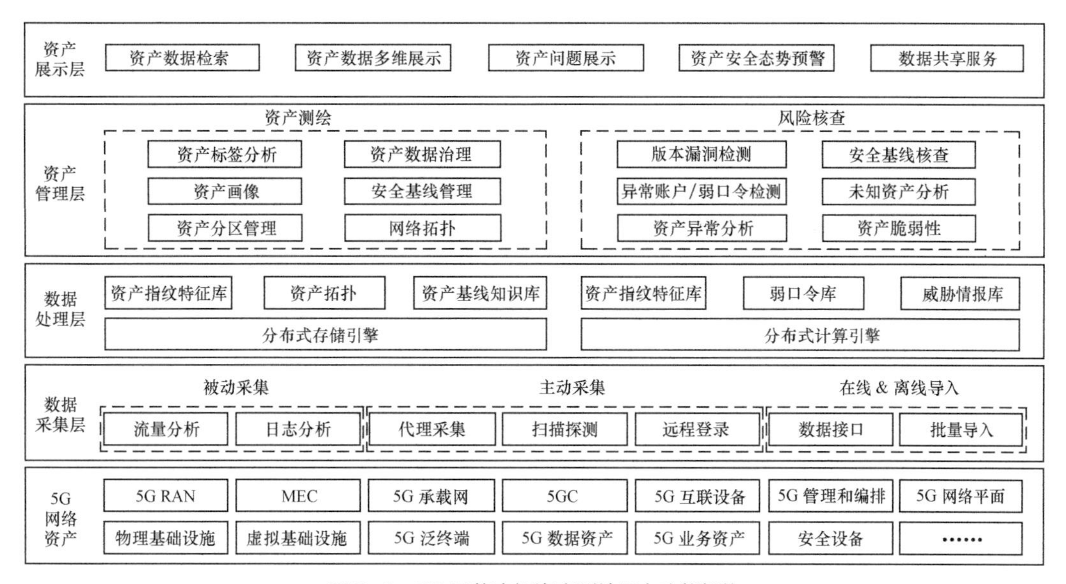

图 2-3　5G 网络空间资产测绘平台功能架构

（1）5G 网络资产

5G 网络空间资产测绘平台全面覆盖 5G“云、网、端、边、数、业”，支持对各种网络中的主流资产进行自动发现和采集，包括物理基础设施、虚拟基础设施、5G 网络平面、安全设备、5G 互联设备、5G 管理和编排等。

（2）数据采集层

5G 网络空间资产测绘平台采用主动、被动的采集方式，利用代理、远程扫描、资产插件、流量监控等技术手段，实现对企业全网安全资产进行自动采集，随时洞察网络空间资产暴露面，主动掌控 5G 网络资产动态，及时降低 5G 资产安全风险。

（3）数据处理层

通过大数据平台技术，5G 网络空间资产测绘平台可提供丰富的资产指纹和漏洞规则数据，为资产的自动发现识别、安全检测提供对比规则和识别、检测手段，并可共享规则数据。数据处理层主要包括资产指纹特征库、资产基线知识库、弱口令库、威胁情报库等。

（4）资产管理层

5G 网络空间资产测绘平台可提供 5G 资产测绘与风险核查功能，主要包括对采集的 5G 网络空间资产进行数据治理和认领，动态构建系统内部和系统之间的拓扑关系，同时实现对所有 5G 网络空间资产进行安全检测，识别 5G 网络空间资产的漏洞和暴露面，并进行主动预警、风险处置与响应，以及数据分析。

（5）资产展示层

5G 网络空间资产测绘平台整体通过门户和可视化方式向用户进行展示，包括资产数据的共享、资产态势监测过程与结果，并提供高性能的资产数据搜索。

5G 网络空间资产测绘平台采用分布式大数据技术来实现，达到了“摸清家底”的目的，网络空间资产测绘通过主动、被动结合的采集方式，实现对现网资产的测绘与资产属性收集，识别探测网络上存活的主机、网络设备、安全设备、中间件、数据库、大数据、虚拟化等系统的 IP、媒体访问控制（Media Access Control，MAC）地址、开放端口、服务厂商、型号、版本等信息，有效地掌握了 5G 网络空间资产的分布状况。此外，5G 网络空间资产测绘平台可提供 5G 安全域及 5G 网络空间资产在网络地址上的分布情况概要，展示资产类型分布、端口分布、脆弱性分布等信息，提供可视化的呈现视图。

2.4.4 关键技术

（1）5G 网络空间资产协同探测和指纹识别

准确、全面地进行 5G 网络空间资产协同探测是实现 5G 网络资产有效管理的前提，细粒度地识别 5G 网络空间资产指纹信息能够为资产行业属性分析及威胁分析提供数据支撑。

网络空间资产协同探测从探测机理上主要分为主动探测和被动探测两种手段。主动探测是指主动向目标网络资产发送构造的数据包，并从返回的数据包的相关信息（包括各层协议内容、包重传时间等）中提取目标指纹，与指纹库中的指纹进行对比，来实现对开放端口、操作系统、服务及应用类型的探测；被动探测是指采集目标网络的流量，对流量中应用层超文本传输协议（Hyper Text Transfer Protocol，HTTP）、文件传输协议（File Transfer Protocol，FTP）、简单邮件传输协议（Simple Mail Transfer Protocol，SMTP）等数据包中的特殊字段服务标识或 IP、TCP、动态主机配置协议（Dynamic Host Configuration Protocol，DHCP）等数据包中的指纹特征进行分析，从而实现对网络资产信息的被动探测。主动探测的速度快，且能够有效探测不产生网络流量的资产，但噪声大，仅能了解当时探测的情况；被动探测虽噪声小，支持历史数据积累，但对不产生网络流量的资产无效。

在 5G 网络空间资产探测中建议采用主动、被动协同探测技术方案，即通过主动方式进行资源探测并扩散被动探测节点，利用被动方式获取信息，再针对这些信息通过主动方式进一步在网络空间探测，进而获得更全面的结果。

5G 网络空间资产协同探测如图 2-4 所示。

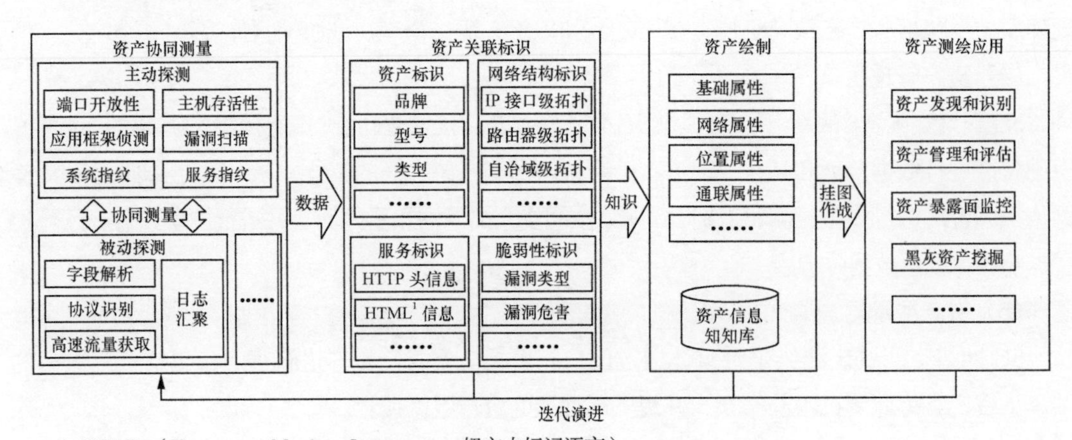

1. HTML（Hypertext Markup Language，超文本标记语言）。

图 2-4　5G 网络空间资产协同探测

5G 资产探测与识别要求满足：支持标准协议解析，支持 NG 接口应用协议（NG Application Protocol，NGAP）、报文转发控制协议（Packet Forwarding Control Protocol，PFCP）、GPRS 隧道传输协议第二版（GPRS Tunneling Protocol version 2，GTPv2）、超文本传输协议 2.0（Hyper Text Transfer Protocol 2.0，HTTP 2.0）等 5G 协议解析；支持 IPv6，能够对 IPv6 数据包进行识别；支持对工控和物联网协议进行深度解析和还原，常见协议包括受限应用协议、面向通用对象的变电站事件、Modbus、消息队列遥测传输协议等；业务资产识别，支持识别联网设备的终端信息，包括设备类型、设备厂商、服务端口、互联网协议、应用程序等。识别的平台信息包括 IP 地址、域名、系统类型等；能够对开源模拟器、蜜罐等仿真环境实现一定程度的有效识别；基于机器学习的 5G 资产指纹发现方法，先对 5G 资产信息特征进行提取，再通过机器学习算法对待检测的数据进行分类，从分析结果中获取 5G 资产指纹信息。

在设计和实施主动、被动协同探测时应尽可能减少对 5G 网络的影响，提高探测结果的准确性，同时还应注意通过协同方式尽量避免流量捕获和解析等带来的隐私和安全问题。大规模、大范围的 5G 网络探测需要分布式部署多个探测节点，探测节点的网络接入位置包括 5G 网络边缘侧和核心侧，综合多点的探测信息以获得更全面准确的探测结果。多点协同探测在探测基础设施中表现的是探测网络组织结构，是多地多点部署，在探针方面表现的是多探针分布式部署、探测任务并发执行、多种探针联动等，多点协同探测需要解决探测点部署位置、探测任务调度、探测网络通信等问题。

为了对这些广泛分布的异构探测节点进行统一组织，还需要构建 5G 网络空间资源协同探测的基础设施，解决探测网络组织模型、探测任务调度策略、平台运维管理等问题，支持对 5G+ 行业应用网络空间中的各类实体资源和虚拟资源进行探测。

（2）5G 网络空间资产知识图谱建模

近些年，随着知识图谱概念在人工智能领域的兴起，使用知识图谱进行各个领域的数据建模成为趋势。知识图谱具有可“思考”、让数据可以被计算机“理解”等特点。由于其将数据组织成知识，数据之间不再是零散的、孤立的，这一特点为分析 5G 网络空间资产关联关系提供了一种新的思路和方法。5G 网络空间资产探测技术可为 5G 网络空间资产测绘提供详细的资产设备分布信息，通过对多源、异构、碎片化的海量数据进行语义分析与理解，绘制 5G 网络空间资产图谱。在此基础上，结合大数据特征分析与挖掘技术、网络威胁情报融合技术，建立网络空间资产知识图谱高效检索机制，为网络安全风险预测、安全事件预警提供基础支撑。

网络空间资产知识图谱构建的基础知识体系由网络空间领域本体表示，将 5G 网络空间领域要素分为资产维度、威胁维度和脆弱维度，并基于这 3 个维度对核心概念集合进行划分，网络空间领域本体三大维度如图 2-5 所示。

① 资产维度概念集｛主机，操作系统，软件，IP 地址，端口，服务｝。

② 威胁维度概念集｛攻击，恶意流量，恶意软件，告警，木马，病毒，间谍软件｝。

③ 脆弱维度概念集｛漏洞，弱点，隐患｝。

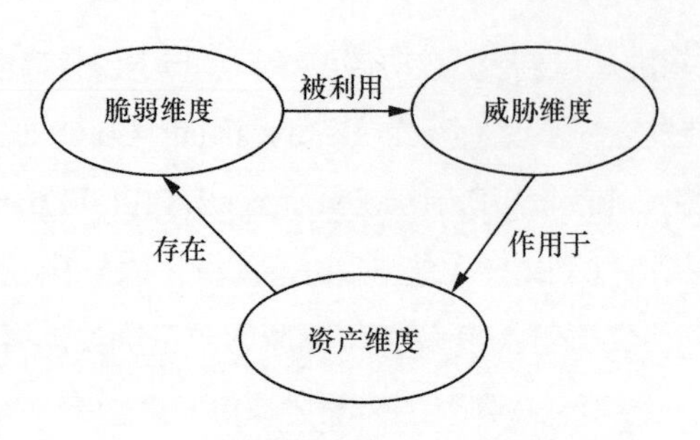

图 2-5　网络空间领域本体三大维度

资产维度是攻击目标的基础环境，攻击目标是 5G 关键基础设施和垂直行业资产等。基于攻击目标环境生成资产维度的重要类集合表示为：{ 组织，主机，硬件，操作系统，软件，网络，IP 地址，域名，端口，服务 }。

环境中存在的脆弱性可引申出脆弱维度，除了常见的漏洞脆弱性，脆弱维度还引入弱点脆弱性这一概念。漏洞脆弱性存在于某一具体的硬件、操作系统及软件上。弱点脆弱性针对硬件设计、软件开发过程及网络空间中可能存在的弱点进行描述，相较于漏洞脆弱性，弱点脆弱性更具普适性。由脆弱维度要素组成的重要类集合表示为：{ 漏洞，弱点 }。

攻击者利用脆弱维度中的脆弱性要素可对目标环境发动攻击，其中攻击要素主要包含攻击者、攻击方式、利用工具、攻击事件和产生的攻击后果。基于攻击要素生成的重要类集合表示为：{ 攻击者，攻击团体，攻击手段，攻击工具，恶意软件，攻击模式，攻击活动 }。

针对 5G 海量网络空间资产构建 5G 网络空间资产知识图谱，可实现面向 5G 网络空间资产测绘领域知识图谱的语义搜索、查询，以及智能问答和知识推理等功能，将 5G 资产、漏洞、安全机制、攻击模式等信息进行关联分析和数据融合汇聚，充分掌握 5G 网络空间资产及其状况，解决孤立、零散的资产管理问题，实现完整的 5G 资产画像，形成 5G 网络空间资产地图。5G 网络空间领域本体如图 2-6 所示。

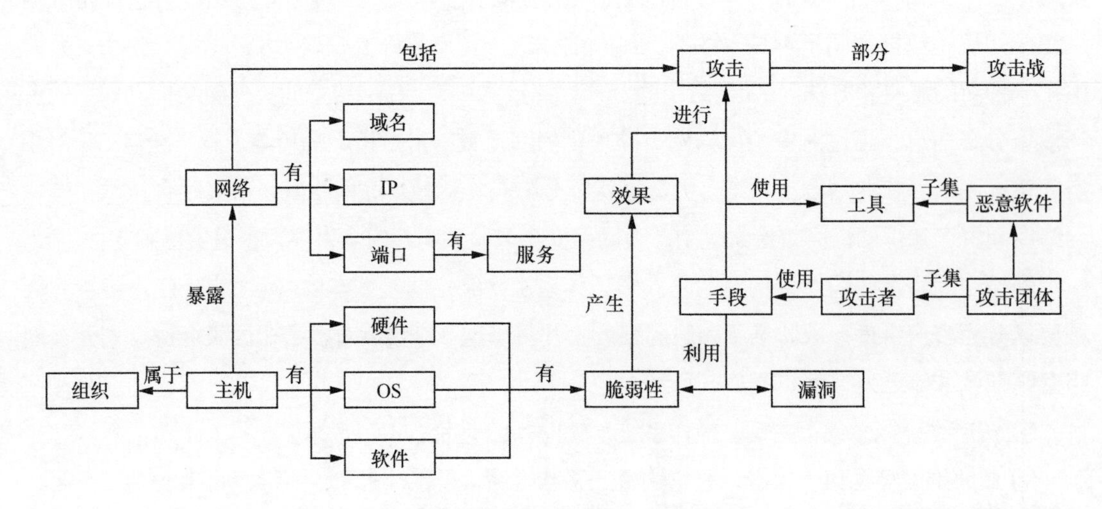

图 2-6　5G 网络空间领域本体

（3）基于攻击树的 5G 安全风险评估

对 5G 网络进行安全风险评估，能够分析 5G 网络资产面临的风险因素和脆弱信息，了解风险所在，评估网络的安全性和防御性。该过程是选取恰当的防御手段及部署有效防护策略的重要依据，也是确保 5G 网络安全的首要条件，具有一定的实际意义。

目前，国内外现有的网络安全风险评估方法有很多，包括基于漏洞扫描和入侵检测的评估方法、基于知识推理的评估方法、基于资产价值的评估方法，以及应用最广泛的基于模型的安全风险评估等。攻击树模型从攻击者的角度出发，用图形方式展现攻击流程，结合系统架构详细分析攻击方式并定量评估系统风险，适合描述多阶段的复杂攻击行为，能够有效提高系统面对未知漏洞利用和危害的安全评估能力。因此，攻击树模型在实际中得到广泛应用。

基于攻击树对系统建模，首先，需要专家对系统进行分析，确定攻击的最终目标，即攻击树的根节点，其次，确定攻击者可能采取的攻击手段作为叶节点，剩下的为中间节点。各个节点通过逻辑运算梳理出一棵或多颗攻击树，叶节点表示能引起攻击目标安全事件发生的各类攻击事件，每条从叶节点到根节点穿过整棵攻击树的路径表示对系统的一次完整攻击序列。攻击树模型可以识别 5G 网络的资产风险，包括确定更高级别的影响或结果，并将它们与可能导致此类事件发生的较低级别方法或利用路径联系起来。攻击树的每一条路径都是一个潜在的攻击向量，利用攻击树模型分析 5G 网络风险的方法如图 2-7 所示。

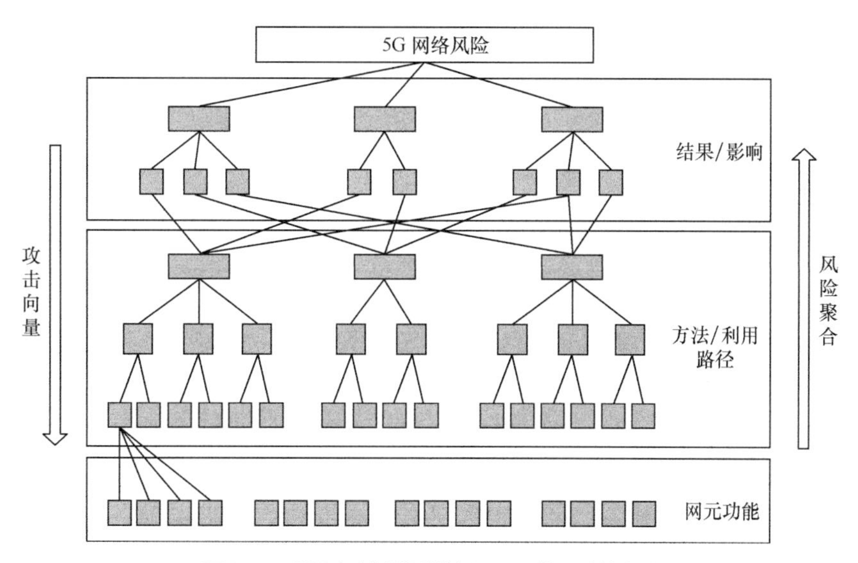

图 2-7　利用攻击树模型分析 5G 网络风险的方法

构建攻击树可以探索大量潜在的风险，将风险自然分组为“主题”或关注的特定领域。攻击树还使风险所有者能够以易于理解的方式呈现风险。由此，与攻击相关的风险是基于一系列因素评估的，例如可能性 / 成本 / 可重复性等。通过将风险向上汇总，可以评估由特定关注领域引起的风险，从而确定缓解措施。

基于攻击树模型的安全风险评估主要分为两个阶段：第一阶段分析系统面临的安全威胁，根据节点关系构建层次化的攻击树模型；第二阶段计算风险，根据威胁行为特点赋予叶节点相应的属性并进行量化，从而计算根节点的风险概率。

为了降低攻击树的复杂度，在构建扩展攻击树的过程中，引入 STRIDE[1] 威胁分类模型，其可以限制一级节点数量，从而有效减少攻击树的分支数并压缩宽度。STRIDE 威胁分类模型将常见的安全威胁分成欺骗、篡改、抵赖、信息泄露、拒绝服务和权限提升 6 个维度，涵盖目前大部分的安全威胁，同时，这 6 个维度与信息安全属性相关。信息安全具备机密性、完整性和可用性 3 个基本属性，另外还具有可靠性、不可抵赖性和可控性等其他属性。5G 网络切片攻击树模型如图 2-8 所示。

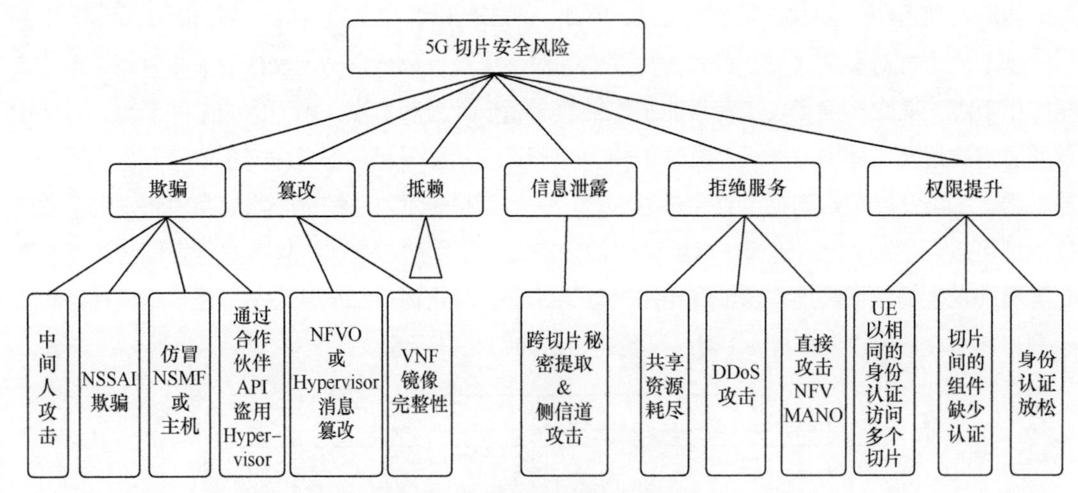

图 2-8　5G 网络切片攻击树模型

（4）网络空间可视化呈现

网络空间可视化技术是在网络空间资源探测和分析的基础上，将多维的网络空间资源及其关联关系投影到一个低维可视化空间，旨在构建网络空间资产的层次化、可变粒度的网络地图，实现对多变量时变型网络资产的可视化呈现。通过丰富的图形化手段可直观地展示网络空间的物理链路、逻辑拓扑、资产画像、流量内容、安全态势等多维度信息，为摸清资产分布、掌握漏洞信息、感知趋势变化、支撑指挥决策等提供重要手段。

针对 5G 网络空间资产数据的时间特性和空间特性，结合数据间的关联性，建立数据可视化关联模型，动态维护关联关系，并根据 5G 网络空间资产涉及的多种属性进行资源聚类，计算节点的分布位置，实现在虚拟空间和现实空间中的数据关联、数据流向、数据分布展示；结合空间、地点、时间等多个维度，对不同数据进行多方面、多层次的处理，并将不同维度数据进行合理的叠加处理，实现从网络空间要素可视化到网络空间关系可视化，再到网络空间行为可视化的技术路径的演进。

1　STRIDE（Spoofing, Tampering, Repudiation, Information Disclosure, Denial of Service and Elevation of Privilege，欺骗、篡改、抵赖、信息泄露、拒绝服务、权限提升）。

绘制一组能够实时、动态、真实地反映 5G 网络空间并将其与地理空间统一融合的网络空间资产地图，需要多种技术融合。网络空间可视化呈现技术路径如图 2-9 所示。

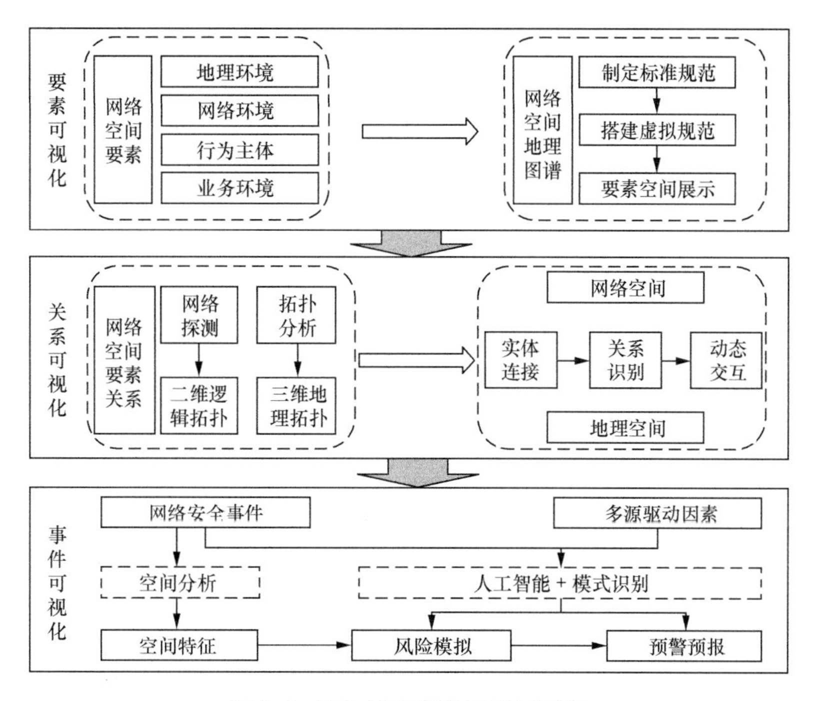

图 2-9　网络空间可视化呈现技术路径

① 以地理空间可视化为基础，融入网络安全事件和网络空间资产数据，从地理、资产、事件维度丰富可视化表达，全面展示和描述网络空间资源的分布和属性，实现网络空间要素的可视化表达。

② 在网络空间要素表达的基础上，探讨组织、网络、地理空间与数字化信息数据间的相互关联和影响，将网络拓扑关系映射到地理空间，实现网络关系的可视化。

③ 以事件为触发条件，通过图形快速串联事件、资产和地理要素，明晰各要素之间的互动关系，形成一组动态、实时、可靠、有效的网络空间“作战指挥”地图，提高业务部门在事件发现、取证定位、追踪溯源方面的能力和效率，使职能部门的工作更加智能化、自动化、可视化。

2.5　小结

资产是网络安全的核心要素，安全对抗讲究“知己知彼”，也就是说首先要做到“知己”，以攻击者视角全面覆盖资产和暴露面，“摸清家底”，管控风险。本章以 5G 网络空间资产测绘为起点，以 5G 脆弱性和风险管理为落点，以 5G 网络空间资产安全运营为终点的阶梯式建设方法论，实现对 5G 网络空间资产安全的“挂图作战”，确保 5G 网络空间资产管理向规范化、智能化、精细化、可视化全面发展。

2.6 参考文献

[1] 方滨兴 . 定义网络空间安全 [J]. 网络与信息安全学报 , 2018,4 (1) ：1–5.

[2] 郭莉 , 曹亚男 , 苏马婧 , 等 . 网络空间资源测绘 : 概念与技术 [J]. 信息安全学报 , 2018, 3 (4):1–14.

[3] 周杨 , 徐青 , 罗向阳 , 等 . 网络空间测绘的概念及其技术体系的研究 [J]. 计算机科学 , 2018, 45(5):1–7.

[4] 高春东 , 郭启全 , 江东 , 等 . 网络空间地理学的理论基础与技术路径 [J]. 地理学报 , 2019, 74(9):1709–1722.

[5] 陈庆 , 李晗 , 杜跃进 , 等 . 网络空间测绘技术的实践与思考 [J]. 信息通信技术与政策 , 2021, 47(8):30–38.

[6] 郭启全 , 高春东 , 郝蒙蒙 , 等 . 发展网络空间可视化技术支撑网络安全综合防控体系建设 [J]. 中国科学院院刊 , 2020, 35 (7):917–924.

[7] 邓晓晖 , 李伟辰 , 曹文杰 . 基于测绘技术的网络资产安全管理研究 [J]. 保密科学技术 , 2021(3):36–40.

第3章　5G安全防御规划

面对日益复杂的网络安全环境及新一代安全威胁，传统单点防御逐渐失效，5G安全亟待构建新型防御体系。本章将基于网络安全滑动标尺模型和自适应安全架构模型，从攻击视角，探讨如何规划构建5G安全纵深防御、主动防御、动态防御及整体协同的防御体系，融合多种安全防御手段和机制，建立“预测—防御—检测—响应”的安全闭环和主动自适应的防御体系，最终达到有效检测和防御新型安全威胁的目的。

3.1　5G安全防御体系规划思路

3.1.1　网络安全滑动标尺模型

网络安全滑动标尺模型是SANS公司在2015年8月发表的《网络安全滑动模型》中建立的一个网络安全分析模型。网络安全滑动标尺模型对组织在威胁防御方面的措施、能力及所做的资源投资进行分类，详细探讨了网络安全防御体系的方方面面。

网络安全滑动标尺模型把网络安全防御体系建设分为5个主要阶段，分别为基础防护、被动防御、主动防御、情报预测和进攻反制。网络安全滑动标尺模型如图3-1所示。

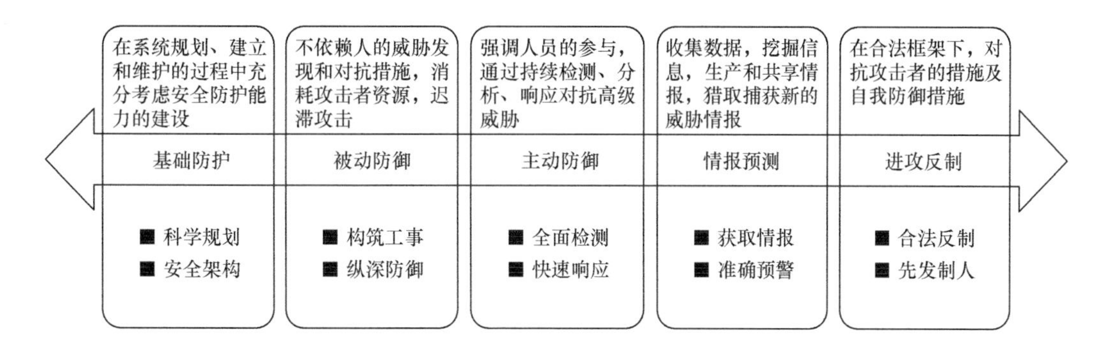

图3-1　网络安全滑动标尺模型

（1）基础防护：科学规划、安全架构

网络安全滑动标尺模型把基础防护建设放在标尺的最左边，通过完成架构安全建设，解决基础层面的安全问题，包括安全域划分、补丁管理、系统加固等工作，此阶段的工作不依赖外部安全硬件设备来完成。

（2）被动防御：构筑工事，纵深防御

在做好基础防护工作后，进入被动防御阶段。在架构安全的基础上，部署防火墙、入侵检测等硬件安全设备，让系统具备基本的检测和防御能力。该阶段无人员介入，仅依靠安全设备提供可持续的威胁防护及威胁漏洞洞察力，核心是建设纵深防御体系。

（3）主动防御：全面检测，快速响应

主动防御阶段强调人员的参与，对防御范围内的威胁进行持续监控，主动检测、分析、响应，包括主动学习外部的攻击手段。该阶段的核心能力是在人员参与的情况下开展检测和响应工作。

（4）情报预测：获取情报，准确预警

该阶段采用威胁情报为安全设备和人员进行赋能，通过收集各种安全数据，借助机器学习，进行建模及大数据分析，开展攻击行为的自学习和自识别，进行攻击画像、标记等活动，将收集到的各种数据加工成有价值的信息。该阶段能够做到对攻击行为“知己知彼”。

（5）进攻反制：合法反制，先发制人

该阶段是指利用法律及攻击自卫反击等技术对攻击者进行反制威慑。

网络安全滑动标尺模型能够客观评价安全能力的成熟度，每进入下一阶段，安全能力都会有较大的提升，通过不断演进，最终达到一个比较理想的安全能力成熟度。按照网络安全滑动标尺模型构建安全体系，能够实现从“基础防护”到“被动防御”，再到“主动防御”等阶段的叠加演进。“叠加演进”强调继承和发展，事实上每一阶段的能力体现均依赖前一阶段的建设。由此可见，安全防护尽管已不再百分百可靠，但从攻防对抗的角度来讲，其依然具有重要的作用和战略意义。

网络安全滑动标尺模型能够很好地指引网络安全防御体系规划和建设工作，不仅指明了每一阶段的建设目标，更给出了具体的建设内容，具有很强的实践性和可操作性。对于网络安全防御体系规划来说，为了让网络安全防御体系建设投资更合理、回报率更高，可参考滑动标尺模型，依照从左往右的顺序进行规划和建设。

3.1.2 自适应安全架构模型

实施具有持续性和自适应的安全架构，将安全思路从“事件响应”转变为“持续响应”，将有助于巩固5G网络安全。预防和检测是传统安全防范的关键，然而5G网络环境涵盖了云化、服务化、可编排化、云网协同化、终端泛化、业务多场景化等技术特性，是一个更加复杂且动态的网络环境，这也带来了新的安全挑战，具体如下。

① 5G业务产生了对高效性和敏捷性的迫切需求，包括信息安全和风险管理。

② 5G威胁环境不断改变并发展，针对新型IT和业务架构的威胁和攻击类型不断增加。

③ 随着各个企业越来越多地使用基于云的系统和开放的API来构建下一代业务生态系统，仅仅依靠检测的边界防御和基于固定策略（例如，防病毒和防火墙）的安全效果越来越差。

为了有效应对 5G 安全新挑战，需要采用一种具有持续性、自适应性的安全架构模型，这种基于动态的、自动化的、自适应的安全防护体系能够适应 5G 新技术、新架构、新业务的发展趋势，应对当前比较令人头痛的零日攻击、高级持续性威胁（Advanced Persistent Threat，APT）攻击、分布式拒绝服务（Distributed Denial of Service，DDoS）攻击效果明显，真正起到主动式防御效果，最终达到安全的可管、可控、可视、可调度、可持续。自适应安全架构模型如图 3-2 所示。

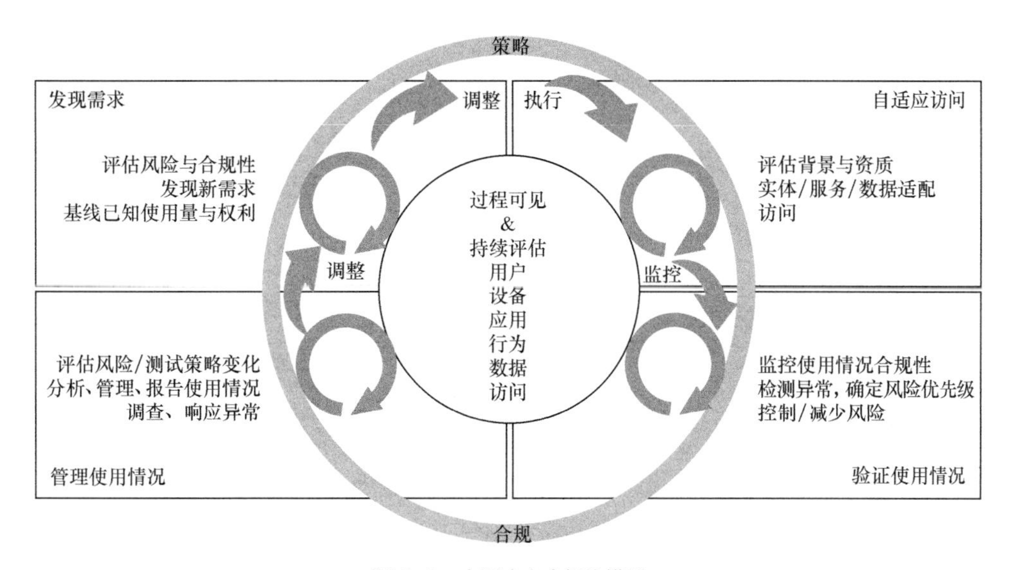

图 3-2　自适应安全架构模型

3.2　5G 安全纵深防御

纵深防御体系是一种网络安全防护系统设计方法论，其基本思想是综合治理，即采用一个多层次的、纵深的安全措施来保障网络及信息系统的安全。但随着网络安全技术的不断发展深化，单一的层次化方法已经不能适应新的安全形势，必须以体系化思想重新定义纵深防御，形成一个纵深的、动态的安全保障框架，即纵深防御体系。

5G 安全纵深防御体系的规划，应该在基础安全防御的基础上叠加纵深防御，在覆盖 5G 网络的“云、网、端、边、数、业”纵深层次方面，有针对性地规划防护方案，从而限定攻击者可利用的潜在攻击路径，并基于“面向失效的设计”原则，综合利用层次纵深、网络纵深、业务纵深、组件纵深、时间纵深等手段，设计多样化、多层次的 5G 安全防御体系，并着重考虑其中任何一道防线被绕过后的防御“后手”，最终强化防御者的先发优势，有效控制复杂的安全威胁。5G 安全纵深防御体系如图 3-3 所示。

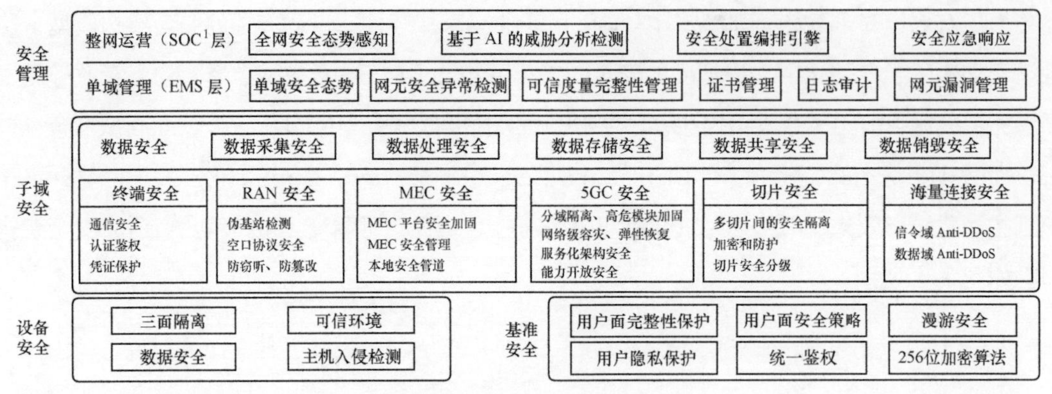

1. SOC（Security Operation Center，安全运营中心）。

图 3-3　5G安全纵深防御体系

3.2.1　5G安全基础防御

（1）资产和拓扑测绘

通过5G资产识别、拓扑测绘掌握网络结构和业务连通关系的全局信息。

（2）分区分域

对5G网络进行合理、细粒度的区域划分及通信接口和数据流定义。

① 根据不同5G网元系统的重要程度、资产类型、保护需求等划分安全区域。

② 进行逻辑隔离和数据流控制。

③ 不同5G业务应用系统之间进行逻辑隔离。

④ 设置独立的5G运维管理区域，避免管理与业务通信相互影响。

⑤ 5G网元日志和管理数据也属于高价值信息，存放于运维管理区域，需要加强访问控制，防止信息泄露。

（3）基础防护能力

部署边界安全防护、检测、访问控制、认证、审计，以及其他基础防护能力。

① 边界防护具备防火墙、IDS/IPS、虚拟专用网网关（Virtual Private Network Gateway，VPN GW）、Web应用防火墙（Web Application Firewall，WAF）等基础防护能力。

② 5G所有网元、网管及安全设备都要纳入4A[1]系统管理，日常管理必须通过4A系统登录。实现对资源访问的统一安全认证服务，实现资源的认证集中控制，保障资源的访问安全性。对用户能够在被管资源中行使的权限进行集中分配，实现用户对资源的访问控制，同时可审计设备登录和操作日志，实现安全审计管理。

③ 可根据实际情况，部署全流量检测系统、基线核查系统、漏洞扫描系统、防病毒、异常流量监测系统等其他安全防护能力。

1　4A（Authentication, Authorization, Accounting and Auditing，认证、授权、计费、审计）。

（4）漏洞和补丁管理

同步漏洞信息，感知漏洞存在，实施漏洞修复和补丁管理，防御漏洞被恶意利用。

① 关注漏洞平台信息并结合威胁情报、测试环境漏洞扫描等方式及时发现漏洞信息。

② 根据全面记录的 5G 网络空间资产信息测试漏洞是否存在，分析漏洞影响，并对可能存在的攻击行为进行自查。

③ 根据分析结果按需修复。

④ 对补丁或升级文件实施安全性分析、测试验证和灰度升级。

⑤ 同时根据相应的威胁情报实施快速响应处置。

⑥ 建立漏洞与补丁管理响应跟踪机制，实施效能评估，持续优化和改进处置措施、管理流程等。

（5）配置与加固

合理的配置和全面的安全加固，可以增加攻击者的入侵成本，提高应对威胁的防御能力。

① 配置加固应覆盖所有的 5G 资产，避免盲点。

② 让安全加固配置形成基准，5G 资产软硬件按照相关基线配置标准规范进行加固。

③ 应在测试环境中进行测试验证后实施配置加固。

（6）容灾备份能力

① 5G 网络容灾：5G 网络结构具备容灾能力，5G 网络关键设备不存在单点故障问题。

② 5G 网元容灾：5G 关键网元应具备容灾能力。

③ 5G 资源池容灾：5G 核心网具备资源池容灾的能力。

④ 备份恢复：业务中断后的备份和恢复能力。

3.2.2 5G 泛终端安全防护

5G 泛终端安全防护的目的是保护用户的应用和数据，以及终端功能不被损坏。终端须从硬件、操作系统、软件、通信和数据等方面实现全方位保护。另外，5G 泛终端系统设计还应满足用户对终端的知情权和控制权，即所有对用户个人数据和敏感功能的操作，须通知用户，并且得到用户许可后方可执行。

5G 泛终端安全防护架构如图 3-4 所示。

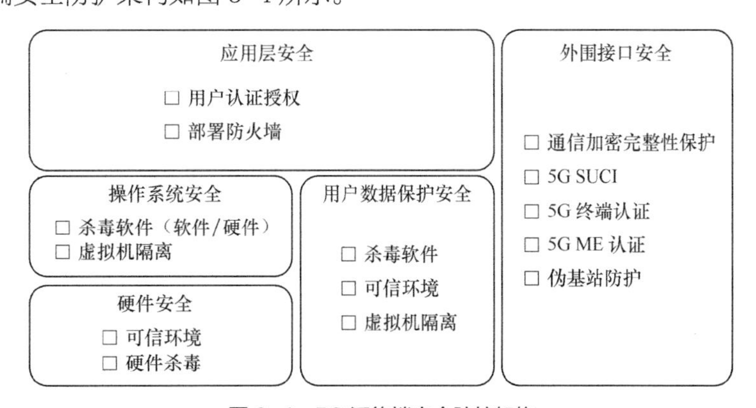

图 3-4 5G 泛终端安全防护架构

不同行业对终端安全能力有着不同的需求，为了高效地适应差异化安全需求，应该建立统一的终端安全技术体系，该技术体系能够以组件方式提供完备的安全能力，同时又能够根据行业需求，进行组件的组合和裁剪，提供高、中、低不同等级的安全能力，满足差异化安全要求。

3.2.3 5G MEC 安全防护

5G MEC 安全防护规划需要考虑：安全功能适配边缘计算的特定架构；安全功能能够灵活部署与扩展；能够在一定时间内持续抵抗攻击；能够容忍一定程度和范围内的功能失效，基础功能始终保持运行；整个系统能够从失败中快速且完全恢复；边缘计算应用场景的独特性。基于此思路，5G MEC 安全防护方案规划如下。

（1）控制面防护

控制面接口遵循 3GPP 标准使用 IPSec 隧道保护完整性和机密性。

（2）管理面防护

中心侧管理面与边缘 MEC 使用传输层安全协议（Transport Layer Security，TLS）、简单网络管理协议版本 3 等。

（3）用户面防护

用户面接口遵循 3GPP 标准使用 IPSec 隧道保护完整性和机密性，部分 App N6 口也建议支持 IPSec 加密，保护 N6 口到 App 的流量。

（4）MEC 平台（MEC Platform，MEP）访问控制

MEP 对 App 实现服务注册、发现及授权管理，防止未授权访问，同时使用白名单等安全加固方式防止恶意攻击。

（5）用户面功能（User Plane Function，UPF）访问控制

UPF 与 App 之间实现基础层资源隔离，同时根据需求部署虚拟防火墙，防止非法访问并进行攻击检测。

（6）边缘应用防护

App 对外运维管理接口实现双向认证和最小授权，同时按需实施漏洞扫描修复等安全加固方式，保障软件包和配置防篡改。

（7）虚拟化防护

5G MEC 实施主机 / 容器入侵检测，支持虚拟机 / 容器逃逸检测等虚拟化安全加固措施。

3.2.4 5G 网络安全防护

5G 网络安全防护主要包括用户和设备安全、空口安全、接入安全和传输安全等，具体防护方案规划如下。

（1）接入安全防护

接入安全需要联合 UE、无线接入网、5G 核心网整体考虑，部署多重防护机制。需要对用户和网络进行双向认证，保证用户和网络之间的可信。UE 与网络间进行双向认证，防范伪基站，

UE 由高制式网络回落到低制式网络。

（2）空口的机密性、完整性保障

为提供空口或 UE 到核心网之间的用户面加密和完整性保护，防止被嗅探窃取，需要对空口、UE 和 5G 核心网之间的数据进行加密，支持 3GPP 网络与无线局域网（Wireless Local Area Network，WLAN）互联认证和可扩展认证协议 - 认证密钥协商（Extensible Authentication Protocol-Authentication and Key Agreement，EAP-AKA）、5G 认证与密钥协商（5G-Authentication and Key Agreement，5G-AKA）协议认证，支持主流的加密和完整性保护算法。

（3）3GPP 各网元间连接安全防护

3GPP 各网元间使用 IPSec 保护传递信息的安全，IPSec 加密和校验确保数据传输的机密性和完整性，IPSec 认证确保数据源的真实性；5GC 功能模块间使用超文本传输安全协议（Hypertext Transfer Protocol Secure，HTTPS）保护传递信息的安全，通过 TLS 对传输数据进行加密、完整性保护，TLS 双向身份认证可防止假冒 NF 接入网络。

（4）管理面 / 控制面 / 用户面三面隔离防护

空口方面，控制面 / 用户面协议栈分离，控制面加密和实施完整性保护，用户面加密和实施完整性保护；传输方面，三面 IPSec 隧道隔离，三面虚拟局域网（Virtual Local Area Network，VLAN）隔离，管理面 TLS 加密。

3.2.5 5G 核心网安全防护

5G 核心网安全的具体防护方案规划如下。

（1）安全分域

安全域划分原则：每个安全域的信息资产价值相近，具有相同或相近的安全等级、安全环境、安全防护策略等；5G 核心网可划分为 8 个安全域，5G 核心网安全分域与边界安全防护如图 3-5 所示。

用户面 2 个：MEC 域和用户域，电信运营商的用户面形态有 MEC 和 UPF 两类，而且是不同的位置。

控制面 2 个：有对外提供服务、对外连接接口的 2 个安全域放在 5GC 非军事区（Demilitarized Zone，DMZ）。

5GC 可信区域 3 个：其中认证、客户数据存储、密钥生成、对 SBA 有整体性影响的网络仓库功能（Network Repository Function，NRF）网元、计费相关的网元部署在最高级别安全域。

管理面 1 个：网管域，由于网管涉及整网配置，整网可用性影响大，也可定义为最高级别安全域。

（2）边界安全防护

构建边界、域间、域内网络安全防护能力，与安全域结合，可形成纵深防御体系。

边界防护：朝向互联网和第三方运营商构建外部边界防护能力，朝向内部网管、计费等构建内部边界防护能力。

域间安全防护：5GC 内不同的安全域之间构建安全防护能力，例如控制域、数据域、网管域等之间的安全防护。

域内安全防护：在同一安全域内构建针对某些重要网元的隔离、防护能力。

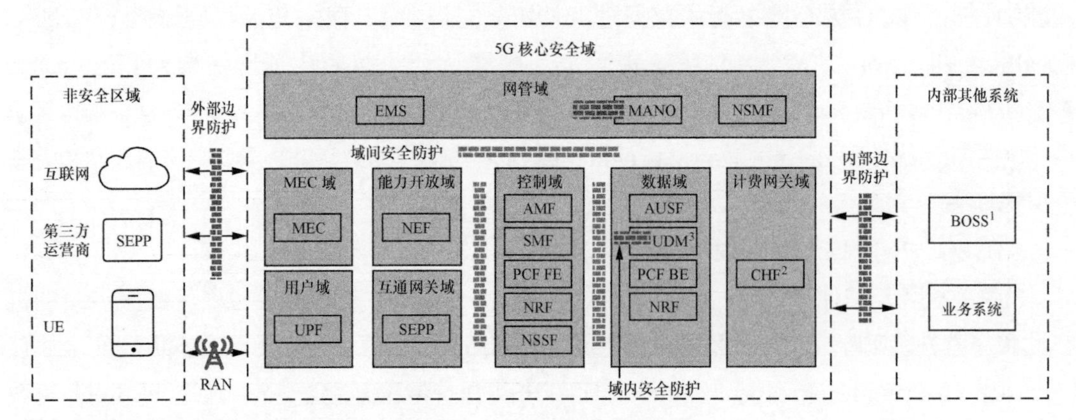

1. BOSS（Business & Operation Support System，业务运营支撑系统）。
2. CHF（Charging Function，计费功能）。
3. UDM（Unified Data Management，统一数据管理）。

图 3-5　5G 核心网安全分域与边界安全防护

（3）云基础设施安全防护

虚拟设施安全需要考虑的因素包括：账号和权限、访问控制、系统更新、安全管理、安全隔离、业务连续性、安全审计、虚拟存储；提供多层隔离措施，构建云化纵深防御体系：5G 核心网应运行在独立的云资源池上，禁止与其他应用混合使用云资源池；不同安全等级的虚拟机（Virtual Machine，VM）不能部署在同一个硬件服务器上；加强对虚拟机逃逸、横向渗透等云资源攻击的防护。

（4）切片安全防护

需要根据切片和安全性要求，提供特定切片的故障 / 配置 / 计费 / 性能 / 安全管理，提供 VNF 的隔离。在切片接入安全中，需要综合考虑接入策略控制、协议数据单元（Protocol Data Unit，PDU）会话机制，提供基于 IPSec 或安全套接字 VPN（Secure Socket Layer VPN，SSL VPN）的安全连接。在公共网络功能（Network Function，NF）与切片 NF 的安全方面，设置白名单机制，控制是否访问，由 NSSF 保证 AMF 连接正确的 NF，并在 AMF 中监测请求频率。在不同切片之间，设置 VLAN/ 虚拟可扩展局域网（Virtual extensible LAN，VxLAN）隔离，并对 VM/ 容器进行资源隔离。不同 VNF 互相鉴权保证通信信息的安全，并通过 IPSec 确保安全连接。切片安全分级，满足行业应用差异化安全需求。

（5）编排和能力开放安全防护

能力开放必须经过安全封装，向租户开放的网络能力必须经过电信运营商授权，不同的授权访问不同的能力。在网络编排中，对于不同的用户，选择不同的用户接入认证方式；对于不同的业务，选择不同等级的加密和完整性保护方式；对于不同的用户数据，选择不同的用户面数据保护终结点；对于不同的切片，赋予不同的安全等级。对于账户管理，需要支持角色分权分域管理、账户生命周期管理、密码复杂度策略管理。对于认证管理，需要进行集中认证管理，认证采用 OAuth2.0，在 Web UI 与网络功能虚拟化编排器（Network Function Virtualization Orchestrator，NFVO）/ 虚拟网络功能管理器（Virtual Network Functions Manager，VNFM）间采用 RESTful 接口，实行统一的审计管理。

（6）5G 漫游安全防护

引入 SEPP，实现消息过滤、拓扑隐藏，部署安全网关保证 5G 核心网与 4G 核心网漫游安全，通过 TLS 对传输数据进行加密和完整性保护。

3.2.6 5G 数据安全防护

5G 数据安全防护主要从以下 6 个方面来考虑。

（1）5G 终端设备数据安全

5G 终端设备数据安全主要包括软硬件安全、接入安全和通信安全 3 个方面。针对以上 3 个方面进行检测和数据安全防护，识别允许接入的合规设备，限制违规设备接入，保证 5G 网络设备在通信安全方面传输的机密性和完整性，避免因网络窃听和网络攻击而导致的数据泄露。

（2）无线接入数据安全

无线接入应保证用户数据和信令数据的安全，应从密钥技术保护、机密性保护、完整性保护、抗重放保护、隐私保护等方面进行数据安全防护。

（3）MEC 数据安全风险

MEC 数据安全主要包括 MEC 平台安全、业务数据安全、边缘云及数据中心安全 3 个方面。针对以上 3 个方面进行网络安全保护措施建设，可保障各业务平台能够应对网络攻击过程中的数据安全风险。

（4）5G 网络切片数据安全

5G 网络切片是基于无线接入网、承载网与核心网基础设施，以及网络虚拟化技术构建的一个面向不同业务特征的逻辑网络。5G 网络切片数据安全主要考虑切片管理数据安全、切片隔离数据安全、切片使用数据安全 3 个方面。针对以上 3 个方面，应确保切片网络自身的安全可控，实现对隐私数据的保护。

（5）5G 业务数据安全

5G 业务数据安全主要包含通用数据安全和垂直行业特定的数据安全两部分内容。5G 业务应该明确自身的关键数据清单，针对关键数据清单，进行针对性的数据安全防护。按照数据访问、数据传输、数据存储、数据处理各个维度的安全提出详细的技术要求，并且针对数据出境部分做了技术要求。5G 垂直行业数据安全技术要求，除了要满足 5G 业务通用数据安全要求，还需要满足垂直行业的特定技术要求。

（6）5G 数据共享安全

数据对外共享是挖掘、发挥数据价值的重要途径，面临的主要问题是如何保障共享过程中的隐私信息安全，目前主要从管理和技术两个角度入手。管理手段主要是通过签订合同和保密协议，来规定数据共享的使用范围、时间、数据共享参与方的保护责任。技术手段主要是通过数据脱敏、安全多方计算、数据溯源等方式保障隐私信息的安全。

3.2.7 5G 业务安全防护

面向 5G 应用的开发流程，建立应用安全管理制度，制定应用开发管理要求、应用安全功能要求和安全开发编码规范，实现从应用安全设计到安全检测，再到安全运行的全生命周期应用安全保障能力。

在应用开发设计阶段，通过安全需求设计、安全架构设计、安全编码和代码评审确保安全能力融入开发过程。在应用测试阶段，通过安全功能测试、性能测试、代码审计和渗透测试等测试工具确保应用上线前的安全检测。在应用运行阶段，通过统一访问控制实现对应用功能和接口的安全防护，并针对 Web 攻击进行防护，同时加强对开发人员的安全管理和培训，从而实现全生命周期应用安全。

3.3 5G 安全主动防御——基于欺骗防御技术

网络空间安全的本质是攻击者与防御系统之间的对抗。在 5G 网络空间安全中，虽然传统的网络安全方法（例如，身份认证、入侵检测、流量监控等）仍将在 5G 安全防护方面发挥重要作用，但防御时常滞后于攻击，很难响应 5G 网络中不断智能化、自动化、多样化、复杂化的攻防对抗。传统安全防御呈现的明显不足是因其本质是静态、被动的，依赖于对已有网络攻击的先验知识，这种防御方式被称为被动防御。长期以来，由于攻防信息不对称、攻防面不对称，这种攻击在前、防御在后的被动防御手段存在不足。而 5G 网络中的安全对抗将包含人与人、人与机器、机器与机器之间的对抗，兼具非理性对抗与理性对抗。传统的被动防御安全方法不能完全适用于 5G 时代的网络空间安全，因此，迫切需要引入基于 5G 网络空间安全攻防对抗的主动防御体系。

3.3.1 主动防御框架模型

相较于传统的被动防御技术，主动防御技术强调系统能够在攻击的具体方法和步骤不为防御者所知的情况下实施主动的、前涉的防御部署，提升系统在面临攻击时的生存性和弹性，能够在降低防御成本的同时增加攻击者的攻击成本，即“不对称防御”。

2020 年 8 月，MITRE 发布了一个主动防御知识库，名为 Shield（盾牌）。MITRE Shield 是第一个比较完整的主动防御知识库，其诞生的目标是用于主动防御。通过对各种防御方案的总结和分类，MITRE Shield 提供了对网络防御方案基础的、全面的认知功能，高层次地指引各种网络防御方案，总结进行主动防御所需的基础能力。因此，MITRE Shield 知识库将是各组织机构实施主动防御的指导框架和重要资源。

MITRE Shield 认为，主动防御的范围从基本的网络防御能力扩大到网络欺骗和对手交战行动。组织这些防御措施使防守方不仅可以应对当前的攻击，还可以获取有关该对手的更多信息，更好地为新的攻击活动提前做准备。MITRE Shield 认为欺骗防御是现代安全体系中与对手抗衡的必备条件，所以在 Shield 模型中把欺骗防御放在了首位。Shield 模型包括引导、收集、控制、检测、破坏、促进、合法化、测试八大战术和多种技术，其中欺骗防御在技术中占了接近一半。因此，可以得出这样的结论：主动防御的核心是欺骗防御。

2021年6月，美国国家安全局协助 MITRE 发布了 D3FEND 框架，D3FEND 作为对抗性战术、技术和常识（Adversarial Tactics, Techniques and Common Knowledge，ATT&CK）的重要补充提供了常见对抗攻击技术的模型，并将每一项防御技术与 ATT&CK 模型中的攻击技术相对应。与 MITRE Shield 不同的是，D3FEND 以数字工件本体作为概念化与实例化关系的基础，建立攻击技术和防御技术之间的联系。

3.3.2 欺骗防御工作原理

网络欺骗防御技术由蜜罐技术演化而来，Gartner 对网络欺骗的定义是：使用骗局或者假动作来阻挠或者推翻攻击者的认知过程，扰乱攻击者的自动化工具，延迟或阻断攻击者的活动，通过使用虚假的响应、有意的混淆，以及假动作、误导等伪造信息达到“欺骗”的目的。

欺骗防御从攻击者的视角出发，在防御的同时了解攻击者的手段和意图，通过在网络内部署欺骗工具，诱使攻击者实施攻击，从欺骗、发现、预警、隔离、分析溯源等方面来转换攻防角色。欺骗防御通过对攻击行为进行捕获和分析，了解攻击者使用的工具与方法，推测其攻击意图和动机，解决传统网络攻防不对称的难题。欺骗防御工作原理如图3-6所示。

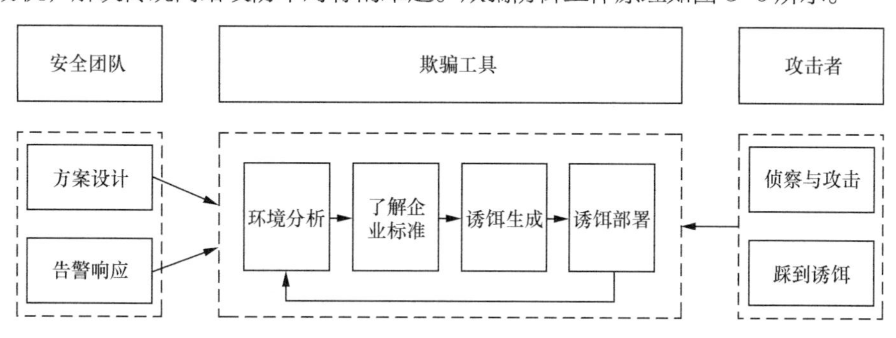

图3-6 欺骗防御工作原理

从网络安全防护角度来看，网络欺骗防御技术作为一种主动式安全防御手段，可以有效对抗网络攻击。网络欺骗防御技术在检测、防护、响应方面均能起到作用，能够实现发现攻击、延缓攻击和抵御攻击的作用。

3.3.3 5G网络欺骗防御规划方案

（1）规划思路

5G 网络欺骗防御系统以攻击链框架为参考模型，以剖析 5G 网络攻击面为关键，在 5G 网络攻击全链路上针对攻击者的技术、工具进行欺骗性防御部署，将不同欺骗防御技术映射到攻击者的全生命周期，并转化为针对性的欺骗防御能力。利用欺骗防御技术，在攻击者必经之路上构造陷阱，混淆其攻击目标，精确感知攻击者的行为，将攻击隔离到蜜罐系统，从而保护5G网络内部的真实资产，记录攻击行为，并获取攻击者的网络身份和指纹信息，以便对其进行攻击取证和溯源。5G网络欺骗防御规划思路如图3-7所示。

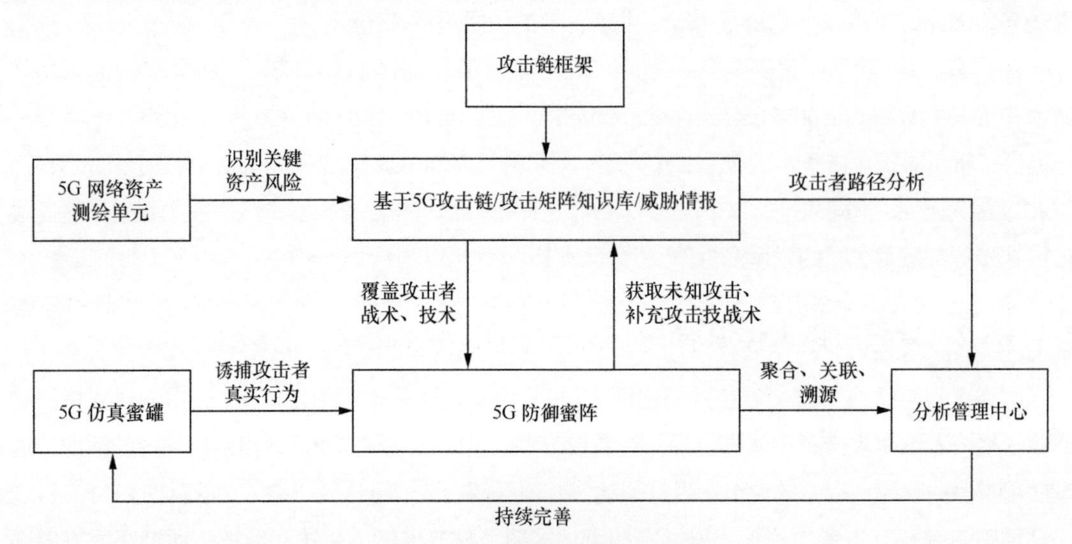

图3-7 5G网络欺骗防御规划思路

5G网络欺骗防御系统需要具备以下特性。

① 诱骗仿真能力。贴合实际的5G防御网络，自动化仿真业务场景，构建多样化吸引攻击者的脆弱环境和信息，引诱攻击者不断深入蜜罐场景，暴露其动机和技术手段，延缓攻击时间，从而使防御方牢牢掌握主动权，提升应对突发网络安全事件的应急响应速度。

② 攻击发现能力。根据蜜罐内生诱捕机理，任何触碰和进入蜜罐的行为均被详细定位和分析，“攻击即报警，响应即处置”，实现网络入侵的零误报。

③ 联合防御能力。欺骗式防御模式只是传统边界防御手段的有效补充，并不能取代其他安全能力，攻击者依然可以利用各种方式绕过诱捕环境，对真实的业务系统进行攻击，此时，依然需要有其他安全能力进行防御。事实上，诱捕技术和其他安全能力的联动（例如，态势感知、SIEM等），能带来更显著的安全效果。

④ 安全防护能力。蜜罐本身是故意放给攻击者进行攻击的环境，因此必然有极大的可能会失陷。此时，就需要防范蜜罐本身成为攻击者的跳板，避免安全防护手段被利用。

⑤ 溯源分析能力。高隐蔽性地采集进入蜜罐攻击者的地址、样本、行为、黑客指纹等信息，掌握其详细攻击路径、终端指纹和行为特征，实现全面取证、精准溯源。

⑥ 一键部署能力。5G网络欺骗防御系统在设计之初贯彻弹性、灵活的设计思想，为多种不同信息系统的仿真落地提供了便捷的部署方式，整个过程不需要中断网络中的任何服务

或者对现有网络进行任何调整。5G 网络欺骗防御系统可提供各种场景的蜜罐镜像模板，支持一键部署。

（2）规划方案

5G 网络欺骗防御系统利用蜜罐技术，将 5G 网元转化为诱捕蜜罐节点，构建 5GC 和 5G 边缘计算网元的诱捕蜜网。通过分析 5G 环境常见的攻击流程，在关键攻击路径上部署蜜罐系统，诱导攻击者进入“陷阱”，在不影响 5G 网络高效运营的同时，获取攻击痕迹、分析攻击者行为特征、溯源攻击者信息等，提前感知攻击行为，提高 5G 网络安全的主动防御能力。

5G 网络欺骗防御系统基于 Docker 架构，轻量化部署，并支持虚拟化部署、拓展上云，通过在攻击者的各个攻击阶段，在 5G 环境的各区域部署蜜罐服务，构建一套完善的欺骗防御体系。在 5GC 区域部署的蜜罐支持仿真 UDM、AUSF、NSSF、AMF、SMF、UPF、NRF、网络开放功能（Network Exposure Function，NEF）等 5G 核心网元，组成一张与实际的 5GC 隔离的完整的 5GC 蜜网。该蜜网与 UPF 蜜罐连接，监控通过 UPF 蜜罐上传异常扫描、探测、攻击流量并告警。MEC 区域使用高度仿真的 UPF 蜜罐，支持 N3 接口，主要用于监听攻击者突破不同安全域间隔离的行为，通过移动端发起的 DDoS 攻击行为等，进一步获取攻击者的地理位置、真实 IP、代理 IP、身份信息等内容。此外，UPF 蜜罐可连接云层面的伪装 5GC 蜜罐，形成蜜罐安全监控闭环。互联网区域选择自定义贴近真实业务场景的 Web 感知蜜罐，伪造成某后台管理页面、VPN 登录页等。对于工业边缘计算场景下的业务区域，可选取伪装 Modbus/TCP、IEC 104、IEC 61850、S7、OPC UA 等工控协议的蜜罐，蜜罐受到攻击后，可记录攻击事件并告警。

5G 网络欺骗防御系统架构主要由 5G 核心网元蜜网层、数据采集层、行为处理分析层和功能层 4 个层次组成，5G 网络欺骗防御系统架构如图 3-8 所示。

一是 5G 核心网元蜜网层。该层在保证蜜网环境安全可控的前提下，高度模拟真实的网络环境，构建一个丰富真实、动态变化且足以迷惑攻击者的蜜网环境（5GC、MEC、各种业务应用），诱导攻击者耗费大量的时间和精力探索蜜网环境的网元实例并实施攻击，争取宝贵的应急响应时间。

二是数据采集层。该层负责采集蜜网层中所有的攻击行为数据，包括网络数据、主机数据和应用数据，具有完整连续性、隐蔽性和真实性。

三是行为处理分析层。该层主要是对数据采集层采集到的攻击行为数据进行分析处理，通过对网络协议还原、攻击指令还原、攻击路径关联和攻击数据过滤，对攻击事件、攻击水平、攻击意图和攻击特征进行全面分析，最终实现对攻击者精准画像，明确其攻击意图。

四是功能层。该层的主要功能包括攻击态势展示、攻击实时报警、攻击数据检索、攻击事件回放、攻击路径展示、攻击者画像、威胁情报输出、攻击反制、诱饵设置、诱捕节点管理、蜜网环境管理、蜜网动态调整。

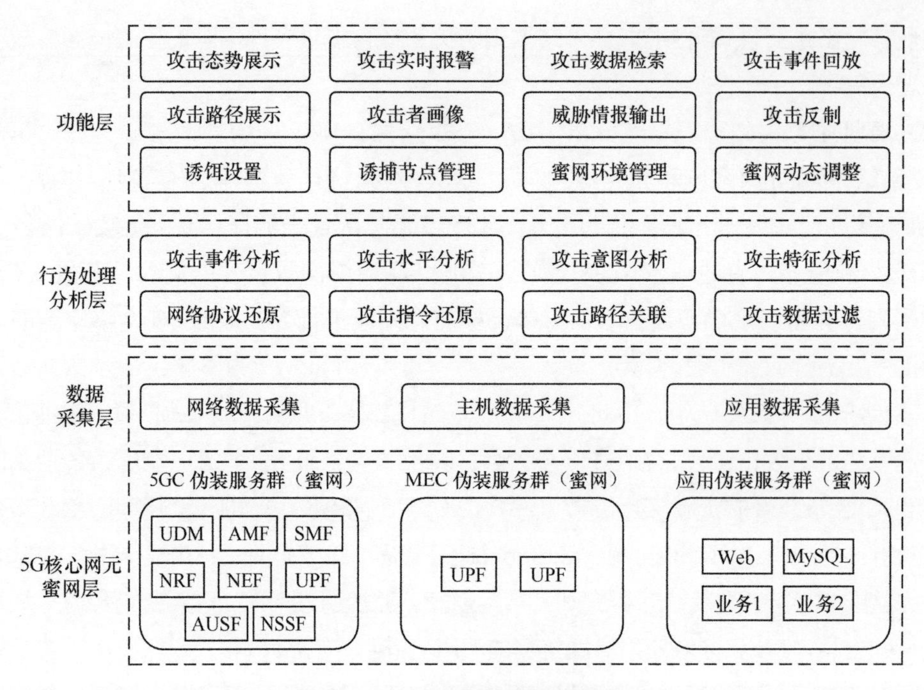

图 3-8　5G 网络欺骗防御系统架构

蜜罐系统的集中管理平台和节点不建议部署在同一网段。集中管理平台可以部署在 5G 网管系统或网络安全支撑系统网段内，蜜罐系统节点的部署位置根据具体需求确定，建议分别部署在 5GC 内部和下沉 UPF 同网段内部。

要实现 5G 主动防御，还需要 5G 网络欺骗防御系统与其他安全能力形成联动，通过合理运用这些技术，相互协调、相互补充，最终实现真正意义上的主动防御。5G 网络安全主动防御联动如图 3-9 所示。

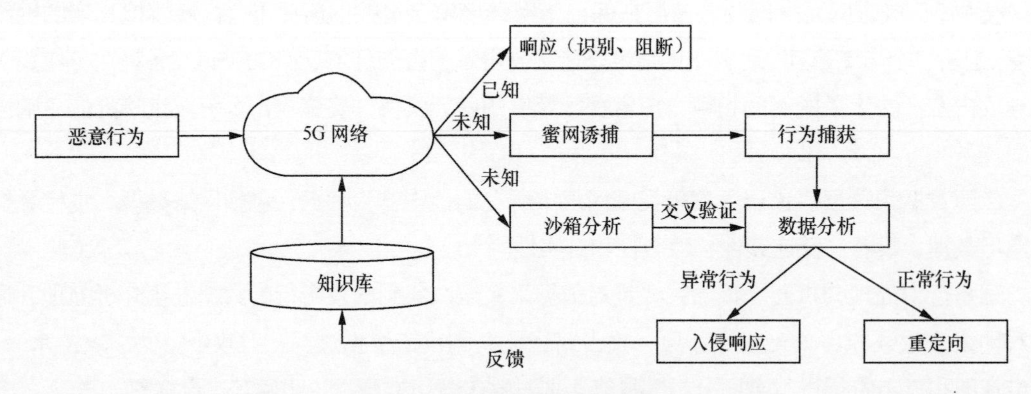

图 3-9　5G 网络安全主动防御联动

综上所述，基于网络欺骗技术的主动防御是一种攻防对抗博弈的思维方式，通过设置伪目标 / 诱饵，诱骗攻击者实施攻击，从而触发攻击告警，打破攻防不对称局面，其现已成为 5G 网络安全防御技术实践的重要方向。

3.4　5G 安全动态防御——基于零信任架构

5G 网络基础设施技术体系具有虚拟化、开放性、切片化、大连接、开源化、异构性等特点，其中虚拟化、开放性、切片化带来了物理安全边界模糊的挑战，而大连接、开源化带来了访问需求复杂性变高和内部资源暴露面扩大的风险，各种设备、各种人员接入带来了对设备、人员的管理难度和不可控安全因素增加的风险，高级威胁攻击带来了边界安全防护机制被突破的风险，这些都对传统的边界安全理念和防护手段（例如，部署边界安全设备、仅简单认证用户身份、静态和粗粒度的访问控制等）提出了挑战，使传统的基于边界的网络安全架构和解决方案难以适应 5G 网络基础设施。传统网络安全架构失效背后的根源主要是信任，5G 时代需要有更好的安全防护理念和解决思路。

零信任代表了新一代动态、实时的网络安全防护理念，它并非是指某种单一的安全技术或产品，其目标是降低资源访问过程中的安全风险，阻止未经授权情况下的资源访问，其关键是打破信任和网络位置的默认绑定关系。

3.4.1　零信任安全架构

零信任安全架构基于“以身份为基石、业务安全访问、持续信任评估、动态访问控制”四大关键能力，构筑以身份为基石的动态虚拟边界产品与解决方案，助力企业实现全面身份化、授权动态化、风险度量化、管理自动化的新一代网络安全架构。零信任架构核心逻辑架构组件如图 3-10 所示。5G 时代零信任理念将变得非常重要。

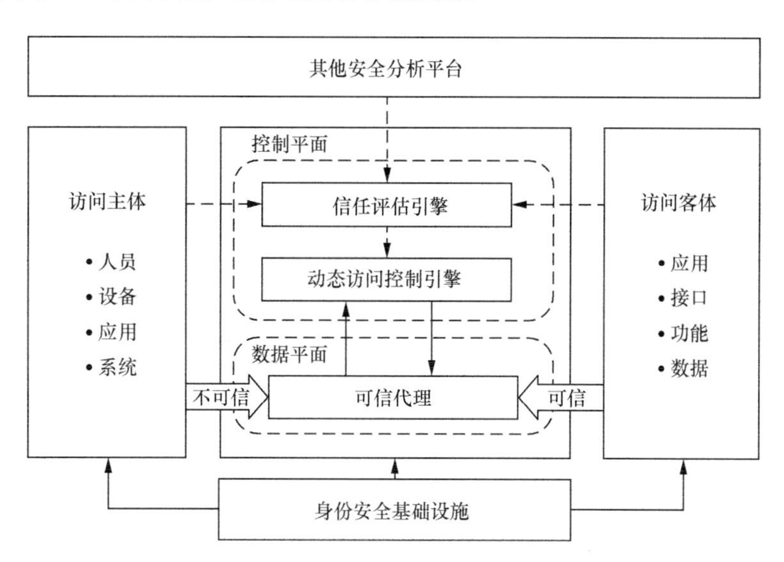

图 3-10　零信任架构核心逻辑架构组件

在零信任理念下，网络位置不再决定访问权限，在访问被允许之前，所有访问主体都需要经过身份认证和授权。身份认证不再仅仅针对用户，还将对终端设备、应用软件等多种身份进行多维度、关联性的识别和认证，并且在访问过程中可以根据需要多次发起身份认证。授权决策不再只基于网络位置、用户角色或属性等传统的静态访问控制模型，还能通过持续的安全监测和信任评估，进行动态、细粒度的授权。安全监测和信任评估的结论是基于尽可能多的数据源计算出来的。

3.4.2 零信任设计理念和基本原则

零信任的设计理念基于：①内部威胁不可避免；②从空间上，资源访问的过程中涉及的所有对象（用户、终端设备、应用、网络、资源等）默认都不信任，其安全不再由网络位置决定；③从时间上，每个对象的安全性是动态变化的（非全时段不变的）。

零信任设计理念强调网络隐身而不是防御，从架构设计上改变攻防极度不平衡的状况，可通过应用级的准入控制与微隔离，实现系统内生安全。传统网络安全架构与零信任安全架构的比较见表 3-1。零信任设计理念的最佳落地技术架构以身份为基础，先认证，后连接，关注保护面而不是攻击面，控制平面与数据平面分离，细粒度动态自适应访问控制体系。通过持续信任评估和动态访问控制，指导安全体系规划建设。通过网络访问方式的改变，减少暴露面和攻击面，严格控制非授权访问。

表 3-1　传统网络安全架构与零信任安全架构的比较

	传统网络安全架构	零信任安全架构
防护对象	以“网络”为中心的防护	以“身份”为中心的防护
	以“攻防对抗”为主	关注“应用 / 资源”
防护基础	基于“边界”的防护	“无边界”防护
	以“信任”为基础	默认“不信任”，最小权限
防护理念	一次认证、静态策略	持续评估、动态访问控制
	被动、静态地防御	主动、自动化防御

零信任的基本原则如下。

① 任何访问主体（人 / 设备 / 应用等）在访问被允许之前，都必须经过身份认证和授权，避免过度的信任。

② 访问主体对资源的访问权限是动态的（非静止不变的）。

③ 分配访问权限时应遵循最小权限原则。

④ 尽可能减少非必要的资源网络暴露，以减少攻击面。

⑤ 尽可能确保所有的访问主体、资源、通信链路处于最安全状态。

⑥ 尽可能多地和及时地获取可能影响授权的所有信息，并根据这些信息进行持续的信任评估和安全响应。

3.4.3 基于零信任的 5G 安全微隔离

微隔离本质上是一种网络安全隔离技术，能够在逻辑上将基于云原生的 5G 基础网络中的 NFV 划分为不同的安全段，一直到各个工作负载（根据抽象度的不同，工作负载分为物理机、虚拟机、容器等）级别，然后为每个独立的安全段定义访问控制策略。在 MEC 和 5GC 云环境中，微隔离技术是零信任安全模型的最佳实践。

微隔离是细粒度更小的网络隔离技术，能够满足传统环境、虚拟化环境、混合云环境、容器环境对于东西向流量隔离的需求，让东西向流量可视可控，阻止攻击者进入 5G 网络（例如，MEC 和 5GC）后横向平移，从而更加有效地防御黑客或病毒持续性大面积渗透和破坏。当前，微隔离方案主要有 4 种技术路线，分别是云原生微隔离、API 对接微隔离、主机代理微隔离、混合模式微隔离，其中主机代理微隔离更加适应新兴技术及应用带来的多变的用户业务环境。典型微隔离技术路线见表 3-2。

表 3-2　典型微隔离技术路线

技术路线	支持架构	优点	缺点
云原生微隔离	仅支持虚拟化	平台原生技术，与云平台整合更加完善；同一个供应商；支持自动化编排	只支持自身虚拟化平台，不支持混合云；更适合隔离，而不是访问控制；东西向的管理能力有限
API 对接微隔离	仅支持虚拟化	有丰富的安全能力，例如 IPS、抗病毒（Anti Virus，AV）等；与防火墙的配置逻辑一致；普遍支持自动化编排；丰富的报告	需要与虚拟化平台对接，依赖虚拟主机的对外接口；无法适用于计算机或混合云场景；通过 API 调用性能损耗相对较大
主机代理微隔离	支持计算机、传统服务器、任意虚拟化平台	与底层架构无关，支持混合云；主机迁移时安全策略能随之迁移；支持自动化编排	需要安装客户端；功能主要以访问控制为主；在初次实施时需要通过批量工具进行部署
混合模式微隔离	支持计算机、传统服务器、任意虚拟化平台	可以基于已有的工作继续发展；在不同位置使用不同模式	通常无法统一管理（需要管理多种工具）；云厂商对第三方产品的支持度往往不高

从架构上看，微隔离管理中心可以扩展为零信任安全控制中心组件，微隔离组件可以扩展为零信任安全代理组件。微隔离技术本身也在发展阶段，目前业界有很多厂商正在基于微隔离的技术思路来实现零信任理念的落地，并开发出相关的零信任安全解决方案和产品。因此，从架构上看，微隔离具备扩展为零信任架构的条件，并适应一定的应用场景，其自动化、可视化、自适应等特点也能为零信任理念的发展带来一些好的思路。5G 微隔离参考架构如图 3-11 所示。

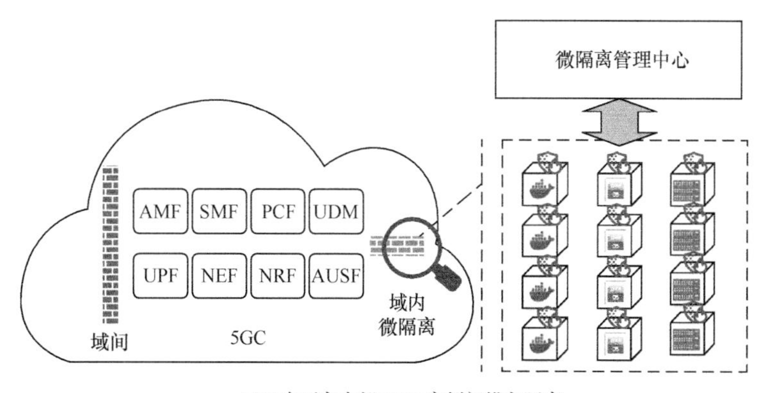

图 3-11　5G 微隔离参考架构

微隔离技术特征如下。

① 基于 ID：去 IP 化，去网络化，面向业务，可以是人的 ID，也可以是机器的 ID。

② 软件定义：控制平面与数据平面分离，一处定义，处处生效，实时调整；策略与策略作用对象分离，抽象的自然策略元语，随时调整作用范围。

③ 全流量可视：只有看得见的东西才能保护得了，可视流量包括容器间流量、虚拟机间流量、跨平台流量。

微隔离规划方法论如下。

第一步，定义。明确要实施微隔离的 5G NFV 核心资产，根据 NFV 资产分级分类划分微型核心和边界（Micro-Core and Perimeter，MCAP）进行保护。

第二步，分析。以可视化方式梳理业务流，建议初期采用旁路虚拟网络流量到微隔离管理中心，每次学习和可视的周期最好大于正常的业务周期，利用威胁可视化能力，刻画云内虚拟机之间的通信轨迹，了解有哪些应用、有没有威胁。对各个应用系统之间的数据和服务交互情况有实际的认识和了解。

第三步，设计。根据业务特征设计微隔离网络结构，根据分析阶段的成果制定 MCAP 的防护策略。

第四步，防护。生成并配置微隔离策略，实现白名单访问控制，对被防护系统实施最低授权策略。

第五步，监控。持续监测，持续学习，不断优化行为基线，阻断日志从工作负载维度查看针对重要业务的策略外访问尝试，结合告警模块，自定义异常行为告警，收集东西向流量日志，与大数据平台联动，进行溯源和大数据分析。

综上所述，微隔离技术是零信任安全架构提出以来获得的最佳实践，非常适合 5G 云原生的基础架构体系。微隔离技术可以实现：从内到外设计网络，融入内生安全防护理念；更精准的最低授权策略；更清晰的流量、威胁可视化；更高的性能和可扩展性；更高的安全生产力（虚拟机迁移、虚拟机批量保护、攻击防护、自动化部署）。

3.4.4 基于零信任的 5G 安全防护体系

（1）规划思路

① 以资产为中心建立可信身份。全面梳理 5G 资产，将 5G 网络系统化繁为简、化整为零，按照业务特征、安全需要分为不同资产，这些资产可能是用户、终端设备、网络、连接切片，甚至是安全域数据。通过合理划分资产，建立可信的数字身份，以身份为中心制定相应的安全策略，进行安全防护。

② 构建 5G 统一的身份管理机制。5G 时代，用户交互触点急剧增多，每一个触点均要保证身份安全可控和可便捷携带；5G 时代，物物交互成为常态，物物之间的身份互信是信息交互的基础。3GPP 标准框架提出了 SUCI、AKA 等安全标识与认证机制，基于 5G 网络中用户的 SUPI 加密后的 SUCI、AKA 在云端或核心网数据中心建设身份安全管理平台，实现统一的多

角色 / 可扩展的身份管理、强身份验证和端点保护、认证管理，以及设备和（虚拟）网络的认证和合规性。

③ 实现细粒度用户访问控制。5G 网络层和应用层的分割和隔离易于实现。软件定义是 5G 网络核心技术，企业通过软件定义，实现安全的企业虚拟组网，可以在 5G 基础设施上灵活方便地建设和改进分支组网架构，实现动态网络安全域的划分和隔离防护。在 5G 边缘云上部署安全能力，需要建设动态调度、弹性扩展的虚拟接入网络，在边缘侧构建感知、分析、执行的闭环，实现细粒度安全管控。

④ 访问控制策略自动化配置。5G 安全需求的多样化和定制化要求能够快速建立和修改安全能力，并分布式部署安全部件；组件在基础架构内自适应调整配置，与信息系统聚合提升协同能力；在统一身份管理机制上，实现安全策略自动化配置和动态访问控制，最终实现智能主动防御。

（2）规划方案

基于零信任的 5G 安全防护体系是基于零信任“三点一面”的模型来规划的，“三点”指的是安全控制器、安全分析器和安全执行器，“三点”采用转控分离架构，基于安全策略实现有序的业务分割和管控。

安全控制器：安全策略集中管控、编排、协同控制单元。

安全分析器：安全威胁、异常流量感知和分析单元。

安全执行器：安全策略执行单元，例如虚拟防火墙（virtual Firewall、vFW）等。

“一面”是指零信任安全平面，将网络功能按照“三点”进行抽象、提取，然后面向策略统一管理和分配，由此构成统一安全平面，通过“三点一面”指导 5G 零信任动态防御体系规划和网络建设。

基于零信任的 5G 安全动态防护体系是建立在对用户的持续信任评估、对流量和历史行为的实时监测上的动态化策略。利用态势感知和威胁分析等工具，给出实时的评估结果。控制模块接收评估结果后，综合全局和局部规则、安全资源状况，对安全资源进行调度，再将安全策略下发到执行层面（过滤器、AAA[1]、vIPS[2]、vIDS[3] 等），实现自适应的响应闭环。同时，安全管理模块为零信任安全架构提供配置、日志、策略、身份管理支撑。基于零信任的 5G 安全动态防护体系如图 3-12 所示。

5GC SBA 具备零信任安全的基本要素，例如基于证书体系的网络功能认证、基于 NF ID 的业务访问授权、采用 TLS 保证传输安全等。因此，利用零信任安全架构，通过细化访问策略、最小权限访问、网络层动态白名单、单包授权隐藏服务入口、流量检测等，能够可视化地提供持续的安全评估、安全评级、全生命周期的安全管理，通过微分段隔离、强化网络层防护等，能够提升 5G 网络内生的安全性，满足 5G 网络动态自适应的防护要求。

1　AAA（Authentication Authorization and Accounting，身份认证、授权和记账协议）。

2　vIPS（virtual Intrusion Prevention System，虚拟入侵防御系统）。

3　vIDS（virtual Intrusion Detect System，虚拟入侵检测系统）。

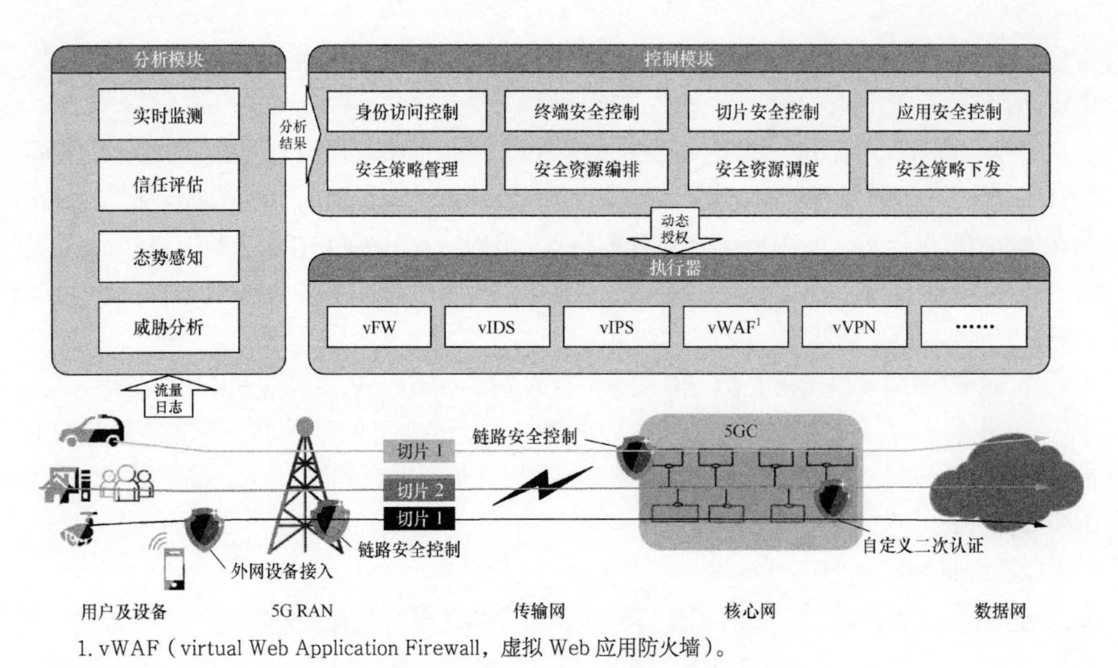

1. vWAF（virtual Web Application Firewall，虚拟 Web 应用防火墙）。

图 3-12　基于零信任的 5G 安全动态防护体系

3.5　5G 整体协同防御体系

3.5.1　规划思路

以基础结构安全和纵深防御为主体的综合防御体系为基础，叠加主动防御以应对复杂威胁，同时结合威胁情报缩短防御响应周期并提高针对性，构建动态综合协同的 5G 网络安全防御体系。

① 综合发展：从前到后逐步加强、逐步演化，且前面的层次要为后面的层次提供基础支撑条件。

② 深度结合：将安全能力落实到信息系统的各个实现层组件，逐层展开防御，为及时发现威胁和响应赢得时间。

③ 全面覆盖：将安全能力最大化覆盖信息系统的各个组成实体，避免因局部能力短板导致整体防御失效。

④ 动态协同：依托持续监测和自动响应能力，结合大数据分析、威胁情报、专家研判，实现积极防御。

3.5.2　规划方案

5G 安全是融合的安全、创新的安全，因此，在整体防御思路上需要充分考虑传统防御理念和创新安全理念的深度融合。在深入理解 5G 安全需求的基础上，以集中化态势分析为核心，以全方位安全防护体系建设为根本，打造 5G 整体协同防御理念和智能、敏捷的 5G 安全防御体系。5G 整体协同防御体系如图 3-13 所示。

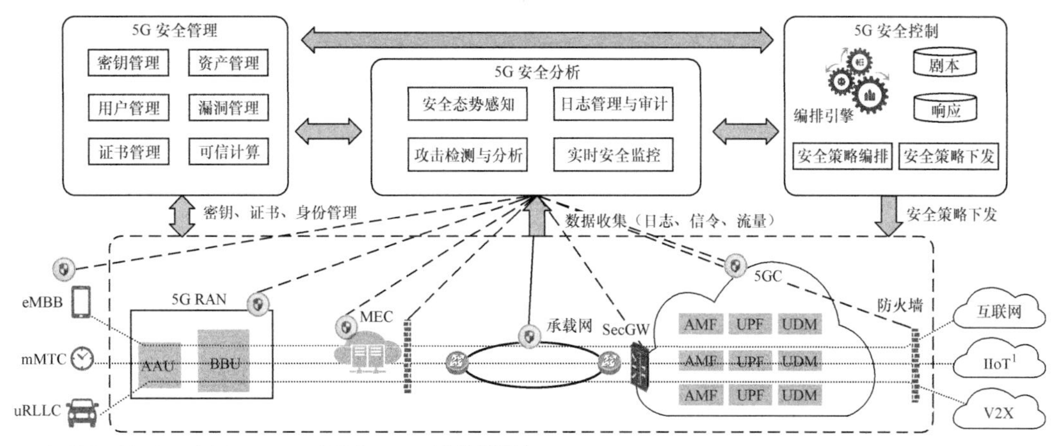

1. IIoT（Industrial Internet of Things，工业物联网）。

图 3-13 5G 整体协同防御体系

5G 整体协同防御体系规划方案主要包括以下 5 个方面。

① 内生安全：基于 5G 安全标准，着眼于 5G 网络的全域安全防护体系建设，实现针对终端域、边缘域、核心域、应用域和管理域的安全全覆盖，形成端到端内生安全能力和纵深防御体系。通过传统安全产品和技术的升级和改造，以及针对性的创新研究和突破，实现安全能力与 5G 安全需求的完美适配。

② 自主免疫：基于自适应安全架构，实现防御能力、检测能力、响应能力、预测能力的生成和协同，实现安全攻击的自我发现、自我修复、自我平衡，构建自主的安全免疫能力。

③ “安全大脑”：未来安全能力一定是个体系，不可能是单点构成的一个能力。这个体系要有一个核心，这个核心就是“安全大脑”。

④ 云网融合：在网侧，持续加强网络侧攻击监测防御、流量控制与调度、域名安全防护等网络原生的安全能力，确保大网安全；在云侧，持续为客户提供安全防御、安全检测、安全响应及安全预测等一体化安全能力；在云网结合点，提供更加灵活的、有云网融合特性的安全监测和防护能力，形成“云、网、端、边”的纵深安全体系。

⑤ 联动协同：以态势分析作为核心分析和处理的决策点，以防护体系作为态势分析决策的执行点和感知点，为态势分析提供源源不断的数据支撑。两大体系双向联动，最终打造智能、敏捷的安全运营闭环。

3.6 小结

5G 安全防护体系基于网络安全滑动标尺模型和自适应安全架构模型，从攻击视角构建安全防御体系。从 5G 网络与系统的规划设计开始，必须充分考虑基础结构安全，增强网络可管理性、提升可防御性。在此基础上，基于“面向失效的原则”，叠加覆盖“端、边、网、云、应用”和数据的一体化纵深防御体系；进一步规划建设基于欺骗防御技术的主动防御体系和基于零信任架构的动态防御体系；以集中化态势分析为核心，协同联动防御体系内的各种安全能力，形成 5G 安全整体防御能力，着力打造智能、敏捷的 5G 安全防御体系。

3.7 参考文献

[1] 肖新光 . 网络安全技术创新发展思考 [J]. 信息技术与标准化，2018(9):4-5.

[2] 李化玉 . 基于网络安全滑动标尺的安全防护体系建设探讨 [J]. 科技视界 , 2019(10):228-229.

[3] 陶云祥，李宙洲 . 基于自适应的软件定义安全架构 [J]. 电信工程技术与标准化 , 2019, 32(6):66-71.

[4] 党引弟，宋宁宁 . 动态自适应演进安全架构研究 [J]. 信息技术与网络安全 , 2019，38(10):18-23.

[5] 李莉 . 电信网络安全防护浅析 [J]. 电子产品世界 , 2020，27(9):66-68+79.

[6] 耿延军，王俊周，红亮 . 云数据中心网络纵深防御研究 [J]. 信息安全与通信保密，2019(7):22-29.

[7] 刘文懋，尤扬 . 5G 新型基础设施的安全防护思路和技术转换 [J]. 信息网络安全，2020, 20(9):67-71.

[8] 冯登国，徐静，兰晓 . 5G 移动通信网络安全研究 [J]. 软件学报，2018, 29(6):1813-1825.

[9] 张滨 . 5G 边缘计算安全研究与应用 [J]. 电信工程技术与标准化 , 2020, 33(12):1-7.

[10] 张滨 . 5G 数据安全防护技术研究 [J]. 电信工程技术与标准化 , 2021, 34(12):1-6.

[11] 李慧镝，张滨，袁捷 . “5G 安全网络”护航新基建行稳致远 [J]. 中国信息安全 , 2021(2):22-26

[12] 贾召鹏，方滨兴，刘潮歌，等 . 网络欺骗技术综述 [J]. 通信学报，2017, 38(12):128-143.

[13] 王硕，王建华，裴庆祺，等 . 基于动态伪装网络的主动欺骗防御方法 [J]. 通信学报，2020, 41(2):97-111.

[14] 管纪伟，朱凌君，张文勇 . 基于零信任的公有云微隔离安全研究 [J]. 电信工程技术与标准化 , 2021, 34(12):46-50+56.

[15] 何国锋 . 零信任架构在 5G 云网中应用防护的研究 [J]. 电信科学 , 2020, 36(12):123-132.

[16] 徐锐，陈剑锋 . 网络空间安全协同防御体系研究 [J] 通信技术 , 2016 ,49(1):92-96.

[17] 江伟玉，刘冰洋，王闯 . 内生安全网络架构 [J]. 电信科学 , 2019, 35(9):20-28.

[18] 刘国荣，沈军，白景鹏 . 可定义的 6G 安全架构 [J]. 移动通信 , 2021, 45(4):54-57.

第 4 章　5G 威胁检测规划

随着网络威胁进一步演进和泛化，攻击范围、时间、技术具有不可预测性，同时 5G 网络空间威胁的背景、存在形式、内在机理也都发生了深刻的变化，使传统的威胁检测手段，难以适应复杂的新威胁，已无法有效应对 5G 威胁检测。在 5G 环境中，需要重新思考安全检测框架，以应对虚拟化和服务化带来的需求，并充分融入 SDN 和 NFV 架构体系。另外，日益复杂的形势要求 5G 适应多阶段的威胁检测需求，进行更深入的检测层次和攻击向量挖掘分析，需要从依赖规则发现单一攻击演进到通过广泛的 5G 全流量采集、分析、学习、建模，从而识别 5G 网络中的异常行为。本章主要从攻击视角出发，通过 5G 威胁识别、5G 威胁模型、5G 威胁分解，详细梳理 5G 威胁检测需求，由此给出 5G 威胁检测架构、技术及规划方案，以确保 5G 威胁实时检测、准确检出、及时响应。

4.1　5G 威胁建模

5G 威胁建模是通过结构化的方法，系统地识别、评估产品的安全风险和威胁，并针对这些风险、威胁制定应对措施的一个过程。5G 威胁建模可以帮助设计人员在设计阶段充分了解各种安全威胁，并指导选择部署有效的安全检测措施，达到实时检测、准确检出、及时响应的目的。下面将通过 5G 威胁识别、5G 威胁模型、5G 威胁分解，将威胁映射到 5G 基础设施组件，以便确定 5G 威胁多阶段检测需求及对应的检测手段。基于 5G 威胁模型的威胁检测如图 4-1 所示。

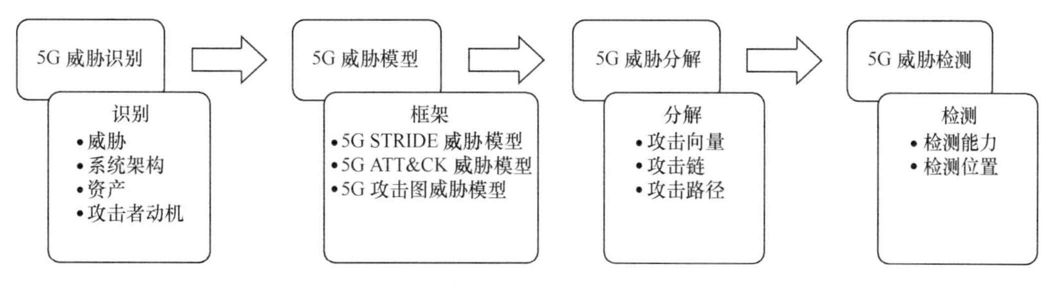

图 4-1　基于 5G 威胁模型的威胁检测

4.1.1　5G 威胁识别

5G 威胁视图如图 4-2 所示，5G 主要威胁归纳如下。

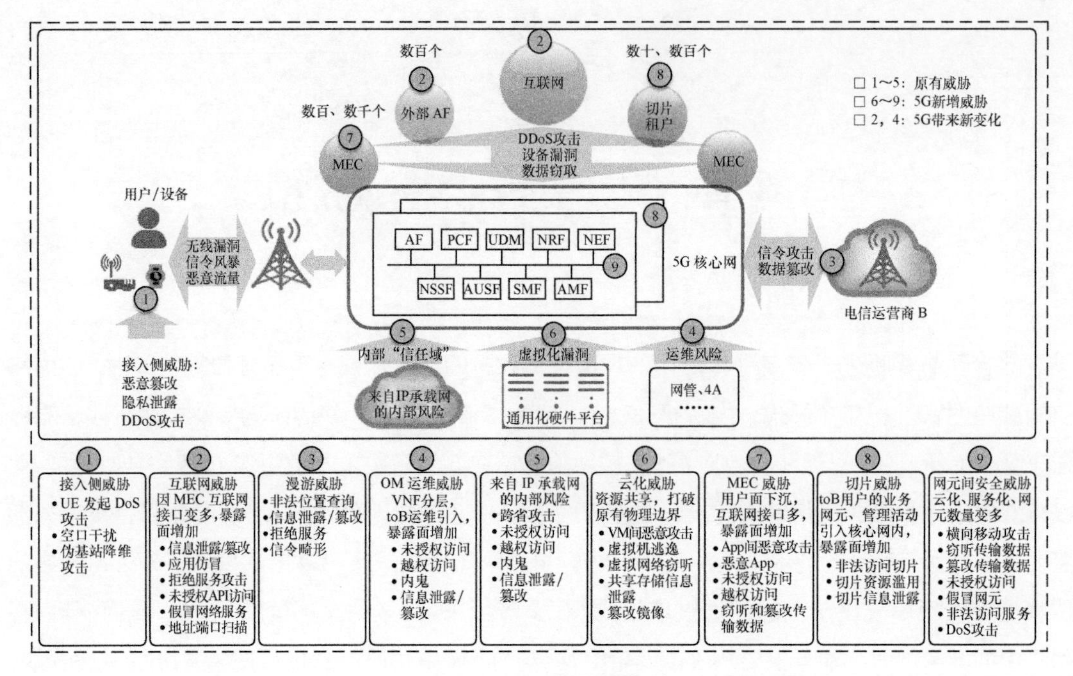

图 4-2　5G 威胁视图

① 接入网威胁：这些威胁与 5G 无线电接入技术（Radio Access Technology，RAT）、无线电接入网络和非 3GPP 接入技术有关，具体涉及频谱资源滥用、地址解析协议缓存欺骗、接入节点伪造、泛洪攻击、操纵访问网络配置数据、劫持会话等，大多数威胁属于“窃听 / 拦截 / 劫持”类别。

② 多接入边缘计算威胁：与位于网络边缘的组件有关，具体涉及虚假或恶意网关、边缘节点过载、边缘开发 API 滥用等，大多数威胁属于“恶意活动 / 滥用行为”和“窃听 / 拦截 / 劫持”类别。

③ 虚拟化威胁：与 IT 基础架构、网络和功能的虚拟化有关，例如滥用数据中心互联协议、滥用云计算资源、滥用主机等。

④ 核心网络威胁：与包括软件定义网络、网络功能虚拟化、管理和网络协调器在内的核心网络元素有关，具体涉及滥用远程访问、身份验证流量激增、滥用用户授权、滥用第三方托管的网络功能、滥用合法拦截功能、API 攻击、利用设计不良的架构和规划、利用错误配置、对网络 / 系统和设备的错误使用或管理、恶意转移流量、操纵网络资源调节器、流量嗅探等，大多数威胁属于“恶意活动 / 滥用行为”和“窃听 / 拦截 / 劫持”类别。

⑤ 软件定义网络威胁：与软件定义网络功能相关的威胁，在整个 5G 基础架构中“无处不在”。

⑥ 物理基础结构威胁：与支持网络的 IT 基础结构有关，例如操纵硬件设备、自然灾害威胁、

网络基础设施的物理破坏、第三方人员访问、用户设备威胁。大部分威胁属于“物理攻击”“设备损坏或丢失”“设备故障”“中断”“灾难”类别。

⑦ 通用威胁：通常会影响 ICT 系统或网络，例如，DoS 攻击、数据泄露、窃听、漏洞、恶意代码或软件、供应链安全风险、身份验证滥用等。

4.1.2　5G 威胁模型

（1）5G STRIDE 威胁模型

STRIDE 模型由微软开发，是现在最为常用的威胁模型之一。如果需要在流程节点中进行威胁建模，一般都会选择 STRIDE 模型进行威胁识别。STRIDE 模型从攻击者的角度，把威胁划分成 6 个类别，分别是欺骗、篡改、抵赖、信息泄露、拒绝服务和权限提升。用于威胁分析的 STRIDE 模型需要规范不同组件之间的数据流。每个组件的外部实体、流程、数据 / 密钥存储、数据流、设备都暴露于威胁类别的一个子集，组件上威胁的 STRIDE 分类见表 4-1。

表 4-1　组件上威胁的 STRIDE 分类

组件	欺骗 -S	篡改 -T	抵赖 -R	信息泄露 -I	拒绝服务 -D	权限提升 -E	STRIDE
外部实体	×		×				SR
流程	×	×	×	×	×	×	STRIDE
数据 / 密钥存储		×		×	×		TID
数据流		×		×	×		TID
设备	×	×		×	×	×	STIDE

5G STRIDE 威胁建模的主要流程如下。

① 识别 5G 防护资产。网络侧——RAN、5GC、MEC、物理基础设施、虚拟化等。用户侧——用户设备、用户设备标识、用户会话、应用数据（存储、网络、内存）、API、应用等。

② 确定 5G 威胁代理及动机。5G 威胁代理如下：内部——非法管理员、享有特权的“内鬼”、误操作用户、有企图的用户等；外部——网络犯罪团伙、激进黑客组织、竞争对手、前授权用户等。

威胁动机主要包括无意实施的错误、为名气的黑客行为、（不满员工、被解雇员工）恶意报复行为、为获取经济利益的攻击行为、为获取情报或干扰关键通信的敌对势力恶意网络攻击行为等。

③ 5G STRIDE 威胁攻击向量。从 5G 网络安全基础威胁行为出发，将 5G 威胁分类（详见表 4-1 中的 5G 威胁分类）匹配到 STRIDE 模型，5G STRIDE 威胁模型见表 4-2。

表 4-2 5G STRIDE 威胁模型

子项	欺骗	篡改	抵赖	信息泄露	拒绝服务	权限提升
描述	仿冒某事、某人、某流程	不经授权，修改数据或代码	否认做过某事	向未授权用户公开信息	拒绝或降级服务给用户	未经授权获取、提权
威胁行为	• 恶意软件 • 利用默认账号 • 利用弱密码策略 • 密码窃取 • IP 欺骗	• 软件篡改 • 日志篡改 • 文件写权限滥用 • OAM 流量篡改 • 用户会话篡改 • 外部设备启动	• 未被记录 / 审计的用户、流程和攻击者的操作无法追踪	• 恶意软件 • 利用弱密钥生成 • 利用弱密钥管理 • 利用弱加密算法 • 利用不安全数据存储 • 利用不安全的默认配置 • 文件 / 目录读取权限滥用 • 不安全的网络服务 • 不必要的服务 • 不必要的应用 • 窃听 • 利用通用网络产品流量隔离不足造成的安全威胁	• 行为不当的用户设备 • 实施缺陷 • 不安全的网络服务 • 人为错误	• 授权用户滥用 • 超特权进程 / 服务 • 文件夹写权限滥用 • 根文件写权限滥用 • 高特权文件 • 不安全的网络服务 • 通过不必要的网络服务提升特权
违反安全属性	身份认证	完整性	不可抵赖性	保密性	高可用性	授权
典型示例	• 中间人攻击 • 冒充 NSMF[1] 或主机 • NSSAI[2] 欺骗 • 通过 API 危害 Hypervisor • 冒充 SMF	• NFVO 或 Hypervisor 消息篡改 • VNF 镜像完整性	• 无授权、身份验证和行为记录	• 跨切片秘密提取和侧信道攻击	• 共享安全服务耗尽 • DDoS • 直接攻击 NFV MANO	• UE 以相同的身份认证访问多个切片 • 切片间缺失授权 • 身份验证放松

1. NSMF（Network Slice Management Function，网络切片管理功能）。

2. NSSAI（Network Slice Selection Assistance Information，网络切片选择辅助信息）。

STRIDE 建模应结合具体场景，基于 5G 网络结构整体视图，分解特定业务场景绘制数据流程图（Data Flow Diagram，DFD），即抽象业务逻辑、服务对象、子系统、边界，标识接口、安全配置文件等元素，并基于收集的信息将应用程序、系统、环境、组件分解为分层视图，然后定义攻击面。基于特定用例的 5G STRIDE DFD 如图 4-3 所示。DFD 绘制的越细致，延伸到的相关对象越多，对于威胁的识别就越精准，同时，对缓解措施的描述越完整准确，形成的威胁分析报告中体现的内容就越多。

（2）5G ATT&CK 威胁模型

MITRE ATT&CK 是一个基于实际观察到的攻击技战术构建的知识库，可用于政府、企业和网络安全产品中开发特定的威胁模型和方法。相较于 STRIDE 等高级别抽象框架和 CVSS[1] 低级别

1 CVSS（Common Vulnerability Scoring System，通用漏洞评分系统）。

抽象框架，MITRE ATT&CK 框架被认为是中级别抽象框架。ATT&CK 的核心概念包括矩阵、战术、技术、缓解措施、攻击组织、攻击工具。最新版本的企业 ATT&CK 框架包含 14 个战术阶段（前期侦察、资源开发、初始访问、执行、持久化、权限提升、防御逃避、凭据访问、探测发现、横向移动、信息收集、命令控制、数据窃取、影响）、185 个技术项和 367 个子技术项，涵盖 PRE、Windows、macOS、Linux、Cloud、Network、Containers 共计 7 个不同视角下的子矩阵。

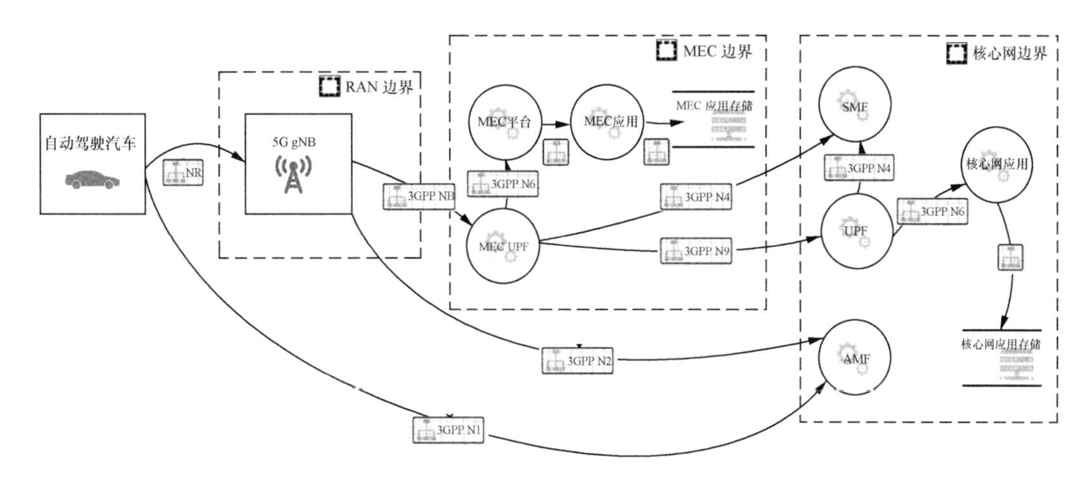

图 4-3 基于特定用例的 5G STRIDE DFD

在企业网络 MITRE ATT&CK TTP[1] 矩阵建立之后，MITRE ATT&CK 扩展了该框架，包括工业控制系统和移动网络，在对这些系统的攻击观察和总结中，形成一定体系化的攻击技战术框架。根据公开披露的分析报告，ATT&CK 提供了 122 个攻击组织、585 个攻击工具的相关技战术信息。

由于 5G 网络的商用时间短，针对 5G 网络特定的攻击向量还尚未成型，毕竟技术具有通用性，5G 网络在技术方面也不例外，它仍然继承了许多与传统企业网络和 ICS[2] 通用的技术属性。因此，5G TTP 知识库可以参考已有成型 TTP 的既定基线，这些基线也适用于对 5G 网络环境的攻击威胁进行建模。在 MITRE ATT&CK 框架中，目前仍存在 5G 网络对抗技术的知识缺口，尤其针对 5G 网络新技术的目标组件，例如 SDN、NFV、MANO、网络切片、5G 控制面和数据面，以及 SBA 服务等方面的对抗技术，这些还有待 MITRE ATT&CK 完善解决。关于 5G ATT&CK 威胁模型 TTP 矩阵，我们在实践篇“第 15 章 5G 攻防靶场部署与实践”有详细介绍，这里不再赘述。

MITRE ATT&CK 框架为检测能力的覆盖提供了衡量标准，可以利用 ATT&CK 针对性地弥合威胁检测能力和面临风险之间的差距。提升安全检测分析能力由低层的失陷指标（Indicators of Compromise，IOC）类向高层的 TTP 类覆盖。安全厂商也可以利用 MITRE ATT&CK 指导检测类产品的研发，跟踪改善检测能力。新版本的 MITRE ATT&CK 框架中更加强调数据来源的重要性并予以重构，更加详细地指出为了检测技术项 / 子技术，应该通过什么技术、收集什么数据，构建基于实战化的多阶段威胁检测体系。

1 TTP（Tactic, Technique and Procedure，战术、技术和程序）。
2 ICS（Internet Connection Sharing，互联网连接共享）。

（3）5G 攻击图威胁模型

攻击图是一种用图形的方式来描述攻击者从攻击起点到达攻击目标的所有攻击路径的方法。它在分析网络的所有配置信息和弱点信息之后，通过信息之间的全局依存关系，寻找所有的可能攻击路径。攻击图由节点和边组成，这些组件的表示随着特定攻击图的定义而改变。通常，攻击图中的节点表示状态，而边表示通过各种后置、前置条件定义的不同状态的转换。

攻击图作为一种建模多阶段攻击的工具，可以用来映射攻击步骤与网络基础设施之间的关系。威胁场景可以映射到网络基础设施，不同组件之间的边可以帮助确定在网络安全传感器中放置的位置，以便检测威胁事件。在 5G 网络环境中，任何威胁场景 T 都可以定义为一个元组 T=(src，dst，scenario)，其中 src 是发起恶意行为的组件，dst 是威胁场景的目标或目标组件，scenario 表示威胁场景。例如，T=(External Network，NEF，API Exploit) 描述了从外部网络利用 NEF 的 API 而产生的威胁。我们可以将 5G 威胁以攻击图的形式建模，5G 攻击图示例如图 4-4 所示，以下通过两个多阶段攻击场景进行简单介绍。

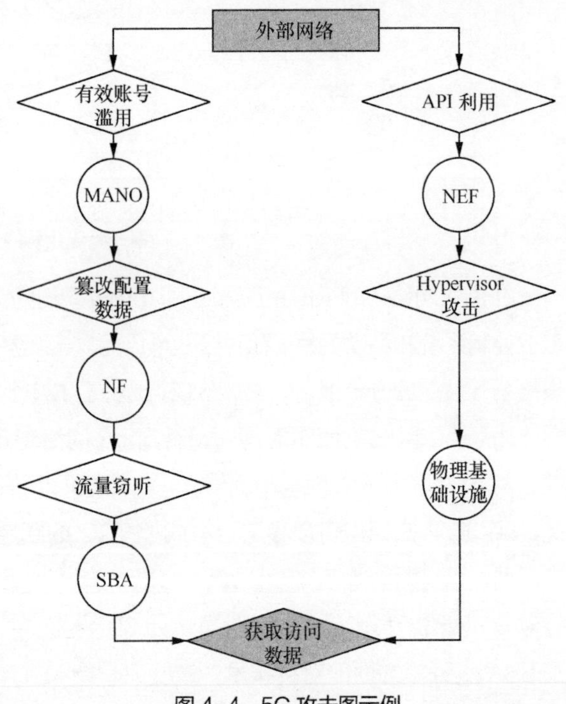

图 4-4　5G 攻击图示例

威胁场景一：①攻击者获取 MANO 组件的凭证；②攻击者盗用账号后进行配置更改，从而在 SBA 中引入恶意 NF；③恶意 NF 通过流量窃听 SBA 来获取敏感数据。

威胁场景二：①攻击者利用 NEF API 中的漏洞；②攻击者与 5GC 的 NEF 建立远程连接；③攻击者利用管理程序中的漏洞，获得对云基础资源的访问权；④对手能够访问存储在 SBA 中所有 NF 的内存数据。

在上述场景中，攻击者利用在 5GC 组件之间可能采取的攻击路径，提供了一个整体攻击图。此攻击图可以了解攻击者如何在多阶段威胁场景中攻击不同的 5G 关键组件，而不需要只关注与独立组件相关的安全事件。威胁场景一（图 4-4 左边）和威胁场景二（图 4-4 右边）展示了攻击者如何通过不同的攻击向量攻击 5GC，目的是访问敏感数据。关于如何部署安全监控，我们可以根据攻击可能源于何处，哪些组件可能是目标，为检测探针的部署提供指导，用以有效检测威胁事件。

4.1.3　5G 威胁分解

确定威胁检测需求的一个重要部分是了解与每个威胁场景关联的特定威胁事件。这包括可能在网络的何处发起攻击，以及网络的哪些组件可能成为目标。5G 威胁分解过程对威胁事件进行识别，从而对检测威胁事件的方法提供进一步的指导。该过程将 5G 威胁分解到威胁事件，然后将威胁事件映射到 5G 资产组件，用以指导在 5G 网络安全监控中应该将探针放在哪些位置来检测威胁事件。5G 威胁分解及到资产的映射见表 4-3。

表 4-3 5G 威胁分解及到资产的映射

威胁类型	威胁事件	潜在影响	影响资产
网络配置篡改 / 数据伪造	路由表操控、核心配置数据篡改、DNS[1] 操控、RAN 配置数据篡改、利用错误配置或配置不当的系统 / 网络、注册恶意网络功能、安全数据篡改（加密密钥、安全策略、访问规则等）、网络实现数据篡改、系统及业务篡改	信息完整性 / 信息销毁 / 服务不可用	SDN、NFV、MANO、RAN、RAT、系统配置数据、网络配置数据、安全配置数据、业务服务
利用软件、硬件漏洞	零日漏洞利用、滥用边缘开放 API、API 利用、软件篡改、系统执行劫持	信息完整性 / 信息销毁 / 服务不可用	SDN、NFV、MANO、RAN、RAT、MEC、API、物理基础设施、业务应用、安全控制、云、虚拟化、用户数据、应用数据、安全数据、网络数据、业务服务
拒绝服务	分布式拒绝服务、核心网络组件泛洪、基站泛洪、放大攻击、MAC 层攻击、干扰网络无线电、干扰设备无线电接口、干扰基站无线电接口、边缘节点过载、认证流量峰值	服务不可用停运	SDN、NFV、RAN、RAT、MEC、云、网络服务、业务服务
远程访问利用	RAT 内移动机制劫持、RAT 会话劫持	系统完整性数据机密性	RAT、SDN、NFV、MANO、云、Intra-RAT
恶意代码	注入攻击（SQL[2]、XSS[3]）、Rootkits、流氓软件、蠕虫 / 木马、僵尸网络勒索软件、恶意网络功能、针对网络产品的恶意软件攻击、针对商业应用的恶意软件攻击	服务不可用 / 信息完整性 / 信息销毁 / 其他软件资产完整性 / 其他软件资产销毁	数据网络、业务应用、安全控制、云、虚拟化、用户数据、应用数据、安全数据、网络数据、业务服务、网络服务
滥用远程访问网络	滥用外部远程服务到网络产品（例如，VPN）	信息完整性 / 系统完整性 / 信息机密性 / 初始未授权访问 / 持久性	SDN、NFV、RAN、RAT、Intra-RAT、用户数据、应用数据、安全数据、网络数据
泄露信息滥用	从网络流量中窃取或泄露数据、从云计算中窃取或泄露数据、从审计工具中滥用安全数据、盗窃 / 破坏安全密钥、未经授权访问用户平面数据、未经授权访问信令数据	信息完整性 / 信息销毁 / 信息保密性	数据存储、存储库、订阅者数据、加密密钥、监控数据、用户订阅配置文件数据、用户平面数据、信令数据
滥用认证	认证流量泛洪、第三方人员滥用用户认证 / 授权数据、滥用 AMF 认证和密钥协议过程、滥用现有账户的凭证	信息完整性 / 信息销毁 / 服务不可用 / 首次未经授权的访问 / 持久性	安全数据、网络业务、网络功能、用户数据、应用数据、安全数据、网络数据
合法监听功能滥用	合法监听功能滥用	信息完整性 / 信息销毁	订阅者数据、用户订阅配置文件数据
操纵硬件和软件	操纵硬件设备、操纵网络资源编排器、内存搜读、侧通道攻击、伪接入网节点、假的或非法的 MEC 网关、UICC[4] 格式利用、终端损害、不可接受的终端安全能力、软件后门	服务不可用 / 信息完整性 / 信息破坏	云数据中心设备、用户设备、无线电接入、边缘数据中心、SDN、MANO、NF、RAN、RAT、虚拟化、用户数据、网络服务

续表

威胁类型	威胁事件	潜在影响	影响资产
数据泄露，盗窃和操纵信息	网络产品日志篡改、文件写权限滥用、所有权文件滥用、客户数据泄露、盗窃个人数据	信息完整性 / 信息销毁 / 信息保密性	用户数据、用户位置信息、金融数据、商业数据、配置数据、服务数据、网络数据
未经授权的活动 / 网络入侵	国际移动用户标志（International Mobile Subscriber Identity，IMSI）捕捉攻击、横向移动、暴力破解、端口碰撞	信息完整性 / 系统完整性	用户设备、网络服务、商业服务
身份 / 账户或服务欺诈	身份窃取、身份欺骗、IP 欺骗、MAC 欺骗	服务不可用 / 信息销毁 / 信息完整性	用户订阅配置文件数据、订阅方数据
窃听 / 截取	频谱探测、流量嗅探、无线电网络流量操纵、恶意分流流量、流量重定向、滥用漫游互联、空中接口窃听、通过伪基站进行设备和身份跟踪、窃听未加密的信息内容	信息完整性 / 信息机密性	数据流量、用户数据、用户位置信息
中间人 / 会话劫持	通过伪基站劫持会话、通过伪基站降维攻击	信息完整性 / 信息机密性	数据流量、用户数据、用户位置信息

1. DNS（Domain Name System，域名系统）。
2. SQL（Structured Query Language，结构化查询语言）。
3. XSS（Cross Site Scripting，跨站脚本攻击）。
4. UICC（Universal Integrated Circuit Card，通用集成电路卡）。

4.1.4 5G 威胁检测需求

有效的网络威胁检测包括两个重要方面：一方面要知道应该在网络中的什么位置部署威胁检测，另一方面要知道需要什么类型的威胁检测。5G 网络的流量和连接设备数量预计超过传统网络的水平，并且 5G 网络的动态、可重新配置的特性也对有效的威胁检测提出了新的需求。在大多数情况下，威胁检测的类型取决于所使用的攻击技术的类型。相比之下，在网络中放置安全探针依赖于对网络架构的了解，即识别关键资产和对这些资产构成的威胁。由于 5G 威胁检测需求涵盖多个域，限于篇幅，下面主要以 5GC 为例，对典型威胁场景中的威胁检测需求进行分析。5GC 典型威胁场景中的威胁检测需求见表 4-4。

表 4-4　5GC 典型威胁场景中的威胁检测需求

威胁场景	威胁检测需求	威胁检测需求描述
NF 的泛滥攻击	流量、网络连接、资源使用和错误码	某些威胁事件可能会导致 NF 的泛滥攻击。这种威胁类型的检测依赖于识别威胁源和目标组件之间的异常流量，这些异常流量可能包括由用户设备（例如，僵尸网络攻击或通过无意或恶意的攻击）产生的流量给 NF 增加了额外的流量。在这类场景中，监控流量和任何可能由非法 HTTP 2.0 流量导致的错误码可以帮助识别这种威胁
窃听 SBI[1]	异常行为、异常文件检测	直接检测正在窃听的 NF 是一项困难的任务。建议通过异常的文件大小或类型来检测窃听的类别，例如截获通信数据。此外，检测已注册 NF 的可疑行为可以帮助识别在 SBA 中注册的恶意 NF
获取对 NF 数据的访问	检测对数据存储库的访问	5GC 中大量敏感数据存储在数据存储库。检测攻击者访问数据将依赖于监视访问，特别是被系统拒绝的尝试访问。应检测访问频率和数据请求大小等属性，以发现异常情况

续表

威胁场景	威胁检测需求	威胁检测需求描述
在 NF 环境中安装恶意软件	防病毒软件，检测新软件的系统日志，检测异常的资源使用和系统调用等行为	在大多数情况下，使用防病毒软件被认为是检测恶意软件的有效手段。考虑到 APTs 中，任何恶意软件的使用都是极力为了规避防御而确保不被发现。攻击者可以在应用程序或可执行文件中隐藏恶意软件，部署零日攻击，甚至向 5GC 引入恶意 NF，从而绕过杀毒软件。因此，除了防病毒软件，可能还需要监控新应用程序或软件的安装及其行为，以识别任何恶意的副作用
修改应用程序数据	检测系统日志	修改应用程序数据可能是一个有意的行为，但也可能是恶意行为。尽管不确定是恶意行为，但当应用程序数据被修改时（包括进行更改的用户等信息），应使用系统日志来发出告警
修改配置数据	检测系统日志	在 5GC 中修改配置数据是常有的行为。路由表、网络切片和虚拟网络功能在本质上是可重新配置的和动态的，以支持网络需求。攻击者可能盗取合法权限，利用这个特性来重定向流量，或者在 NF 的配置中引入漏洞
利用 API 漏洞	检测应用程序日志	检测 API 异常行为的日志可能有助于预警此类威胁事件。由于 5GC 预计会有大量的流量，深度包检测（Deep Packet Inspection，DPI）可能无法有效地进行实时分析。可以部署 WAF 来检测无效输入，作为企图利用的预警提示器
SDN 控制器攻击	对系统日志、资源使用和访问、流量进行检测	SDN 控制器在 5GC 中起着至关重要的作用。针对 SDN 控制器的攻击包括 DoS 类型攻击、恶意更改配置、重定向流量和获取路由表信息。应该使用一系列技术手段来检测任何恶意活动
滥用合法拦截（LI）功能	检测 LI 功能的使用	检测 LI 功能的使用情况并与相关机构进行验证是最可靠的检测方法。LI 功能被访问的移动网络运营商使用，维护一个白名单或黑名单的受信任 / 不受信任访问的网络可能有助于识别误用
漫游场景攻击	黑名单网络，关联用户位置跟踪	漫游场景中存在多种威胁事件。可以用来检测漫游场景滥用的方法包括维护欺诈性访问的网络请求的黑名单和对用户设备的位置跟踪，以检查位置是否与用户的预期位置匹配

1. SBI（Service Based Interface，基于服务的接口）。

5G 威胁检测需要在单点检测的基础上，通过组合检测关联攻击行为，聚合相关告警，并形成攻击链路用于告警研判，这样可极大地提升检测准确率，由此提供丰富的溯源依据。

4.2 5G 威胁检测

4.2.1 5G 威胁检测架构

5G 威胁检测是 5G 网络监控的一个重要方面，随着网络流量的不断增长和虚拟化技术的采用，它也越来越重要。5G 网络检测体系以不同的间隔和粒度收集网络统计数据、流量模式、应用状态和用户配置文件，以及流量样本。这些信息对于评估 5G 网络安全态势和执行各种安全策略（例如，协议解析、异常检测、网络取证分析）作用很大。此外，5G 网络检测体系可用于威胁检测和防御安全漏洞，最终提高 5G 网络的整体安全性能。

4G 时代，网络安全检测系统部署在移动网络的特定位置，以检测网络边界出入口的数据，不同的检测系统部署在不同的网络域，无法保证对全网络安全的检测，这样使安全检测变得较为复杂。同时，由于传统的检测系统严重依赖于物理硬件，大多数检测应用部署在专有的硬件上，这些检测应用的升级或改造受制于原有安全厂家，功能扩展灵活性不够，效率不高，不能应对网络条件的动态变化。此外，没有考虑细粒度分析以适应基于 SDN/NFV 的 5G 网络管理，对内部虚拟网络缺乏可见性和控制，加上使用设备的异构性，使许多安全监测无效。

因此，在 5G 环境中，需要重新思考安全检测机制，以应对虚拟化带来的需求，并充分考虑 SDN 和 NFV 技术的灵活性和先进性，在成本、可靠性和质量之间取得最佳平衡。

在 5G 安全检测系统中，可引入基于 SDN/NFV 技术的 SDM[1] 架构。在基于 SDN 的 5G 网络中，集中控制层可创建安全检测管理模块，安全检测管理模块可以基于 5G 网络的整体安全态势做出决策。在这样的系统中，集中的安全事件关联在网络控制器上是可能的，可设计新的方法和算法来有效地检测 5G 安全威胁。同样地，利用 NFV 技术，可以虚拟化现有的安全检测功能，例如 SIEM、IDS、IPS、DPI 等。此外，NFV 可以根据业务需求动态扩展检测资源，提高 5G 安全检测的可扩展性。

SDM 架构设计可用于实现基于 SDN/NFV 的 5G 移动网络架构中的检测功能。它能够以一种经济高效的方式检测虚拟化和物理网络环境，SDM 架构的关键组件是 SDM 控制器、SDM 控制接口、检测探针、网络探针管理器、网络检测管理模块和网络检测仪表盘。SDM 架构的 SDN 映射如图 4-5 所示，SDM 架构的 NFV 映射如图 4-6 所示。

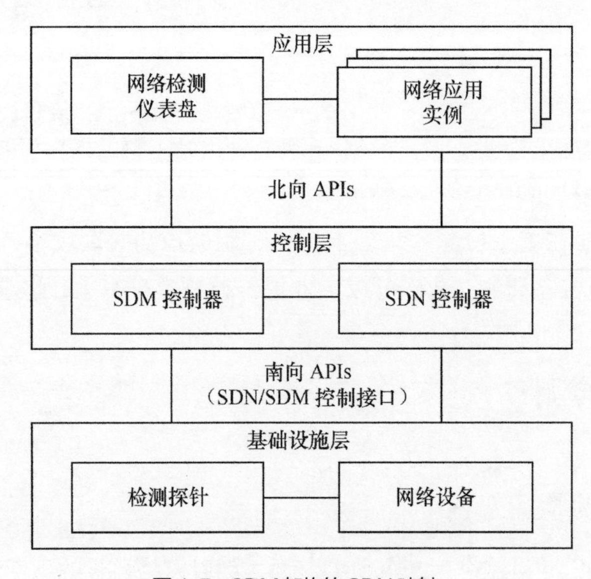

图 4-5　SDM 架构的 SDN 映射

1　SDM（Software Defined Monitoring，软件定义监测）。

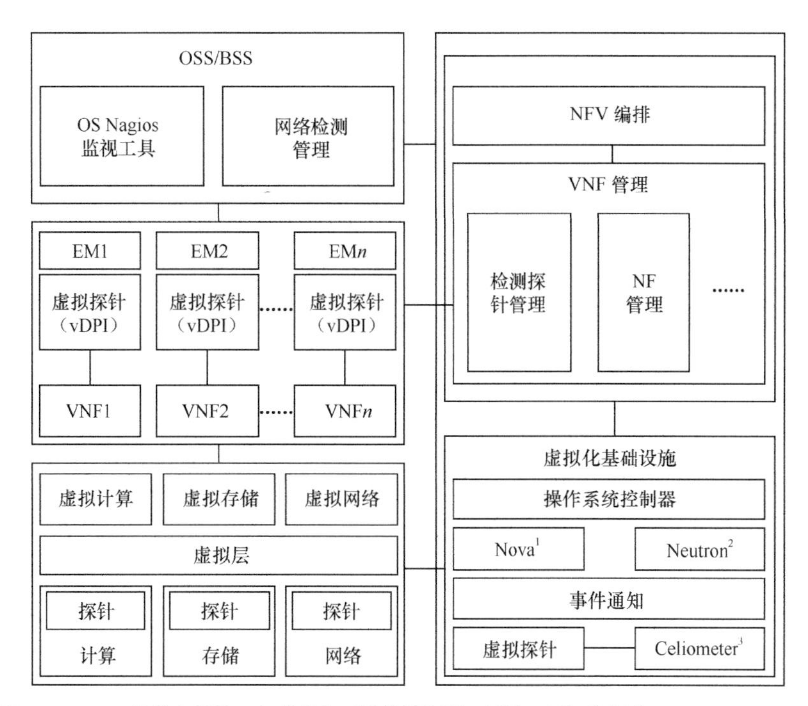

1. Nova 是 OpenStack 的核心组件，负责整个云计算的资源、网络、授权和测度。
2. Neutron 是 OpenStack 管理虚拟网络的组件。
3. Celiometer 是 OpenStack 负责监控和计量的组件。

图 4-6　SDM 架构的 NFV 映射

SDM 架构建议在 5G 网络所规划的检测点部署虚拟探针和物理探针，网络检测管理实体主要负责管理全网的网络监控。检测探针管理负责在整个网络中部署虚拟探针和物理探针。此外，现有的 NFV 和 SDN 接口将被修改，以启用新的 SDM 控制接口。该接口用于传输网络监控应用程序和网络服务模块所需的包流数据和元数据。这些数据将从交换机或探针（即代理）传输到 SDM 控制器。通过引入软件定义网络技术驱动的安全分析或软件定义检测，启用 SDN 交换机、商用现成品或技术（Commercial Off-The-Shelf，COTS）处理包和安全设备充当数据包代理。此外，机器学习等其他技术也被用于 SDM 架构，可使用机器学习算法进行异常检测。与传统方法相比，该方法具有较高的检测精度和较低的误报率。

SDM 架构在 5G 中的部署如图 4-7 所示。图 4-7 中，新增软件定义监视控制器作为 5G 核心网中的 NF，除了物理硬件组件中的物理探测器，每个 VNF 中还部署了虚拟探针。

为了在 5G 网络中设计有效的安全检测系统，需要在以下 4 个方面进行改进。

第一，必须设计新的流量检测方法和技术。这些方法能够通过提取 5G 协议元数据、分析关联、数据挖掘和机器学习等技术来检测控制平面和用户平面流量的异常情况。

第二，检测方法必须解决可伸缩性和性能问题。特别是 5G 安全检测实体的部署和检测点的位置必须仔细规划，以确保可扩展性。此外，应该选择检测工具，以便在性能、成本和检测输出的完整性之间取得最佳平衡。不同的硬件加速和包预处理技术可以与 5G 安全检测系统集成，获得高度优化的结果。

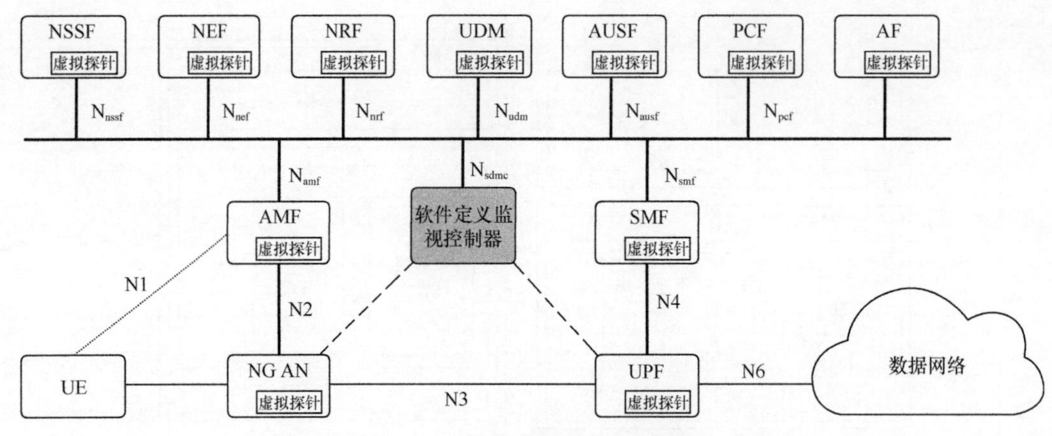

图 4-7　SDM 架构在 5G 中的部署

第三，5G 安全检测系统应支持异构性。该检测系统应该能够分析 5G 网络域的不同控制平面和用户平面的网络流量。它还应该支持 5G 网元实体和传统 4G 网元实体之间的新接口。

第四，5G 安全检测系统应融入安全编排。使用安全编排在 5G 网络中是必要的，安全编排的主要目标是消除使用人工交互进行手动配置的需求。由于 5G 移动网络的高动态性，人工手段安全管理已不再高效，安全编排将负责在软件化的 5G 移动网络中部署、配置、维护、监控管阶段，实现自适应安全功能管理，以适应 5G 网络环境动态变化。

4.2.2　5G 威胁检测技术

（1）传统技术手段

① 基于信令面数据。针对网络数据流量大、范围广的特点，采用分布式流量检测方式，分析速率、接通率、掉话率等多个性能指标参数，预警网络异常情况。

② 基于用户面数据。利用设置业务网关 / 代理 / 平台的方式，在移动互联网边界构建网络用户，规范用户对网络侧系统和设备的访问行为。

③ 基于动态流检测数据。对常用端口、流量峰值、重点 IP 吞吐量等网络测量数据，关联用户身份，细分流量与业务，提升网络感知能力，实现网络流量异常的分析；同时利用智能管道技术，实现高精度流量控制，对重点业务和用户的网络情况进行重点检测。

④ 基于 DPI 数据。根据网络传输中的 IP 地址、HTTP 会话连接和移动终端的 IMSI 号等进行网络溯源，还原移动应用流量，实现对网络应用异常的检测。

在关键安全域内部署入侵检测和防御系统，检测记录网络内的相关操作，识别非法进入网络和破坏系统的恶意行为，发现违规、越权等恶意操作。

（2）新技术手段

在移动互联网（3G、4G）较为成熟的网络安全检测预警机制的基础上，结合 5G 的业务与技术特点，将 5G 系统中多维度、多种类的安全业务数据进行融合，健全 5G 网络安全事中检测技术体系。

① 结合 5G 网络的海量终端通信的特点，收集海量物联网终端发起的多来源、多粒度的信令和多种用户类型上报的数据等，通过大数据平台技术实现海量数据的分析，进而精确定位网络异常。

② 结合 5G 网络大带宽、低攻击成本的特点，利用多源数据采集技术对 5G 网络的系统日志、资产数据、网络流量等数据进行实时在线监测、自动采集和预处理，发现原始数据中的异常信息，及时发出告警，提升安全监控响应速度，以对抗大规模网络攻击。

③ 结合 5G 网络业务场景多样化的特点，通过用户行为分析，对已收集的 5G 网络多样化的异构数据和威胁情报，利用人工智能、数据挖掘、精量化威胁分析等手段进行多维度智能分析、对安全事件追踪溯源，快速聚合有效高危告警。基于签名、行为、异常的威胁检测如图 4-8 所示，具体包括以下 4 点。

一是利用基于行为 / 异常的 AI 分析发现未知威胁。

二是利用签名来发现已知威胁：针对恶意样本生成签名 / 规则，精确度接近 100%。

三是基于行为的 AI 分析，发现已知到未知的变种或亚型威胁。由于掌握了具备黑白样本的可区分特征，可进行有监督学习，精确度较高。

四是基于异常的 AI 分析，检测与任何已知恶意软件不相关的零日漏洞利用，由于缺乏已知漏洞 / 威胁的相关信息，只能通过无监督、半监督学习来发现异常，虽然检测精确率稍低，但至少可以提供事件回溯的大量异常证据，辅助安全分析人员快速分析威胁。

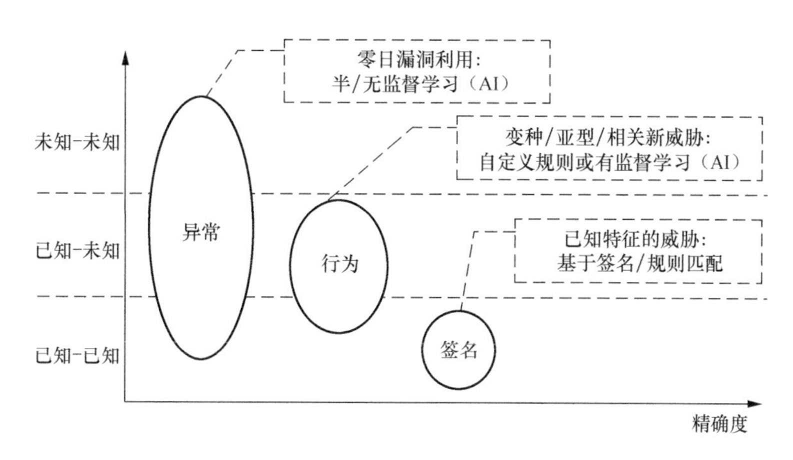

图 4-8　基于签名、行为、异常的威胁检测

综上所述，5G 威胁检测可运用威胁情报、特征库和高级威胁检测 3 种手段，融合机器学习、文件虚拟执行检测、攻击行为分析等前沿技术，高效检测、对抗传统及新型网络攻击。

4.2.3　5G 威胁检测规划方案

（1）规划需求

随着 5G 网络的建设和商用，网元虚拟化及能力开放特性给 5G 核心网、接入网、专网和边缘计算等各个层面都带来了新的安全风险，包括信令安全、用户访问安全及 5G 部署环境的云原生安全问题，需要对5G MEC和5G核心网进行全流量的安全检测，以防范新一代APT，因此构建针对5G云化网络结构的下一代威胁检测与响应体系迫在眉睫。

5G威胁检测需涵盖当前5G网络的云、网、边和业务面临的主要安全检测与防护需求，例如5G MEC组网安全检测与防护、5G基础设施安全风险检测、核心网信令窃取和篡改检测（ULCL[1]/BP、SSC Mode、LADN[2]、AF影响策略路由等）、用户隐私泄露风险检测、边缘用户面网元的转发策略篡改检测与防护、全流量信令检测与审计等，为新基建环境下的5G网络建设和运营提供了良好的安全保障。

（2）规划思路

在5G SA应用场景下进行全流量采集、威胁检测、回溯分析等，需通过对5G通信网络进行全流量的安全检查分析，实现终端的恶意接入检测、资产识别、漏洞和威胁利用行为检测、信令攻击检测、业务渗透入侵检测，以及流量追溯取证等，同时，可面向基于5G网络的各类典型场景，例如物联网、工业互联网等，赋能使用5G威胁检测的安全能力。

① 网络全流量无损记录。原始网络流量真实可靠，再狡猾的攻击者，只要通过网络进入攻击目标区域，都会在网络流量上留下痕迹。全流量分析取证聚焦于5G网络全流量的精准记录，可提供全量数据的快速存储和检索、加速回放和回溯检测，并配合网络威胁检测分析手段，解决5G网络威胁取证和溯源困难的问题。

② 威胁检测全覆盖。覆盖范围从已知威胁检测扩大到未知威胁检测，从传统的特征检测扩大到恶意行为检测，具备全程检测、全范式检测、全域检测和全时检测的特点。

全程检测。在攻击流上需要进行全程检测，例如在载荷层做关联检测。

全范式检测。检测技术可基于特征检测，也可基于沙箱动态分析（例如，APT沙箱样本检测），还可以基于机器学习。

全域检测。提供从终端到网络、云端的全域检测，提供全立体式服务。

全时检测。具备全流量存储检索回放后进行事后检测的能力。

③ 威胁处理智能化。全流量分析取证解决方案将威胁检测、威胁取证分析、威胁响应处置融合，通过检测技术发现威胁，通过取证分析能力确认威胁，通过自动化安全策略阻断威胁，从而实现威胁的智能化闭环处理。

（3）规划方案

5G全流量威胁检测方案如图4-9所示。该方案主要由4个部分构成，分别是5G全流量采集、5G全流量分析取证、5G威胁检测分析平台、5G威胁联动响应平台（FW、IPS、WAF、蜜罐、SOC/SIEM）等。在5G网络出口处部署全流量采集模块，通过原始流量分光/镜像方式将出口处和5G内部网元间的流量送入5G全流量分析取证模块，5G全流量分析取证模块提供全流量协议解析能力，为中心化部署的威胁分析平台和检测平台提供流量特征信息、元数据信息及

1 ULCL（Uplink Classifier，上行分类器）。

2 LADN（Local Area Data Network，本地局域数据网）。

完整的 pcap[1] 原始数据。5G 威胁检测分析模块基于规则引擎、威胁情报能力来检测已知威胁，基于动态沙箱检测引擎、机器学习引擎来检测未知威胁，并通过相应的算法和引擎对整个攻击环节进行关联，实现对高级威胁事件的全方位分析。威胁检测分析引擎与安全运营系统和边界防御系统协同联动，实现威胁响应处置闭环。

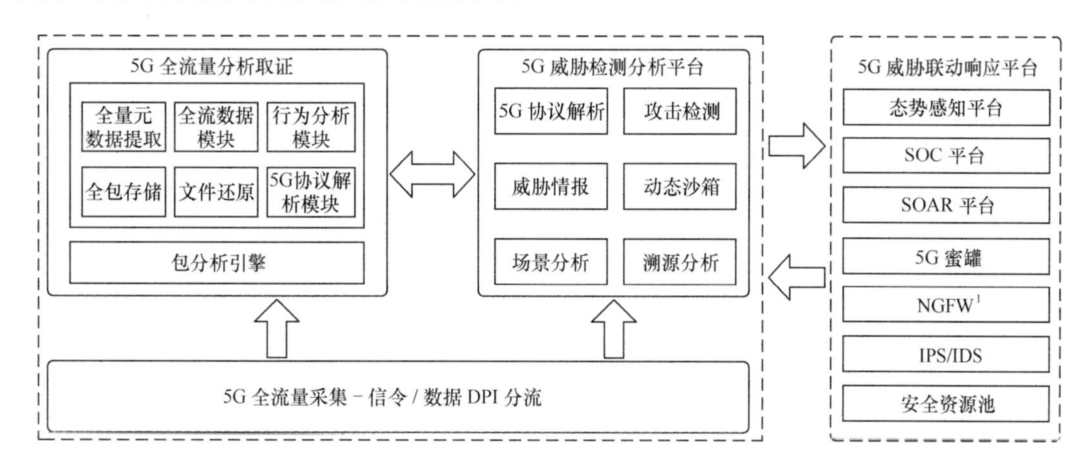

图 4-9 5G 全流量威胁检测方案

① 5G 全流量采集。通过部署统一的 DPI，完成对 5G 网络信令面流量和 5G 核心网网元东西向及核心网出口的流量镜像数据的采集。

② 5G 全流量分析取证。部署于 5G 通信网络中，能够对采集的流量进行解析、还原和分析等工作，同时具备存储全量 pcap 数据包、威胁 pcap 数据包的网络安全设备。覆盖大部分用户的应用协议识别，为安全应用分析场景提供数据支撑，分析用户应用协议和流量异常。

③ 5G 威胁检测分析平台。全流量分析平台是全流量分析系统的核心部分，可以对流量元数据进行加工和整理，利用其大数据分析能力及多样化的机器学习算法，加快发现各类安全威胁及事件，并可以回溯历史事件，准确把握事件发生的过程及影响。关键能力具体如下。

可实现全流量双向检测：基于流量全字段检测技术，采用双向特征判定，直接检测攻击是否成功。

集成沙箱检测能力：内置行为检测、漏洞检测的沙箱能力，全面提升检测未知威胁、APT 攻击能力。

情报赋能提升检测和分析能力：系统集成高可用威胁情报库，针对网络中可能存在的高风险点进行专项监控分析。

提供多种价值分析场景：结合日常运维习惯，提炼弱口令、爆破攻击、僵木蠕病毒分析等多个场景化模型。

提供多维度可视界面：可从多维度呈现攻击，例如攻击路径可视、攻击链的展示。

④ 5G 威胁联动响应平台。联动处置能力包括接收 IPS/IDS、防火墙、APT 等设备日志和

1 pcap 是一种常用的数据报存储格式。

基于蜜罐获得的攻击情报信息，并与安全运营系统设备（例如，SIEM/SOC 等）下发处置策略给防火墙、IPS、WAF 设备进行阻断闭环。

（4）系统架构

5G 威胁检测与分析平台系统架构具备对来自安全探针、DPI、安全设备等的检测数据源进行数据采集与解析、威胁检测、回溯分析、威胁展示和响应等能力。5G 威胁检测与分析平台系统架构如图 4-10 所示。

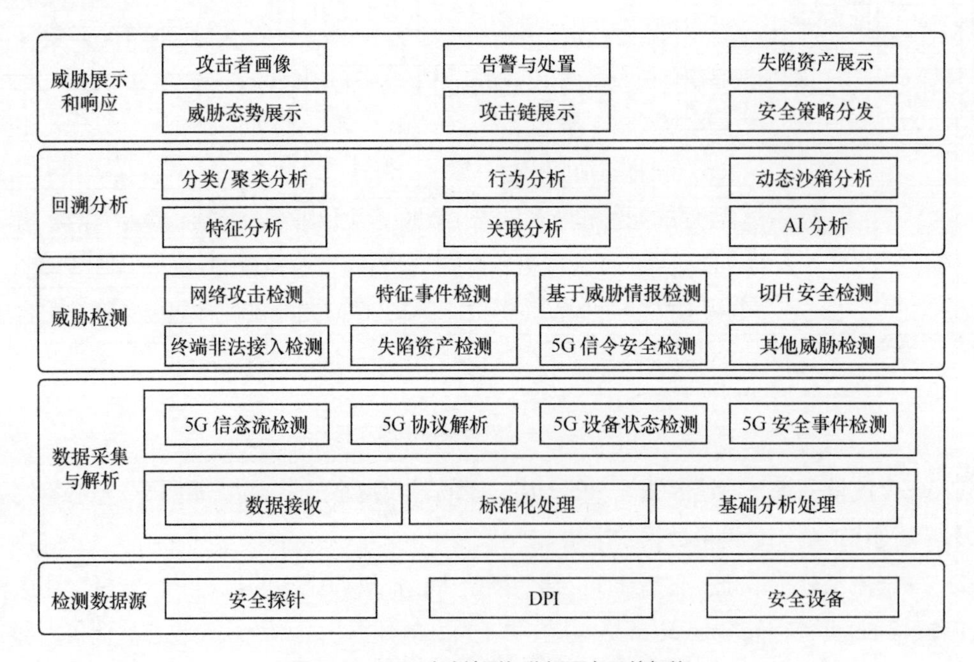

图 4-10　5G 威胁检测与分析平台系统架构

① 数据采集与解析。探针可采用分布并行方式部署，即通过增加探针数量动态扩展可处理的流量规模和线路数量，能够同时支持多条链路检测，支持多个镜像 / 分光流量输入接口的数据采集。

支持标准数据采集、自定义方式数据采集，具备多种协议分析，可完成对 NGAP、PFCP、GTPv2、HTTP 2.0 等 5G 协议解析和元数据提取。

支持数据包 pcap 文件存储功能，支持对采集的全部流量进行存储、检索和下载。

支持异常检测、会话关联分析，以及抗入侵检测，可与威胁检测和分析模块联动。

② 威胁检测。

网络攻击检测：支持发现网络应用、病毒、蠕虫、木马、广告、挖矿、漏洞利用等多种网络攻击行为，支持自定义检测模型。

特征事件检测：作为威胁检测的基础能力，支持业务行为的特征事件检测。

基于威胁情报检测：可按照命中情报黑名单的威胁类型、威胁等级生成威胁告警，支持实时流量检测，可根据当前发生的热点事件对历史流量进行回溯检测。

切片安全检测：通过对网络切片上线、下线、更新、扩缩容等全生命周期进行检测，分析并识别切片运行异常行为，及时发现隔离失效、非法访问 / 越权管理等安全事件。

终端非法接入检测：支持对影响 5G 核心网正常运行的、来历不明的信令和异常行为（例如，频繁上下线）等问题终端，进行检查识别。

失陷资产检测：根据相关攻击事件，判断资产是否已被攻陷及边界资产的失陷状态，并依据攻击链模型描述资产失陷的过程。

5G 信令安全检测：对 5G 核心网信令的非法接入、信令风暴、信令攻击、切片安全、AF 安全审计、伪基站监测等安全风险进行识别，能够通过对信令的解析，检测信令安全事件。

③ 回溯分析。采用安全特征引擎、安全统计模型与 AI 安全检测模型等综合分析手段进行回溯分析，实现攻击事件快速精准回溯。

分类 / 聚类分析：木马家族分类、异常行为挖掘、远控行为检测。

特征分析：远程桌面协议爆破、安全外壳（Secure Shell，SSH）协议爆破、恶意扫描、远控木马。

关联分析：支持流量日志关联到 pcap 数据包进行取证。

AI 分析：加密恶意流量检测、DNS/HTTPS 隐秘通道分析、恶意木马变种检测、攻击同源性分析。

④ 威胁展示和响应。

攻击者画像：通过多维度信息绘制攻击者画像，发掘攻击者常用的手段及使用工具，主要包括攻击者的活跃时间、偏好攻击目标、常用攻击手段、攻击分类等。

告警与处置：利用计入日志、页面报警、发送邮件、发送 SNMP Trap[1] 信息、发送 Syslog[2] 信息等方式进行告警，通过发送 RST[3] 阻断报文、提取原始报文等方式进行告警处置。

失陷资产展示：对失陷资产进行基于失陷类型的展示，展示最近发生时间、资产名称、失陷类型、操作等。

威胁态势展示：提供威胁的实时展示能力，支持将检测到的威胁在展示界面进行实时显示。

攻击链展示：以攻击链的模型展示检测出来的事件。

4.3　小结

首先，从攻击者的视角来看，通过 5G 威胁识别、5G 威胁建模、5G 威胁分解，将威胁映射到 5G 基础设施组件，由此确定 5G 威胁多阶段检测需求及对应的检测手段。其次，基于软件定义网络设计理念，在 5G 网络中引入软件定义监测框架，该框架通过可编程接口、集中控制和虚拟化抽象，提供了更细粒度、更动态的安全监测功能。最后，根据现有技术发展趋势，基于大数据分析和 AI 学习技术，对全网数据进行分析、学习、建模，标识正常业务行为，同

1　SNMP Trap（Simple Network Management Protocol Trap，简单网络管理协议陷阱）。

2　Syslog 是系统日志或记录，是一种用于在网络中发送和接收信息的标准。

3　RST 指 Reset the Connection，用于复位因某种原因引起的错误连接，或者用于拒绝非法数据和请求。

时结合外部威胁情报库、沙箱技术及规则检测引擎，识别已知威胁、异常流量和高级威胁，对攻击成功性进行跟踪，对完整的威胁进行追踪溯源，以确保5G威胁实时检测、准确检出、及时响应。

4.4 参考文献

[1] 毕亲波，赵呈东 . 基于 STRIDE-LM 的 5G 网络安全威胁建模研究与应用 [J]. 信息网络安全，2020，20(9)：72-76.

[2] 何树果，袁瑗，朱震，等 . 基于 ATT&CK 框架的域威胁检测 [J]. 信息技术与网络安全，2021，40(12)：15-18+25.

[3] 周安顺，王绥民 . 基于攻击图模型的网络安全态势评估方法 [J]. 移动通信，2021，45(2)：104-108.

[4] 朱京毅，罗汉斌 . 基于动态行为与网络流量分析技术的威胁检测研究 [J]. 电信工程技术与标准化，2020，33(12)：25-29.

第 5 章　5G 安全态势分析规划

安全态势分析是构建网络安全主动防御体系的重要组成部分，基于情报、分析、响应和编排构建的安全态势分析平台将成为主动防御体系的“安全大脑”。面向 5G 的安全态势感知体系的规划，应基于 SDN/NFV、SBA、能力开放等技术，遵循整体架构设计理念，以态势分析作为威胁分析和预警处置的决策点，以防御体系作为态势分析决策的执行点，同时其也作为感知点，为态势分析提供源源不断的数据支撑。通过安全能力的灵活编排及联动协同，形成对 5G 安全的感知、理解和预测，最终打造智能、敏捷的 5G 安全运营闭环。

5.1　5G 安全态势分析现状和需求

5.1.1　现状分析

（1）新形势下的安全威胁

全球网络安全形势不断变化，网络攻击形势愈发严峻，呈现国家化、集团化的趋势，攻击手段日益丰富且智能。新型攻击具有复杂、隐蔽、攻击频率和严重程度不断提高的特点。5G 网络技术与应用的规模化发展无疑加重了安全运营管理的负担，使安全管理人员面临着巨大的挑战。

（2）新技术带来的问题

5G 网络用户流量剧增、核心网集中化、边缘下沉化、边缘计算降到地市甚至基站边缘、垂直网络切片、网络虚拟化等成为安全态势分析的巨大挑战。此外，基于特征检测的安全防御手段只能识别已知威胁，而以 APT 为代表的高级威胁使基于特征的检测方法失效，给业界带来前所未有的挑战，迫切需要新的威胁分析技术，帮助安全管理人员从全局视角了解 5G 网络的安全状态，针对 5G 网络威胁事件采取有效的响应处置措施。

（3）传统体系局限性

① 传统防御技术以安全日志和事件的采集为基础，数据源相对单一，缺乏系统日志、业务日志、网络流量、威胁情报等数据，没有真正做到多源异构数据综合分析。

② 传统防御技术以关系型数据库为底层数据架构，处理能力有限，在当前海量数据、异构数据、多维数据的情况下，采集、分析、处理、存储遇到了很大的困难。

③ 传统防御技术以被动安全分析为主，没有从威胁来源和攻击者视角分析问题。从黑客攻击杀伤链来看，检测点和响应措施严重不足。

④ 传统技术以基于规则的关联分析为主，只能识别已知且已描述的攻击，难以识别复杂攻击和未知攻击，并且缺乏内外部威胁情报的导入，难以满足当前的攻防对抗环境。

5.1.2 需求分析

GB/T 22239—2019《信息安全技术 网络安全等级保护基本要求》提出，关键基础设施应具备态势感知能力，其中对新型安全攻击检测能力、网络安全分析能力、用户行为分析能力等提出了更高的要求，主要需求归纳如下。

（1）整体网络安全态势感知

利用大数据存储和实时运算能力可视化展现当前的安全态势，掌握外部攻击过程和内部异常行为画像，并对当前安全风险和预警信息采取响应措施，让整体网络安全态势可见、可知、可控。

（2）从被动防护到主动防护

网络安全态势感知体系通过统一收集、集中存储，消除各安全系统孤立情况，从海量汇总信息中屏蔽大量的无用信息，及时对重要的安全事件发出告警，通过关联分析和长周期的机器学习，发现隐藏较深的安全威胁。

（3）从独立工作到协同防御

通过建立与网络安全态势感知配套的安全威胁运行分析机制，形成网络安全监控、预警、处置、调查、加固的管理流程，实现网络安全监控、安全异常与威胁分析、事件分析、应急处置等各项工作的协同。

（4）提高网络安全运营效率

通过建设网络安全态势感知体系，有效地将平台、人员、制度、流程有机结合起来，从安全事件的事前、事中、事后 3 个维度出发，形成安全工作的闭环，实现安全运营工作的自动化，极大地提高了安全管理和运营效率。

5.2 5G 安全态势分析规划

5.2.1 5G 安全态势感知体系模型

5G 应用场景广泛，融合了更多的新技术，并支持海量终端接入，给网络安全带来了新的挑战。5G 网络中广泛采用 SDN/NFV 等技术，针对不同行业的通信需求构建基于网络切片的按需服务，结合边缘计算，使整个网络更加灵活、开放。由此面向 5G 的安全态势感知体系的设计，也基于 SDN/NFV 等技术，实现对需要防护的流量灵活调度和安全功能虚拟化，通过安全能力灵活编排，以及安全能力的灵活部署和扩展，形成对 5G 网络安全的感知、理解和预测。

面向 5G 的安全态势感知体系模型如图 5-1 所示。该模型主要包括 4 个功能层：①虚拟基础设施和传感器层；②态势感知层（监测、关联、分析）；③决策层；④执行层。其中，虚拟基础设施层提供虚拟计算、存储、网络资源，传感器功能单元负责监测采集 5G 网络中的不同安全指标；态势感知层完成感知、理解和预测功能，分别对应图中监测、关联和分析模块；决策层和执行层分别通过发起决策和执行主动 / 被动行动，形成闭环，持续优化和解决 5G 网络安全风险。

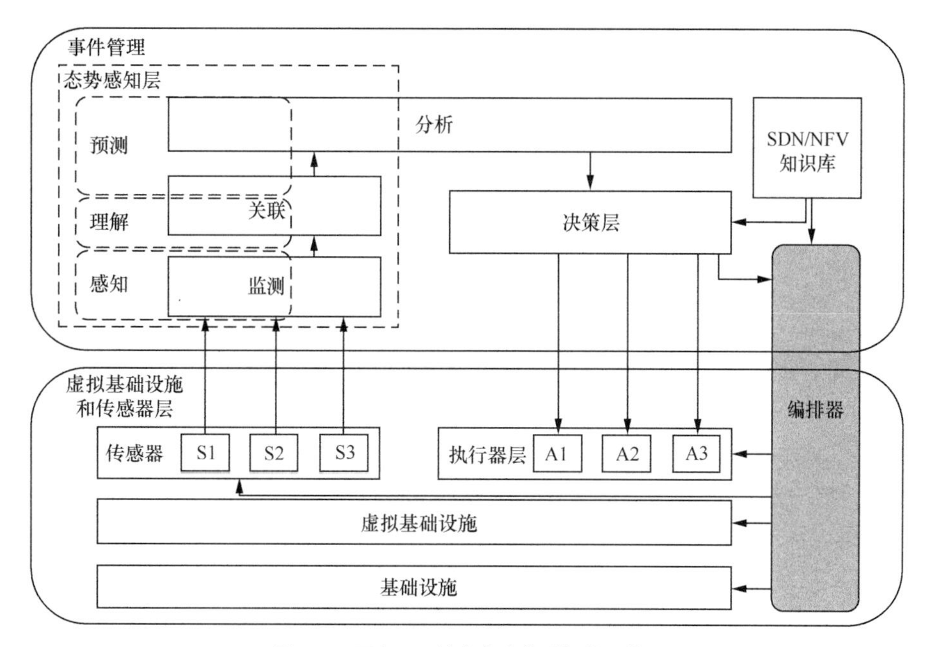

图 5-1　面向 5G 的安全态势感知体系模型

1）虚拟基础设施和传感器层

这层主要通过虚拟化技术抽象在 5G 网络基础设施中的软硬资源，并支持对与 5G 网络行为和状态相关的指标进行监测。基于 SDN/NFV 的设计原则为数据面和控制面解耦，网络功能虚拟化，与云环境完全集成。SDN 架构使 5G 网络基础设施（RAN、MEC、传输、5GC、网关、DPI）中的数据与控制平面分离，从而摆脱了传统私有 / 专用软硬件的限制，定制数据转发引擎。虚拟基础设施层支持按需动态分配虚拟资源，NFV 方法提出将不同的服务（例如，防火墙、DPI、IDS、IPS、蜜罐）作为虚拟软件功能来实现，这些虚拟软件功能可以在虚拟基础设施的不同点实例化。在该架构中，传感器也是专门的 NFV 应用程序，能够监测采集系统上的不同安全指标，这些传感器（NFV-Apps）可以在虚拟基础设施的不同位置实例化，并根据上层的需求重新配置。因此，该系统能够加强对疑似危险区域的监测，根据策略动态建立微隔离区。

2）态势感知层

（1）监测和关联模块

监测和关联模块主要收集底层（虚拟基础设施和传感器层）提供的信息，并应用聚合 / 关联技术来简化进一步的分析任务，完成对安全态势的感知和理解。

① 监测：主要目标是收集和管理来自所有数据源的信息（资产信息、日志、事件、告警），并促进它们对上层的访问。监测任务将主动轮询不同的数据源，实时收集统计信息，提供高准确度和低开销的流量监测。该模块还负责传感器的注册和访问。考虑到处理大量数据，因此收

集的信息存储在高性能的分布式存储体系中。

② 关联：主要负责信息处理的第一抽象层，抽象层主要进行数据的预处理，完成关联和聚合过程。关联分析引擎是安全分析的核心引擎之一，与行为分析引擎、专项分析引擎配合形成立体、全面的安全分析体系。关联分析方法包括逻辑关联、统计关联、情景关联、资产关联、脆弱性关联、威胁情报关联等。事件关联分析是风险分析的基础，关联分析结果导出的关联事件可以提升为威胁，从而参与风险计算，并且实现风险计算自动化、定量化。

（2）分析模块

5G 安全态势分析模块是 5G 安全态势感知体系的“大脑”，主要包括态势检测、安全风险评估、资产管理、风险地图、预测、诊断和问题跟踪，5G 安全态势分析基础框架如图 5-2 所示。

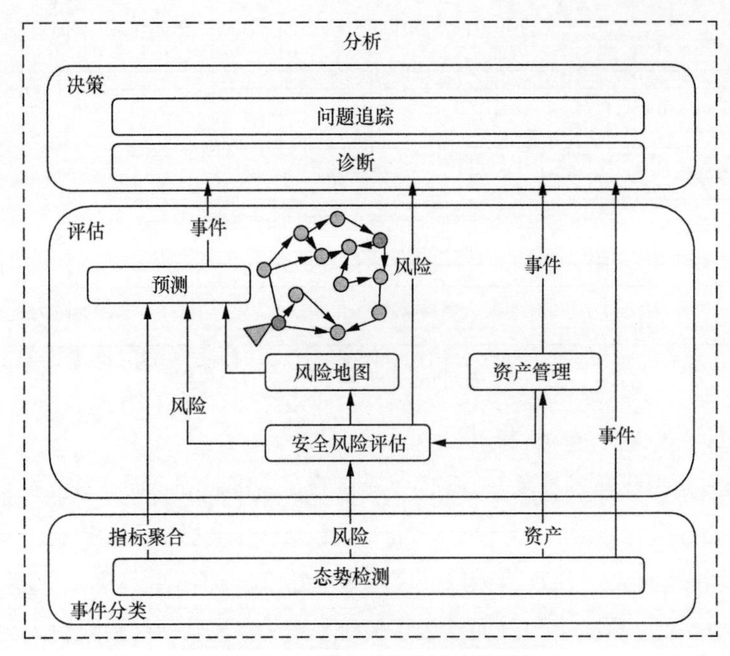

图 5-2　5G 安全态势分析基础框架

① 态势检测模块是监视 / 聚合任务与理解信息功能之间的连接，它的输入是由传感器直接发布的相关数据和态势报告构建的聚合高级度量标准。处理完这些信息后，态势检测模块构建要分析的基本态势（事件或风险）。

② 安全风险评估结合了信息安全风险评估（Information Security Risk Assessment，ISRA）业界公认的一些广泛流行的策略，识别危险因素的方法以国际标准化组织（International Organization for Standardization，ISO）/ 国际电工委员会（International Electrotechnical Commission，IEC）2700 系列和美国国家标准技术研究所（American National Institute of Standards and Technology，NIST）-SP800 为基础，同时也考虑了 5G 网络环境的特殊性。

③ 资产管理在风险评估步骤中要考虑所有 5G 资产列表。由于 5G 网络能够根据新服务和网络设备的状态自动部署，这一组件在分析资产信息方面发挥着关键作用，确保资产列表和实际网络资源之间的一致性非常重要。

④ 风险地图组件构建并管理所聚合的高级别度量、事件和推断的风险等网络事件的风险映射。风险映射主要考虑以下情况：预测威胁扩散，建立隔离区域，确定部署威胁处置的最佳地点，以及识别攻击源。

⑤ 预测是指根据 5G 网络安全态势的历史信息和当前状态对网络未来一段时间的发展趋势进行预测，是态势感知的基本目标。预测网络安全态势感知的一般方案是通过将观察序列建模为时间序列来预测态势的变化。网络安全态势预测如图 5-3 所示。网络攻击存在随机性和不确定性，使以此为基础的安全态势变化是一个复杂的非线性过程，采用传统预测模型已经无法满足需求，越来越多的研究正在朝着智能预测方向发展。

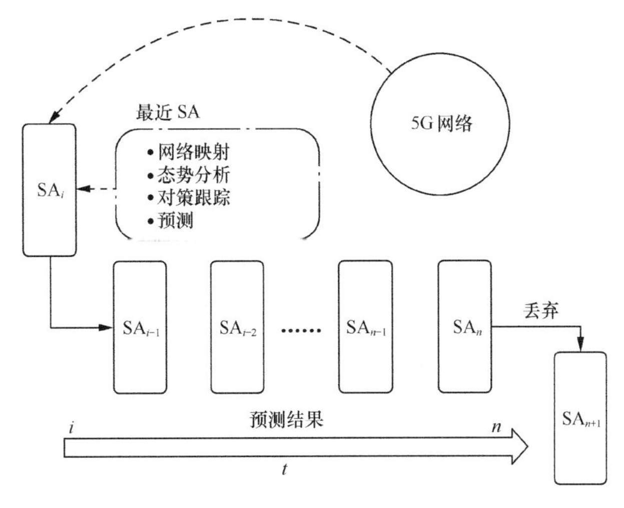

图 5-3　网络安全态势预测

⑥ 诊断组件主要执行风险评估、影响、预测和网络状态的高级分析，因为从较低级别的数据处理检测中难以识别出复杂态势，这里常用到机器学习和人工智能的算法工具进行诊断分析。

⑦ 问题跟踪组件对决策模块提出的态势应对措施进行全面监测，问题跟踪阶段可利用免疫记忆算法，充分利用已有的对策，为正在处理的类似情形的决策提供附加价值，以促进事件的相关性。通过问题追踪系统（Issue Tracking System，ITS）加强对策跟踪任务，ITS 算法示意如图 5-4 所示。

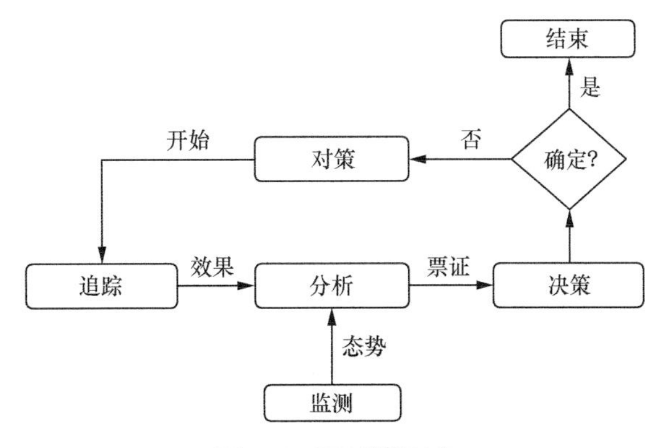

图 5-4　ITS 算法示意

3）决策层和执行层

决策过程从分析阶段接收信息（主要来自诊断和对策跟踪），然后选择一组要执行的响应，选择最优策略必须权衡实施保障措施的成本和达到降低事故影响的目标。执行安全措施的 NFV 单元被称为执行器，例如 vFW、虚拟深度包检测（virtual Deep Packet Inspection，vDPI）、vIDS、vIPS 等。各种处置行为的调度由一个编排器进行协调，该编排器确保实现决策的虚拟资源可用，并且不会影响系统性能。

5.2.2 5G 安全态势分析规划

（1）规划思路

数据驱动：数据驱动是未来网络安全的核心，以安全大数据为基础，以分布式大数据平台架构为支撑，支持超大数据量的采集、融合、存储、检索、分析、态势感知和可视化，通过对攻击趋势分析、异常流量判断和用户行为分析等，实现对 5G 安全风险威胁的趋势预测。

情报赋能：5G 安全分析依赖安全情报，借助安全情报，可以大大提升分析效率。安全情报分为战略层情报和战术层情报，从技术上可以分为基础数据情报、漏洞情报、威胁情报、重大事件情报等。

多维度化：充分结合端点侧、边缘侧、网络侧和云核心侧多源异构数据源的采集，包括各类设备日志、原始流量、终端与用户行为等；覆盖预警、防护、监测、响应各个环节，集成 CMDB[1]、漏洞管理、配置核查、身份管理等数据源，并引入外部威胁情报数据，进行积极的预警和防御。

智能分析：需要建立智能化的 5G 安全分析能力，对数据进行情境关联来丰富数据，建立 5G 业务、资产、漏洞、威胁、身份、行为等数据的关联关系，并借助高级统计技术、数据挖掘技术、行为分析技术、机器学习技术、人工智能技术等来实现智能分析。

协同联动：通过智能决策构建 5G“云、网、端、边、数、业”的协同联动防御体系，根据场景实时响应自适应决策，快速生成应急响应预案，主动将安全策略推送给全网安全执行单元，实时预警和响应安全事件。

软件定义：通过 SDN/NFV 技术实现安全能力资源池化、安全能力服务化，从而实现基于软件定义安全的安全能力定制化、安全功能模块化、基础架构虚拟化、安全管理集中化，确保安全能力可调度、可编排、可软件定义。

（2）规划方案

5G 安全态势感知体系基于 5G 环境下的网络空间威胁及需求，结合 5G 网络的技术特点和应用场景，整合已有网络空间安全态势感知技术，融合云计算、边缘计算、NFV/SDN、人工智能等技术，在 x86 通用服务器架构和专用硬件相结合的硬件平台上，实现边缘计算与云计算相结合的 5G 网络实时监测、威胁预警、智能研判及溯源反制的一体化网络空间安全态势感知能力，满足 5G 多场景下网络安全能力开放及国家监管的需求。

1 CMDB（Configuration Management Database，配置管理数据库）。

（3）总体架构

5G 安全态势感知体系面向 5G 网络的具体场景，提供网络安全态势感知分析及展示能力，主要实现数据管理、安全威胁分析、安全管理、安全态势预警及处置、可视化展示等功能。5G 网络安全态势分析总体架构如图 5-5 所示。

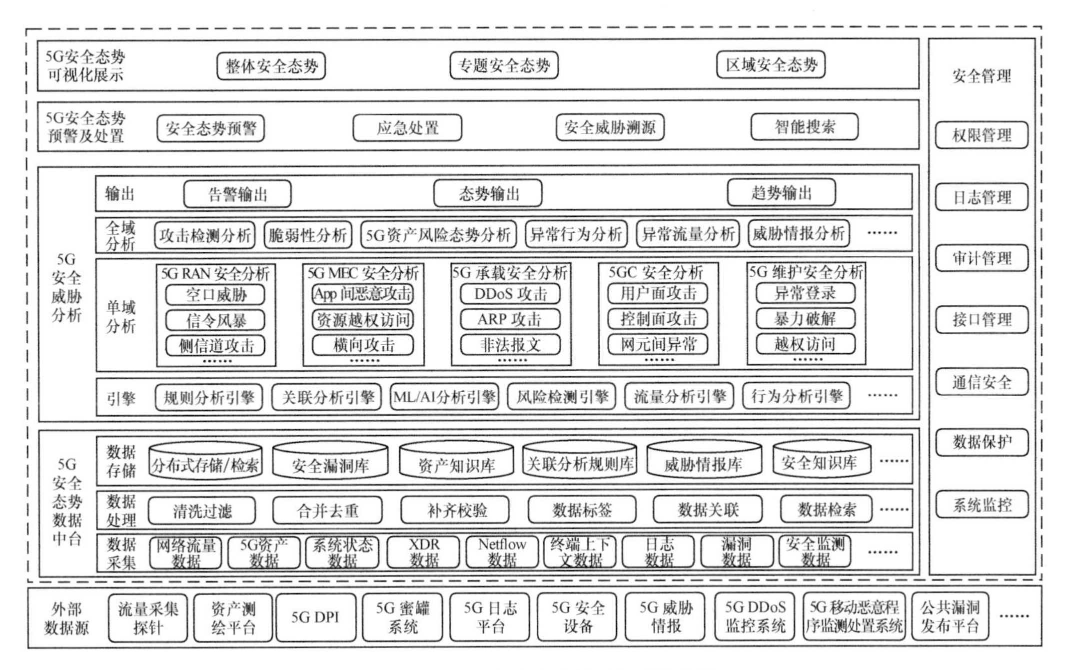

图 5-5 5G 网络安全态势分析总体架构

5G 网络安全态势分析主要包含以下内容。

① 5G 安全态势数据中台主要包括数据采集、数据处理和数据存储 3 个部分。数据采集支持多源数据和多种方式的采集能力；数据处理支持多源数据的抽取、转换、清洗、标准化等；数据存储支持多源数据的原始数据、处理后的数据等存储，支持多种数据类型的存储。

5G 安全态势数据中台采集的数据主要包含安全类、管理类、审计类、流量类、基础类、合规类等数据源，在实际建设中可根据数据来源对应和扩充，具体包括 5G 网络中存在的分区域 / 分子域 / 分专题的其他态势感知系统、资产安全管理平台、配置安全管理平台、5G 恶意程序监测处置系统、5GC 蜜罐系统、5G 统一 DPI 系统等。

数据处理主要是对采集数据进行完整性和准确性校验，去除不完整和错误的数据；对数据进行清洗过滤、合并去重，减少数据冗余；对数据进行标准化处理，对不同来源的原始数据进行统一格式化处理，便于后续存储、分析；将数据标签化，结合数据所属业务系统、设备类型等信息，在原始数据的基础上进行标记；通过数据挖掘技术对不同类型的数据进行关联分析，利用数据源之间存在的关联性，以及威胁情报信息，进行数据融合、碰撞和分析。

数据存储具备结构化数据、半结构化数据和非结构化数据等多种数据类型的存储能力；存储类型包括关系型数据库（例如，Oracle、MySQL）、NoSQL 型数据库（例如，HBase、MongoDB、

Redis）及分布式文件存储系统（例如，Hadoop 分布式文件系统）、数据仓库、索引存储等。

② 5G 安全威胁分析引擎基于大数据流批处理和 AI/ 机器学习分析能力底座，具备规则分析、关联分析、ML/AI 分析、风险检测、流量分析、行为分析能力。结合 5G 网络的具体架构和场景，5G 网络安全单域分析主要包括 5G RAN 安全分析、5G MEC 安全分析、5G 承载安全分析、5G 安全分析、5G 维护安全分析；基于 5G 网络单域态势分析，聚合构建 5G 全域态势分析模型具体包括攻击检测分析、脆弱性分析、5G 资产风险态势分析、异常行为分析、异常流量分析、威胁情报分析等。根据不同的分析结果，进行告警、态势、趋势预警输出，用于支撑 5G 网络威胁态势预警及处置。

③ 5G 安全态势预警及处置。建立评估模型和评估指标对 5G 网络进行安全评估，安全态势预警及处置包括安全态势预警、应急处置、安全威胁溯源、智能搜索。

5G 安全态势预警主要包括趋势预警、威胁情报预警、脆弱性预警。趋势预警展现由趋势分析与预测产生的网络威胁预警和系统安全预警，预警类型包括攻击检测预警、异常流量预警、弱口令分析预警。威胁情报预警展现安全威胁事件（通过外部威胁情报，关联分析出本地安全威胁事件）。脆弱性预警展示通过外部漏洞数据与本地资产关联产生的预警（本地资产漏洞信息）。

安全告警处置：分析告警信息，安全告警监控人员依据处置流程进行告警的确认或清除，可通过人工加上安全自动编排响应的手段进行联合处置。

④ 5G 安全态势可视化展示功能是用来向用户提供 5G 安全威胁与预警信息查看和分析的入口，通过历史安全数据的归纳总结、实时分析安全威胁及对态势发展情况的预测评估，全面描述 5G 全网的安全情况、影响评估和态势演化。可采用多种视图展示 5G 网络的整体安全态势、专题安全态势、区域安全态势。

⑤ 安全管理。从权限管理、日志管理、审计管理、接口管理、通信安全、数据保护、系统监控等方面保障 5G 网络安全态势感知系统的安全可靠。

（4）规划要点

① 分布式大数据技术架构。系统采用分布式架构设计，实现高性能的信息采集、存储、分析和展示；能够运行在 x86 服务器和国产化安全可控硬件平台上，支持虚拟化、Docker 和云部署。架构具有良好的分析能力开放性，允许用户自定义安全分析算法。系统具备良好的整合能力开放性，能够方便地与第三方开源或商业网络流量分析（Network Traffic Analysis，NTA）、终端检测和响应（Endpoint Detection and Response，EDR）、SOAR、SOC，以及安全情报等系统对接。5G 安全态势分析开放式大数据架构如图 5-6 所示。

② 多要素采集融合。系统采集多维多源异构的安全要素信息，既采集设备和端点的日志，也采集流量数据；既能够采集 5G 资产数据，也能够采集漏洞和配置等脆弱性数据，还能够采集包括情报、身份、业务在内的各种情境数据。对于采集的数据，通过大数据技术进行融合，既包括日志、流量、资产、漏洞、情报信息的各自融合，也包括这些要素信息的交叉融合。内置数据治理功能，既支持对要素信息的动态建模（例如，日志建模、资产建模、弱点建模、威胁建模、风险建模、态势指标建模等），也支持对要素信息采集、传输、存储、利用的全程质量监控。

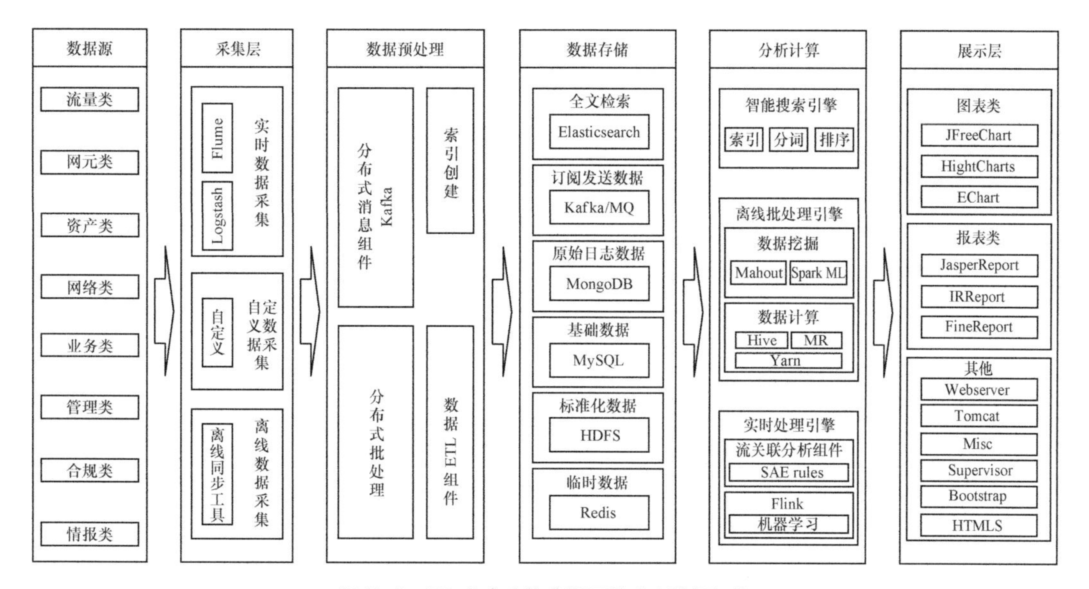

图 5-6　5G 安全态势分析开放式大数据架构

③ 多方位态势感知。准确的分析决策需要细粒度全覆盖的感知能力，在 5G 关键应用中，应采用可靠的感知技术实现细粒度、全覆盖；感知设备要考虑均衡性和重点覆盖，而不是简单叠加，探针全面覆盖已知威胁检测能力；第三方设备由感知层纳入防御体系，采用协同响应；系统强调从资产、用户、运行、弱点、攻防、威胁、风险等角度进行多方位的态势评估、预测与呈现，帮助用户全面地掌控 5G 网络安全态势。

④ 纵深化安全分析。系统可实现将基于规则匹配的关联分析、基于机器学习的行为分析和可自定义算子的专项分析 3 种分析引擎叠加在一起，并集成情报分析、攻击链分析和用户及实体行为分析 UEBA 功能，形成一个纵深化、立体式的分析网络，综合发挥各种分析能力的优势，实现针对 5G 基础设施安全、5G 基础业务安全和 5G 与各垂直行业的融合安全等多场景的态势分析。

⑤ 多种威胁分析技术。以统计、聚类、时序、线性、关联等分析引擎为基础，实现基于 5G 资产脆弱性和暴露面的多种威胁分析技术手段。

基于签名的威胁分析：根据已知威胁的特征码，在流量中快速检测网络攻击。

基于流量特征的威胁分析：根据攻击过程的流量特征检测网络威胁，包括端口扫描、暴力破解、DDoS 攻击等。

流量基线分析：根据用户的日常流量情况建立流量基线，通过匹配基线发现异常情况，进而检测出网络攻击、信息泄露等网络威胁。

基于 AI 的威胁分析：利用 AI 技术，通过对各种网络威胁的特征进行学习，建立威胁模型，进行网络威胁检测。

文件动态行为分析：从流量中还原文件，利用领先的硬件模拟技术，将文件在沙箱中执行，分析执行行为，判断是否为恶意软件。

基于威胁情报的分析：将网络流量中的 IP 地址、域名、文件哈希值、邮件发件人等数据与威胁情报比对，快速查找是否为已知威胁。

关联分析：通过分析大量威胁信息，寻找威胁之间的时间、因果关系，建立完整的攻击链，揭示攻击过程，确定攻击源头和范围。

⑥ 基于 5G 安全态势感知的协同响应。针对可预定义、可重复执行的分析和处置操作，建设安全预案和安全剧本，通过自动化编排引擎使安全运行人员能更加高效准确地完成安全事件的分析、处理和处置工作。以态势分析作为核心分析和处理的决策点，以安全编排响应作为控制点，以防护体系作为态势分析决策的执行点，同时其也作为感知点为态势分析提供源源不断的数据。决策点、控制点、执行点协同联动，最终打造 5G 网络智能、敏捷的安全运营闭环。基于 5G 安全态势感知的协同响应如图 5-7 所示。

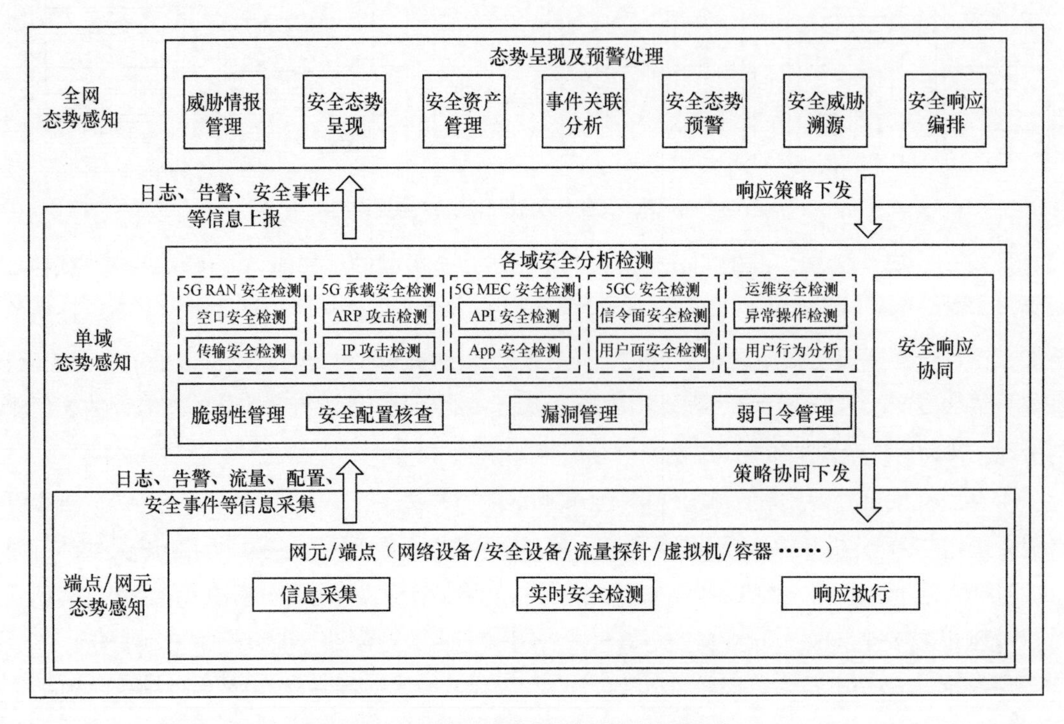

图 5-7　基于 5G 安全态势感知的协同响应

5.3　基于 AI 的 5G 安全分析规划

为了最大限度地提升 5G 网络安全水平，需要结合智能化、创新性的网络安全威胁检测和分析技术手段，以高效应对日益复杂、类型繁多的风险和威胁。在这一背景下，人工智能赋能 5G 安全成为大势所趋。人工智能在威胁识别、态势感知、风险预测、恶意检测、自适应安全等方面有其独特的价值和优势，是构建 5G“安全大脑”必不可少的新利器。

5.3.1　规划思路

（1）本地弹性智能网元

在本地网元设备内部，基于嵌入式系统，构建机器学习、深度学习的框架和算法平台，提供场景化的 AI 模型库与结构化数据。本地智能主要提供两个重要能力：数据提炼和模型推理，将本地产生的海量数据提炼为有用的样本数据，通过嵌入式 AI 框架支持在中央处理器（Central Processing Unit，CPU）、数字信号处理器（Digital Signal Processor，DSP）或 AI 芯片上进行实时的 AI 模型推理，通过数学建模对本地未知威胁进行分析，分析结果可以直接在本地网元设备上处理，做到威胁防御能力既快速又准确，同时可在本地实现场景的自适应匹配、处理实时参数和资源的自动调优。

（2）多域差异化智能引擎

端点侧、边缘侧、网络侧、云中心侧可提供不同量级的智能分析引擎，各域智能分析引擎要进行本域内的数据分析和推理，并提供多域差异化智能分析功能。从云中心侧训练的云端 AI 平台、从网络侧引入虚拟网络功能单元、网络数据分析功能（Network Data Analytics Function，NWDAF）结合轻量级 AI 引擎、边缘侧软硬件加持的 AI 网关、分布式 NWDAF 功能单元、端点侧协同联动的 AI 终端四大方向出发，实现“云、网、端、边”全面 AI 赋能，安全场景自适应，安全模型自调整，安全策略自优化。基于云端安全能力中心，以及安全态势感知、AI 防火墙，AI-EDR 等产品技术，实现 5G 安全整体智能化进阶。

（3）跨域智能协同联动

5G“云、网、端、边”AI 引擎协同联动如图 5-8 所示，在跨域和各单域闭环之间，需要通过开放接口（开放 API、软件开发套件等）相互协调和交换信息，形成 5G 网络“云、网、端、边”一体化 AI 安全分析引擎协同体系，实现对外部威胁的主动防御，快速应对各类威胁事件。

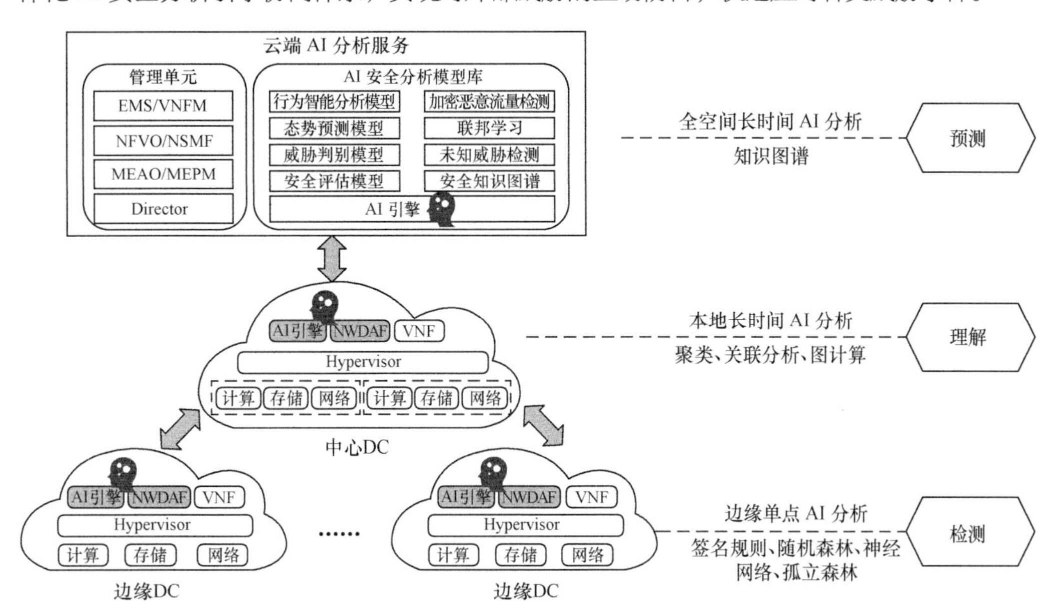

图 5-8　5G“云、网、端、边”AI 引擎协同联动

（4）智能安全分阶段部署

实现完全的 5G 安全智能网络是一个长期目标，5G 网络的复杂性决定了 5G 安全智能化网络建设是无法一蹴而就的，应该循序渐进，分步骤推进。5G 安全智能化演进过程如图 5-9 所示，

按照人工运营（L0）、辅助运营（L1）、初级智能（L2）、中级智能（L3）、高级智能（L4）、完全智能（L5）6个阶段逐步推进。

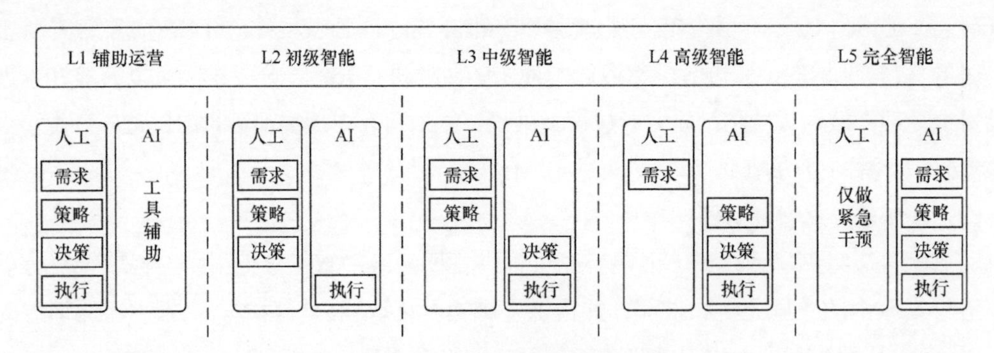

图 5-9　5G 安全智能化演进过程

5.3.2　规划方案

（1）业务抽象

业务抽象是将5G网络安全问题映射为AI/ML能够解决的问题。业务映射恰当与否直接关系着机器学习能否成功解决网络空间安全问题。使用AI/ML技术解决安全问题的第一步是进行业务模型的抽象和定义，将业务安全问题映射为AI/ML能够解决的分类、聚类及降维等模型问题。5G安全业务抽象如图5-10所示。通过对安全模型的合理抽象和定义，可以明确如何采集数据，并选择恰当的机器学习算法构建算法安全问题模型。

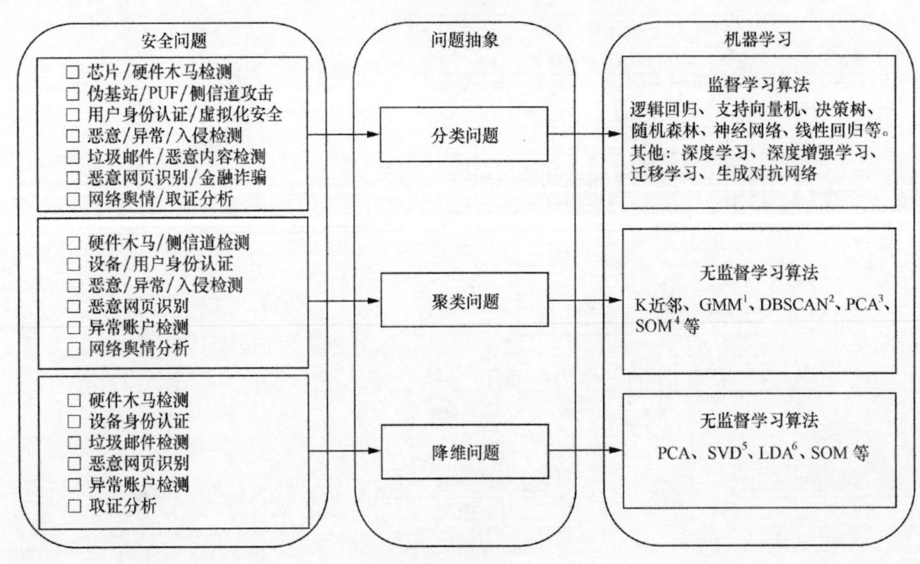

1. GMM（Generalized Method of Moments，广义矩估计）。
2. DBSCAN（Density-Based Spatial Clustering of Applications With Noise，具有噪声的基于密集的聚类方法）。
3. PCA（Principal Component Analysis，主成分分析算法）。
4. SOM（Self Organizing Maps，自组织映射）。
5. SVD（Singular Value Decomposition，奇异值分解）。
6. LDA（Linear Discriminant Analysis，线性判别分析）。

图 5-10　5G 安全业务抽象

（2）分析流程

通常 AI/ML 被认为是一组能够利用经验数据来改善系统自身性能的算法集合。AI/ML 从大量数据中获取已知属性，解决分类、聚类、降维等问题。理解 AI/ML 在 5G 网络安全中的应用流程，能够有效地帮助 5G 网络领域的安全分析人员建立直观的认识，同时也是其进一步采用 AI/ML 技术解决 5G 网络空间安全问题的前提。机器学习在 5G 安全分析中的应用流程如图 5-11 所示。AI/ML 在 5G 安全分析中的一般工作流程主要包括安全问题抽象、数据采集、数据预处理及安全特征提取、模型构建、模型验证和效果评估 6 个阶段。在整个应用流程中，各阶段不能独立存在，相互之间存在一定的联系。

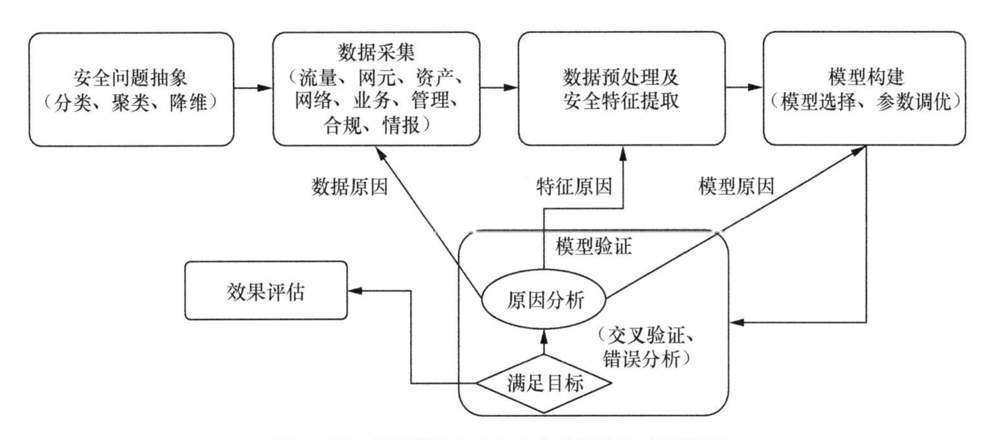

图 5-11　机器学习在 5G 安全分析中的应用流程

（3）系统架构

5G AI 安全分析系统架构主要分为网元层、管控层和决策层 3 个层次，5G AI 安全分析系统架构如图 5-12 所示。网元层由“云、网、端、边”的实时或轻量级智能网元组成；管控层由单网络域 EMS、MANO、AI 引擎等功能单元组成；决策层作为“5G AI 安全大脑”主要由数据湖、AI 训练平台、AI 分析引擎、决策引擎、自动化编排等功能单元组成。AI 训练平台针对这 3 个层次，分别提供 3 种不同的智能引擎——AI 分析引擎、轻量化 AI 引擎和实时 AI 引擎，使网络具备分层的、泛在的数据处理、模型训练和推理能力。

AI 训练平台能够完成从数据获取、采样、特征工程，到模型训练、评估，再到将模型部署至 AI 引擎、实现在线服务的端到端流程。将 AI 训练平台部署在云端，并与数据湖打通，即可将数据湖收集的海量网络数据用于 AI 模型的训练，不断提升 AI 模型的准确率。AI 训练平台提供了可视化建模工具和大量 AI 算法通用算子，用户可以将这些算子编排为一个完整的 AI 功能，利用自有数据完成模型训练和测试，实现基于场景化 AI 安全模型的快速开发和验证，以及自动部署上线。

在规划时，5G AI 安全分析系统中的 3 个不同层次产生的数据通过统一的数据收集 API 上传至数据湖，AI 训练平台利用这些数据进行模型训练，并将训练好的模型通过标准化接口部署至 3 个层次的 AI 引擎上。在运行时，3 个层次的 AI 引擎分别接收各层其他功能模块的数据，并向其他模块返回模型推理结果，以实现闭环。

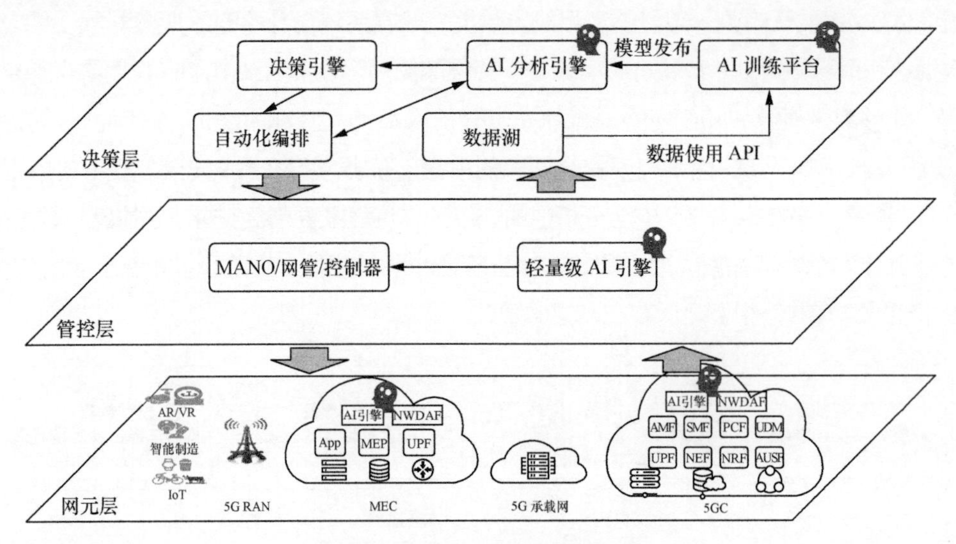

图 5-12 5G AI 安全分析系统架构

（4）平台部署

5G 网络安全智能化平台可以根据不同阶段的建设需求，基于分布式“云、网、端、边”5G SDN/NFV 云基础架构，在 5G 网络的不同层面、不同位置逐步部署差异化的 AI 智能引擎，提供 5G 未知威胁识别、分析、预测、决策能力。5G 网络安全智能化平台考虑不同网络层次的特点解耦设计、微模块化实现、分层部署，同时聚焦业务场景，生成各场景所需的 AI 安全模型，实现 5G 网络安全智能化的平衡演进，最终实现 5G 网络安全高度自治。5G 网络安全智能化平台部署方案如图 5-13 所示。

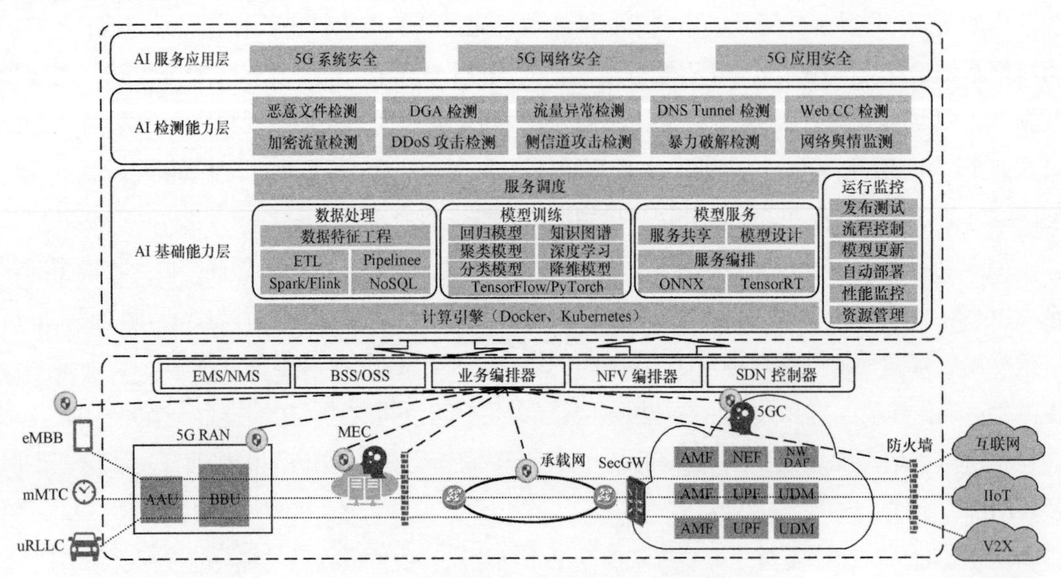

图 5-13 5G 网络安全智能化平台部署方案

5G 网络安全智能化平台主要包括 AI 算力、大数据、算法框架、分布式训练、AI 分析引擎、管理和编排、智能引擎接口等通用模块，各模块部署方案如下。

① AI 算力模块：基于 Docker 和 Kubernetes 实现 CPU、图形处理单元（Graphics Processing Unit，GPU）集群管理和容器化部署，通过对 Kubernetes 的扩展，支持多个容器共享一个 GPU 的算力。

② 大数据模块：在数据存储方面，基于分布式 HDFS 和 NoSQL 数据库提供基于文件和基于表的数据存储方式；基于 Spark 和 Flink 提供流批式大数据处理能力。

③ 算法框架模块：支持 MLlib、sklearn、TensorFlow、PyTorch、Caffe 等多种机器学习、深度学习算法框架，统一软件开发套件（Software Development Kit，SDK），提供统一的、融合的编程体验。

④ 分布式训练模块：支持大规模分布式深度学习并行训练，完成训练算法选择、模型参数调优、模型评估和模型发布。

⑤ AI 分析引擎模块：支持多种机器学习、深度学习模型在云、端不同设备上的推理，根据业务逻辑不同，利用不同的机器学习算法（例如，分类算法、聚类算法、关联规则挖掘算法、深度学习算法）训练出相应的网络流量分类、异常流量检测、威胁行为分析和流量趋势预测模型，再根据训练出的模型进行结果输出，形成算法库和模型库。

⑥ 管理和编排模块：支持将多种算子编排为复杂的 AI 批式作业，完成端到端的数据处理、模型训练、评估和推理，支持基于 Kubernetes 将多个微服务编排成复杂的 AI 应用。

⑦ 智能引擎接口模块：为智能引擎提供标准化接口，使第三方可以使用平台的数据、算力训练自定义的模型，以及将已训练好的模型通过标准化接口部署到 AI 智能引擎。

（5）算法模型

根据业务逻辑不同，需要利用不同的算法训练出相应的业务模型，涉及的机器学习算法主要包括降维算法、聚类算法、分类算法、回归算法和关联规则算法等。

① 由于每个网络样本点都可以由多维特征属性来表示，通过 PCA、偏最小二乘（Partial Least Squares，PLS）、多维尺度变换（Multiple Dimensional Scaling，MDS）等降维算法，可以消除冗余属性和弱相关属性，降低特征空间维数，从而降低计算复杂度。

② 在构建威胁发现模型时，可以采用 K 均值聚类算法、凝聚层次聚类算法、期望最大化聚类算法等，基于类内相似、类间差距最大化原则，通过计算各种距离度量将海量的网络样本点划分到 K 类中；也可以采用 C4.5、支持向量机（Support Vector Machine，SVM）、朴素贝叶斯等分类算法，根据已标签的数据训练出分类模型，利用该模型对未知网络样本进行分类，从而发现潜在的网络威胁。

③ 在构建风险预测模型时，可以采用最小二乘法、逻辑回归、时间序列等算法，对整个数据集中因变量和自变量之间的关系进行建模，然后利用模型对给定的自变量进行计算得到风险预测值。

④ 在构建联动响应模型时，可以采用 Apriori、Eclat、FP-growth 等关联规则算法，分析同时出现次数较多的项集，并将出现次数满足一定阈值的项集作为关联项集，得到网元间的

联动响应关系。

AI/ML 方法、关键技术、5G 网络安全主要应用及优势见表 5-1。

表 5-1 AI/ML 方法、关键技术、5G 网络安全主要应用及优势

AI/ML 方法	关键技术	5G 网络安全主要应用	优势
监督式学习	• 贝叶斯分类 • K- 近邻（K-Nearest Neighbor，KNN） • 神经网络 • 生成对抗网络（Generative Adversarial Network，GAN） • 支持向量机 • 决策树分类 • 推荐系统	• 基于分类和回归的安全算法设计 • 身份欺诈检测和电子邮件垃圾检测 • 风险和威胁评估 • 内容识别与网络舆情 • 安全算法的设计、开发和更新 • 异常检测算法 • 流量分析 • 分布式拒绝服务检测和预防	• 针对重软件驱动网络的以软件为中心的安全性 • 灵活的算法建模与进化的功能 • 自适应安全管理和自动化 • 用自动化克服劳动力和技术短缺 • 解决复杂的优化问题 • 安全机制的敏捷和自进化设计 • 降低安全运营的成本
无监督学习	• 分层聚类 • 强化学习 • 降维 • 关联分析 • 隐马尔可夫分析 • 大数据可视化	• 基于流量分析的恶意内容检测 • 隔离合法、非法用户和流量 • 来自超大流量数据模式的全自动分组 / 聚类 • 基于有限的数据集（流量模式）优化安全框架 • 基于应用程序 / 网络切片的流量控制 • 分析、监控和检查正在进行的流量的强大工具	• 从高度动态的数据集自动聚类 • 基于共同特征的特征关联挖掘 • 实时实现 • 发现不寻常的数据点
强化学习	• 实时决策 • 机器人导航 • Q 学习 • 深度 Q 学习 • 技能获取 • Game AI	• 根据检测到的事件或破坏的严重性自动执行操作 • 自动适应更新的数据模式 • 模式驱动的决策和对未来攻击的预测	• 高度强壮和训练代理及时做出决策 • 高效的关键任务和时延敏感数字基础设施 • 适应能力强，能应对多种威胁

5.4 小结

目前，主动安全防御体系建设理念在全球成为主流，作为关键基础设施的 5G 网络应有效提升主动防御体系的安全能力。态势感知作为主动防御体系的“安全大脑”，使用当下最新的大数据分析、人工智能等技术，通过各类安全设备的联动，以及持续监测、事件响应、深度分析及预示预警，最终达到有效检测和防御新型安全威胁的目的。

基于人工智能的网络安全态势分析是技术发展的必然趋势，流量分析、行为分析、样本分析、威胁关联、自动化响应等技术越来越多地采用了机器学习算法、强化学习算法等，以满足安全运营对威胁发现实时性与准确性、事件自动化溯源、风险决策自动化等方面的要求。同时，动态演进的 5G 安全态势分析引擎能够较好地应对日益变化的攻防对抗。

5.5 参考文献

[1] 贾焰，韩伟红，杨行 . 网络安全态势感知研究现状与发展趋势 [J]. 广州大学学报（自然科学版），2019，18(3)：1-10.

[2] 陶源，黄涛，张墨涵，等 . 网络安全态势感知关键技术研究及发展趋势分析 [J]. 信息网络安全，2018(8)：79-85.

[3] 陈妍，朱燕，刘玉岭，等 . 网络安全态势感知标准架构设计 [J]. 信息安全研究，2021,7(9)：844-848.

[4] 邵家勇，李莉 . 基于大数据的网络安全态势感知平台架构研究 [J]. 信息与电脑(理论版)，2020，32(24)：179-181.

[5] 王晓娜，李晓宇，李芙蓉 . 人工智能及大数据的网络安全态势感知研究 [J]. 网络安全技术与应用，2021(5)：73-74.

[6] 黄宇 . 基于大数据的网络安全态势感知技术研究 [J]. 信息系统工程，2021(10)：50-52.

[7] 贾焰，方滨兴，李爱平，等 . 基于人工智能的网络空间安全防御战略研究 [J]. 中国工程科学，2021，23(3)：98-105.

[8] 张蕾，崔勇，刘静，等 . 机器学习在网络空间安全研究中的应用 [J]. 计算机学报，2018，41(9)：1943-1975.

第 6 章　5G 安全编排和自动化响应能力规划

随着数字经济的发展，5G 网络的部署正呈现高度规模化、高度动态化的特点，针对 5G 网络的安全对抗也将持续升级。由此 5G 安全运营工作在人员组织、告警处置、快速响应、知识沉淀、整合协作等方面面临的挑战也将越来越突出。同时，安全运营技术正呈现安全能力编排化、安全流程自动化、安全运行闭环化的发展趋势。为了应对这些挑战，顺应安全运营未来的发展趋势，SOAR 应运而生，5G 安全运营也迎来 SOAR 时代。利用 SOAR 技术实现自动化、智能化的 5G 安全运营，通过使用机器学习、多维分析和威胁情报，将安全运营转变为可预测和自动化的自适应安全，以推动对威胁的快速、自动化和可预测响应。

6.1　5G 安全运营挑战和发展趋势

6.1.1　问题和挑战

（1）安全运营人员紧缺且技能不足

当下安全运营从业人员较少已是众所周知，5G 安全运营人员尤其紧缺，同时，5G 安全运营的岗位技能要求也日益复杂。目前，安全运营人员对 5G 的运行机理和运行情况认识不深，在岗人员普遍技能不足，有经验的 5G 安全分析及处置人员更是稀缺。最重要的是，随着 5G 网络环境复杂性的增强，安全事件攻击手段的提升使网络空间的攻防战愈发激烈，传统的仅靠人工应对的方式已经完全不足以应对当前数量巨大、变化多端的威胁信息和持续不断的攻击，通过人力应对这些网络事件，已经难上加难，并且，此类操作严重依赖人员的在岗状态、操作技能和产品熟练程度等，存在很大的不确定性。

（2）告警太多，处理效率低

安全运营工作中主要的工作之一是告警处理，安全工具不断叠加部署造成告警数量与日俱增。如何高效地处理海量告警信息成为安全运营的一个重要话题，有效事件告警被淹没，导致安全事件难以及时处置。每种工具都在尽力减少警报，而 SIEM 和传统的 SOC 也花费了大量的精力在消除告警工作上。大数据分析、机器学习和人工智能技术纷纷被引入，试图从多个维度减少告警，但效果依然有待改善。

（3）安全检测、响应与修复的时间长

传统的安全运营及事件处置一般遵循告警发现、事件分析、情报取证、发起封堵申请、审批员审批、登录设备进行封堵操作、处置完成确认等一系列流程。在该过程中，从确定响应方案到执行，会有多个部门的不同人员参与，跨部门频繁协同、人工去执行封堵等操作，可能需要在不同的系统和工具间进行切换，处置流程较烦琐，效率难以量化，不同事件的处置流程难以统一标准化，网络从被攻陷到被攻击、被遏制的窗口时间依然太长。

（4）经验难固化，流程难以转化为知识

安全运营团队的更迭是不可避免的，对于企业和组织而言，安全运营的知识管理十分重要。依靠安全运营过程中积累的各种知识，能够加速安全运营能力的持续提升，加快新人上手的速度。目前，很多安全运营平台缺少对安全运行流程的知识转化，这些流程往往留存在有经验的安全分析人员心里，使安全分析经验难固化，而且安全专家很容易陷于重复的安全处置工作中，以至很难发挥出真正的价值。最重要的是，企业受到流程及人员的制约，使传统安全响应处置的时间过长。

（5）人员、流程和工具互相割裂，缺乏整合，缺少协同

人员不足问题、告警疲劳问题、响应时长问题，以及运行流程知识转化的问题，都说明了当前安全运营工作面临的一个深层次挑战，即安全运营相关的人员、流程和工具之间彼此割裂。安全运营人员缺少真正面向实战化安全运营的工具，运营工作碎片化现象严重，存在大量断点，效率难以提升。同时，安全运营团队内部和内外部之间均缺乏有效的沟通与协作工具，被迫求助于各种非安全协同软件，难以有效传递安全信息。要么缺乏有效的安全运行流程，要么难以顺畅高效地将人和工具连接起来。流程真正执行起来涉及大量人工操作、重复性操作，影响了人的工作效率和积极性。

6.1.2 发展趋势

随着网络安全策略的不断演进，系统安全从防范阻止的简单组合向融合预防、检测、响应的全新安全防护体系转变，5G 安全运营主要凸显以下 3 个典型发展趋势。

（1）趋势一：安全能力编排化

如果将企业和组织的各种安全设备、系统，以及云端的安全服务和相关运行工具看作安全能力，那么将企业和组织现有的安全能力通过编排集成到一起成为未来安全运营的重要趋势。借助安全编排技术，可以对安全运行流程进行形式化描述，并映射到安全能力及安全运营参与者上，促成人与人、人与工具、工具与工具之间的有机协作，同时也促成安全运行流程的知识转化。

（2）趋势二：安全流程自动化

从安全运营视角出发，安全运营人员在执行安全流程的时候，需要一种端到端的自动化能力，将一个流程中涉及的多个技术点自动地衔接起来，在安全能力和安全流程编排化的发展背景下，安全流程自动化与安全流程编排化相互结合，表现为安全流程的自动化编排。

（3）趋势三：安全运营闭环化

安全运营体系的设计从一开始就强调闭环，不论是经典的防护、检测与响应体系，还是

NIST 的 CSF 定义的 IPDRR 6 个阶段，都将闭环视为一个基本的安全架构设计原则。可以预见，未来安全运营的重要趋势之一是增加对安全响应的投入，而安全编排与自动化将先应用于安全响应。

为了应对 5G 安全运营面临的挑战，顺应安全运营未来发展的新趋势，SOAR 应运而生。

6.2 5G SOAR 规划

6.2.1 技术内涵

SOAR 最早由 Gartner 在 2015 年提出，当时 Gartner 将其定义为安全运营分析和报告。随着安全运维技术的快速发展与演变，2017 年 Gartner 重新将 SOAR 定义为安全编排自动化与响应，并将其看作安全编排和自动化（Security Orchestration and Automation，SOA）、安全事件响应（Security Incident Response，SIR）和威胁情报平台（Threat Intelligence Platform，TIP）三者的结合，SOAR 技术的发展演进历程如图 6-1 所示。Gartner 认为，SOAR 技术仍在快速发展演化，未来内涵仍可能会发生变化，但是其围绕安全运营、聚焦安全响应的目标不会改变。

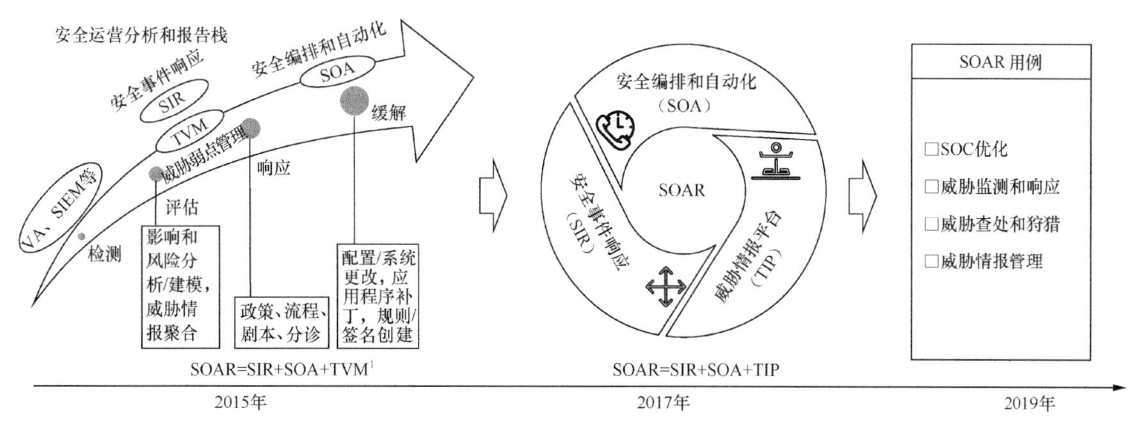

1. TVM（Threat and Vulnerability Management，威胁弱点管理）。

图 6-1 SOAR 技术的发展演进历程

Gartner 对 SOAR 的最新定义为，SOAR 是一系列技术的合集，它能够帮助企业和组织收集安全运营团队监控到的各种信息（包括各种安全系统产生的告警），并对这些信息进行事件分析和告警分诊。在标准工作流程的指引下，SOAR 利用人机结合的方式帮助安全运营人员定义、排序和驱动标准化的事件响应活动。

SOAR 主要集成安全编排和自动化、安全事件响应及威胁情报平台 3 种核心能力，以剧本的形式执行事件分类与分析，提升应急响应效率，实现工作流程自动化、标准化、智能化。SOAR 核心能力和流程如图 6-2 所示。

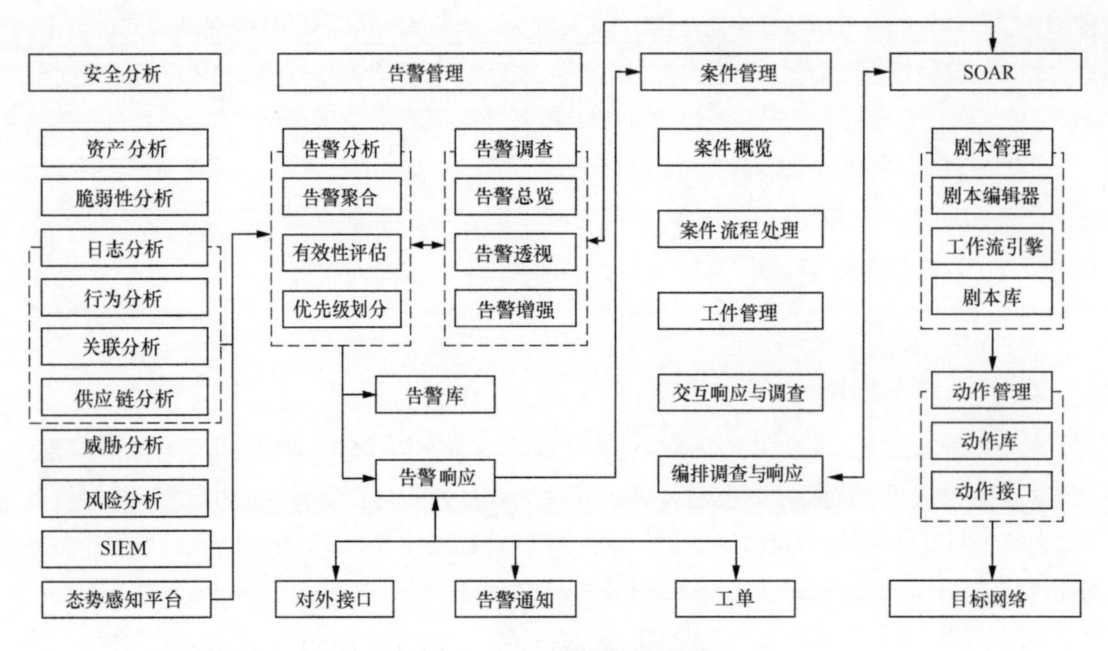

图 6-2　SOAR 核心能力和流程

（1）安全编排和自动化

安全编排是指将不同的系统或者一个系统内不同组件的安全能力通过 API 和人工检查点，按照一定的逻辑关系组合到一起，用以完成某个特定安全操作的过程。未来，所有安全设备都会被打散成 API 和数据，根据数据建立指标，API 则对这些数据进行操控编排。

安全自动化在这里特指自动化的编排过程，也就是一种特殊的编排。如果编排过程完全依赖各个相关系统的 API 实现，那么它就可以自动化执行。与自动化编排对应的是人工编排和部分自动化编排。

无论是自动化编排还是人工编排，都可以通过剧本进行表述。而支撑剧本执行的引擎通常是工作流引擎。为了方便管理人员维护剧本，SOAR 通常还提供一套可视化的剧本编辑器。

剧本是面向编排管理员的，让其聚焦于编排安全操作的逻辑本身，而隐藏了具体连接各个系统的编程接口及其指令实现。SOAR 通过应用和运作机制来实现可编排指令与实际系统的对接，应用和动作的实现是面向编排指令开发者的。

（2）安全事件响应

安全事件响应主要包括告警管理、工单管理、案件管理等功能。

告警管理的核心不仅是对告警安全事件的收集、展示和响应，更强调告警分诊和告警调查，只有通过告警分诊和告警调查才能提升告警的质量，减少告警的数量。

工单管理适用于中大型安全运维团队协同化、流程化地进行告警处置与响应，并且确保响应过程可记录、可度量、可考核。

案件管理是现代安全事件响应管理的核心能力，能够帮助用户对一组相关的告警进行流程化、持续化的调查分析与响应处置，并不断积累该案件相关的痕迹物证和攻击者的攻击过程指标信息，保障多个案件并行执行，从而持续化地对一系列安全事件进行追踪处置。

（3）威胁情报平台

威胁情报平台是通过对多源威胁情报的收集、关联、分类、共享和集成，以及与其他系统的整合，协助用户实现攻击的阻断、检测和响应。威胁情报主要是以服务而非平台的形式存在。目前，有的威胁情报平台独立存在，有的威胁情报平台依附于威胁情报服务，还有的与安全响应结合，融合到 SOAR 中。

综上所述，SOAR 的核心理念就是对安全流程或预案，即观察、定位、决策和行动（Observe-Orient-Decide-Act，OODA）循环的每个实例，进行数字化管理，形成剧本。SOAR 用自动化完成其中所有的自动化动作，无法自动化的动作仍然交由人工来处理，通过可视化编排工具，将人、技术和流程结合起来，形成标准统一的、可重复的、更高效的安全运营流程。如果说 SIEM、态势感知平台将企业的整个安全栈以数据的方式完整集成到一起，那么 SOAR 则是将企业的整个安全栈以流程与 API 的方式完整地集成到一起。企业通过梳理自身业务特点的“场景”，编排好相应的“剧本”，从而实现自动化、智能化的安全运营。

6.2.2 规划思路

5G 安全编排自动化响应系统规划框架如图 6-3 所示。

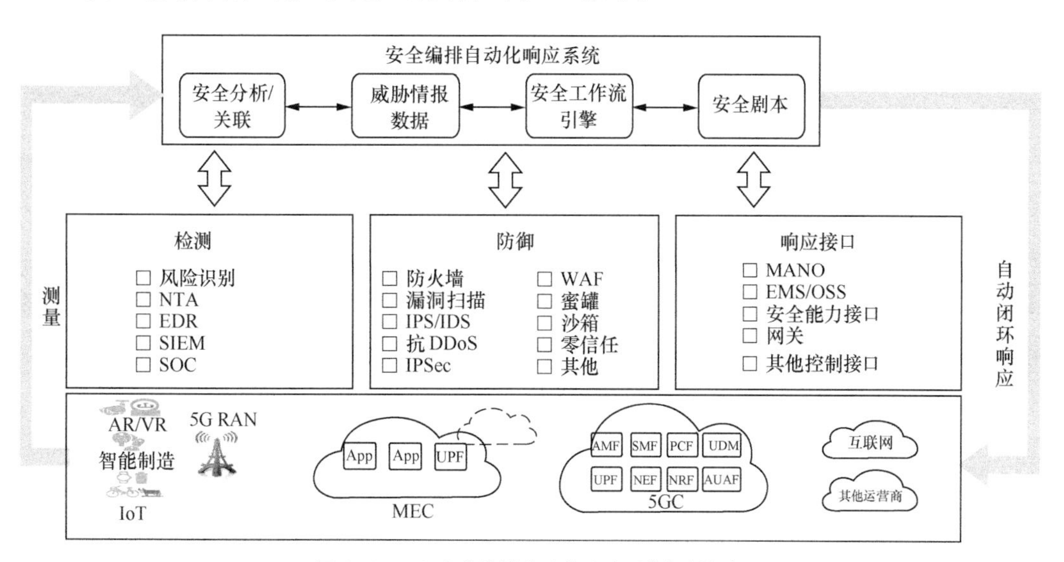

图 6-3　5G 安全编排自动化响应系统规划框架

SOAR 可对 5G“云、网、端、边、数、业”安全防御、安全检测、威胁情报等安全能力资源进行统一整合与管控，打破这些安全资源之间的“孤岛”格局，支持统一向业务系统提供联动服务。SOAR 通过协同安全防护体系、安全检测体系和响应接口，提升内外部风险感知能力、协同安全防护能力、攻击检测分析能力、违规行为发现能力、应急事件响应能力和态势感知预警能力，确保事件响应全程可知、可控、可管、可查。另外，SOAR 还将人员、流程、数据、安全资源有效整合在一起，实现安全管理流程一体化。具体规划思路如下。

（1）安全能力编排化

安全能力编排化是指 SOAR 一方面可以自底向上地通过安全设备接口化和安全接口应用化实现安全应用编排化；另一方面则自顶向下地将安全运营团队的安全运营过程和规程进行形式化落地，实现运营过程的剧本化。最后，借助运营过程剧本化和安全应用编排化，实现安全能力的集成与编排，并为安全流程的自动化执行奠定基础。SOAR 的编排体现的是一种协调和决策的能力，针对复杂的安全事件，通过编排将分析过程中各种复杂性分析流程和处理平台进行组合。SOAR 的最终目标就是实现技术、流程、人员的无缝编排。

（2）安全流程自动化

安全流程自动化是指安全运营流程与规程尽可能地自动化执行，从而大大提升安全流程的执行效率，并确保能够持续达成预期的效果。SOAR 的安全流程自动化主要包括自动化告警分诊、自动化安全响应、自动化剧本执行、自动化应用执行、自动化案件处置、自动化服务调用等。

（3）告警响应智能化

基于编排和自动化前期对事件的分析，SOAR 提供的响应技术是完善整个事件生命周期，提高解决安全威胁效率的关键环节。本质上，SOAR 的最终目标是促进安全运营团队对事件有全面的、端到端的理解，完成更智能的响应。对来自企业和组织的各种告警信息进行基于编排与自动化的响应是 SOAR 的基本能力。另外，SOAR 还应提供智能化告警响应能力，进一步提升告警响应的精准度和有效性。SOAR 的告警响应智能化应体现在智能告警分诊、智能告警调查和智能告警响应等方面。

（4）案例管理全程化

案例管理是 SOAR 响应过程中基础且重要的功能，是指一组人针对一系列相关的安全事件按照预先设定的规程，进行专门的持续调查与响应的协作过程，以及这个过程中产生的各种情境数据与痕迹物证的管理，还有过程本身的全生命周期活动记录。事件管理贯穿整个事件生命周期，包括对事件阶段和目标的追踪、任务细节的追踪、证据链的追踪及指标和样本的追踪等。自动化的联动处置和报告生成是 SOAR 案例管理缩短事件响应时间最有效的方法。

（5）系统架构开放化

作为未来一个对企业安全能力进行集成和编排的系统，SOAR 自身的系统架构开放性至关重要。只有开放的系统架构，才能确保企业和组织安全编排与自动化的需求能够持续得到满足。SOAR 应在系统架构层面采用开放、可扩展的应用集成框架，基于 API 的双向集成，支持多种协议接口，支持 OpenC2，提供开放的对外接口。

6.2.3 规划方案

（1）架构体系

由于 5G 网络使用了 NFV、用户面和控制面隔离、网络切片、SDN 和 MEC 等技术，构建了端到端协同的云化架构，这一架构为 5G 网络中各个环节实现敏捷、自动化和智能化提供了可能。由此，系统通过 5G 网络所特有的 SDN/NFV、MANO、能力开放等技术与 SOAR 技术有机融合，构建 5G 安全自动化响应系统，实现 5G 安全策略统一编排和安全事件自动化响应，在 5G 网络和业务因攻击受损时快速恢复业务或服务，保证 5G 业务弹性，与各类安全防护和网元联动，实现事件的自动化响应和处置。

5G 安全自动化响应系统架构是一个集许多安全产品类别组成的体系结构，整合 5G 安全运营从监测、分析、研判、智能化决策，到编排及自动化响应等整个自适应持续闭环过程中的安全产品类型。基于 SOAR 的 5G 安全自动化响应系统架构如图 6-4 所示。基于 5G 端到端的协同管控、服务编排及全生命周期的服务管理和安全保障能力，5G 网络通过开放和标准化的北向接口来对接基于 SOAR 的 5G 安全自动化响应系统，协同实现端到端的 5G 安全运营流程自动化服务编排、连接、监控和管理。

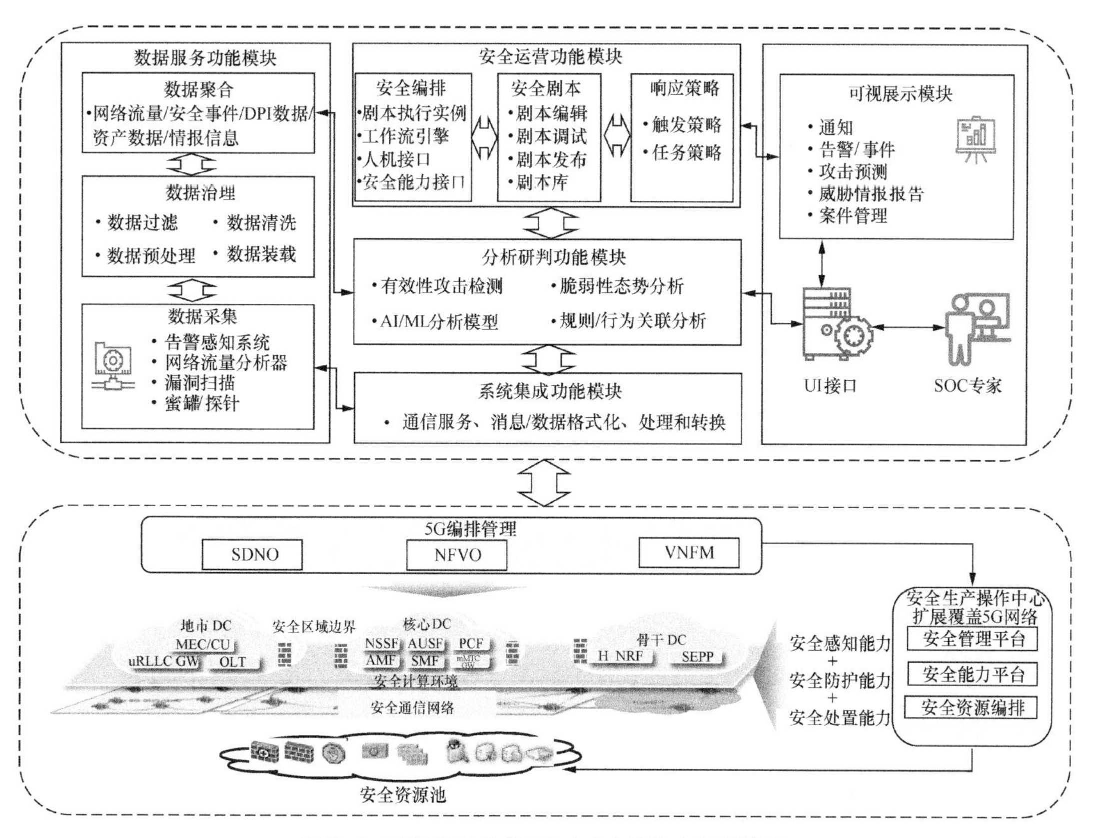

图 6-4　基于 SOAR 的 5G 安全自动化响应系统架构

5G 安全自动化响应系统架构具有 5 个关键功能模块：系统集成功能模块、数据服务功能模块、分析研判功能模块、安全运营功能模块和可视展示模块。其中，SOAR 是安全运营功能模块的一个核心功能引擎。

① 系统集成功能模块。打通南向接口和北向接口，是 5G 网络能力开放模块与数据服务功能模块、分析研判功能模块、安全运营功能模块和可视展示模块之间相互连接和集成的枢纽。该模块采用了开放可扩展的应用集成框架，基于 API 的双向集成，支持多种协议接口，支持 OpenC2，提供开放的对外接口。关键角色包括传递通信服务、消息 / 数据格式化、处理和转

换功能。

② 数据服务功能模块。该模块负责 5G 安全数据采集、数据治理、数据聚合功能。由于 5G 安全自动化响应系统处理大量的安全日志，所以有效的数据管理、处理和保护对于整个 5G 安全自动化响应系统的整体功能至关重要。

③ 分析研判功能模块。5G 安全自动化响应系统用 SIEM 或态势分析平台实现安全数据的监测及智能化分析，利用关联分析、机器学习等技术，结合威胁情报，对事件及行为进行识别、推理及智能化预测过程。这些智能模型有助于监控终端设备、攻击行为和威胁情报。这是加速威胁检测和安全事件优先级的需要。

④ 安全运营功能模块。执行编排、自动化和响应任务是 5G 安全自动化响应系统的核心功能，实现了安全能力的集成、安全流程的编排与自动化执行，包括剧本管理、编排器和应用管理功能。该模块主要基于分析研判功能模块的输出结果，发送需要处置的安全事件，将事件解析后，选择相应的剧本，生成 Action 下发到一键处置模块，实现设备联动处置闭环。另外，该模块功能可将平均检测时间（Mean Time To Detect，MTTD）、平均响应时间（Mean Time To Respond，MTTR）和传输时间间隔等指标最小化，这些指标可以驱动有效的事件响应调查。

⑤ 可视展示模块。该模块通过自动化运维大屏对 SOAR 的一些指标进行全局展示，将不同运维指标进行量化，从而产生适当的度量，包括通知、告警 / 事件、攻击预测和威胁情报报告。在这种情况下，SOC 团队和 5G 安全分析人员可以通过适当的用户界面来分析这些关键信息，从而减轻各种形式的网络威胁。

SOAR 的核心是制定、编排剧本和动作，并自动 / 半自动地执行剧本。从自动化编排和响应流程上看，可以使用触发条件、分析研判、响应处置 3 个核心阶段进行概述。这些工作流通过剧本进行承载及串并联。剧本一旦形成，可以自动化地执行相关任务，将复杂的事件响应过程和任务转换为一致的、可重复的、可度量的工作流。

自动化编排和响应流程如图 6-5 所示，在检测引擎剧本的识别下，生成安全事件。对于确信的安全事件，例如，已知的攻击套路，根据其工作流模式，编排对应的剧本。随着工作流的推进，其剧本动作也将有序执行。对于不确信的安全事件（例如，未知威胁），需要人工操作与事件调查分析，根据调查结果，一方面可直接研判执行动作，另一方面可新建应对剧本，经过严格的验证，固化到系统剧本和动作集之中。当攻击下次触发时，则可自动化响应。

（2）规划要点

① 明确 SOAR 在 5G 安全自动化响应系统体系中的定位。

在规划阶段，需要明确 SOAR 在 5G 安全自动化响应系统中的定位，即它与 SIEM/SOC/安全事件响应平台之间的关系，以及它与 TIP 威胁情报平台之间的关系。虽然在理论上 SOAR 是一个单独的品类，更侧重于安全编排和自动化响应，与传统的 SIEM 和 SOC 之间有比较清晰的分界线，但是随着下一代 SIEM 和 SOC 等产品功能的自然延展，分界线可能会越来越模糊。对于传统的有检测、分析、响应类功能的产品而言，从产品设计功能模块来看，或多或少会与 SOAR 定义的功能模块有一定的重叠，因此自身具备了 SOAR 的这部分功能。

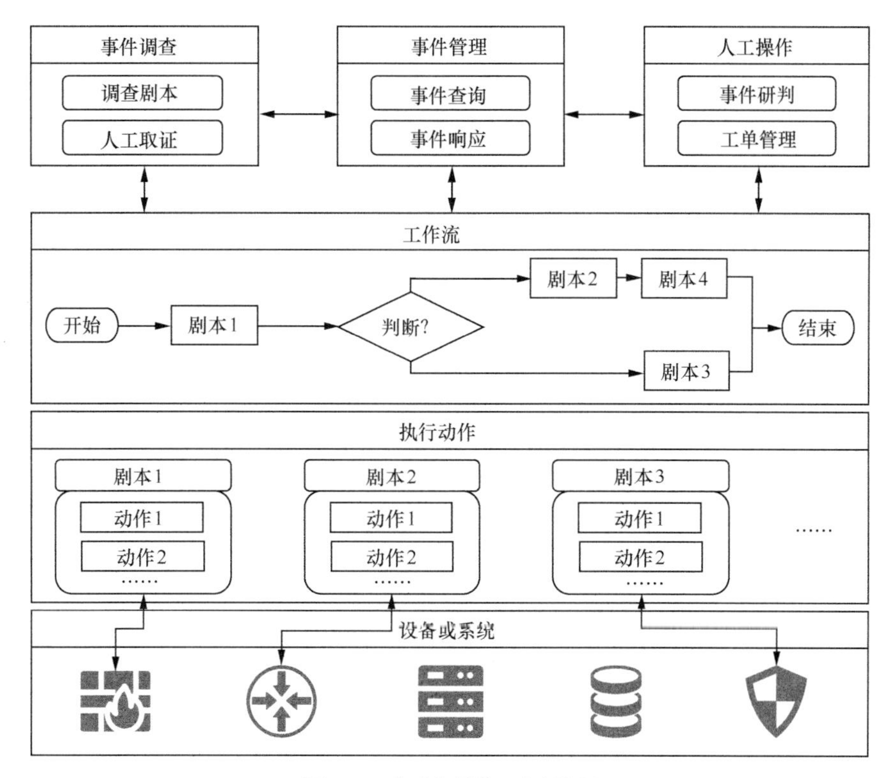

图 6-5　自动化编排和响应流程

另外，SOAR 的一个很重要的特性是集成，既包括与大量第三方安全产品和工具的集成，也包括大量与其他产品的集成，因此，根据实际业务场景需求，很多产品会融合 SOAR 的思路。SOAR 解决方案的设计目的是在 SIEM 功能结束时捕捉事件，在识别阶段及遏制、根除和恢复阶段提供自动化响应。

需要注意的是，SOAR 的目的不是替代熟练的安全分析人员，这样将不可避免地产生更多的风险，而不是减轻风险。相反，SOAR 解决方案应该被看作安全程序和安全分析人员的使能者，它可以提升效率，更快、更好、更标准化、更自动化地执行处置与决策流程。

② 将 SOAR 理念更好地融入 5G 安全能力体系的构建过程中。

5G 网络呈现虚拟化、软件化、开放化等特点，促使基于 SOAR 的 5G 安全运营体系架构的构建应优先选择以虚拟化资源和虚拟功能为中心的安全能力，充分利用虚拟化、软件化、软硬件解耦等网络架构的优势，形成 SDN/NFV 网络安全防护的内建能力。

基础架构虚拟化：根据 3GPP、国际电信联盟（International Telecommunication Union，ITU）等标准化组织的设计，5G 网络的虚拟化、云化、软件化和可编程编排的应用越来越多，NFV 和软件定义将成为常态。与之相适配的安全能力也需要采用虚拟化架构，逻辑单元能够动态配置，安全能力可编排，使安全能力对云更适应与友好。

安全功能模块化：安全功能原子化、模块化，能够按需组合，更好地适配 5G 垂直行业的业务特点和安全诉求。

安全能力定制化：安全能力可编程、可软件定义，具备开放性和敏捷性特点。

安全管理集中化：集中管理、协调和编排安全能力，安全能力可调度、可编排、可软件定义。

③ 开放架构支持 SOAR 的开放性生态体系。

针对第三方设备的联动，SOAR 是一个完全开放的生态系统，具备开放的接口。用户的第三方设备能够基于 SOAR 提供的开放接口实现与 SOAR 的对接，更重要的是，当 SOAR 作为一个全新的安全运营工具部署到网络安全体系中时，它还要兼容系统中已经部署的海量的安全设备、网络设备、EDR 系统等，甚至可以与用户的业务系统对接，实现对用户业务的管控响应闭环。例如，在 5G 环境中，SOAR 和 5G 的 PCF 网元联动以实现针对 5G 的管控策略。

SOAR 的数据接入及管控接口部分采用开放框架，数据接入可以基于插件化模板编排不同设备厂商、不同类型的数据接入模型，快速集成并实现插件在线激活及接入，实现数据源的开箱即用能力；同时，管控也可以基于标准插件化模板编排不同设备厂商、不同管控设备的管控模型，快速集成并完成管控设备插件的在线激活及接入，实现管控设备的开箱即用能力。这将是 SOAR 开放生态体系未来演进的一个主要方向和核心能力。

④ 将知识体系和运营指标体系融合在整个 SOAR 的设计思想中。

SOAR 技术体系是基于 OODA 循环模型的“观测、调整、决策、行动”体系（基于 OODA 循环模型的 SOAR 技术框架如图 6-6 所示），整体包含两大循环，一个是图 6-6 中实线覆盖的机器自动化循环，这是 SOAR 追求的运营关键任务自动化的终极目标，另一个是图 6-6 中虚线覆盖的人机协同循环，这一部分重点描绘人需要参与运营自动化的每个关键环节，同时充分获取机器的数据反馈。高水平运营自动化实现的要义仍然是对“数据—信息—知识”层次化的分析与挖掘，以应对动态不确定性的网络空间环境与高交互的攻防对抗过程。因此，需要基于环境数据、行为数据、情报数据、知识数据来构建全局知识体系，从网络威胁事件分析实践出发，通过图结构组织起来，实现每个类别的图内关联和不同类别的图间关联，以满足网络空间对抗的基本战术需求，包括对环境的掌握、对威胁主体行动的理解、对外部情报的融合及储备基本知识。通过指定类型的实体进行关联，在保证不同类型图数据表达能力的同时，实现了全局的连接能力。知识体系可以指导我们如何开发 IOC 规则，如何设计研判策略，以及如何制定事件处置的标准操作规程（Standard Operating Procedure，SOP）流程。

运营指标体系是引导 SOAR 技术能力发展方向的关键，运营指标以愿景目标为基础，针对 5G 网络安全相关的业务能力制定 5G 安全运营核心指标，以评估 5G 安全运营能力水平。在运营指标体系的导向下（例如，有效事件数、MTTD、MTTR、驻留时间、信噪比、告警规模、事件影响范围、资产覆盖率等），需要有针对性地对数据融合水平和分析技术水平进行评估，以促进技术能力的迭代。在数据层面，需要考虑覆盖率、规范化、存储时效、多样性、交互性等指标；在分析层面，不仅要考虑传统机器学习等技术的评估指标，包括预测精确性、召回率、受试者操作特征曲线等，还要重点考察场景覆盖率、TopN 召回率 / 误报率、整体 / 单点误报率及模型可解释性等面向可运营、易运营的分析指标，合理促进技术与人、流程的深度融合。

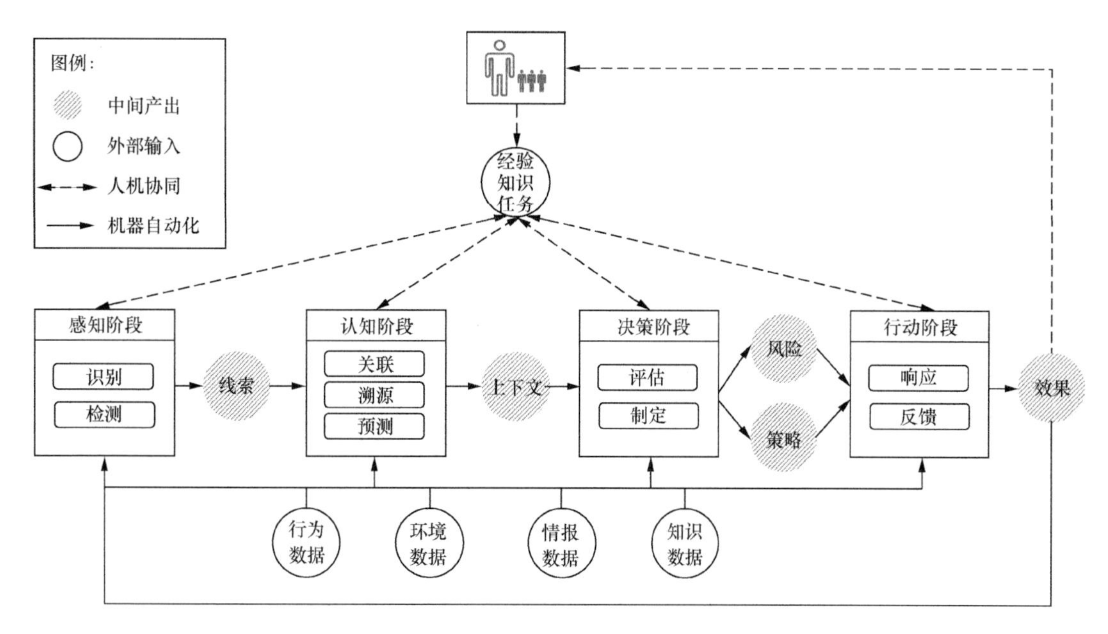

图 6-6　基于 OODA 循环模型的 SOAR 技术框架

⑤ SOAR 规划融入智能基因，智能化的决策响应分阶段推进。

将以机器学习为代表的人工智能技术引入 SOAR 自动化编排中，能够提升安全运营团队人机协同能力，实现流程、技术及人类智能三方整合。智能编排程序中较烦琐及简单重复的流程可有效转移至机器算法分析，有效减轻分析人员的工作负载，从而发挥其安全运维分析技能及经验的相对优势，实现响应时长及分析准确度双提升。

从编排自动化技术层面分析，智能化决策将有望成为安全编排发展趋势。随着安全编排自动化及智能化程度的提升，SOAR 将有望通过累积过往安全分析专家处置评估安全事件的数据，训练机器学习及深度学习模型与参数，从而提升智能系统对攻击的理解能力及自身脆弱性评估。SOAR 将分析当前的安全态势，生成合理有效的、智能化的安全决策方案，摆脱简单代码“if-then”条件语句结构，从而避免攻击者改变相关变量绕过安全处置。

安全运营是一项复杂的系统化工程，人工智能技术的应用不是一蹴而就的。在智能分析关键技术的应用实践过程中，研究、开发和运营人员将会遇到数据质量低、算法拟合粗暴，以及模型产出易误报、难解释、难维护等问题。在实践效果难以匹配安全运营迫切需求的背景下，建议根据技术成熟度分阶段、分层次地循序推进。

6.3　小结

在攻防不对称的困境下，提高 5G 安全运营效率的一个有效途径就是及时发现和响应威胁，争取系统的暴露时间最短。SOAR 为威胁的发现和响应带来了新鲜血液，为 5G 安全运营优化提供了新思路。SOAR 重点帮助企业和组织解决安全运行响应人员匮乏、安全告警多、安全事件响应不及时、重复性运维工作多、安全设备之间缺乏协同且联动性差等导致安全运营人员工作压力大、运营效率低下、运营效果难以度量的问题。基于 SOAR 的 5G 安全编排自动化响应系统，以编排为核心，充分使用自动化技术手段，将人、技术和流程协同起来，并应用到 5G 安全防护、检测与响应的每个环节，实现闭环，提升效率，是未来 5G 安全运营能力的关键组成部分。

6.4 参考文献

[1] 赵粤征，叶建伟，贠珊，等．基于 SOAR 的安全运营自动化关键技术构建及未来演进方向 [J]. 信息技术与网络安全，2021，40(3)：19-27.

[2] 全硕，王旭亮，朱泽亚．5G+ 时代的软件定义安全技术架构研究与实践 [J]. 电信科学，2021，37(12)：60-71.

第 7 章　5G 网络攻防靶场规划

网络安全的本质是对抗，对抗的本质是攻防两端实力的较量，因此，网络安全建设离不开攻防实战演练，而靶场就是进行实战演练的练兵场。尤其是在当前 5G 安全的标准和最佳实践还不够成熟的条件下，更需要通过网络渗透攻击手段对 5G SA 组网制式下的新技术、新架构、新业务进行安全风险验证和测评；更需要通过红蓝对抗手段来检验 5G 网络安全整体防御的健壮性和有效性；同时也可通过网络靶场攻防演练，更好地锻炼队伍的实战能力，选拔人才。由此可见，5G 网络攻防靶场建设有着重要意义，而如何构建面向实战、高效灵活、能力全面、安全可控的 5G 网络攻防靶场已成为业界关注的重点。

本章首先简要介绍了国内外网络靶场的发展情况，梳理了 5G 网络攻防靶场的建设需求，并制定了规划愿景目标，基于需求和目标给出了 5G 网络攻防靶场规划详细方案，最后对 5G 网络攻防靶场的未来发展趋势进行了展望。

7.1　国内外网络靶场发展简介

国外发达国家较早开始布局 5G 网络靶场领域，欧盟于 2019 年着手建设针对 5G 网络的安全靶场——SPIDER，来自欧盟 10 个国家的 19 个组织机构共同参与。SPIDER 的愿景是为电信领域 5G 网络提供下一代、广泛且可复制的网络靶场平台，提供 5G 网络安全仿真、培训、实操演练和安全风险评估辅助投资决策等功能。欧盟 SPIDER 5G 网络靶场参考架构如图 7-1 所示，为了实现这一目标愿景，SPIDER 网络靶场即服务平台具有集成的网络测试工具，包括高级仿真工具、基于主动学习的新型培训方法，以及基于现代网络攻击实时仿真的计量经济学评估模型。SPIDER 支持自定义进度和基于团队的实操演练，为利益相关方共享培训课件，并最大限度地提高复杂网络对抗效果的娱乐性。其沉淀的网络靶场对抗模型均在高度仿真的靶场试点应用场景中得到验证。

SPIDER 旨在解决 5G 网络威胁演变的核心问题，提供了一个新颖、灵活和可扩展的网络靶场作为服务平台。

① 通过改进网络防御培训，促进网络安全应对。

② 通过部署高仿真生产环境网络保护解决方案的虚拟化版本，解决针对关键虚拟化 5G 基础设施的高级网络安全威胁。

③ 通过结合灵活的网络编排技术和攻击者仿真工具，促进网络威胁态势感知。

④ 利用服务平台与整个欧盟计算机应急响应小组（Computer Emergency Response Team，CERT）开发的开源工具的接口，授权交换共享 5G 网络威胁情报信息。

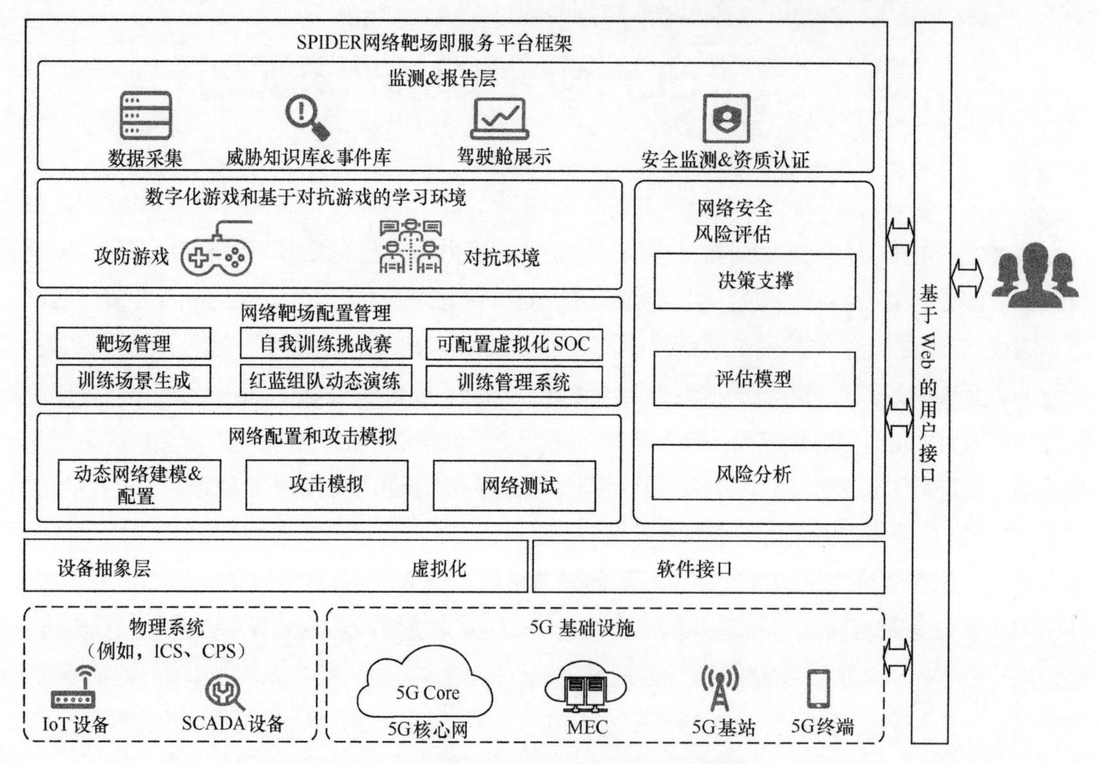

图 7-1 欧盟 SPIDER 5G 网络靶场参考架构

另外，为了保护 5G 关键信息基础设施免受 APT 攻击，芬兰交通和通信局、国家网络安全中心及国家紧急供应局，联合运营商、厂家、高校和科研单位，于 2019 年 11 月和 2021 年 6 月共举办了两次 5G 网络安全黑客行动，模拟攻击场景包括 5G 新无线电产品、跨远程家庭和医院环境的 eHealth 的 5G 应用、5G 固定无线接入家用路由器等。5G 网络安全黑客行动的主要目标是尽可能多地了解黑客的攻击技战术，以获取更多的 5G 威胁情报。除了在提高 5G 产品安全方面取得的成果，这种 5G 网络黑客行动也向政府监控部门、垂直行业传递了一个极佳的信息，5G 网络靶场通过以攻促防，在确保 5G 网络安全方面发挥着重要的作用。5G 网络安全黑客行动加强了运营商、设备供应商、行业协会和标准机构、国家网络安全监管机构、高校和科研单位间的生态协作，对于缩小 5G 网络安全中攻击者和防御者之间的差距至关重要，也为 5G 安全生态系统的合作共赢做出了重要贡献。

在我国，作为攻防演练不可或缺的关键基础设施，网络靶场已步入产业发展的高速成长期。根据 2022 年数世咨询的研究报告《网络靶场能力指南》发布的最新数据，我国网络靶场的市场规模在过去 5 年间翻了 4 倍，产值接近 10 亿元。网络靶场行业整体处于潜力期，既有《中华人民共和国网络安全法》、等保 2.0 系列标准带来的政策性驱动，也有 5G“扬帆”行动计划等带来的业务性驱动。国内网络靶场行业分布如图 7-2 所示。政府、教育机构等本身对网络靶场有着较高的需求，随着 5G 技术深度融合，未来金融行业、通信行业、能源行业的需求也将逐步提升。

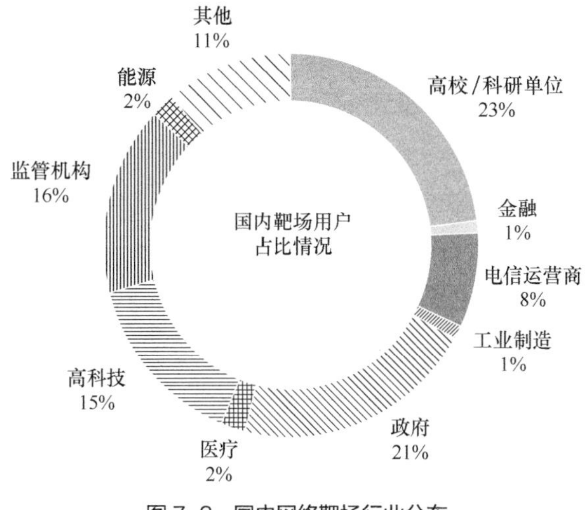

图 7-2 国内网络靶场行业分布

7.2 需求分析和规划目标

7.2.1 需求分析

（1）新技术、新业务安全验证需求

随着移动通信网络的演变，相关技术、架构、业务也在不断地发生变化。通用的基础技术代表着攻击者可以掌握更多的细节，对系统的了解更加深入；网络架构越开放，给攻击者的暴露面就越大；业务需求越来越丰富意味着对安全服务能力的要求越来越高。5G SA 网络架构实现了 IT 与 CT 的融合，其引入网络切片、服务化架构、能力开放、MEC 等新技术、新架构，目前尚没有完全了解带来的安全风险。另外，5G SA 网络标准和相关技术尚未完全成熟，还在不断地完善和演进中。因此，亟须在全网大规模部署推广前对 5G SA 网络架构下的新技术、新架构、新业务带来的安全风险的不确定性进行有效的安全验证和测评，具体需求如下。

① SDN/NFV：5GC 网元部署面临从设计到实现的落地，实现过程缺乏可信赖的评判原则，因此，需验证测评 NFV 网元的安全保障要求，确保网络设备具备良好的安全保障能力，具体包括 UDM、AUSF、NRF、UPF、AMF、SMF、SEPP、NEF 等多个网元的安全保障验证和测评，还需采取验证云化系统安全加固，虚拟资源隔离，网元管理平面、信令平面和用户平面的隔离，关键数据加密和备份，防恶意软件植入，第三方开源软件安全管理等相关安全基线配置和安全加固措施，应对渗透攻击的有效性。

② 网络切片：开展切片资源状态监控、切片间隔离措施、切片信息加密、访问控制和审计、日志和流量分析等功能测试，并验证相关措施的有效性。

③ SBA：通过渗透测试，对减少横向移动攻击、未授权访问、假冒网元、非法访问服务等服务化架构安全性手段的有效性进行验证。

④ 能力开放：需要验证能力开放接口的安全可靠机制，减少对外暴露面，降低被攻击的风险，以及能力被滥用、恶意使用的风险，确保行业应用和电信运营商网络之间安全可靠地传递能力开放信息，例如UE监控能力、策略和计费能力、流量引导能力、数据能力、切片能力、外部输入能力。

⑤ MEC：引入MEC后，互联接口增多，暴露攻击面增大。另外，由于MEC管理平台会通过通信代理与5GC的NEF和PCF互通，可能将安全风险引入5GC。因此，需验证跨区域、跨平台、跨用户的安全信任机制，防止将安全风险引入5GC，影响5G网络的正常运营。

⑥ 新业务：需加强5G融合应用安全风险动态评估，弥补入网安全测试主要面向网元功能测试等不足，从源头上减少安全隐患，避免“带病入网”与“带病运行”。

（2）5G网络安全整体防护方案测评需求

5G网络安全最重要的是整体安全，根据木桶原理，一旦某处出现较大的脆弱点，非法攻击者就会有机可乘，后果不堪设想。从Release15到Release16演进的过程中，为了实现对网络自身的安全评估机制，3GPP SA3持续进行安全保障规范（SeCurity Assurance Specification，SCAS）的制定，并与GSMA联动形成网络设备安全保障方案（Network Equipment Security Assurance Scheme，NESAS）机制。总体来说，3GPP的安全标准分为3条主线：自身安全设计、业务安全能力、安全保障要求。目前，3GPP的安全标准还缺少对5G网络安全整体体系的安全防护措施。因此，仅有3GPP涵盖的安全措施，还不足以保障5G网络运营安全，特别需要通过靶场攻防对抗演练，对5G整体安全防护手段进行验证，最大限度地减少整个体系的暴露面，降低全网被攻击的风险。5G安全测评体系如图7-3所示。

图7-3　5G安全测评体系

攻防对抗通过靶场攻防逆向思维，评估实战效果，从结论逆推方案，对 5G 安全风险应对措施的业务指标进行测试验证。此类技术是检验现有安全防御体系应对未知威胁成效最为直接的方式。5G 安全防御体系建设也需要从合规导向转向能力导向，形成体系化、实战化、常态化的安全能力。

（3）人员培训与攻防对抗需求

网络安全以“人”为核心，网络安全领域的对抗本质上是人与人之间的对抗。目前，了解 5G 安全技术的专业人才比较缺乏，大多数网络安全人员对 5G 架构体系和 5G 安全防御体系认识不深。因此，如何使网络安全人员合理利用手中的各种工具和策略来提高 5G 网络安全对抗水平，是培养高素质的 5G 网络安全和信息化人才队伍亟须解决的问题。网络攻防对抗演练可以成为各企事业单位乃至国家层面培养网络安全人才的创新培养模式。

7.2.2 愿景目标

5G 网络攻防靶场的愿景目标主要是实现平台化、能力化、服务化体系，通过平台构建打造能力，通过能力开放提供服务。5G 网络攻防靶场愿景目标如图 7-4 所示。

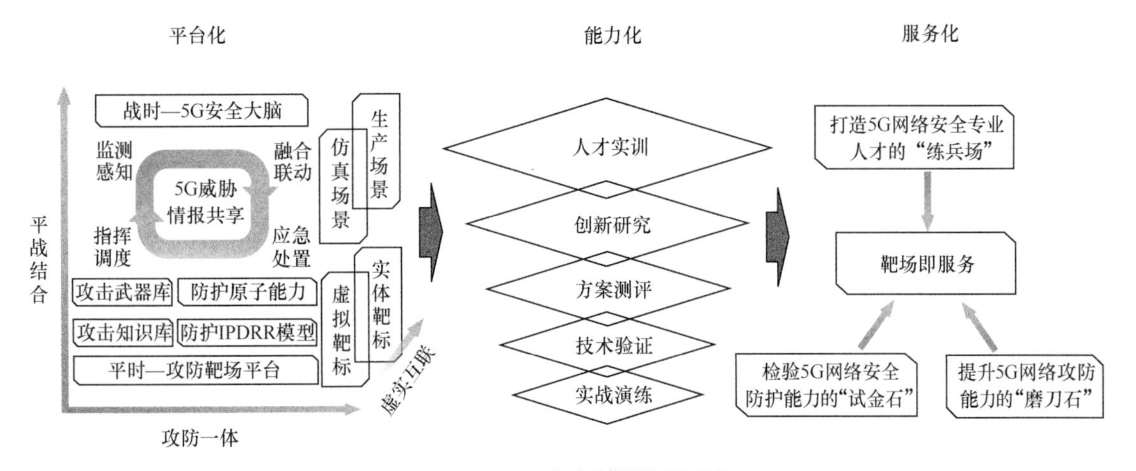

图 7-4 5G 网络攻防靶场愿景目标

① 平台化：旨在构建攻防一体、虚实互联、平战结合的 5G 网络攻防靶场平台。

② 能力化：基于平台化底座和实战化环境，打造 5G 安全人才实训、创新研究、方案测评、技术验证、实战演练的能力体系。

③ 服务化：基于能力体系，打造 5G 网络靶场服务，成为打造 5G 网络安全专业人才的“练兵场”、检验 5G 网络安全防护能力的“试金石”、提升 5G 网络攻防能力的“磨刀石”。

基于 5G SA 平行仿真靶场环境，通过攻防演练平台，首先，对 5G 网络切片、服务化架构、能力开放与编排、MEC 等新技术、新架构、新业务的安全风险进行验证和评测；其次，组织安全渗透测试、漏洞模拟与验证等，与网络攻防实战演练相结合，从而验证 5G 安全整体防御、应急处置和指挥调度能力的有效性；最后，通过 5G 网络靶场演练，可持续提升队伍实战能力，达到积累经验、锤炼队伍、培养人才、磨炼技术的目的。

7.3 5G 网络攻防靶场规划方案

7.3.1 规划思路

构建基于云计算资源池部署、大数据分析工具和 AI 技术的 5G 网络攻防靶场平台，能针对真实的网络靶标和虚拟的场景靶标进行平行仿真，可开启攻防实战、教学研究、测试评估和安全能力等具体应用，全方位实现 5G 网络空间安全的新模式，通过平台化 + 实战化 + 场景化 + 可视化的结合，助推各种场景方案落地。具体思路如下。

① 面向实战：一切从实战出发，针对 5G 真实目标、真实场景，做到平行仿真、虚实互联。

② 高效灵活：具备云原生、任务编排、动态防御、拖拽自定义等自动化技术手段。

③ 能力全面：既能攻，也能防，且面向多种场景。

④ 可控可视：攻防流程可控，攻防效果可视。

⑤ 知识赋能：将攻防情报数据、特征数据、样本数据和攻防模型等最有价值的数据，通过大数据分析沉淀成知识库并赋能攻防靶场，提高攻防对抗动态演进的能力。

7.3.2 总体方案

5G 网络攻防靶场总体架构如图 7-5 所示，通过构建平行仿真虚实互联的 5G SA 网络环境，安全配置与生产环境一致，系统架构、协议、软硬件也与生产环境一致；攻击队伍利用各种工具和策略，结合情报信息，经过攻击面分析，尝试各种攻击方法和路径，对 5G SA 平行仿真靶标进行攻击；防守方采用识别、保护、检测、响应、恢复的手段进行防御；攻防演练平台将全程管控和监测攻击方的攻击行为，全程监控攻击流量，确保攻击方只能通过攻击平台，使用指

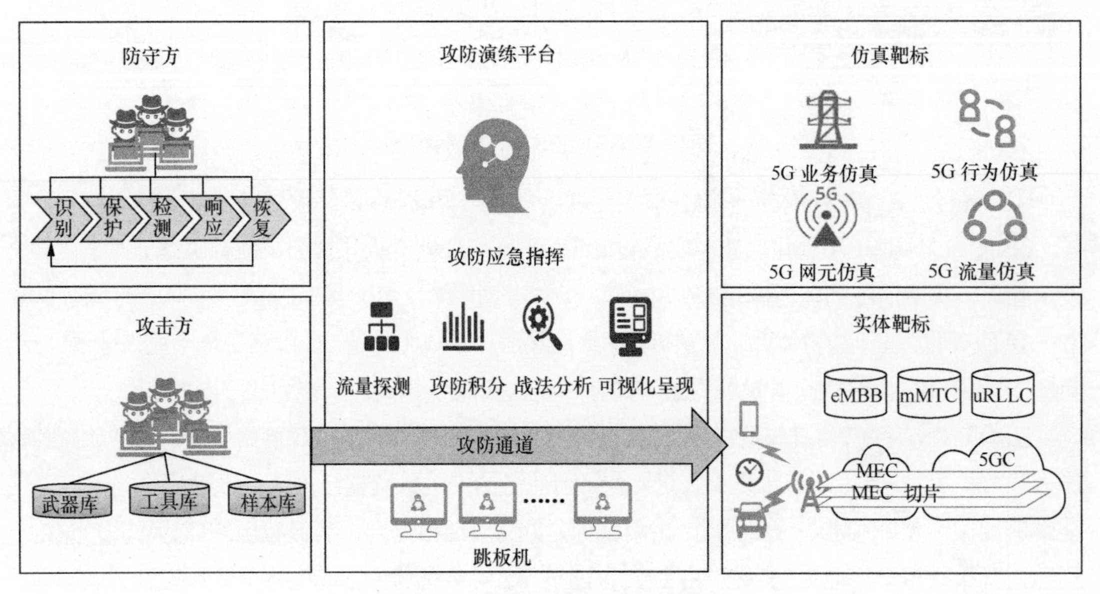

图 7-5 5G 网络攻防靶场总体架构

定方式，攻击指定目标，保证攻击全程安全可控，攻防演练平台可以直观地反映攻击状态，并提供战法分析，且内置整套评审评分规则，通过可视化呈现，提供直观、清晰、多维度、全方位的展示模式，通过攻防应急指挥，提供资源调配、决策支持。总体上，5G 网络靶场具备可攻、可防、可视、可分析、可指挥等基础能力。

7.3.3　技术架构

5G 平行仿真网络靶场体系架构设计遵循整体性、标准化与一致性、技术与管理相结合、可持续发展等原则，采用模块化、平台化、服务化、智能化的架构设计理念，依据标准规范，构建从底层基础资源池、虚实互联环境，到数据中台采集、处理、存储、分析、挖掘的开放架构体系，支撑上层应用。同时，通过运营管理和安全保障体系的构建，确保整体架构可管、可控、可视、易操作。5G 网络攻防靶场技术架构如图 7-6 所示。

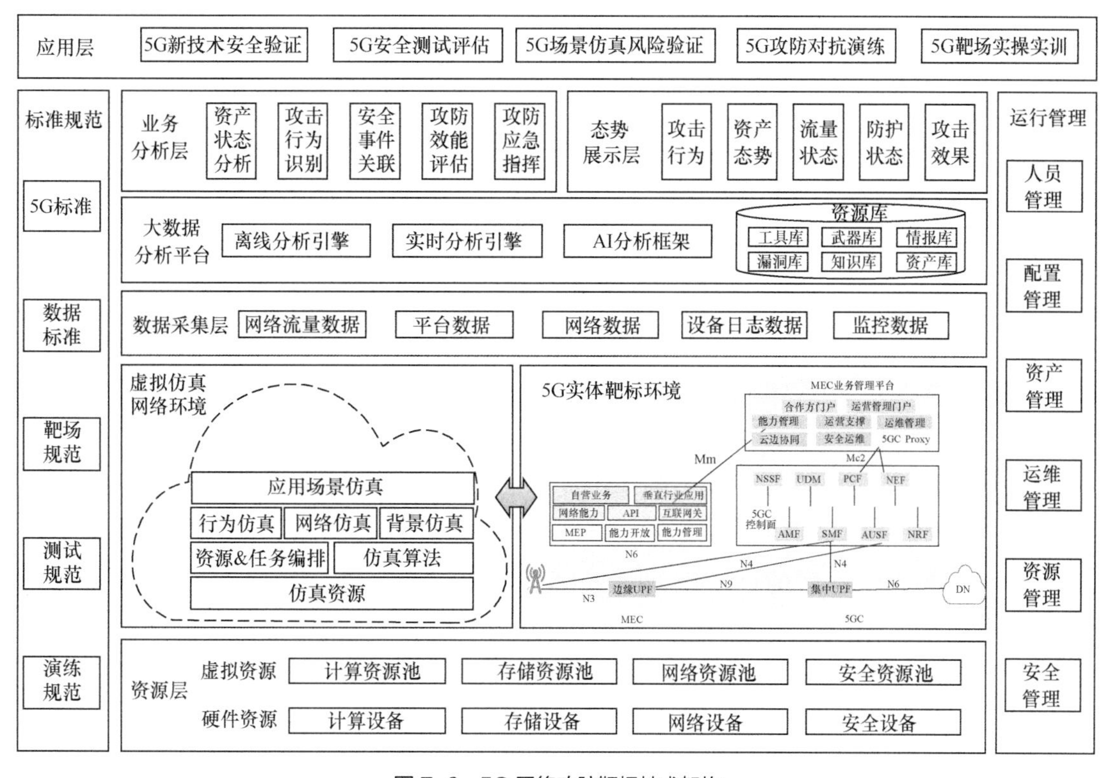

图 7-6　5G 网络攻防靶场技术架构

① 资源层：对网络靶场系统中的计算资源、存储资源、网络资源、安全资源等进行虚拟化，提供标准化的资源描述方法，由资源管理模块进行统一管理和调度，确保资源随需、弹性伸缩、动态扩展。

② 虚实互联层：包括虚拟仿真网络环境和 5G 实体靶标环境。其中，虚拟仿真网络环境基于软件定义、网络功能虚拟化、服务编排，实现平行仿真网络灵活、逼真和高效地部署和生成，从而实现模拟多业务场景；5G 实体靶标环境由 5G SA 实体网元构成，支持 MEC、切片、能力开放、

SBA、SDN/NFV等新技术。

③ 数据采集层：完成对平行仿真节点和5G实体网络节点状态、设备日志、网络流量、策略配置等数据的综合采集，实现多元异构数据的主动采集、被动接收和数据导入等，用以支撑大数据分析层对数据的处理。

④ 大数据分析平台：对数据进行清洗、归并去重、标记等标准化操作，提升数据质量；数据处理支持离线、实时和AI分析方式；对处理后的数据进行存储入库，包括结构化数据和非结构化数据存储，提供分布式存储和实时索引，按基础库、主题库、专题库进行数据实体关系建模和聚类关联，典型数据资源库包括工具库、武器库、情报库、漏洞库、知识库、资产库等。

⑤ 业务层：主要完成业务分析和态势展现。业务分析包括资产状态分析、攻击行为识别、安全事件关联、攻防效能评估、攻防应急指挥。态势展现包括攻击行为、资产态势、流量状态、防护状态、攻击效果等多层次可视化展示。

⑥ 应用层：主要包括5G新技术安全验证、5G安全测试评估、5G场景仿真风险验证、5G攻防对抗演练、5G靶场实操实训等。

⑦ 标准规范：主要遵循5G标准、数据标准、靶场规范、测评规范和演练规范等相关国际标准、国家标准、行业标准和企业标准。

⑧ 运营管理：主要包含人员管理、配置管理、资产管理、运维管理、资源管理和安全管理等。

该技术架构具备的关键功能如下。

① 平行仿真。对5G现实场景中的网元信息、网络信息、协议流量、行为数据、实体设备、人员行为等因素进行平行仿真建模，构建实网攻防靶场和虚拟仿真靶场虚实互联的最佳靶场解决方案。

② 靶场云化。资源云化，利用虚拟资源有效映射、镜像文件优化存储和传输等技术，实现大规模目标系统的快速复现，确保实战任务环境的快速构建。支持基于云化技术部署，根据实际需求实现自动部署、弹性伸缩、故障隔离和自愈等功能。

③ 态势展示。靶场系统对其接受的攻击全程监控，对各类攻击行为进行大数据分析，准确识别攻击行为，对攻击者进行全方位的审计与监控，支持UEBA、机器学习、特征、统计、关联等分析技术。数据呈现层通过视图方式对分析结果进行展示。

④ 量化评估。通过可量化的攻防效果评估指标体系和可伸缩的实时绩效评估计算模型，实现对网络安全攻防过程和效果的全面准确量化评测，验证新技术、新产品是否满足实际需求。

⑤ 任务编排。基于实战化的任务设定，可使用拖拽自定义工具来设计自己的网络，并创建自定义演练方案，开展应急响应、对抗演练、作战演习、复盘推演等任务演习活动。

7.3.4 能力视图

5G网络攻防靶场能力视图示例如图7-7所示。5G网络攻防靶场能力视图主要包括三大部分：平台能力、服务能力和能力输出。

图7-7 5G网络攻防靶场能力视图示例

① 在平台能力方面，攻防一体，既有攻击能力组件，也有防守能力组件；虚实互联，既有5G网络靶标，也有行业应用靶标；平战结合，通过攻防管控指挥平台共享5G威胁情报信息。

② 在服务能力方面，重点打造5G安全攻防演练、5G安全测评认证、5G安全解决方案、5G安全人才实训等能力体系。

③ 在能力输出方面，通过打造标准化的服务流程，提升5G场景化应用应对重大安全事件的“韧性”，打造为靶场即服务。

7.3.5 应用场景

（1）5G新技术安全验证

基于5G平行仿真网络靶场，验证MEC、网络切片、SBA、能力开放、MANO等新技术的保密性、完整性、可用性等能力。

从基于风险的威胁模型着手，分析核心功能单元资产（例如，用户账户数据和安全凭证、日志数据、配置数据、操作系统、应用程序、虚拟资源、硬件、API、操作维护管理接口等）的风险，通过信息收集、漏洞探测、漏洞利用、横向渗透等攻击步骤，参考MITRE ATT&CK模型，从攻击主体的角度完善各种渗透测试战术和工具，建立符合自身的渗透模型，迭代优化渗透攻击工具整合和流程，通过实战来验证5G新技术安全的健壮性。

（2）5G 网络与业务的安全测评

5G 安全攻击面主要包括以下内容。

① 接入侧：UE 发起 DDoS、空口干扰、伪基站攻击。

② MEC 侧：用户面下沉、互联网接口多、恶意 App。

③ 云中心：资源共享，边界消失。

④ 网元间：服务化网元数量增多，横向攻击面增大。

⑤ 切片间：面向企业（to Business，toB）用户业务网元、非法访问切片、切片资源滥用。

⑥ 运维侧：越权访问、信息泄露等。

⑦ 互联网关侧：互联接口多、假冒服务、未授权访问。

可基于 5G 平行仿真网络靶场，针对 5G 安全攻击面进行安全测评，例如，通过实网测评，提前发现不安全的 Web 界面应用，不足的身份验证 / 授权，不安全的网络服务，缺乏传输加密 / 完整性验证，隐私担忧，不安全的云界面，不安全的运维界面，不足的安全配置，不安全的软件 / 硬件，安全设计缺陷，源代码漏洞，漏洞存在于软件的多个地方，补丁未全部覆盖。这样可通过安全测评减少攻击面，从源头减少安全隐患，避免“带病入网”与“带病运行”。

（3）5G 业务场景安全验证的仿真演练

基于 5G 网络靶场环境，为 5G 安全测试提供虚实场景下的应用和攻击仿真，满足不同垂直行业应用的测试场景。通过仿真模糊技术、恶意软件和渗透攻击等真实的流量、威胁和攻击场景，充分验证业务场景安全手段在真实网络场景下的表现，确保其安全和性能测试能够满足特定环境的各项要求。

5G 业务场景安全验证仿真演练，可加强 5G 融合应用安全风险的动态评估，助推基于业务场景的安全方案加速验证落地。

（4）5G 安全攻防演练和应急响应

5G 平行仿真网络靶场可构建特定攻防场景，模拟实战背景，进行战术演练，检验作战计划，辅助查找和发现计划中的缺陷，进而对战术进行修改和完善，整体提升攻防对抗中战术有效部署能力和网络信息安全应急响应能力。

在设计完成 5G 安全防御系统规划且在入网部署之前，可以将其防御模式、安全策略、安全配置仿真到 5G 平行仿真网络靶场环境中进行验证，从而真正了解其部署和规划是否可以有效保护 5G 核心资产，反复测试和推演验证，提升网络攻防对抗能力，提供全面的安全性能和安全效能评估。

（5）人才培训实操演练

实战能力和技术水平是网络安全人才的核心能力，面向真实系统开展网络攻防演练，能更好地锻炼实战能力，选拔专业人才。

5G 网络靶场能帮助安全运营人员在完全不影响 5G 生产环境业务的前提下，熟悉 5G 网络系统的攻防，熟练 5G 网络安全技巧，提高应急能力。另外，由于靶场环境和业务环境接近，所以安全运营人员提升的技巧能力也更契合实际的安全需求。

综上所述，针对具体 5G 网络场景安全需求，通过 5G 网络靶场能力赋能，可提供 5G 行业场景安全方案标准化交付流程。一是，通过需求调研对所需防护的资产进行识别和风险评估，梳理总体安全需求；二是，基于安全需求，综合考虑安全原子能力组件和安全厂家标准产品知识库，形成上线前的初步解决方案；三是，通过对场景的仿真模拟，在靶场仿真环境下对初步解决方案进行测评验证和渗透测试，输出经过靶场测试验证后的解决方案；四是，在生产环境中对验证后的解决方案进行部署，同时也进行运营前的整体测评验证和实操演练培训工作；最后，交付客户需要的成果，成果涵盖解决方案、测评结果、实训服务和应急响应。解决方案通过持续运营评估、迭代，进行下一轮从需求到成果交付的过程，整个过程形成闭环。5G 行业场景安全方案标准化交付流程如图 7-8 所示。

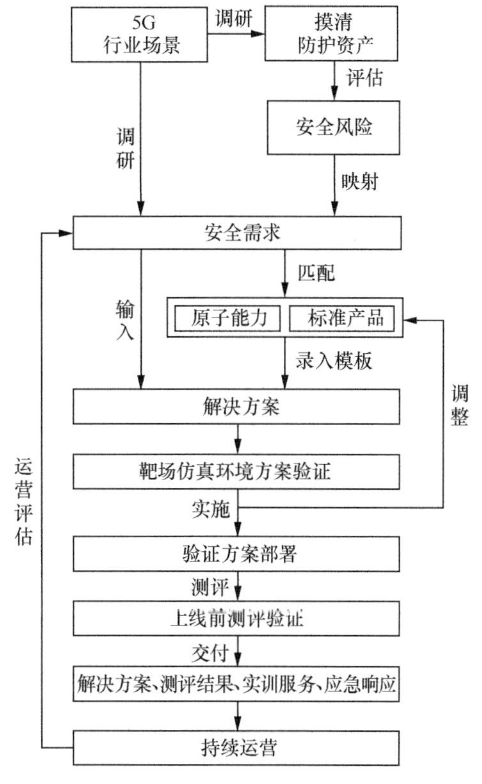

图 7-8　5G 行业场景安全方案标准化交付流程

7.4　5G 网络攻防靶场发展趋势

7.4.1　分布式 5G 网络靶场

现阶段，政府、企业、科研机构等的 5G 网络靶场大多独立建设，有些重复浪费，由此可将跨部门、跨地域的 5G 网络靶场互联，组成分布式 5G 网络靶场。分布式 5G 网络靶场的建设，可以整合基础资源，共享特色资源，便于集中力量开展更广、更深、更大规模的 5G 网络安全问题研究、测试验证、攻防演练等。

分布式 5G 网络靶场以分布式网络靶场中间件为核心，以支撑开展分布式试验任务为目标，利用分布式 5G 异构靶场互联、多源安全事件融合分析、分布式异构态势分析与展示，跨地域大数据融合计算等关键技术，为跨地域 5G 攻防联合演练、远程评测提供有效的技术支撑。分布式 5G 网络靶场技术架构如图 7-9 所示。该架构主要通过由通信与管理、目标网络适配、态势分析适配、数据存储适配 4 个部分组成的分布式 5G 网络靶场中间件，将各 5G 分靶场相连。

分布式 5G 网络靶场主要具有以下技术优势。

① 分布式 5G 网络靶场能够通过多种互联方式适配不同类型的 5G 网络靶场系统及不同的 5G 应用场景，从而实现各分靶场目标网络的互联互通。

② 对跨地域的 5G 网络靶场资源进行整合，根据具体任务快捷、高效地构建分布式 5G 实时虚拟平行仿真系统，提高各种资源间的互操作性、可重用和可组合能力。

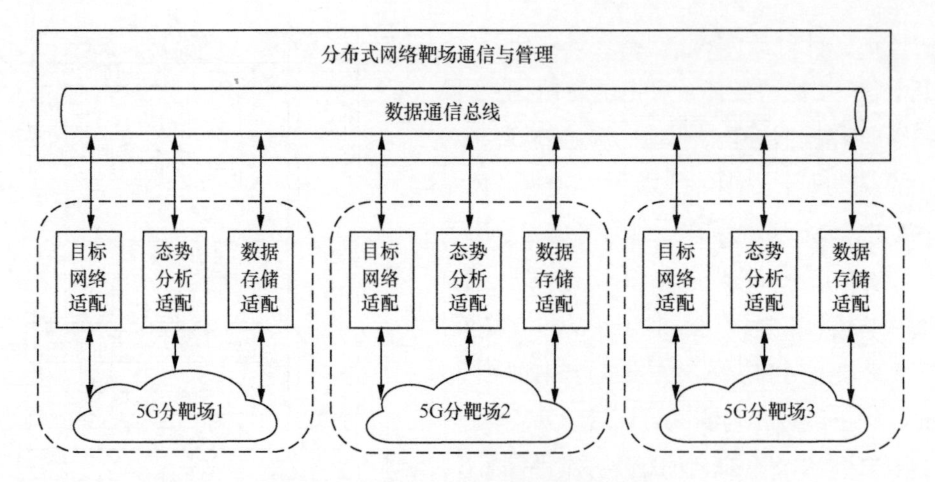

图 7-9 分布式 5G 网络靶场技术架构

③ 采用层次化的平台结构，通过分层次设计的支撑平台，充分实现平台的灵活性、通用性，平台中包含开展虚拟试验所需的基本模块，提供接口开放，可从各个层次进行工具扩展。

④ 通过分布式 5G 网络靶场中间件对各 5G 分靶场产生的多源检测数据进行统一的采集、清洗、解析、融合处理等，从而可进行统一的态势分析和展示。

⑤ 推进 5G 网络靶场即服务模式快速发展，电信运营商、科研机构可以通过构建大型 5G 安全靶场，将靶场的验证能力、培训能力、演练能力等以云服务形式进行推广，满足广大中小型企业的安全需求。

7.4.2 5G 网络靶场目标仿真

5G 网络靶场的核心用途在于构建网络仿真场景，给信息安全人员提供相关的安全研究、学习、测试、验证和演练场景。目标网络的生成是网络仿真场景的核心能力，决定了网络靶场场景的仿真程度和仿真方式，同时也决定了相关仿真资源的接入方式。

目标网络仿真负责目标网络的构建与管理。5G 网络靶场目标仿真示意如图 7-10 所示。基础设施层构建了 3 张网络进行目标网络仿真的基础硬件支撑，管理网负责针对基础网络的管理，业务网是真实仿真构建的承载网，采集网完成业务流的镜像采集分析。灵活的虚拟化技术可进行网络资源、计算资源的虚拟化，通过软件按需构建目标仿真网络，支持灵活弹性扩展。资源编排负责目标网络仿真系统的管理，包括各种虚拟机资源、容器资源和虚拟网络等的编排管理和系统日志的监控。

5G 网络靶场的核心是仿真能力，主要包括 5G 网络仿真、5G 业务仿真、5G 攻防能力仿真。

① 5G 网络仿真：按照真实 5G 网络的 NSA、SA 网络环境搭建，能完整地仿真实际 5G 网络的全场景安全能力，提供 5G 网络的拓扑规划设计、硬件安装和部署、业务数据安全配置、网络应用开通及安全解决方案验证、协议安全分析等全过程。

② 5G 业务仿真：5G 业务场景基于主流行业应用，支持海量用户并发任务执行仿真，在靶场中还原现网 5G 业务全流程，并提供实训环境和评价平台支撑，助力安全实践能力培养。

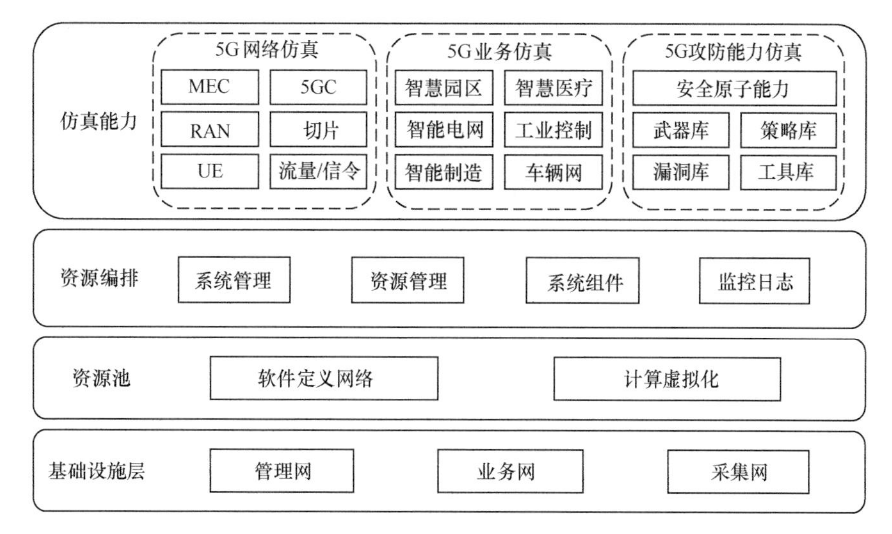

图7-10 5G网络靶场目标仿真示意

③ 5G攻防能力仿真：5G网络靶场应对攻击工具、攻击手段、恶意程序等攻击行为，以及攻防双方的对抗过程进行模拟，从而复现入侵事件与对抗过程。5G网络靶场由“任务驱动型”向“能力建设型”转变，更好地支持仿真环境下先进攻防武器库、策略库、漏洞库、工具库等原子能力快速部署，并通过不同的组合，进行不同的安全仿真库封装，满足5G安全攻防的仿真能力。

7.4.3 自动攻防5G网络靶场

当前，5G网络靶场的攻防策略都是由红蓝对抗双方人工进行决策的，难以满足安全威胁的覆盖性、准确性、及时性等需求。因此，自动攻防成为5G网络靶场的重要技术发展趋势。

5G网络靶场自动攻防框架如图7-11所示，该框架主要包括4个部分：安全知识图谱、自动化攻击技术、自动化防守技术和5G网络靶场攻防验证平台。首先，基于5G网络的海量安全数据构建5G安全知识图谱，利用知识图谱构建支持自动攻防技术的层次有向图；其次，通过自动化漏洞挖掘、自动化漏洞利用、自动密码破解和基于AI自动化攻击等手段，由攻击链的搜索和生成得到自动攻击技术；再次，通过安全威胁检测、安全风险评估、自动化漏洞修复和基于AI的自动化防守等手段，由攻击链预测和防守得到自动化防守技术；最后，通过5G网络靶场测试验证，最终形成自动攻防知识库。

（1）大规模安全知识图谱构建

安全知识图谱的构建分为4个步骤：安全数据采集、安全知识提取和融合、安全知识推理和层次有向图构建。尽管已有一些成熟的技术可以直接用于构建安全知识图谱，但还需要考虑5G网络环境的特殊性。对于安全数据采集应满足大规模、动态的要求，安全知识的提取和融合做到准确性和完整性，安全知识的推理主要用于发现隐性关系，效率是主要的考虑因素。在安全知识图谱的基础上构建层次有向图，层次有向图上的节点是知识图谱上的对象，边缘是连接知识图谱上对象的攻击、漏洞等实体，层信息对应知识图谱上对象的属性。

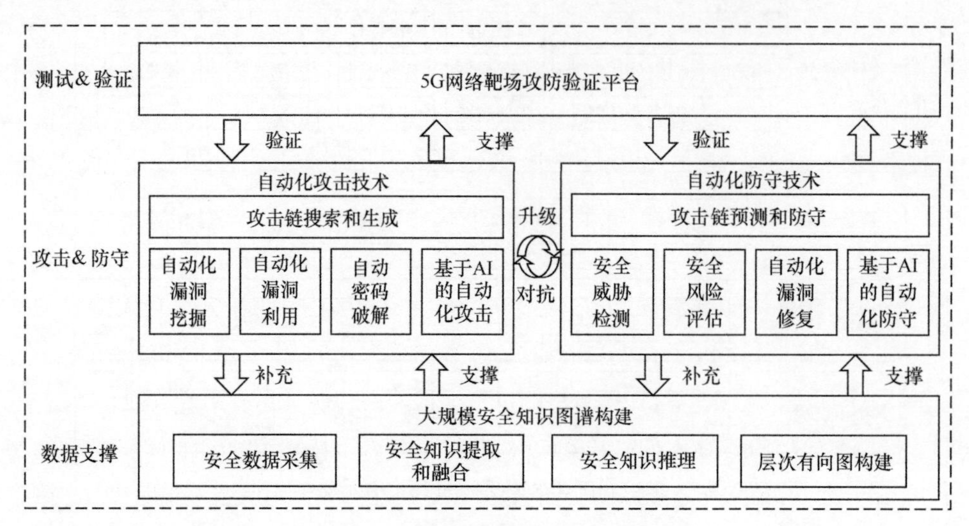

图7-11 5G网络靶场自动攻防框架

（2）自动化攻击技术

自动化攻击技术主要包括自动化漏洞挖掘、自动化漏洞利用、自动密码破解、基于AI的自动化攻击。将这些关键的自动攻击技术与层次有向图结合，利用攻击链搜索和生成技术来发现已有的攻击链和潜在的攻击链，将上述技术结合形成一种综合的自动化攻击技术。

自动化漏洞挖掘技术可以自动从软件或协议中发现漏洞，其中，模糊技术与符号执行技术相结合经常被采用；自动化漏洞利用技术主要使用基于补丁、基于劫持控制流和基于数据的漏洞利用等技术；自动密码破解技术采用密码猜测生成对抗网络等技术，为密码库生成高质量的密码，在密码库的基础上，使用通用密码猜测工具进行密码猜测；基于AI的自动化攻击通常通过动态攻击方法绕过安全检测和防御，例如，对基站的DDoS攻击可以通过AI技术改变设备访问的特征和规则，绕过安全检测。

攻击链搜索技术是从层次有向图上已有的攻击链中找出有效的攻击链。给定一个攻击目标，根据代价最小、威胁最大等条件搜索一条攻击路径，得到以该目标为起点的有效攻击链，效率是攻击链搜索技术关注的重点之一。攻击链生成技术基于层次有向图上的有向路径构造有效的攻击链。一是，找出潜在的攻击链，生成新的攻击链；二是，找出每条边对应的攻击方法，AI技术可以通过学习现有攻击链的特征来发现潜在的攻击链。对于潜在的攻击链，可以使用上述关键的自动攻击技术和安全知识图谱来查找每条边的特定攻击方法。

（3）自动化防守技术

与自动化攻击技术类似，自动化防守技术包括两个方面：一是相互关联的关键自动化防守技术，包括安全威胁检测、安全风险评估、自动化漏洞修复和基于AI的自动化防守；二是攻击链预测和防守，可以预测攻击链并选择相应的防守策略。

安全威胁检测技术可用于检测对5G网络目标的攻击，安全态势感知是一种很有效的方法，对于5G网络，安全威胁来自多层面，应支持NFV、SDN、网络切片和能力开放等方面的安全态势感知。安全风险评估技术对安全威胁、防御策略和防御成本进行定量评估，为防御策略的选择提供有效支持。5G 网络对象多、环境复杂，在原有评估方法的基础上，进一步完善 5G 网络风险评估。自动化漏洞修复技术提供了漏洞自动修复策略，例如，自动打补丁、基于搜索的程序修复、基于语义的程序修复等。基于 AI 的自动化防守技术，与基于 AI 的攻击相对应，从现有的防御或攻击中学习，并获取动态防御方法。

攻击链预测和防守技术依赖于上述关键技术的支持。通过检测攻击对象，预测攻击路径（即攻击链）和攻击对象，并采取相应的防御策略。由于攻击和防御的过程是动态的，所以博弈论可以用于攻击链的预测和防御策略的选择。同时，强化学习通过反复试验来学习最佳的奖励行动，有助于防御策略的选择。因此，在攻击链的预测和防御方面，强化学习与博弈论的无缝结合是很有前景的方法。

（4）5G 网络靶场攻防验证平台

5G 网络靶场攻防验证平台是 5G 网络靶场自动攻防架构的重要组成部分。首先，新的安全技术可以在靶场平台上得到验证。其次，即使部署了 5G 网络，也不可能在真实网络上进行攻防实验。基于 5G 网络靶场攻防验证平台，可以深入研究当前的安全威胁，发现潜在的安全威胁并有效应对。

7.5　小结

安全的 5G 是数字经济的基石，而网络安全离不开攻防演练，实战是检验安全防护能力的最佳手段，靶场就是进行实战演练的“练兵场”“试金石”“磨刀石”。5G 网络攻防靶场是基于云计算、大数据、AI、软件定义安全等技术打造的基础平台，依托平行仿真环境和 5G 网络虚实互联的理念，形成 5G 安全验证、测评、演练、实训核心能力。可通过持续完善虚实能力、丰富攻防手段、迭代核心资源库、演练流程自动化，打造 5G 安全创新研究、测评认证、攻防对抗、人才培训的“靶场即服务”的新模式。

7.6　参考文献

[1] 方滨兴，贾焰，李爱平，等 . 网络空间靶场技术研究 [J]. 信息安全学报，2016, 1(3):1-9.

[2] 章建聪，陈斌，戢茜 . 5G 平行仿真网络靶场的架构设计与部署实践 [J]. 电信工程技术与标准化，2021，34(10)：73-79.

[3] 余晓光，曹扬，张国翊，等 . 5G 安全靶场技术与关键能力研究 [J]. 保密科学技术，2021(6)：29-36.

第 8 章　5G 安全能力开放规划

基于服务化的 5G 网络能力开放架构体系是一种全新的电信网络设计理念，5G 网络需要具备模块化、可编排、可灵活调度开放的安全能力，用以满足不同应用场景动态、差异化的安全要求。构建基于服务化的 5G 网络能力开放架构体系，可实现安全能力的抽象、封装、编排和协同，并提供快捷、弹性、随需和差异化开放的安全能力，确保更好地满足 5G 业务多样化和 5G 系统架构变迁带来的安全新需求。

本章主要介绍了基于服务化的 5G 网络能力开放架构体系，对 5G 安全能力开放需求进行了梳理，给出了 5G 安全能力开放规划思路、总体架构、安全能力分级和场景规划方案。

8.1　5G 网络能力开放架构体系

8.1.1　5G 网络服务化模型

与传统 4G 时代移动网络架构相比，5G 网络架构发生了革命性变化。5G 网络采用开放的服务化架构，网络功能以服务的方式呈现，任何其他网络功能或者业务应用都可以通过标准规范的接口访问该网络功能提供的服务，服务以比传统网元更精细的粒度运行，并且彼此松耦合，5G SBA 的这些优点充分体现了网络架构的开放性。5G 核心网的服务化架构如图 8-1 所示。

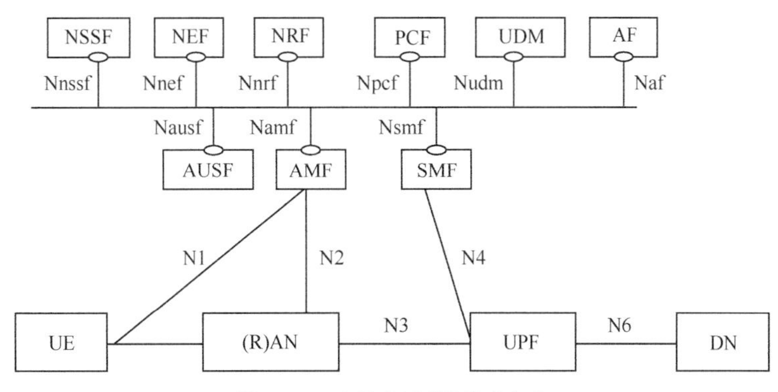

图 8-1　5G 核心网的服务化架构

5G 服务化网络提供了基于服务化的调用接口，服务化接口基于 TCP/HTTP 2.0 进行通信，使用 JS 对象标记（JavaScript Object Notation，JSON）作为应用层通信协议的封装。基于

TCP/HTTP 2.0 /JSON 的调用方式，使用轻量化 IT 技术框架，适应了 5G 网络灵活组网定义、快速开发、动态部署的需求。

8.1.2 5G 能力开放框架

3GPP 通用 API 框架（Common API Framework for 3GPP Northbound APIs，CAPIF）是3GPP定义的能力开放架构，主要参考3GPP TS 23.22，其中，CAPIF主要描述API调用者（应用）访问和调用 Service API 的功能架构，CAPIF 定义了以下 4 个功能实体。

① API 开放功能（API Exposing Function，AEF）：与 CAPIF Core Function 配合完成对 API 调用者进行认证、授权。

② API 发布功能（API Publishing Function，APF）：向 CAPIF Core 发布 API Provider 提供的 API 信息，以便 API Invoker 可以发现 API 服务。

③ AMF：为 API Provider 提供管理 API 的功能。

④ CAPIF Core Function：基于 APF、AMF 发布的 API Invoker 的身份信息、API 信息等进行 API 调用前的认证及使用 API 之前的授权、日志等功能。

CAPIF 架构如图 8-2 所示。

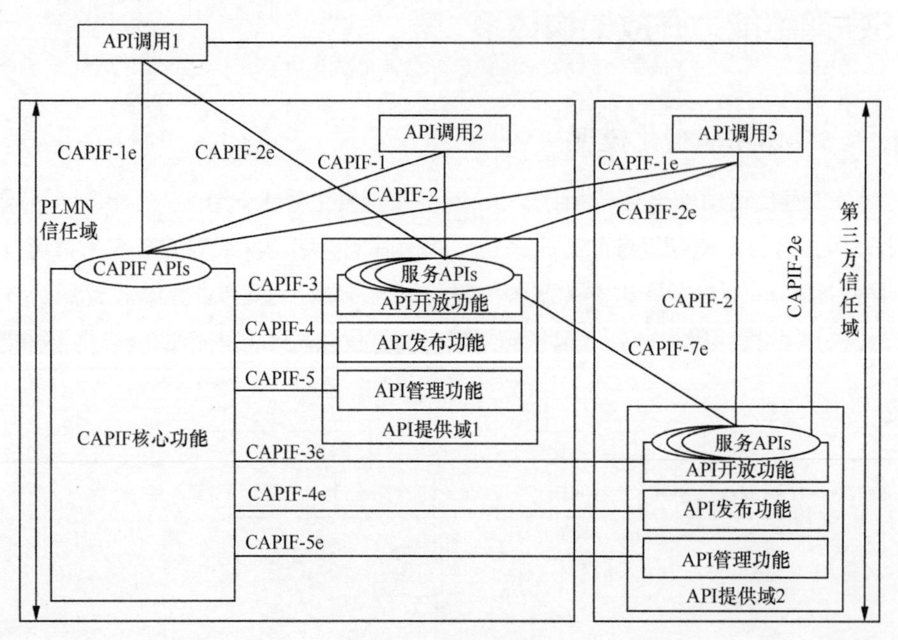

图 8-2 CAPIF 架构

在能力开放方面，3GPP 标准中引入 NEF，与 4G 不同，在 5G 网络下 NEF 通过服务化架构以总线方式与所有网络功能（NF）相连，5G NEF 网元架构如图 8-3 所示。

① 主要接口：Nnef 北向是开放 API，其他均为与 5GC 对接的南向接口。NEF 北向接口位于 NEF 和应用功能（Application Function，AF）之间，接口为 Nnef。一个 AF 可从多个 NEF 获取服务，而一个 NEF 可以向多个 AF 提供服务；NEF 在南向应支持与 UDM、PCF、

AMF、SMF、NRF、引导服务功能（Bootstrapping Server Function，BSF）、统一数据存储库（Unified Data Repository，UDR）等服务模块之间的业务调用和交互。

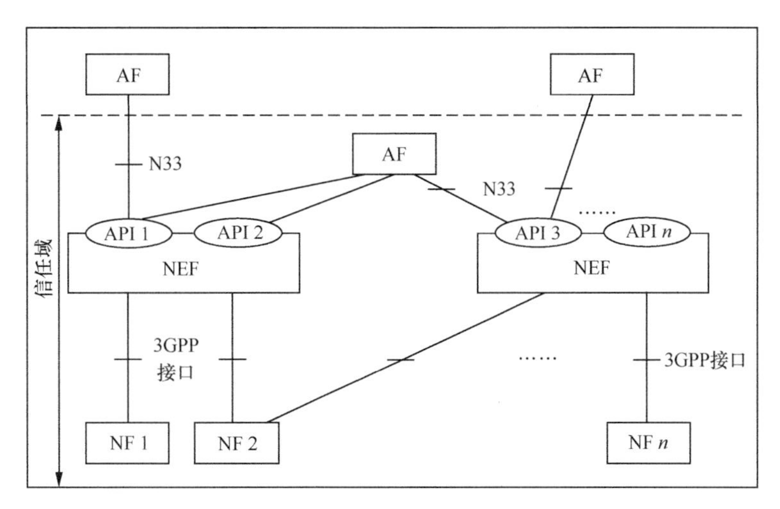

图 8-3　5G NEF 网元架构

② 协议：NEF 与 AF 之间采用 JSON/XML 协议，例如，RESTful HTTP/HTTPS，转换为 5GC 内部网络协议。

8.1.3　5G 网络能力统一开放架构

5G 网络能力统一开放架构如图 8-4 所示，整体按照能力开放层、业务能力层、基础设施层 3 层分离架构的松耦合方式部署。

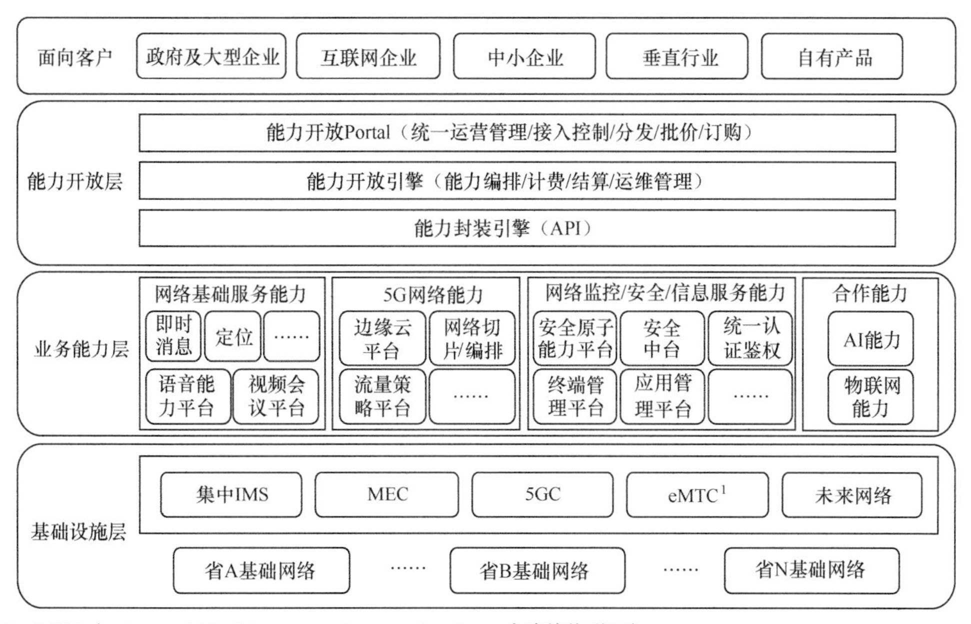

1. eMTC（enhanced Machine-type Communication，大连接物联网）。

图 8-4　5G 网络能力统一开放架构

能力开放层主要是部署能力开放平台，建设统一综合门户系统，作为各专业能力平台集中服务入口，统一接入服务全国。支持能力对外开放的统一运营管理；支持面向行业客户提供线上注册、能力产品订购、自助添加行业企业用户等在线服务功能；支持面向行业企业应用提供应用登记、能力 API 发现和能力 API 调用等功能。

业务能力层主要包括网络基础服务能力（即时消息、定位、语言能力平台等）、5G 网络能力（边缘云平台、网络切片 / 编排等）、网络监控 / 安全 / 信息服务能力（主要包括安全原子中台、安全中台、终端管理平台等）、合作能力（主要包括 AI 能力、物联网能力等）等。

基础设施层为 5G 行业专网，通过服务化接口提供管道、网络数据、音视频、边缘计算和网络切片等网络能力。

基于服务化的 5G 网络能力开放架构体系可以充分适配 SDN/NFV 基础设施，通过 MANO 来实现对这些虚拟化网元功能以及网络服务的管理和编排，从而实现由业务需求到网络资源的灵活匹配，可以将运营商网络的业务能力、网络能力及安全能力安全可靠地开放给第三方应用，以便第三方业务提供商按照各自的需求设计定制化的业务应用，从而满足未来 5G 网络中不同垂直行业特定的功能要求。

8.2　5G 安全能力开放需求分析

8.2.1　政策形势

等级保护是安全的底线，应结合 5G 业务场景对标等保 2.0 系列标准要求补齐安全能力短板，结合 5G 安全的“合规 + 增值”理念，按照“一个中心，三重防护”的要求做好覆盖“云、网、端、边、数、业”5G 网络安全能力规划，逐步实现安全服务赋能业务的安全规划目标。

工业和信息化部发布《网络安全产业高质量发展三年行动计划（2021—2023 年）》，重点强调了创新安全服务和安全能力集约化服务模式。该文件指出应加强安全企业技术产品的云化能力，推动云化安全产品应用，鼓励综合实力强的安全企业发展弹性、灵活的云网络安全服务；鼓励基础电信企业、大型云服务提供商，充分发挥网络和基础资源优势，输出安全服务能力，同时升级改造基础设施，支持安全企业嵌入安全服务能力。

8.2.2　市场发展

从市场发展来看，安全能力开放市场潜力巨大，客户需求旺盛，目前，已成为新的增长热点，是未来网络发展的核心。

对运营商来说，通过安全能力开放，运营商可以盘活网络资产和基础设施，开创新的利益增长点，同时，打破管道化运营和封闭网络模式，以电信网络为中心构建安全生态系统。运营商通过 API 开放 5G 网络安全能力，让运营商的网络安全能力深入地渗透到第三方业务生态环境中，拓展运营商的业务收入来源。

对第三方行业来说，5G 网络安全能力可以通过 API 开放给第三方业务（例如，业务提供商、企业、垂直行业等），让第三方业务能够便捷地使用移动网络的安全能力，从而让第三方业务提供商有更多的时间和精力专注于具体应用业务逻辑的开发，进而快速、灵活地部署各种新业务。

8.2.3　业务驱动

5G 网络与垂直行业应用的深度融合，将给垂直行业应用提供灵活、动态的网络基础设施。但是 5G 带来新价值与新机遇的同时，5G 垂直行业解决方案的灵活性与动态性，也给垂直行业应用带来攻击面扩大、攻击方式泛在化、安全边界模糊等挑战。因此，构建安全可信的 5G 网络能力开放架构体系，为 5G 不同行业应用提供差异化、随需的安全能力成为当前重要的安全保障需求。

5G 安全需要为移动互联网场景提供高效、统一兼容的移动性安全管理机制，5G 安全需要为 IoT 场景提供更加灵活开放的认证架构和认证方式，支持新的终端身份管理能力；5G 安全需要为网络基础设施提供安全保障，为虚拟化组网、多租户多切片共享等新型网络环境提供安全隔离和防护功能。

eMBB、mMTC 和 uRLLC 三大典型应用场景对网络能力的需求差异化明显，为了更好地满足各行业的个性化需求，迫切需要将运营商的网络能力及安全能力开放给第三方应用。

① eMBB 聚焦对带宽和用户体验有极高需求的业务，不同业务的安全保护强度需求是有差异的，因此，需要针对客户提供的安全能力具备可编排性和模块化。

② mMTC 聚焦连接密度较高的场景，终端具有资源能耗受限、网络拓扑动态变化、以数据为中心等特点，因此，需要轻量级的安全算法、简单高效的安全协议。

③ uRLLC 侧重于高安全、低时延的通信业务，需要既保证高级别的安全保护措施，又不能额外增加通信时延，因此，需要敏捷快速地部署安全能力。

8.2.4　技术驱动

（1）内生安全需求

3GPP 标准组织设计 5G 网络时，考虑到 5G 网络的开放性，已经设计了接入认证、空口及网络域的安全保护机制。网元也内嵌了支持这些安全保护机制的安全功能，例如，AUSF 支持认证终端等，可支撑实现端到端的安全。这些都属于在网络设计之初就考虑内嵌的安全特性。

由于 3GPP 关注的是网络的互联互通，所以并不涉及网络安全运维内容。安全检测一般都依赖专有系统（态势感知、日志分析系统）等对边界安全设备的安全日志、事件进行分析，响应 / 恢复一般都是通过工单进行。随着云化和虚拟化的发展、解耦架构的设计，以及承载业务的重要性，部署在资源池中的 5G 网元易遭受来自虚拟层的攻击，或者其他虚拟机、VNF 的横向攻击，以及 APT 攻击等，而这些攻击很难被边界安全设备发现。另外，边界安全设备随着资源池的建设，数目剧增，并且虚拟化网络的动态性，导致安全策略动态变化，而传统人工运维的方式将导致安全响应/恢复非常慢。因此，一方面需要加强网元自身的安全能力建设，在现有网元安全能力的基础上内嵌安全检测能力，实现安全检测的全面性；另一方面需要有自动的、集中的安全运维方式，能够实现5G网络的自动处置/响应。

因此，5G网络需要在现有安全的基础上，内建网元的安全检测能力、网络自动检测和处置闭环能力、按需的安全服务能力等，通过内生安全提升5G安全，可实现网元可信、网络可靠和服务可用。

（2）云网融合安全需求

云网融合安全的目标是构建“防御、检测、响应、预测”的自适应、自主、自生长的内生安全体系，形成端到端的云网融合安全能力，满足云网融合自身的安全和面向客户提供的安全能力及服务需求，从而打造主动免疫的云网体系。具体来说，基于内生机制的云网融合安全的关键技术包括以下3点内容。

① 基于软件定义安全（Software Defined Security，SDS）技术，构建安全资源池，可实现安全功能软硬件解耦、原子安全能力的抽象和封装、安全服务链的编排。

② 构建“智慧协同、智能计算、情报驱动”的智慧安全大脑。通过智能化安全能力协同、路径预测和强化学习决策、安全服务链智能编排，可实现智慧协同；通过深度学习和神经网络、安全大数据挖掘计算、仿脑细胞异构算法群，可实现智能计算；通过分布式威胁情报采集、多源威胁情报融合、多维度情报输出与共享，可实现情报驱动。

③ 自主安全免疫能力构建。基于自适应安全架构，可实现防御能力、检测能力、响应能力、预测能力的生成和协同，实现安全攻击的自我发现、自我修复、自我平衡，构建自主的安全免疫能力。

8.3 5G安全能力开放规划方案

8.3.1 规划思路

为了应对上述5G安全能力开放需求，规划方案应以现有5G网络安全标准体系中已有的内生安全能力为基础，充分考虑5G网络的安全服务化架构技术演进趋势，全面提升5G网元自身安全可信能力、网络抵抗攻击的可靠能力，以及差异化的安全服务能力，通过融入开放的原子安全能力，与系统内生安全能力解耦、抽象、编排、协同，形成可靠、灵活、至简的覆盖“云、网、端、边、数、业”的5G网络安全能力体系。同时，基于微服务可动态编排的5G安全服务架构，将安全能力形成安全服务开放给垂直行业客户，满足不同行业差异化的网络安全需求。规划思路具体如下。

（1）基于软件定义安全SDS架构

基于软件定义的安全架构，借鉴SDN/NFV的思路，形成统一的软件定义安全资源池，动态分配安全资源和策略，与控制器配合，按业务需求灵活编排网络，实现安全资源的快速部署和弹性伸缩，对安全资源统一管理、集中分析、闭环防护。

软件定义安全资源池在传统的安全技术架构的基础上，实现了安全资源的抽象化、池化，提供弹性、按需和自动化部署能力。

（2）基于云原生的原子安全能力

基于软件定义安全架构设计原则，对网元自身安全能力、边界专用安全能力、安全资源池等原子安全能力进行服务化定义，封装为安全能力模块。其他功能在授权的基础上，可以调用此安全能力模块。

基础网络安全能力是 5G 网络内生安全能力，主要包括接入认证、数据保护、隐私保护等。按需的安全服务是 5G 网络通过构建安全资源池和安全能力开放，按需为客户提供的安全检测、认证、防护、运维审计、攻击溯源、态势感知、应急响应等方面的能力。

5G 网络内的原子安全能力以模块化的方式部署，并能够通过相应的接口调用。组合不同的安全功能，可以灵活地提供安全能力以满足多种业务的安全需求。

（3）“云、网、端、边”安全能力的智能协同

通过安全能力管理平台，构造统一服务、统一运营、统一维护、统一调度、统一配置和统一权限的安全能力一体化服务平台，打通 5G 内嵌网络安全能力、网络切片安全能力、MEC 防护安全能力、云端安全能力，并基于 AI 算法、海量数据、联动机制，结合威胁情报构建整体的协同防御能力，将各维度能力进行深度聚合，实现情报共享、威胁互认，最终实现“云、网、端、边”安全能力协同联动处置。

8.3.2 总体架构

基于 5G 网络服务化模型和能力开放框架，结合 5G 安全能力开放需求分析和规划的整体思路，构建基于软件定义的 5G 安全能力开放架构体系，实现 5G 网络模块化的、可调用的、快速部署的原子安全能力，将安全能力进行抽象与封装，按需编排组合，以更加灵活、弹性的形式为垂直行业提供差异化、随需的安全服务。5G 安全能力开放架构如图 8-5 所示。

5G 安全能力开放架构各组成部分的功能如下。

（1）基础资源层

网元安全能力包括物理网元、虚拟化网元、云基础设备，应支持自身安全保障及端到端安全能力。其中，自身安全保障包括安全启动、可信启动和可信度量、安全加固、入侵检测等。5G 安全能力主要包含切片认证、切片隔离、UPF 防护、空中加密等网络原生安全能力，并适配 3GPP 等国际标准。

安全资源池包括已启用的安全设备 / 虚拟化的安全功能实例，以及为安全服务预留的资源，安全资源池中为安全服务预留的资源可在业务需要时被实例化。安全资源池主要包括数据池、算法池、安全信息池（库）、可信计算资源池，以及一些安全基础设施内容等。其中，数据池包含控制面数据、用户面数据、业务数据等。算法池包含加解密算法、完整性算法、AI 算法等。安全信息池（库）包含病毒库、漏洞库、威胁情报等。可信计算资源池包含硬件模块资源和软件平台资源，安全基础设施包括虚拟网关、虚拟防火墙等基础安全组件，也包括认证协议等。5G 安全能力开放总体架构如图 8-5 所示。

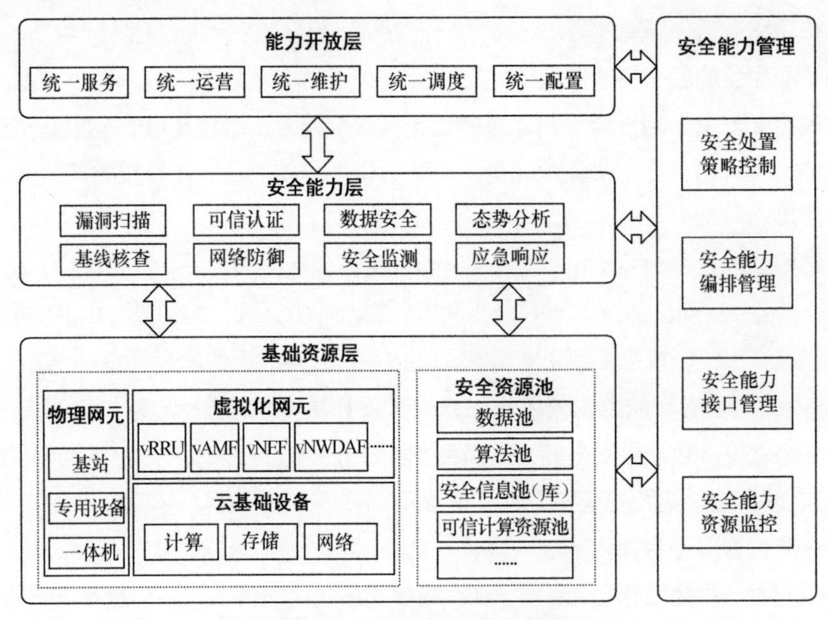

图 8-5 5G 安全能力开放总体架构

（2）安全能力层

安全能力层包含可提供给垂直行业专网的公共安全能力，例如，漏洞扫描、基线核查、可信认证、网络防御、数据安全、安全监测、态势分析、应急响应等安全能力。

（3）能力开放层

能力开放层负责安全能力统一服务、统一运营、统一维护、统一调度和统一配置的一体化服务。支持面向行业客户提供线上注册、能力产品订购、自助添加行业企业用户等在线服务功能；支持面向行业企业应用提供应用登记、能力 API 发现和能力 API 调用等功能。

（4）安全能力管理

安全能力管理模块负责与 5G 网络中的 MANO 和 SDN 控制器协同，按需编排安全资源池中的虚拟资源，例如，向 MANO 申请实例化或删除一个虚拟化的安全功能，申请将需要防护的流量引流到某个安全设备等。安全能力管理模块还负责监控安全能力资源状态，通过从安全能力层接收的安全事件和告警信息进行全网威胁分析，由此触发安全处置控制策略并下发给安全能力层和基础资源层，即安全能力管理模块具有处置能力，此处的处置能力应支持人工参与决策，确保决策的正确性和网络的可靠性。安全能力管理模块还可通过安全能力接口管理与现网其他管理系统，例如，OSS、切片运营平台等进行按需对接。

8.3.3 安全能力分级

3GPP 5G 能够满足行业通用安全需求，但还需分级面向行业提供差异化的网络安全能力。5G 网络可提供分级的 5G 安全能力，满足行业差异化安全需求。

（1）5G 网络安全分级目标

① 支撑行业网络满足等级保护要求。

② 跨通信网络、业务网络拉通安全需求，使 5G 网络能够快速部署。

（2）5G 网络安全分级原则

① 5G 网络安全定级不低于其承载的行业网络安全定级。

② 依据《中华人民共和国网络安全法》第三十一条，针对国家关键信息基础设施，在等级保护基础上实行重点保护。

③ 在等保 2.0“一个中心、三重防护”框架的指导下，分域定义 5G 网络安全能力，并构建 5G 安全能力级。

5G 安全能力分级如图 8-6 所示，面向行业的 5G 网络安全能力可分为 5 个级别的安全能力集。其中，依据安全等级 3 级系统 / 网络是否为关键信息基础设施，可细分为安全等级 3 级 / 非关键信息基础设施和安全等级 3 级 / 关键信息基础设施。5G 网络作为垂直行业网络基础，需要支持行业满足安全分级保护要求，提供充分的安全保障能力。

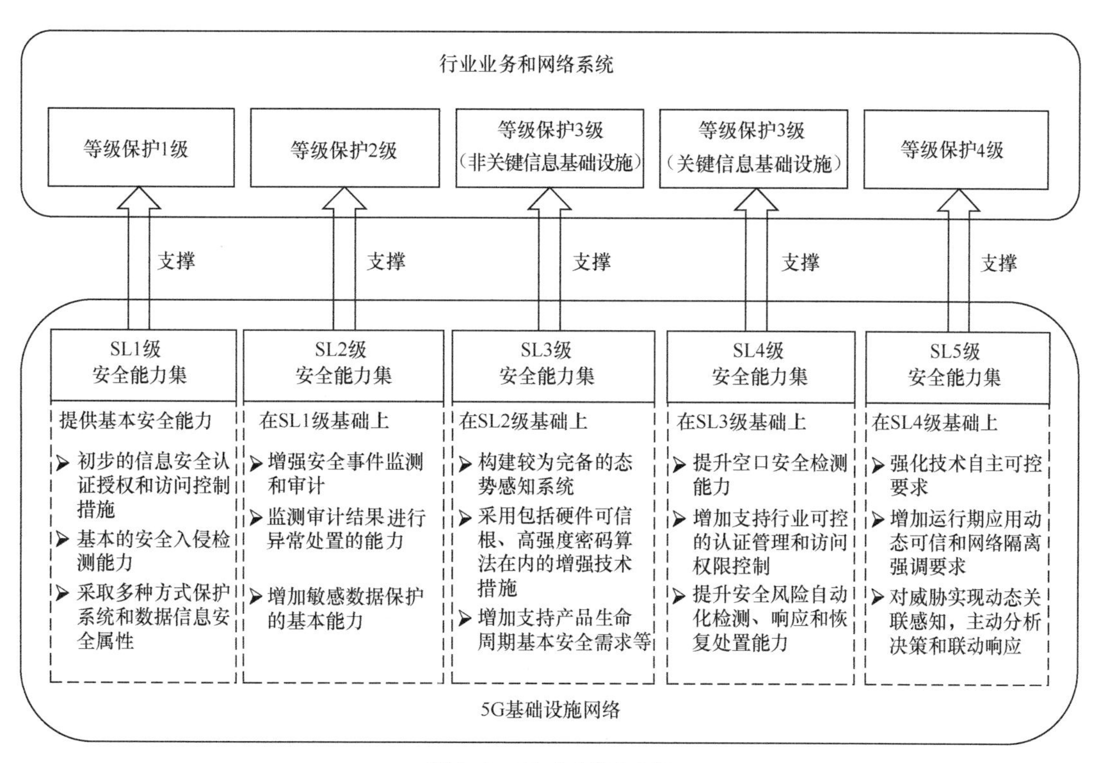

图 8-6　5G 安全能力分级

作为基础网络的 5G 网络可提供支撑行业满足相应分级要求的安全能力，使能行业 5G 网络快速安全部署。例如，对于定级为安全等级 3 级及以下的网络，可以提供 5G SL3 级安全能力集进行承载；定级为安全等级 3 级同时是关键信息基础设施的网络，需要提供 5G SL4 级安全能力集，定级为安全等级 4 级的行业网络，需要采用 5G 网络的 SL5 级安全能力集以满足其安全要求。

根据 5G 网络中各域承担的业务功能和业务特征，安全能力可分为 5 个域进行定义：终端安全、RAN 安全、MEC 安全、承载网安全、5GC 安全，依据分域定义安全的原则，构建 5G 网络分级能力集。

运营商在部署 5G 安全能力时，部署位置一般集中在 MEC 边缘 / 汇聚节点、边缘安全能力资源池及集中安全能力资源池处，运营商 5G 安全能力部署位置如图 8-7 所示。

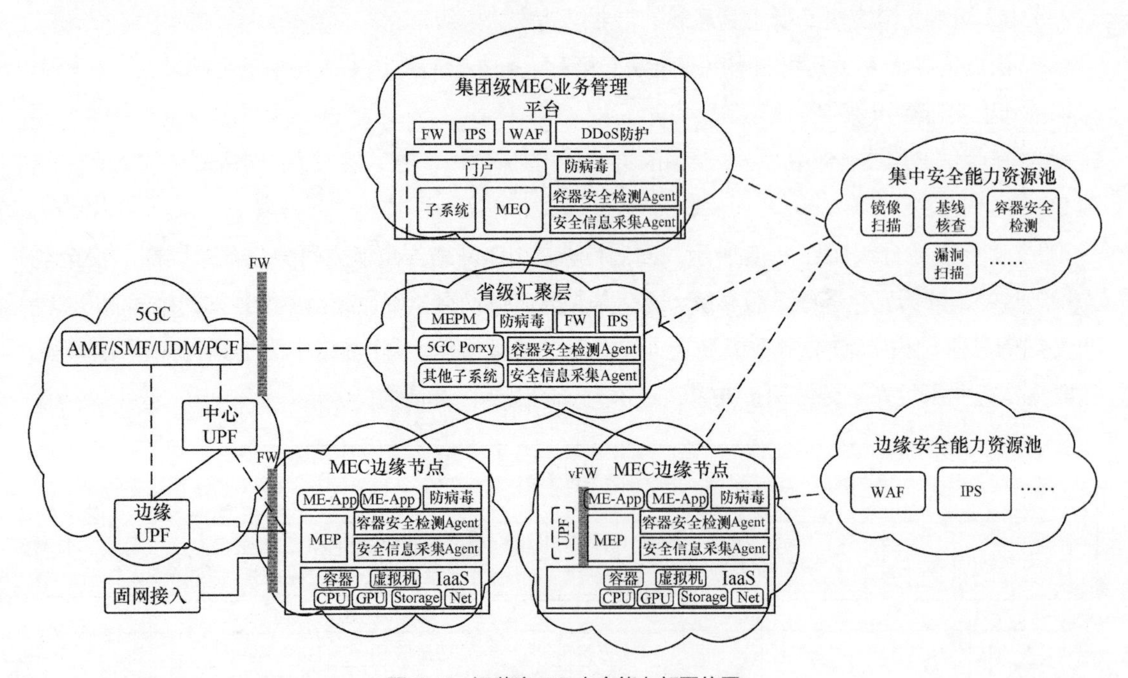

图 8-7　运营商 5G 安全能力部署位置

终端通过接入网络附着 5G 网络，再通过本地 MEC 网络或者互联网访问垂直行业平台或应用。其中，5G 核心网可提供切片安全等网络类和网元设备类的开放安全能力，运营商基础安全能力平台可提供通用类的开放安全能力。

部分需实时处理或近终端处控制的安全能力可以在本地 MEC 节点处单独部署，也可以通过 MEC 的运营商基础安全能力平台提供安全能力开放服务。垂直行业根据业务和场景需求，可通过调用接口、签约服务等方式使用运营商开放的安全能力。

8.3.4　场景规划

（1）MEC 安全能力开放

MEC 安全能力开放综合考虑边缘计算产业中用户、租户、运营商多个方面的要求，通过多级代理、边缘自治、编排能力，提供高安全性和轻量级的便捷服务。MEC 安全能力开放主要包括边缘基础安全能力、边缘通用安全服务能力、安全处理能力和知识库、安全编排和协同能力、MEC 统一安全管理平台等方面。

① 边缘基础安全能力。

MEC 安全能力开放架构部署适应虚拟化基础环境的虚拟机安全等服务能力，这些能力由

DDoS 攻击防护系统、威胁感知检测系统、威胁防护处理系统、虚拟防火墙系统、用户监控及审计系统、蜜网溯源服务系统、虚拟安全补丁服务系统、病毒僵木蠕钓鱼查杀系统，以及边缘侧 5G 核心安全防护系统提供。

② 边缘通用安全服务能力。

基本安全服务：提供基础的安全防护功能，包括防欺骗、ACL 访问控制、账号口令核验、异常告警、日志安全处理等能力。

通信安全服务：提供针对 MEC 网络的通信安全防护能力，包括防 MEC 信令风暴、防 DDoS、策略防篡改、流量镜像处理、恶意报文检测等能力。

认证审计服务：提供针对 MEC 网络的认证审计和用户追溯安全防护能力。该服务可以处理 5GC 认证交互、边缘应用和服务的认证交互，以及 5G 终端的认证交互，并可以进行必要的关联性管理和分析。

基础设施安全服务：提供对 MEC 基础设施的安全防护能力。该服务包括关键基础设施识别、基础设施完整性证实、边缘节点身份标识与鉴别等。并可以提供 Hypervisor 虚拟化基础设施的安全防护处理，保障操作系统安全和网络接入安全。

应用安全服务：提供完善的 MEC 应用安全防护能力。包括 App 静态行为扫描、广谱特征扫描和沙箱动态扫描，保护 App 和应用镜像安全。

数据安全服务：提供多个层面的 MEC 数据安全防护能力。在应用服务中提供桌面虚拟镜像数据安全能力，避免应用数据安全风险。在身份认证过程中，结合公钥基础设施（Public Key Infrastructure，PKI）技术实施双因子身份认证，保护认证信息安全。通过安全域管理和数据动态边界加密处理，防范跨域数据安全风险。

管理安全服务：提供完善的管理安全防护能力。该服务包括安全策略下发安全防护，封堵反弹 Shell、可疑操作、系统漏洞、安全后门等常规管理安全处理，以及针对 MEC 管理的 N6、N9 接口分析和审计，实现对风险预警和风险提示的管理。

安全态势感知服务：通过对资产、安全事件、威胁情报、流量进行全方位的分析和监测，实现针对 MEC 网络的安全态势感知。

③ 安全处理能力和知识库。

安全处理能力主要包括 UEBA、机器学习引擎和大数据处理引擎等；知识库主要包括应用特征库、安全知识库和威胁情报等。

④ 安全编排和协同能力。

边缘安全编排由安全微服务和引擎管理微服务构成；协同能力从资源协同、数据协同、服务协同、应用协同、管理协同等方面保证中心云与 MEC 边缘云之间的协同，实现能力的协同互补。

⑤ MEC 统一安全管理平台。

MEC 统一安全管理平台可提供统一安全资源管理、统一安全运维管理、统一安全运营管理、统一门户 / 租户门户等服务。

MEC 安全能力开放架构如图 8-8 所示。

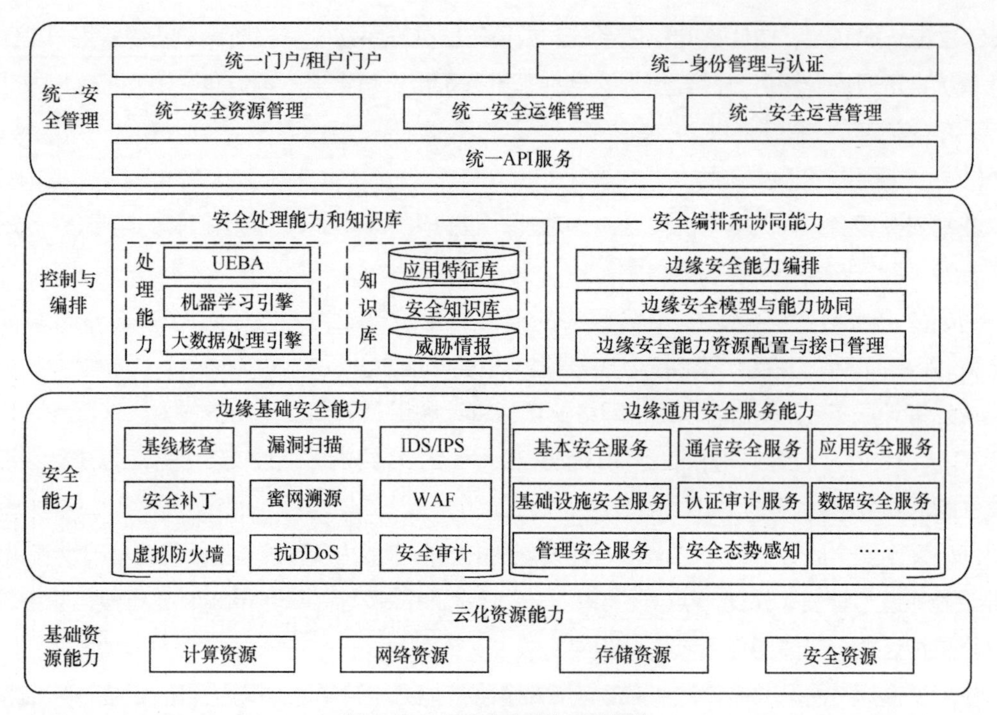

图 8-8 MEC 安全能力开放架构

通过部署 MEC 安全能力开放架构，运营商能够实现将网络安全能力从中心延伸到边缘，实现业务快速网络安全防护和处理，为 5G 多样化的应用场景提供网络安全防护。

（2）云网一体安全能力开放

基于 5G 业务需求和技术创新并行驱动带来的 5G 网络架构深刻变革，使云和网高度协同，即以网络为基础。SDN/NFV 驱动网络重构，SDN/NFV 等技术将网络云化，打通云到端的连接管道，实现以云服务方式提供网络产品，按需提供可定制、高可用的网络服务，以云为核心。5G 三大应用场景驱动云计算业务升级，云计算业务的开展带动了网络资源升级，匹配企业对云和网络高效互联的市场需求，满足新的云场景下的用户需求，创造更大的商业价值。

"5G+ 云 +AI" 将作为智能世界的基石，面向行业提供云网一体化的新型服务体系，以网带云，以云促网，将网络价值不断提升，赋能到各行各业。云网一体化为安全即服务提供了基础。云网一体化推动网络互联向"云 + 网 + 业务"演进，提供更加敏捷、开放、定制的服务能力。云网一体化为可定义、可编排、可管理的安全框架提供了基础，为安全自适应、运维自动化、分析智能化提供了基础。云网一体化为"云、网、端、边"协同联动提供了基础，特别借助云边协同，投放安全算子和接受边缘反馈实时优化，实现全网的安全动态可控。

云网一体安全能力开放具体规划方案如下。

① 基于云网一体化构建"云、网、端、边"协同联动安全平台。

云是安全业务聚能平台，网是安全业务赋能平台，边和端是安全业务使能平台。通过云边协同，打通业务与安全的根本联系，打造安全可感知业务、业务可定制安全的螺旋式迭代体系。采用 AI 学习尤其是联邦学习，推动平台向智能化、精细化、柔性化、协同化方向发展，面向业务提供安全即服务。

基于云网一体安全能力协同联动示意如图 8-9 所示。

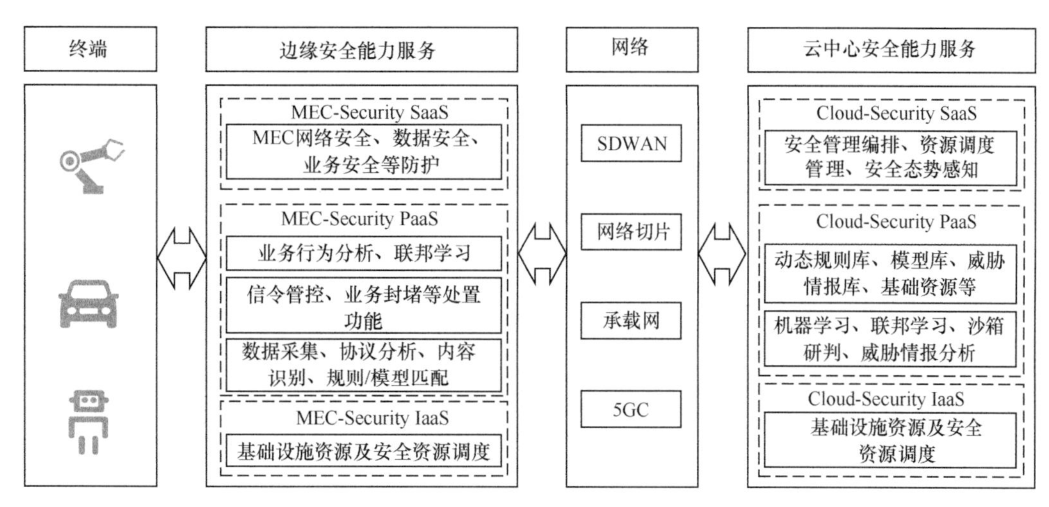

图 8-9　基于云网一体安全能力协同联动示意

② 以云网一体化构建 5G 安全能力框架。

基于云网一体化的 5G 安全能力框架如图 8-10 所示。中心云部署云端安全资源及管理云平台，云端安全资源集成云端的存储、运算资源，以及相应的基础数据和知识库、算法库等，建立安全能力资源池，同时管理平台对资源进行配置、对各项能力协同管理。最终，将各类安全能力以原子形式呈现在“能力货架”上供向下分发。

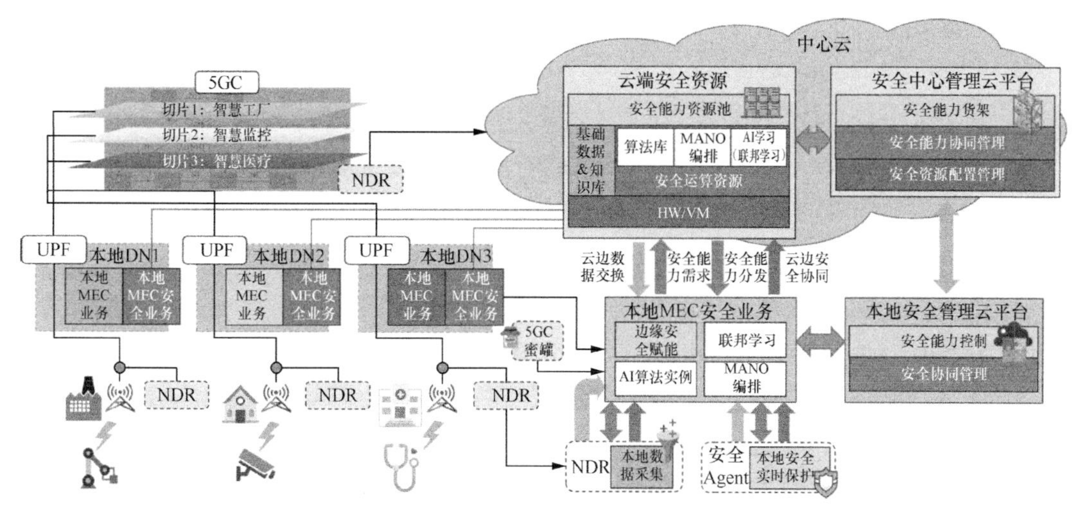

图 8-10　基于云网一体化的 5G 安全能力框架

本地 MEC 依据需求和本地资源的安全赋能，行业用户将本地数据采集上传至本地 MEC，本地数据实时处理、分析及管控，通过云边数据交换和能力协同，安全能力需求被上传至云端，云端再将能力下发至本地应用。在此过程中，保证数据在本地能够得到安全高效的分析和处理。

该安全能力框架在云、边整合了资源层和能力层，将云边服务化，供端侧的行业用户接入应用层，提供了自适应的安全能力和安全能力协同管理，以确保快捷、弹性、随需和差异化的安全能力。

8.4 小结

构建安全可信的5G网络能力开放架构体系，为5G不同行业应用提供差异化、随需的安全能力成为当前5G安全重要的保障需求。首先，基于软件定义安全的理念，实现安全能力的抽象化、池化，提供弹性、按需和自动化部署能力。其次，打通5G内嵌网络安全能力、网络切片安全能力、MEC防护安全能力、云端安全能力，并基于AI算法、海量数据、联动机制，结合威胁情报构建了整体的协同防御能力，将各维度能力进行深度聚合，实现情报共享、威胁互认，实现覆盖“云、网、端、边、数、业”5G网络安全能力协同联动处置。最终，本章旨在推动5G安全能力开放向智能化、精细化、柔性化、协同化发展，面向业务提供安全即服务。

8.5 参考文献

[1] 杨红梅，林美玉.5G网络及安全能力开放技术研究[J].移动通信，2020，44(4)：65-68.

[2] 林奕琳，何宇锋，刘玉芹，等.5G网络能力开放部署及关键技术方案[J].移动通信，2021，45(6)：81-87.

[3] 朱斌，符刚.5G网络能力开放发展策略研究[J].邮电设计技术，2018(9)：1-5.

[4] 张鉴，唐洪玉，侯云晓.基于软件定义的5G网络安全能力架构[J].中兴通讯技术，2019，25(4)：25-29.

[5] 刘国荣，沈军，白景鹏.可定义的6G安全架构[J].移动通信，2021, 45(4):54-57.

[6] 张小强，赖材栋，谢崇斌.基于5G垂直行业应用的安全能力体系研究[J].中国新通信，2021，23(4):19-22.

[7] 邱勤，冉鹏，张峰，等.面向垂直行业的5G安全能力与应用研究[J].信息安全研究，2021，7(5):418-422.

[8] 杨红梅.面向垂直行业的5G网络安全分级技术[J].移动通信，2021, 45(3):30-34.

[9] 张蕾，刘云毅，张建敏，等.基于MEC的能力开放及安全策略研究[J].电子技术应用，2020，46(6):1-5.

[10] 王蕴实，徐雷，张曼君，等.“5G+工业互联网”安全能力及场景化解决方案[J].通信世界，2021(16):45-48.

[11] 张宝山，庞韶敏.“云管边端”协同的边缘计算安全防护解决方案[J].信息安全与通信保密，2020(S1):45-48.

第二部分

实 践 篇

第9章　5G核心网安全方案

9.1　概述

5G网络为了适应多种应用场景，引入了新架构和新技术，提供更泛在的接入、更灵活的控制和转发，以及更友好的能力开放。这些新架构、新技术在满足新的业务需求的同时，对5G网络安全提出新的挑战。5G核心网作为5G网络信令数据集中控制、转发与管理的核心节点，将直接面临新技术引入而带来的各类全新的安全风险。同时，5G核心网也是5G网络连接终端用户和行业应用的桥梁，其安全方案是否完备将在一定程度上决定整体5G网络的安全性。

本章将从分析5G核心网架构和部署现状、5G核心网采用新技术带来的安全风险入手，提出5G核心网安全纵深防御、零信任、自适应的总体设计思路和基于IPDRR的5G核心网安全防护体系框架，并着重说明5G核心网应具备的自身基础安全能力，5G核心网安全识别、整体安全域划分，5G核心网安全防护、检测及安全管理运营等方面的安全方案。本章侧重于说明5G核心网应具备的相关安全能力、防护、检测、管理要求，可以为5G核心网安全解决方案的体系化实施提供借鉴，具体的安全能力及设备的数量和配置需要5G网络运营商根据实际网络组织架构、网络规模和网元设置情况自行确定。

9.2　5G核心网架构和部署现状

9.2.1　5G核心网架构

5G核心网架构相对以往3G/4G的核心网，进行了较大的变革，5G核心网将IT的服务化架构（SBA）引入核心网。在SBA中，各网元间的通信不再是传统通信那种同一设备与其他不同设备间采用不同接口的处理机制，SBA屏蔽了同一设备与不同设备间接口的差异，对所有设备提供统一的服务化接口，不同网元调用统一的服务化接口与该网元进行通信。此外，提供服务的业务模块可以自动注册、发布和发现，取消了传统设备间的耦合，简化了不同网元间的复杂联系，进而缩短了业务流程。更为重要的是，SBA的5G核心网可以部署在基于通用服务器的云资源池上，不需要像以往3G/4G那样使用核心网厂家的专有硬件，有利于在5G应用软件和基础硬件层面实现解耦。非漫游状态下的5G服务化架构示意如图9-1所示。

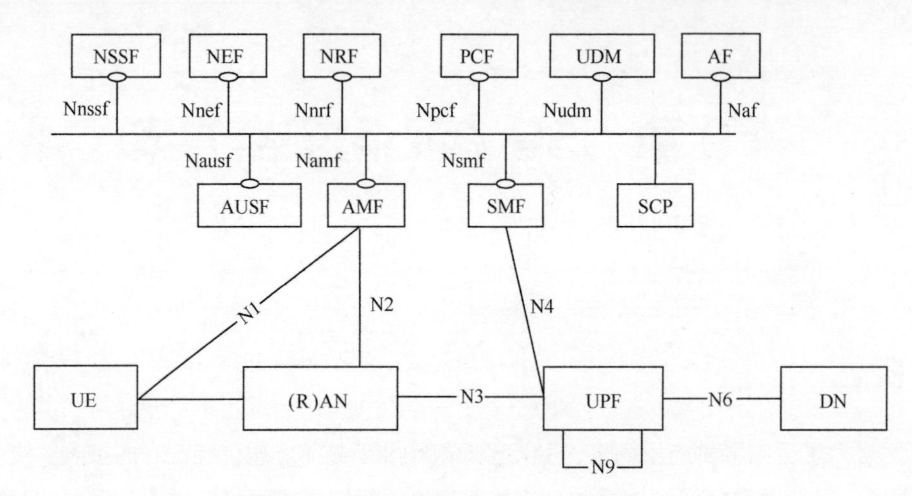

图9-1 非漫游状态下的5G服务化架构示意

在SBA中，每个核心网网元的接口命名统一为N+小写英文功能名称缩写，例如，网络切片选择功能NSSF的接口为Nnssf。除了统一的服务化接口，5G网络仍然保留了少量的参考点的接口，主要是5G核心网与无线间的接口（例如，N1、N2、N3接口）以及核心网与外部网络的N6接口，N4接口是控制面SMF和用户面UPF分离的设备接口。

5G仍然属于蜂窝移动通信技术，为了便于传统通信工程师的理解，3GPP标准组织也提供了传统的参考点架构，即类似以往2G/3G/4G采用的具体网元间关系的架构，实际组网以SBA去部署。非漫游状态下的传统5G参考点架构示意如图9-2所示，为清晰起见，NRF、NEF未在参考点架构中体现，NRF和NEF均有与其他各NF的接口。

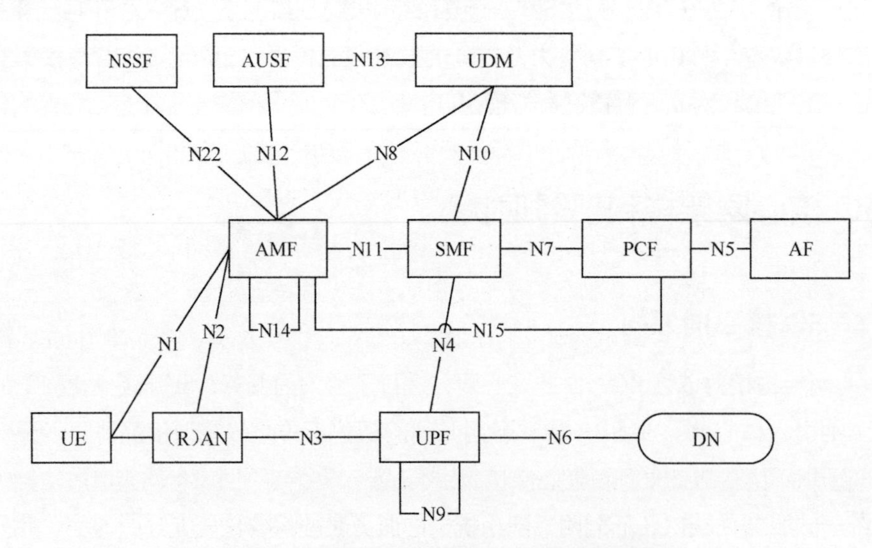

图9-2 非漫游状态下的传统5G参考点架构示意

此外，5G核心网引入NFV技术，基于云原生设计，将5G核心网的各功能实体虚拟化后，再运行于通用IT云环境，从而使网络运营更加灵活、敏捷，有利于降低网络成本，缩短业务上线时间。基于 NFV 的 5G 核心网架构示意如图 9-3 所示。

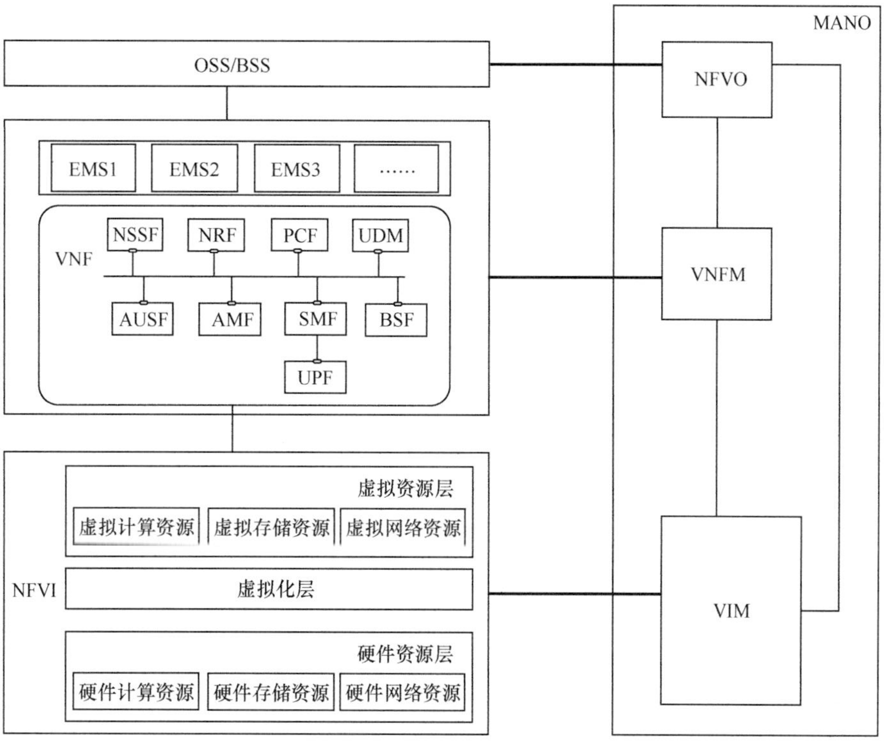

图 9-3　基于 NFV 的 5G 核心网架构示意

在基于 NFV 的网络中，5G 核心网的网元软硬件功能由 NFV 基础设施（NFV Infrastructure，NFVI）及 VNF 实现，NFVI 为 5G 核心网网元提供云资源池内的计算、存储及网络资源，VNF 为网元的功能。NFV 架构只改变网元功能的实现方式，不改变网元之间的逻辑关系。

（1）NFVI

NFVI 包括硬件资源、虚拟化层及其上的虚拟资源。其中，计算资源为上层应用提供计算处理能力；存储资源为上层应用提供存储能力；网络资源为 NFVI 环境提供物理网络互联互通能力。

虚拟化层通过虚拟化软件（例如 Hypervisor）为虚拟机提供运行环境，它允许多个客户操作系统（Guest OS）同时运行在一个物理主操作系统（Host OS）上，Guest OS 共享主机硬件，使每个 Guest OS 都有自己虚拟的处理器、内存和其他硬件资源。虚拟化层将虚拟机、物理服务器运行状态的监控向虚拟基础设施管理器（Virtualized Infrastructure Manager，VIM）上报，包括运行、停止、故障及其他状态信息，也包括虚拟机、物理机的 vCPU/CPU 占用率、内存使用率、磁盘占用率、虚拟网卡的吞吐占用率等。

虚拟资源是基础设施通过虚拟化软件处理后输出的逻辑资源，对应物理资源，虚拟资源包括虚拟计算资源、虚拟存储资源和虚拟网络资源，为 NFVI 提供所需的运行环境。

(2) VNF

VNF是基于NFVI虚拟资源部署的业务功能网元，5G核心网初期的主要业务网元包括AMF、SMF、UPF、UDM、PCF、NSSF、NRF、BSF等。

(3) EMS

EMS是VNF业务网络管理系统，可提供网元管理功能。EMS与VNF一般由同一家厂商提供。

(4) VIM

VIM可实现对计算资源、存储资源、网络资源的管理、调度与编排，提供资源监控告警等功能，并配合NFVO和VNFM，实现上层业务和NFVI资源间的映射和关联，以及OSS/BSS业务资源流程的实施等。

(5) VNFM

VNFM是VNF管理系统，负责VNF生命周期管理。通过VNFM，运营商的维护人员可以对VNF进行透明化运维管理。

(6) NFVO

NFVO负责NFVI资源编排及NFV生命周期的管理和编排，并负责网络服务模板（Network Service Descriptor，NSD）的生成与解析。

MANO包括NFVO、VNFM与VIM，负责虚拟业务网络的部署、调度、运维和管理，构建可管、可控、可运营的业务支撑能力。

9.2.2 5G核心网部署

运营企业在部署5G核心网时，需要综合考虑运营企业的覆盖范围和规模相适应的5G核心网整体网络组织需求，并遵循5G核心网的NFV云化部署、软硬件解耦、控制面集中（或分区、分省）部署、用户面按需下沉、5G核心网安全同步部署的原则。

5G核心网整体组织架构通常有以下3种模式，运营企业可以根据自身的业务和网络规模、网络组织和运营架构等选择合适的模式。

模式一为全国集中组网模式，以全国为单位集中部署5G核心网，即5G核心网设置在1~2个不同的核心城市，负责全国的业务。

模式二为大区集中组网模式，将全国划分几个大区，例如，3个大区、4个大区、8个大区等，每个大区设置全套的5G核心网，按照地理位置分别负责覆盖数个省（自治区、直辖市），不同大区的覆盖区域不重叠，即一个省（自治区、直辖市）只属于其中的一个大区。

模式三为省集中组网模式，以省（自治区、直辖市）为单位部署5G核心网，每个省（自治区、直辖市）均部署完整的5G核心网，负责省内业务。

以上3种模式，对于涉及处理国际漫游、大区间及省际漫游的网元应采用全国集中设置的部署方式。

这3种模式中，5G核心网的部署架构类似，区别在于覆盖范围和规模的不同，本章以省集中组网模式为例说明5G核心网的部署架构。

省集中组网模式是以省（自治区、直辖市）为单位部署 5G 核心网，每个省（自治区、直辖市）的 5G 核心网可集中部署在 1~2 个城市的不同机房，通常是集中部署在省会城市 / 自治区首府 / 直辖市。省集中组网模式示意如图 9-4 所示。

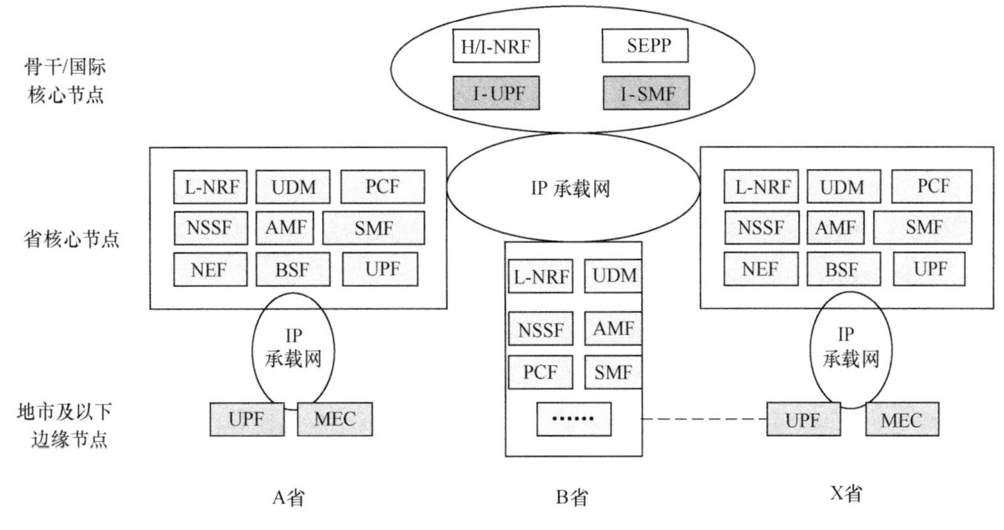

图 9-4　省集中组网模式示意

省会城市 / 自治区首府 / 直辖市部署全套的 5G 核心网设备，分两个核心节点机房部署，两个核心节点机房的设备形成一个整体按照负荷分担的方式负责全省（自治区、直辖市）的业务。

在省会城市 / 自治区首府 / 直辖市以外的其他城市设置边缘节点，按需分期部署 UPF。

在国际漫游层面，全国集中设置两对 SEPP 和国际 NRF（I-NRF）用于同国外其他运营商实现 5G 国际漫游的互联。对于采用归属地漫游场景的，运营企业还可以根据需要部署国际 UPF（I-UPF）和国际 SMF（I-SMF），专门负责对漫游至国外的用户使用国内业务进行处理。

在省集中组网模式下，存在较多的跨省的路由信令，为降低网络复杂度，还可同步设置由骨干节点中的 NRF 网元和省 NRF（L-NRF）组成的信令网，负责跨省的信令寻址和转接。

9.3　5G 核心网安全风险和需求分析

5G 网络不仅注重人与人之间的通信，更关注人与物的通信、物与物的通信。为实现万物互联的愿景，满足大带宽、广连接、低时延、高可靠和网络开放等要求，由此，相较之前的传统移动网络核心网，5G 核心网引入 NFV/SDN 技术、SBA、网络切片等新技术，向信息技术与通信技术的融合迈出了坚实的一步，同时网络架构及技术的变革，也不可避免地带来了新的安全风险和挑战。

（1）多种接入方式的安全风险

未来应用场景多元化，5G 网络需要支持多种接入技术，例如，WLAN、LTE、固网、5G 新无线接入技术，而不同的接入技术有不同的安全需求和接入认证机制；再者，一个用户可能持有多个终端，而一个终端可能同时拥有多种接入方式，同一个终端在不同接入方式之间进行切换时或用户在使用不同终端进行同一个业务时，要求能够进行快速认证以保持业务的延续性，从而使用户获得更好的体验。

在5G应用场景中，有些终端设备能力强，可能配有SIM/全球用户识别模块（Universal Subscriber Identity Module，USIM），并具有一定的计算和存储能力；有些终端设备没有SIM/USIM，其身份标识可能是IP地址、MAC地址、数字证书等；而有些能力弱的终端设备，甚至没有特定的硬件来安全存储身份标识及认证凭证。

5G核心网承担网络和终端的接入认证和鉴权工作，对于终端的多种形态及多种接入方式需求，5G核心网需配套相应的认证和鉴权机制，同时保证接入的安全性。

（2）网络虚拟化的安全风险

5G核心网通过引入NFV技术实现了软件与硬件的解耦，通过NFV技术的部署，使部分功能网元以虚拟功能网元的形式部署在云化基础设施上，网络功能由软件实现，不再依赖于专有通信硬件平台。与传统网络相比，这种虚拟化特点，改变了传统网络中功能网元物理隔离的保护方式。在虚拟化条件下共享计算资源、存储资源，用户、应用和数据资源聚集。同时，虚拟化管理平台相对集中，由此带来了更高的数据泄露与被攻击风险，一旦被攻击，造成的影响范围广，危害更大。5G核心网网元部署在云化基础设施上，云化基础设施的操作系统层面、应用层面、访问控制层面面临的漏洞威胁防护、SQL注入防护、跨站脚本攻击防护、账户口令安全防护等安全要求，同时也成为5G核心网的基础安全要求。

（3）SBA及能力开放的安全风险

5G网络的SBA参照了IT行业各网元间采用的标准服务调用方式，相比于传统的2G/3G/4G网络各网元间采用点对点的通信协议接口方式，SBA更加开放。在非安全环境下，SBA协议在传输过程中更容易被截取，或接口调用更容易被其他第三方仿冒。除了承载传统的语音和数据通信业务，5G网络作为使能网络，同时也支持大量的垂直行业应用，例如物联网、车联网等，这就不可避免地将5G网络能力开放给第三方。5G网络能力开放，使用户隐私及关键数据从传统存储在运营商内部的封闭平台，扩散存储到开放平台。如果数据使用不当，或者遭受攻击，将产生严重的数据及隐私泄露事件。5G网络SBA及能力开放的需求，对5G核心网的用户隐私保护和第三方平台的安全防护能力提出了更高的安全要求。

（4）网络切片技术的安全风险

5G网络采用网络切片技术，其目的是为不同业务提供差异化的服务保障，业务需求不同，切片安全保护机制也不同。网络切片技术是共享基础设施上的逻辑隔离，切片与切片之间在逻辑上虽然是分离的，但使用的是一套网络基础设施。共享一套网络基础设施就会带来一些潜在的网络风险，重点表现在终端问题带来的切片安全隐患和切片之间的安全隔离隐患两个方面。

终端问题带来的切片安全隐患：网络切片是打通了各个子域的一组网络功能、资源及连接关系构成的有机整体，各个子域都会有各自的安全风险及防护要求。不同切片终端或同一切片不同功能的终端，其安全防护能力是不同的，例如，用于视频播放的终端，对终端认证、加解密的安全需求较高；而对于传感器类的终端，由于计算能力有限，成本敏感，对安全需求不高，对于此类终端的认证，加解密算法采用的是轻量级算法；对于可靠安全通信，终端则需要快速接入认证、强加密算法的支持。因此一个终端如果同时接入不同切片，会存在数据泄露的风险。

切片之间的安全隔离隐患：不同切片之间也存在相互通信，对于这种不同切片之间的互通需要设置必要的安全防范措施，如果不同网络切片实例之间的安全隔离机制由于系统故障或者人为原因被破坏，例如，切片模板被恶意软件攻陷，或者在切片的生产、撤销阶段处理不当，出现了切片间的安全隔离问题，则某个拥有切片访问权限的攻击者，可以以此切片为跳板，攻击其他的目标切片，导致被攻击的目标切片无法提供正常服务。

对于这些切片安全隐患，需要 5G 核心网在切片认证与授权、切片间的访问控制及切片管理等方面具备相应的安全能力。

9.4 总体方案设计

9.4.1 设计原则

原则一：纵深防御。边界防入侵，横向防渗透。

纵深防御主要是在外部威胁和内部关键资产之间，构建多层次的安全措施，不同的层次采用不同的安全技术，避免出现突破一点即突破全局。通过纵深防御可保证非法接入进不来、窃取信息读不懂、恶意篡改可识别、恶意攻击不瘫机。

原则二：零信任。持续评估，动态授权。

零信任正在成为网络安全领域的趋势，基于网络时刻处于危险之中，任何接入或访问的流量在认证前都不可以信任这一假设，需要对任何访问逐次验证，动态授权，持续评估，实现动态的访问控制。

原则三：自适应。基于 IPDRR 方法论，动态、持续优化。

自适应原则基于 IPDRR 方法论，对于安全措施进行动态、持续优化，自动闭环，以适应不断变化的安全威胁，使系统快速恢复正常。

9.4.2 设计思路

（1）打造 5G 核心网纵深防御的四道防线

① 边界防护：通过防火墙构筑网络边界，分层防御，隔离界限清晰，保障网络边界安全。

② 业务代理：设置业务代理（例如 SEPP），集中防护，隐藏本地网络拓扑，减少攻击面，同时提供业务级防护。

③ 网元隔离：网元之间采用传输层安全协议（Transport Layer Security，TSL）认证、加密和 OAuth2.0 动态授权，防止攻击者在网元间横向移动。

④ 虚拟机隔离：网元所部署的虚拟机之间采用 VLAN/VxLAN/ACL 进行微隔离，防止攻

击者在虚拟机之间横向移动。

（2）对 5G 核心网的 4 个重点领域建立信任模型

① 接入零信任：UDM 鉴权授权→ AMF 接入控制，AAA 二次认证 / 授权→网络切片接入控制。

② 网络零信任：网络间 SEPP 鉴权授权→漫游接入控制，网元间 NRF 鉴权授权→ SCP 路由控制。

③ O&M 零信任：堡垒机鉴权授权→权限控制，EMS 身份验证→管理权限控制。

④ 网元内零信任：MANO/SDN 下发策略、vSwitch VLAN 隔离、防火墙访问控制列表（Access Control List，ACL）控制。

（3）以自适应安全为理念，打造动态、持续优化的安全解决方案

① 识别防护：5G 核心网网元资产风险感知、网元配置合规管理、网络访问控制策略。

② 持续检测：基于主机、日志、流量的检测技术，网元级安全事件、网络级安全事件。

③ 主动响应：安全自动响应编排、网元级响应策略、网络级恢复策略。

9.4.3 总体架构

5G 核心网的安全目标是增强网络韧性、防止敏感数据泄露。通过建立 5G 核心网安全态势感知能力、主动安全防御能力、安全应急处置能力、安全溯源恢复能力、安全运维保障能力，实现安全风险可感、可视、可控。

参考 NIST CSF IPDRR 方法论，建立基于 IPDRR 的 5G 核心网安全防护体系，识别 5G 核心网安全风险、增强防护、快速检测、及时响应、恢复业务。基于 IPDRR 的 5G 核心网安全防护体系如图 9-5 所示。

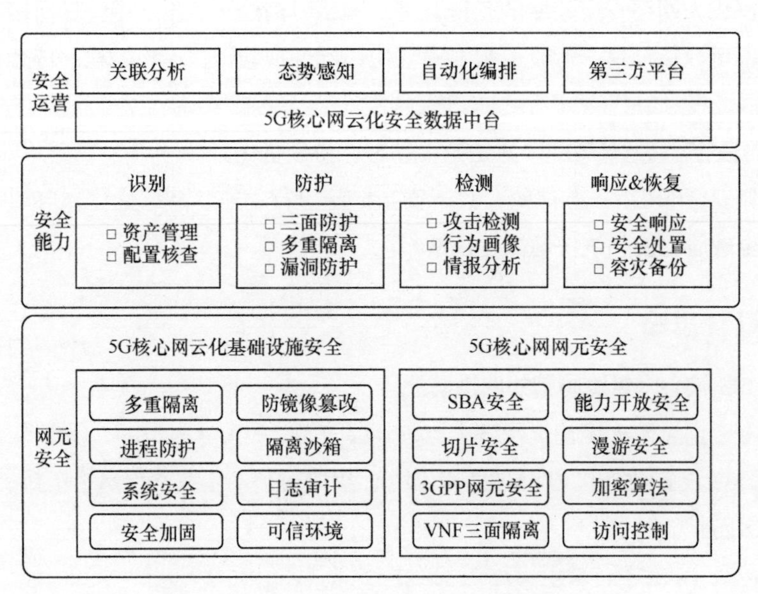

图 9-5　基于 IPDRR 的 5G 核心网安全防护体系

根据 IPDRR 的安全框架，可以将 5G 核心网安全防护体系划分为以下 4 个方面。

（1）5G 核心网安全风险识别及防护体系

识别：实现对 5G 核心网相关主机、虚拟化软件、VNF、设备等相关资产及版本信息的识别和管理，实现基于资产的风险发现和展示。

防护：在安全域划分和边界防护的基础上，建立 5G 核心网分层分域纵深安全防护体系。

（2）5G 核心网安全检测处置体系

检测：基于网络流量感知、日志采集、网元内生安全组件的入侵检测等，检测感知 5G 核心网内的各类安全事件、东西向安全攻击行为等。

响应：基于安全策略统一管理和编排，与各类安全防护和网元联动，实现事件的自动化响应和告警。

（3）5G 核心网安全灾备恢复体系

恢复：制定并实施适当的活动，以保持 5G 核心网业务弹性，并恢复因网络安全事件而受损的任何功能或服务。

（4）满足安全合规要求

满足政府监管部门的安全要求、运营商 5G 核心网安全相关管理和技术规范要求。

9.5　详细方案设计

9.5.1　5G 核心网基础设施及网元安全

1）5G 核心网基础设施安全

5G 核心网采用 NFV 架构，网络功能以云化基础设施为基座，云化基础设施需具备基础的安全能力从而保证 5G 核心网具备基础的安全承载环境。云化基础设施的安全需要具备 IT 设备物理安全、账户和口令安全、基础软件（操作系统、数据库、中间件）系统安全、授权管理安全、日志安全等基础安全能力，还需要具备计算资源安全、存储资源安全、网络资源安全、VNF 安全，以及虚拟化管理安全等能力。

（1）计算资源安全

云化基础设施需具有物理节点中的容器 / 虚拟机的资源配额限制方式，保护容器 / 虚拟机的性能不受其他容器 / 虚拟机资源消耗的影响；具有对容器 / 虚拟机所在物理机范围进行指定或限定的能力，保证容器 / 虚拟机仅能迁移至相同安全保护等级的资源池。

（2）存储资源安全

云化基础设施能够根据承载的云化应用类型及安全级别，进行虚拟化存储安全隔离和存储位置的分配；具有容器 / 虚拟机镜像文件完整性保护的能力，在镜像文件执行前验证镜像签名，确保来自可信源且未被篡改。

（3）网络资源安全

云化基础设施能够根据安全域划分原则，通过 VLAN/VxLAN 隔离不同租户南北向和东西向的网络资源；根据最小访问原则，仅开放必需对外的 IP 及端口，禁止默认端口直接对外开放；具备容器 / 虚拟机端口流量限速功能，实现端口级别的流量控制。

（4）VNF 安全

根据采用虚拟机和容器实现的 VNF 的应用类型和资源情况，提供不同的安全手段，保证云化 VNF 部署和运行的安全。

生命周期安全：能够对 VNF 的上线、运行和下线实现全生命周期的安全管控。

流量控制：能够根据 VNF 的重要程度来配置不同的流控策略，保障重要业务的稳定运行。

权限控制和隔离安全：能够对 VNF 进行权限控制，避免 VNF 权限过高产生容器 / 虚拟机逃逸，导致非法提权；按需提供 VNF 间的物理隔离或逻辑隔离。

（5）虚拟化管理安全

云化基础设施应具备虚拟化安全管理能力，能够提供镜像安全扫描工具、代码审计能力、漏洞扫描能力、基线核查能力、虚拟化运行时的安全检测能力等，实现虚拟化网元上线、运行和下线的全生命周期安全管控，还具备虚拟机状态检测和自愈功能。另外，需要建设镜像安全管理能力，对网元和容器镜像进行安全管理，支持审查镜像可信来源，对镜像的证书标签和仓库来源进行可信检测。同时，采用数字签名等密码技术对镜像进行完整性校验，在镜像上传和下载过程中比对签名，保证 5G 镜像的一致性和完整性，防止镜像被恶意篡改。

2）5G 核心网网元安全

5G 核心网的安全功能依托于核心网各网元实体的安全功能来实现，5G 核心网整体安全性的保障需要 AMF、UPF、UDM、SMF、AVSF、SEPP 等网元共同配合完成。5G 核心网运行时，各网元应启用与其网络功能相适应的安全能力，主要的安全要求如下。

（1）AMF 安全

信令的机密性保护：支持 NAS 信令的加密，加密算法包括 NEA0、128-NEA1、128-NEA2、128-NEA3（可选）。

信令的完整性保护：支持 NAS 信令的完整性保护和抗重放保护，完整性保护算法包括 NIA-0、128-NIA1、128-NIA2、128-NIA3（可选）。

用户隐私保护：支持使用 SUCI 触发初次认证；支持向 UE 分配 5G-GUTI；支持向 UE 重新分配 5G-GUTI；能够确认从 UE 和从归属网络收到的 SUPI 一致，如果该确认失败，则 AMF 将拒绝为 UE 服务。

（2）UPF 安全

用户数据保护：支持通过 N3 接口传输的用户数据的机密性保护、完整性保护和抗重放保护；在公共陆地移动网（Public Land Mobile Network，PLMN）内通过 N9 接口传输的用户数据应支持机密性和完整性保护。

信令数据保护：支持通过 N4 接口传输的信令数据的机密性和完整性保护。

隧道端点标识（Tunnel Endpoint Identifier，TEID）唯一性：在建或发布新的 PDU 会话时执行核心网隧道信息的分配和释放，保证 TEID 的唯一性，根据 SMF 的配置，该功能由

SMF 或者 UPF 实现。

隧道端点信息：在 GPRS 隧道协议 - 用户面（GPRS Tunneling Protocol-User Plane，GTP-U）实体中唯一标识了一条隧道端点信息。GTP-U 接收方在本地为发送方分配一个 TEID。TEID 在一个逻辑节点的每个 IP 地址下是唯一的标识。

（3）UDM 安全

UDM 用于身份验证和安全性关联建立目的的长期密钥应受到保护，免受物理攻击，并且 UDM 的安全环境必须受到保护。

对与 UDM 和 SIDF[1] 相关的用户隐私要求，SIDF 负责解密 SUCI，SIDF 是 UDM 提供的服务，SIDF 必须根据生成 SUCI 的保护方案，从 SUCI 中解析 SUPI。用于保护用户隐私的本地网络专用密钥应受到保护，免受 UDM 中的物理攻击。UDM 必须持有用于用户隐私的专用 / 公用密钥对的归属网络公用密钥标识符。用于用户隐私的算法应在 UDM 的安全环境中执行。

（4）SMF 安全

用户面安全策略优先级：支持开启 / 关闭策略优先级，从 UDM 获取的用户面安全策略的优先级高于 SMF 本地配置的用户面安全策略。

TEID 唯一性：当一个新的 PDU 会话建立或释放时，应重新分配和释放核心网隧道信息。根据 SMF 的配置，该功能由 SMF 或者 UPF 实现。

SMF 检查用户面安全策略：支持开启 / 关闭策略一致性检查，SMF 应检查从目标 gNB 收到的用户面安全策略是否跟 SMF 本地保存的用户面安全策略一致。如果不一致，SMF 要把本地保存的用户面安全策略发送给目标基站。

Charging ID 唯一性：SMF 应支持通过服务化接口对 PDU 会话计费。SMF 获得每个 PDU 会话的计费信息。这些 PDU 会话可以是面向 3GPP 接入和非 3GPP 接入而建立的。每个 PDU 会话应分配唯一的标识（即 Charging ID）用于计费服务。

（5）AUSF 安全

AUSF 必须处理 3GPP 接入和非 3GPP 接入的认证请求。如果 VPLMN[2] 发送了带有 SUCI 的验证请求，则只有在验证确认之后，AUSF 才能向 VPLMN 提供 SUPI。AUSF 完成 UE 鉴权流程后，支持向 UDM 发起鉴权结果通知，包含鉴权结果（成功或失败）、时间戳，以及鉴权方式（5G-AKA 或 EAP-AKA）。

（6）SEPP 安全

SEPP 作为 PLMN 之间的边缘保护节点，需具备以下 10 点安全要求。

① 保护使用 N32 接口相互通信的不同 PLMN 的两个 NF 之间的应用层控制平面消息。

② 在漫游网络中与 SEPP 进行密码套件的相互认证和协商。

③ 处理密钥管理方面的内容，这些方面涉及在两个 SEPP 之间的 N32 接口上设置保护消息所需的加密密钥。

---

1 SIDF（Subscription Identifier De-Concealing Function，订阅标识符去隐藏功能）。

2 VPLMN（Visited Public Land Mobile Network，拜访公共陆地移动网络）。

④ 通过限制外部方可见的内部拓扑信息来执行拓扑隐藏。

⑤ 作为反向代理，应提供对内部 NF 的单点访问和控制。

⑥ 接收方 SEPP 应能够验证发送方 SEPP 是否被授权使用接收的 N32 消息中的 PLMN ID。

⑦ 能够清楚地区分用于对等 SEPP 认证的证书和用于消息修改的中间节点的证书，例如，通过单独的证书存储来实现这种区分。

⑧ 丢弃异常的 N32 信令消息。

⑨ 实施限速功能，以保护自己和随后的 NF 免受过多控制面信令的侵害，包括 SEPP 到 SEPP 信令消息。

⑩ 实施反欺骗机制，实现源、目标地址和标识符（例如，FQDN 或 PLMN ID）的跨层验证。例如，如果消息的不同层之间存在不匹配，或者目标地址不属于 SEPP 自己的 PLMN，则将丢弃该消息。

3）接口安全

SBA 是 5G 网络相比 4G 网络引入的全新特性，由此也带来了新的安全风险。一方面，5G 网络的 SBA 参照了 IT 行业各网元间的标准服务调用方式，与传统网络各网元间采用的点对点的通信接口方式相比，SBA 更加开放。SBA 的交互数据在传输过程中更容易被截取，或接口调用更容易被其他第三方仿冒。另一方面，SBA 下的通信协议发生了很大的变化。从 2G、3G 到 4G，通信协议都基于 GTP，均属于通信网络专用协议。在 5G 网络中，参考互联网的通信方式采用了 HTTP 2.0。在安全性方面，通信网络的安全壁垒降低，使各类互联网恶意程序更容易移植到通信网络中。

针对 5G 网络全新的 SBA，5G 网络对于服务化接口和非服务化接口采取了相应的安全应对措施。对于非服务化接口，5G 延续了 4G 的安全机制，支持网络层基于 IPSec ESP 和 IKEv2 证书，提供机密性、完整性和抗重放保护，例如，N2/N3 接口涉及的各网元之间使用 IPSec 隧道来保护传递信息的安全，对于 N26、Rx 等 GTP 或 Diameter 接口仍使用 NDS/IP 保护接口。对于服务化接口，SBA NF 间采用 TLS 保护信息传输的安全性，所有网络功能都应支持 TLS，网络功能应同时支持服务器端和客户端证书。5G 核心网功能模块之间使用 HTTPS 进行接口保护，通过 TLS 对传输数据进行加密和完整性保护，同时，TLS 双向身份认证可以防止假冒 NF 接入网络。

4）NEF 安全

在 5G 核心网中，网络功能应能通过 NEF 安全地向第三方应用程序开放功能和事件。NEF 还应通过认证和授权检验的应用功能实体向 3GPP 网络安全地提供信息。

NEF 和 AF 之间的安全保护：NEF 与应用功能之间的接口必须支持 TLS，NEF 和应用功能之间的通信应使用 TLS 提供完整性保护、抗重放保护和机密性保护；应支持 NEF 和应用功能之间的相互认证，NEF 应能够确认应用功能是否被授权与相关的网络功能进行交互。

NEF 应实现对 CAPIF 的支持。CAPIF 提供通用的 API 框架，适用于所有北向服务 API，NEF 借助此框架定义的 CAPIF-2e 向 AF 提供北向接口，CAPIF-2e 提供用于 NEF 与 AF 之间接口的双向认证和安全保护。

NEF 不得将内部 5G 核心信息（例如，DNN、S-NSSAI 等）发送到 PLMN 域之外，不得将 SUPI 发送到 PLMN 域之外。

5）网络切片安全

5G 网络的端到端切片能力是 5G 的特有业务能力，因为网络切片之间的资源共享性、网络可编程性和接口开放性，所以网络切片安全给 5G 发展带来了全新的挑战。各类服务的网络切片可能具有不同的安全需求并采用差异化的安全协议和机制。此外，当在不同管理域的基础设施上执行网络切片时，网络切片安全协议和方案设计变得更加复杂。

5G 核心网主要承担了 5G 网络切片认证与授权、切片安全管理等功能，5G 网络切片支持运营商为客户提供定制服务，运营商将服务需求转换为对网络切片的需求，并通过切片管理接口通知运营商的网络切片管理功能。因为切片管理接口传输了大量的切片管理消息，例如，激活、停止、修改、删除网络切片实例产生的消息，所以需要对切片管理接口进行安全保护。保证只有授权对象才能创建、更改和删除网络切片实例，通信服务用户和接入网络之间的相互认证和密钥协商也需要在连接到切片管理接口之前完成。

网络切片安全要求包含对访问特定网络切片的认证与授权，网络切片 NF 间的访问控制、NSSAI 机密性保护和网络切片管理安全要求。因为 3GPP 网络切片安全标准还处在研究当中，所以本章节所提的网络切片安全要求还需根据切片安全标准进展情况不断补充完善。

（1）访问特定网络切片的认证与授权

当用户完成归属网络的认证之后访问特定网络切片时，需要对 UE 进行额外的身份认证和授权。

① 当 UE 与服务网络完成认证之后访问特定网络切片时，应支持通过用户的身份信息（例如 USER ID）进行额外的认证。

② AMF 应支持主动地向 UE 发起认证请求，其中，安全锚定功能（Security Anchor Function，SEAF）/AMF 作为认证者的角色支持各种 EAP 的认证方案，并且遵循 EAP 框架在 UE 和认证服务器之间进行协商。

③ 在 UE 完成特定网络切片认证后，AMF 支持向 UE 发送携带 NSSAI 的配置更新消息，实现 UE 授权。

④ UE 访问特定网络切片的认证应支持通过部署认证服务器实现，网络配置应允许 UE 和认证服务器之间执行网络切片的身份认证和授权。

⑤ 认证服务器支持部署在 PLMN 域中或 PLMN 域外（第三方网络），当部署在 PLMN 域外时，可支持通过认证服务代理功能实现 UE 的认证和授权。

（2）网络切片 NF 间访问控制

NRF 作为 OAuth2.0 授权服务器，可以部署在不同的层级，当存在共享切片时，应支持切片内 NF 服务生产者和 NF 服务消费者之间的控制访问，还应支持不同网络切片的 NF 服务生产者之间的访问。

3GPP TS 33.501 规定，当 NRF 接收到访问令牌请求时，NRF 可以为 NF 服务消费者生成包含适当性声明的访问令牌，通过生成不同权限的令牌实现对不同 NF 的访问控制。NRF 应支持生成包含附加切片信息的访问令牌，例如，S-NSSAI 和 / 或 NSI ID。NF 服务生产者还应支持检查访问令牌中的切片信息声明是否与其自身的切片信息相匹配。

（3）NSSAI 机密性保护

NSSAI 包含网络切片的敏感信息，可用于网络切片的连接，在 NSSAI 的传输过程中应提供加密保护。

（4）网络切片管理安全要求

网络切片管理提供标准服务化接口，对外可实现切片实例的创建、修改和删除，提供网络切片子网模板管理。

5G 系统可以根据策略，提供标准化的 API 方式创建接口，对网络切片的服务进行创建、修改、删除、监控和更新。当接口位于操作员信任域中时，可要求操作员配置相应的安全策略。当接口位于操作员信任域之外时，应对公开接口进行保护，要求在管理服务使用者之间进行相互认证，支持通过证书或者 TLS-PSK 方式进行身份验证。应支持通过 TLS 的方式管理公开接口，提供完整性保护、抗重放保护和机密性保护。应支持通过本地策略授权（本地认证授权）或者 OAuth2.0 方式进行授权。

网络切片子网模板在切片实例加载和创建使用过程中应支持机密性和完整性的保护。管理系统应能对网络子网模板的正确性和来源进行验证，网络切片子网模板在传输和存储过程中应受到加密保护，支持使用数字签名的方式提供完整性保护，建议使用 256 位密钥数字签名保障完整性。在传输过程中子网模板应受到加密保护，支持对子网模板进行加密后再进行存储，建议使用基于 256 位密钥保障机密性。

9.5.2 5G 核心网安全

1）5G 核心网安全识别

（1）5G 核心网安全资产管理

从源头治理，分析 5G 核心网的网络、业务环境，构建全面的资产风险管理系统，识别安全风险，实现资产可视、安全可视。总之，实现 5G 核心网资产“看的全”，资产全息可视“看得深”，识别异常资产“看得清”。

5G 核心网全栈资产可视，资产关系可视，涵盖 5G 核心网基础设施层、虚拟化层、VNF 层全栈资产采集；不需要通过安装第三方资产采集 Agent 或开放网元登录账号给资产管理平台，业务零影响，无账号泄露风险，中间件资产不需要扫描发现，可通过网元预置信息自动生成；资产共识识别，异常资产可视，全面采集网元内部进程、端口、连接、账号等关键信息，大数据 AI 引擎对同类型网元进行聚类学习，快速识别偏离群体行为的异常资产。

5G 核心网资产管理系统是一个以持续监测和分析为核心的安全联动平台，实现了安全资产清点、安全黑盒检测、安全白盒检测、威胁情报关联分析、实时查询与统计、闭环安全处置、考核上报等功能。安全与业务融合可自内而外地自动感知资产变化，满足灵活的风险分析。5G 核心网资产管理系统主要实现以资产为核心的风险管理，其核心功能是对收集的各种安全信息数据（包括资产、漏洞、威胁、日志、配置）与资产进行关联分析和智能处理，并以统一的界面呈现。

（2）5G 核心网安全配置核查

5G 核心网基线核查系统主要实现对所管理的 5G 核心网资产，包括主机、虚拟机、应用系统、安全设备、存储设备等资产的配置文件的采集，进行自动化配置核查，提供不合规检查项的加固整改方案，支持不合规检查项自动化处置流程，并提供整体统计分析，提高安全运维能力，并以统一的界面呈现，以保证管理人员高效处理各种问题。

5G 核心网基线核查系统从逻辑上可分为 5G 核心网资产对象、数据采集层、数据处理层及功能实现层、数据呈现层 4 个层次；5G 核心网基线核查系统还设置外部接口层和外部专业安全子系统接口层，以实现 5G 核心网基线核查系统与其他外部安全子系统、管理系统之间的协同，5G 核心网基线核查系统架构如图 9-6 所示。

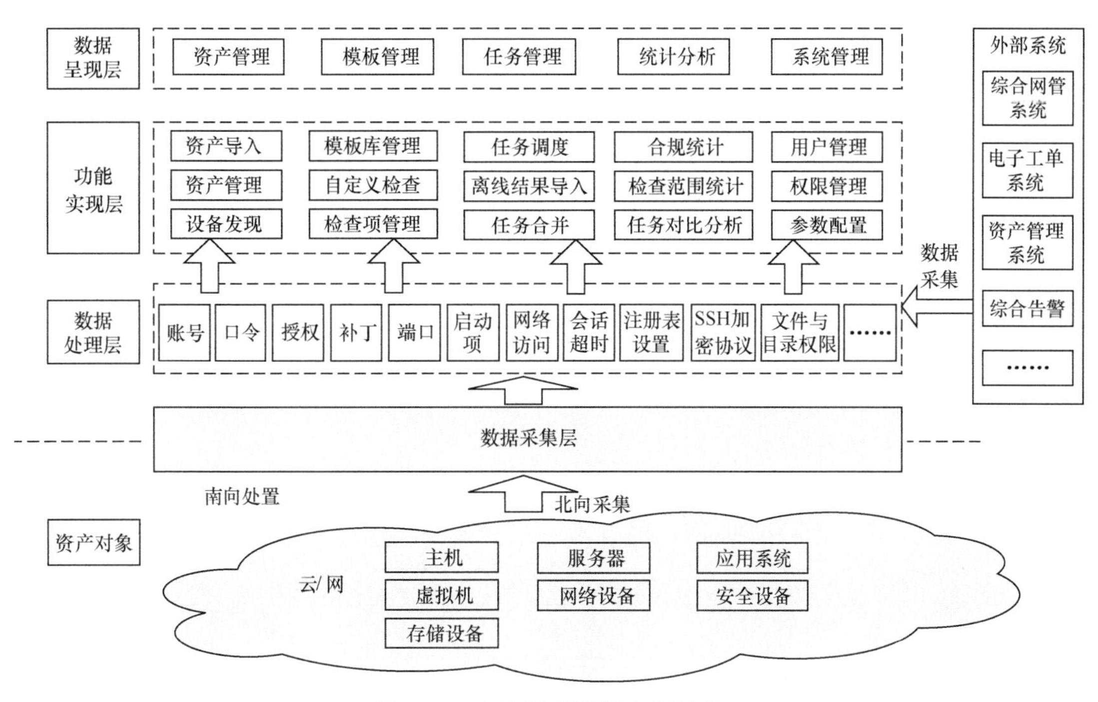

图 9-6 5G 核心网基线核查系统架构

资产对象层：5G 核心网基线核查系统所管理的资产，包括主机、服务器、应用系统、网络设备、安全设备（例如，防火墙、IDS/IPS 等）、存储设备，以及多个安全对象所构成的安全对象组等。

数据采集层：5G 核心网基线核查系统作为日常安全运维及管理的上层支撑系统，设置了与其他外部系统（例如，综合网管系统、电子工单系统、资产管理系统等）之间的接口，实现与各种外部安全子系统的整合。

功能实现层：5G 核心网基线核查系统主要提供基线核查模板管理、基线核查、安全基线统计分析、基线核查任务管理等功能。

数据呈现层：对5G核心网基线核查系统采集分析的数据进行统一呈现，提供相应的Portal登录、查看及管理界面。

外部接口层：5G核心网基线核查系统是一个综合管理系统，在对相关安全信息进行处理时，需要通过应用接口层与其他管理系统之间进行数据交互。应用接口层主要包括与电子工单系统的接口、与5G核心网网管系统的接口等。

2）5G核心网安全防护

（1）5G核心网安全分域

根据5G组网架构、网络平面功能及部署方式，5G网络总体可以分为接入、控制、转发、承载、MEC边缘业务，以及管理等网络域，各域的网元、系统包括以下内容。

接入域：主要网元为gNB。

控制域：核心网控制面网元，包括AMF、SMF、NRF、NSSF、AUSF、UDM、PCF、BSF、NEF等。

转发域：核心网用户面网元UPF，可按需部署在各级DC上。

承载域：5G承载网、骨干数据网相关网元。

MEC边缘业务域：提供MEC业务的平台和相关资源。

管理域：5G网络需配套管理系统和控制相关网元，例如，MANO、SDN控制器等管理平台，计费/网管系统、统一DPI平台等。

其中，对于设置在DC机房内的设备，包括控制、转发、MEC和管理域等，都已基于云化基础设施部署，云化基础设施具备相应计算、存储及网络资源，对于重要集中存储的数据，应考虑分配独立的网络和设备资源。

5G总体网络域构成如图9-7所示。

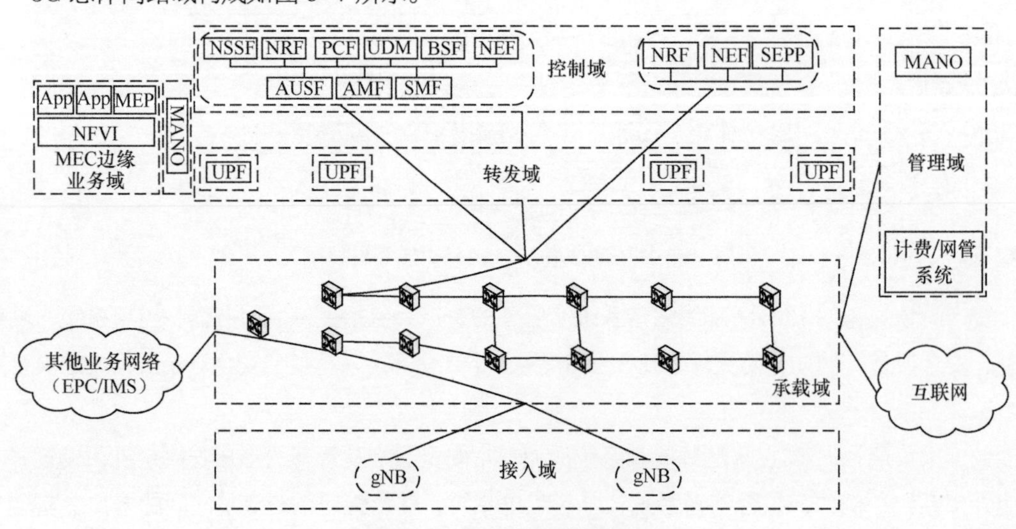

图9-7　5G总体网络域构成

5G网络各个网络域需要根据网络功能和安全要求划分各自的安全域。5G核心网是5G网络控制和转发的重要节点，5G网络接入、控制、转发、承载、管理各个网络域均与5G核心网相关，5G 核心网各功能网元一方面分别位于网络接入、控制、转发、管理等不同网络平面，另一方面又承担着认证、控制、数据互通、策略、漫游等不同业务功能。不同网络平面、不同业务功能形态对安全等级的要求不同，有必要进行合理的安全域划分。安全域划分时应结合各类资源所处的网络位置和功能判断安全等级，将安全等级相同的资源划入同一安全域，实施相同的安全策略。不同的安全域之间应按需实施资源隔离和访问控制。

根据 5G 核心网云化组网、转控分离特性，以及业务综合承载的要求，为实现对 5G 核心网网元、管理支撑组件和业务功能的安全隔离，5G 核心网可以从网络平面、NF 功能、网络切片等维度考虑，划分不同的安全域。

维度一：网络平面。

根据 5G 核心网控制、转发分离的设计原则，应对控制平面、转发平面、管理和编排平面实施资源隔离，可将 5G 核心网划分为控制平面域、转发平面域、管理和编排平面域。同时，针对 5G 核心网基于 NFV 架构的云化网络特性，需要对 NFVI 管理平面、VIM 管理平面和存储平面实施资源隔离，划分为 NFVI 管理平面、VIM 管理平面和存储平面。具体到 5G 核心网建设时，应考虑控制平面、转发平面、管理和编排平面之间不共享物理机资源和网络资源，同步考虑 NFVI 业务管理平面、VIM 管理平面和存储平面之间无法共享物理机资源和网络资源。

5G 核心网三面隔离如图 9-8 所示。

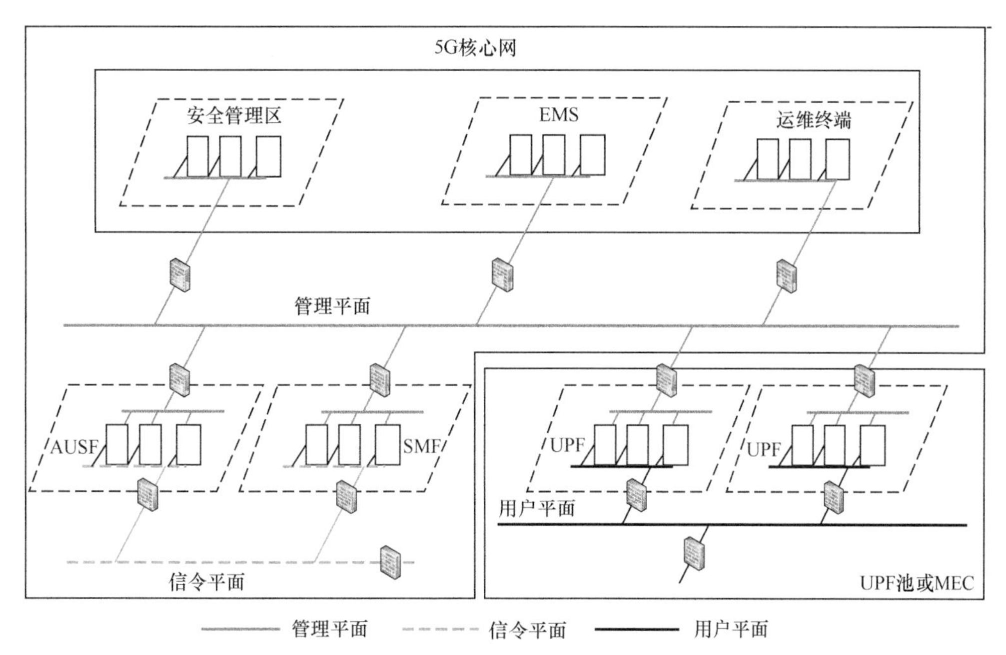

图 9-8　5G 核心网三面隔离

维度二：NF 功能。

5G 核心网在平面资源隔离的基础上，根据 NF 功能类别的不同，可以划分为网元接入域、认证控制域、数据转发域、开放互联域等安全域。

核心网网元功能具有差异性，可根据功能特性和安全级别，以及是否与互联网连接和暴露程度进行安全子域的划分。安全子域可分为可信区与DMZ，其中，可信区部署AMF、SMF、NRF、NSSF、AUSF、UDM、UDR、PCF、BSF等网元，考虑到核心控制面包含敏感数据信息，还可以在此基础上进一步将可信区划分为可信数据区和可信业务控制区，将涉及核心鉴权数据的AUSF、UDM、UDR等网元划分到可信数据区，将AMF、SMF、NRF、NSSF、PCF、BSF等网元划分到可信业务控制区。DMZ部署NEF、信令互通网关（例如C-IWF）等对外开放业务的系统，以及SEPP等对外互联的网关，DMZ应实施比可信区更严格的访问控制策略，采用独立的物理机资源和网络资源，划分独立的存储空间，实现与可信区物理隔离。

维度三：网络切片。

5G核心网具备网络切片功能，应支持根据网络切片业务的重要程度，对面向企业客户与面向个人用户之间、对不同的企业用户之间的网络切片均需要考虑不同级别业务质量和安全要求，应将不同安全等级的网络切片划分到不同的安全域。网络切片安全域之间需要根据业务服务质量（Quality of Service，QoS）和不同的安全级别，在必要的切片管理认证的基础上，分别在网元、传输、网络层面结合硬隔离和虚拟逻辑隔离手段，实现端到端的切片隔离。针对具有独享业务的NF网元、具有高安全保障要求的业务，可根据业务和组网情况，实现传输硬隔离，其他业务可采用VLAN/VxLAN、VPN等实现逻辑隔离。

（2）5G核心网边界安全防护

构建5G核心网边界、域间、域内网络安全防护能力，与安全域结合，可形成纵深防御体系。边界防护：朝向互联网和第三方运营商构建外部边界防护能力，朝向内部计费/网管系统等构建内部边界防护能力。域间安全防护：5G核心网内不同的安全域之间构建安全防护能力，例如控制域、数据域、网管域等之间的安全防护。域内安全防护：在同一安全域内构建针对某些重要网元的隔离、防护能力。

① 5G核心网外部边界防护。

通过在网络内外交界处部署防火墙、抗DDoS、IPS/IDS和WAF等安全措施，对5G核心网做好边界安全防护。

防火墙：南北向流量安全隔离防护，抵御来自互联网的已知安全威胁；可通过深度识别流量内容，发现和拦截异常的外传敏感数据行为；对VPN业务IPSec加密等。

抗DDoS：传统流量型DDoS攻击防护、应用层攻击防护、IPv4-IPv6双栈防护功能，全面防御多种攻击类型，保护用户业务安全。

IPS/IDS：在对外链路上进行分光部署IPS/IDS，提供漏洞和威胁签名库，应用层威胁防御。

WAF：防护5G核心网内的NEF等能力开放、网管Web站点，支持HTTP/HTTPS流量解析，识别SQL注入、跨站攻击等，TCP加速，支持网页防篡改，Web站点隐藏。

② 5G核心网内部边界防护。

防火墙：南北向流量安全隔离防护，抵御来自互联网的已知安全威胁；可通过深度识别流量内容，发现和拦截异常的外传敏感数据行为。

VPN GW：运营商共享基站场景通常会部署 VPN GW，用于接入信令面 IPSec VPN 流量；VPN GW 可与信令面 FW 设备物理共享。

IPS/IDS：在对外链路上进行分光部署 IPS/IDS，提供漏洞和威胁签名库，应用层威胁防御。

③ 5GC 域间安全防护。

不同安全域之间，通过 VPC 的出口网关虚拟防火墙（vFW）进行安全控制，部署统一的域间安全策略，通过安全管理进行自动管理和编排。

同一安全域内，不同类网元之间可采用路由直通；虚拟数据中心（Virtual Data Center，VDC）实现安全域隔离，虚拟私有云（Virtual Private Cloud，VPC）实现网元隔离。通过在 5G 核心网数据中心出口网关侧挂防火墙，构建域间防护安全能力，将防火墙云化为 vFW，可实现 VPC 的出口防护。5G 核心网域间安全防护如图 9-9 所示。

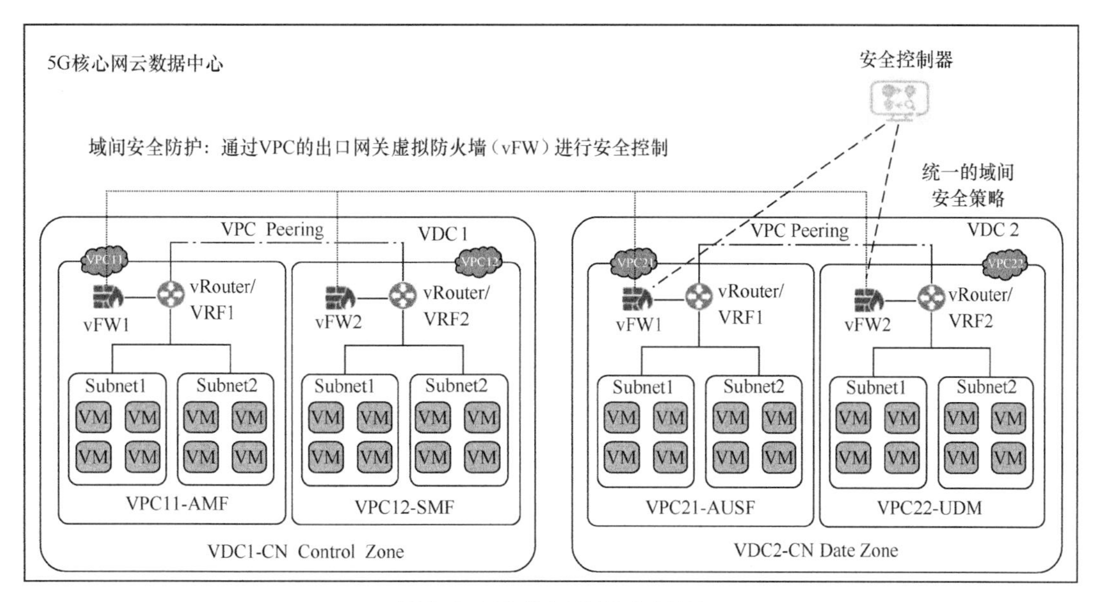

图 9-9 5G 核心网域间安全防护

④ 5G 核心网域内安全防护。

5G 核心网域内通过安全组来实现更精细的安全控制，解决域内的横向移动攻击问题。

安全组服务是对进出虚拟机端口的网络报文进行限制的安全过滤规则，安全组规则区分为出虚拟机和入虚拟机两个方向，只有规则允许的报文才能通过，安全组规则支持的协议有 TCP、UDP、ICMP 和 ANY。

管理面通过安全组实现 VM 之间微分段隔离。在 VNF 的管理面配置微分段（安全组），实现被管理的网元之间不可能通过管理面网络进行直接通信；在 EMS 的网络中配置微分段（安全组），实现网元管理服务器 EMS 不能与其管理范围之外的网元进行通信（反之亦然）。

（3）5G 核心网数据安全防护

5G 核心网处理和传递 5G 网络的用户数据、控制面信令数据和业务流量数据，这些用户数据、信令数据和业务流量数据均需要分类分级，实施分级管控措施。

① 5G核心网各类数据需要进行全生命周期管理，在采集、传输、存储、使用、销毁等环节实施相应的安全控制措施。为防止5G核心网数据在不同环节中遭受泄露、伪造、篡改、破坏等安全威胁，应对关键数据来源的可靠性、不可否认性及不可更改性提供保障。

② 用户个人信息数据应严格按照《中华人民共和国个人信息保护法》的要求进行采集与保护。涉及网元安全、用户隐私的数据不应共享和开放。对于必须共享的5G核心网数据，应严格控制数据开放形式。

③ 5G核心网应具备安全备份能力，面向各网元提供多种备份和恢复方式，提供自动化备份作业和备份文件关联功能。其中，UDM的签约数据、动态数据应以1+1主备的方式实时全量备份。

④ 5G核心网的配置数据应全量周期备份至网管系统；性能统计及告警数据应全量实时备份至网管系统；各网元日志数据应增量备份至网管系统。

（4）5G核心网管理安全防护

为有效防止黑客从管理面入侵破坏5G网络稳定运行，防范内鬼的越权访问和数据窃取，应通过技术管控和安全运维，加强维护操作安全管理、人员安全控制。5G核心网管理面安全防护如图9-10所示。

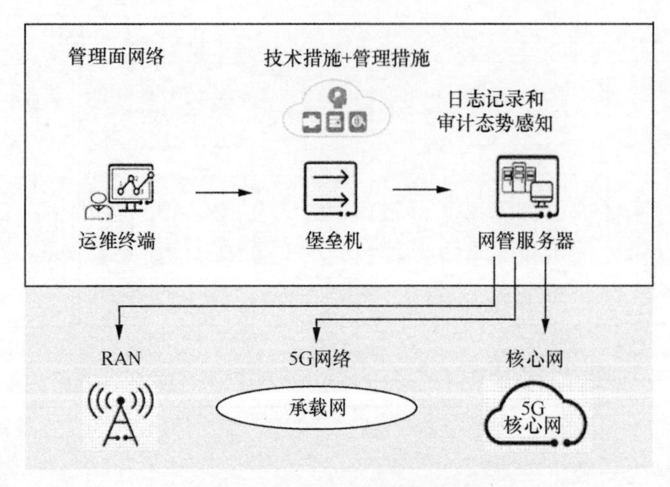

图9-10　5G核心网管理面安全防护

① 技术措施。

网络安全：构建独立的管理面网络，与互联网隔离，部署防火墙、入侵检测、数据防泄露等安全防护措施。

账号安全：运维人员登录采用多因素身份认证，所有的网管服务器运维账号都被堡垒机托管。

操作安全：强制控制所有运维操作都通过堡垒机进行，并进行日志记录和审计。

运维流量加密：运维管理流量全程（从运维终端到被管设备）加密。

日志与审计：对所有运维活动进行日志记录和审计，构建管理面网络的全面安全态势感知能力。

② 管理措施。

构建完善的运维管理流程制度，定期进行风险评估。

构建严格的设备商运维接入管理流程，包括工单触发、提前审批、最小网络访问权限、操作监控、日志与审计等。

3）5G 核心网安全检测

5G 核心网全流量检测系统通过对 5G 核心网全流量的安全检测分析，实现终端的恶意接入检测、资产识别、漏洞和威胁利用行为检测、信令攻击检测、业务渗透入侵检测，以及流量回溯取证等。5G 核心网全流量检测架构如图 9-11 所示。

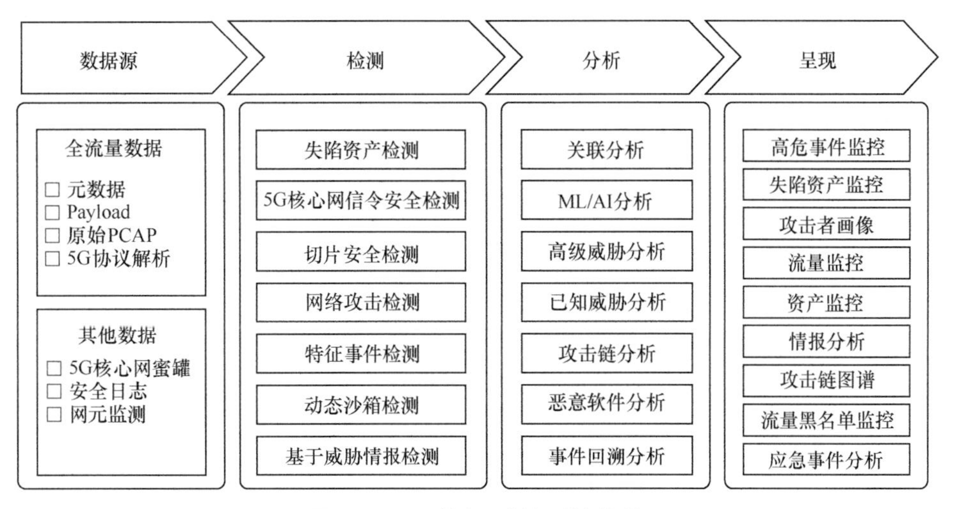

图 9-11　5G 核心网全流量检测架构

5G 核心网全流量检测系统对全部流量数据进行分析采集及解析，存储解析后的日志，基于规则引擎、威胁情报能力来检测已知威胁，基于动态沙箱检测引擎、机器学习引擎来检测未知威胁。实现对威胁事件的全方位分析，并统计和呈现威胁信息。

5G 核心网全流量检测系统的各组成部分有以下主要功能。

全流量采集探针：对流量进行采集、解析、还原和分析等工作。

全流量检测：主要包括失陷资产检测、5G 核心网信令安全检测、切片安全检测、网络攻击检测、特征事件检测、动态沙箱检测、基于威胁情报检测等。

全流量分析平台：对流量数据进行加工和整理，利用大数据分析能力和基于 ML/AI 的分析算法快速发现各类安全威胁及事件，并对历史事件进行回溯；通过沙箱检测，动态虚拟执行各类文件及应用程序，可以用来测试不受信任的应用程序或上网行为，从而发现未知的恶意威胁。

统计和呈现：最终将完整的全流量事件链通过可视化界面展示给企业安全管理者，完成在事前、事中、事后全覆盖的主动威胁识别，对安全事件进行快速定位，从而大幅降低网络安全风险。

通过在 5G 核心网内进行流量分光 / 镜像方式，采集 5G 核心网内的全流量进行分析，5G 核心网全流量检测部署方案如图 9-12 所示。

在 5G 核心网出口处部署全流量探针，通过原始流量分光 / 镜像方式将网络出口处和 5G 核心网内部网元间的流量送入全流量探针设备，同时部署全流量分析平台，确保全流量分析平台与全流量探针网络连通，利用机器学习引擎和规则检测能力，及时发现网络安全事件线索，检测病毒木马、网络攻击等安全事件；全流量分析平台进行全流量关联和取证，从多维度、多角度进行长时间跨度的关联分析。

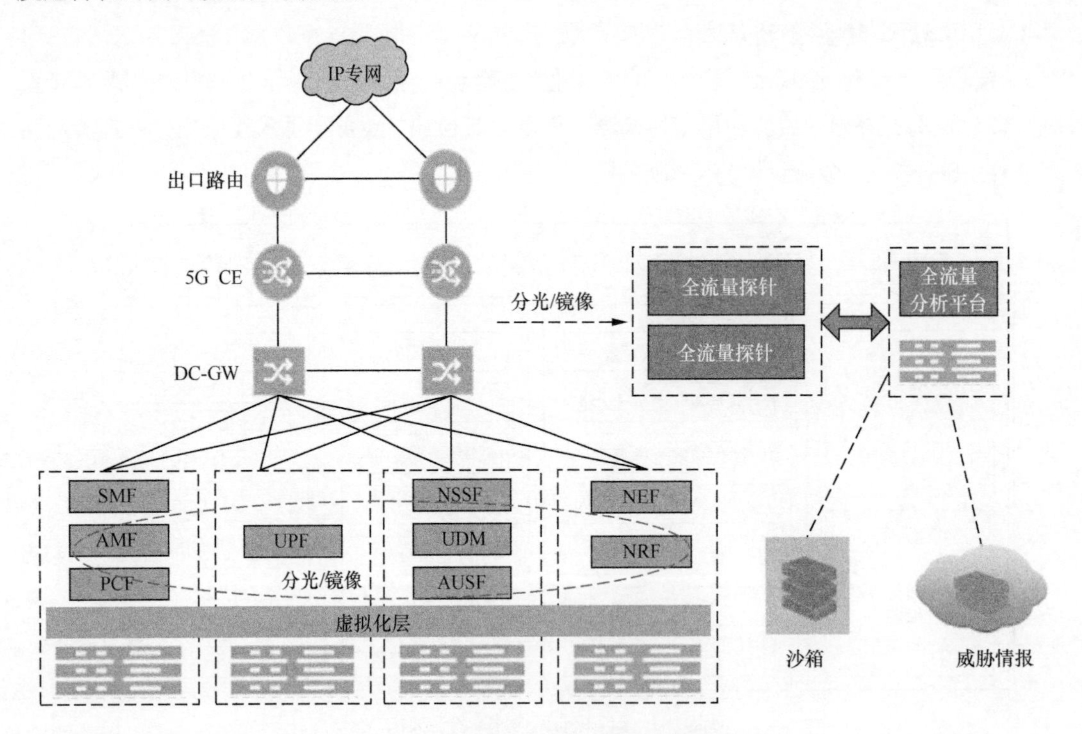

图 9-12　5G 核心网全流量检测部署方案

4）5G 核心网安全响应

构建 5G 核心网智能检测响应闭环能力是一套复杂的技术和管理体系，不仅涉及 NFs、安全设备、安全管理中心的能力，还涉及 5G 网络攻击防护 AI 技术、运维人员能力等，5G 核心网智能检测与响应的交互如图 9-13 所示。

5G 核心网的云基础设施和 NFs 将检测到的安全状态上报到管理系统，安全设备向安全设备控制器上报安全事件。虚拟基础设施管理系统和 OMC 支持 5G 核心网云基础设施、NF 配置文件、组件版本、关键参数配置等统一感知和配置能力，可实时感知设备当前是否存在安全漏洞、配置是否不合规或被异常篡改，从而使风险可见和感知。

安全设备控制器支持安全设备集中配置。5G 核心网 MANO 系统（包括虚拟基础架构管理系统、OMC、安全设备控制器）向 5G 核心网安全管理响应中心上报安全事件、日志等，实现 5G 核心网的智能威胁分析和可视化。5G 核心网安全管理响应中心智能分析 NFs 协议，以及 NFs 协议和安全设备上报的安全日志中的异常状态，向云化基础设施、NFs 和安全设备下发安全配置，并提供响应策略分发给安全设备执行，形成智能检测和处理的安全闭环。

5G 核心网安全管理响应中心除了提供安全域划分 / 隔离、数据安全防护等基础安全能力，还支持安全智能分析，可将 NF 的 NFs/ 网络管理、安全设备 / 安全控制器、安全设备联动，协同行动。在 5G 核心网安全管理响应中心的帮助下，安全设备不是孤立的，而是成为整体的安全能力资源，可以协调和编排，并提供全面的安全保护。为支持垂直行业，5G 核心网安全管理响应中心可提供差异化的安全配置，通过 NEF 或其他设备调用 5G 核心网安全资源池的安全能力，为垂直行业提供云网融合的安全服务。

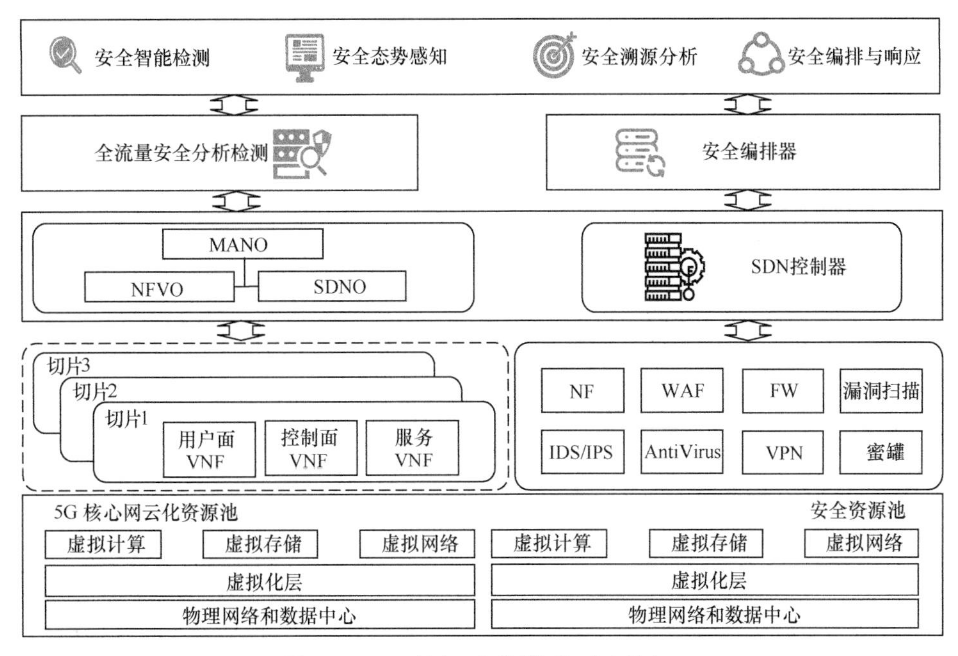

图 9-13　5G 核心网智能检测与响应的交互

5）5G 核心网容灾备份

根据 5G 核心网各网元特点，支持多种容灾方案，主要包括以下内容。

1+1 主备：一主一备，主用设备承担业务处理，备用设备为主用设备提供数据和业务备份，不处理业务。当主用设备发生故障时，备用设备完全承担主用设备的工作，保证业务正常运行。

N+1 主备：*N* 主 + 一备，*N* 个主用设备承担业务处理，一个备用设备为所有主用设备提供数据和业务备份，不处理业务。但当其中一个主用设备出现故障时，备用设备承担该主用设备的工作，保证业务正常运行。

负荷分担：所有设备均承担业务处理，当其中某个设备出现故障时，业务平均分配到其他设备上，保证业务正常运行。

5G 核心网 NF 应支持不同模块的备份，例如，配置管理、告警管理、安全管理和日志管理等数据。支持手动或自动备份，自动备份的间隔时间和内容可以配置。

5G 核心网 NF 应支持将已备份的数据进行恢复，所有的备份数据均可被恢复。作为网络中的统一数据层，5G 核心网 NF 应支持多级冗余机制，分布式地理容灾，支持多级数据备份与恢复机制，确保数据在各站点完全一致，不会丢失，构建高度可靠、安全、放心网络。5G 核心网网元容灾备份总体方案如图 9-14 所示。

5G 核心网管理系统容灾备份机制主要包括 EMS、NFVO/VNFM 的容灾备份能力。

① EMS 可以以本地多虚拟机负荷分担的方式部署在单 DC 内，也可在两个 DC 内分别部

署多台虚拟机以支持异地容灾。VNFM 在每一个 DC 中部署主备双机，当主用设备发生故障时，可以迅速切换到备用设备，保证业务及时恢复。NFVO 可以以本地多虚拟机负荷分担的方式部署在单 DC 内，也可在两个 DC 内分别部署多台虚拟机以支持异地容灾。

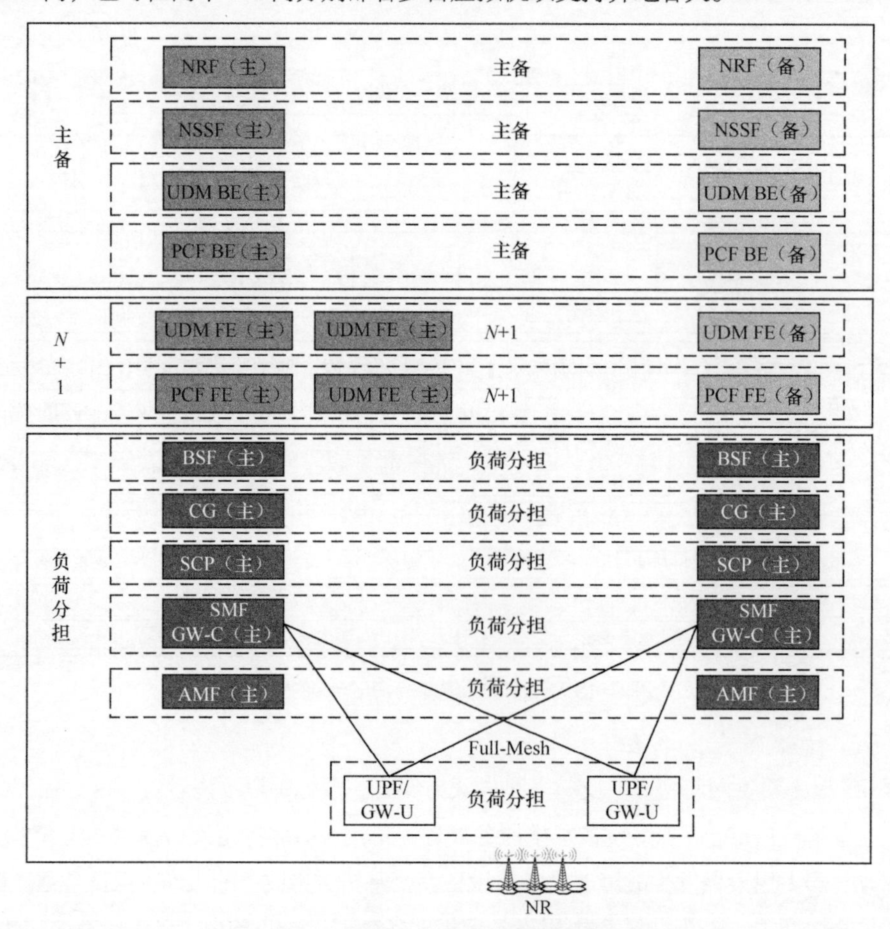

图 9-14　5G 核心网网元容灾备份总体方案

EMS 支持对拓扑、告警、性能、配置、安全、日志等数据的手工备份和自动备份。

手工备份：对拓扑、告警、性能、配置、安全、日志等数据的手工备份。支持全量备份或增量备份。备份数据保存到 EMS 服务端或运营商指定的 FTP/SFTP 服务端。

自动备份：定义自动备份任务，对拓扑、告警、性能、配置、安全、日志等数据的自动备份。支持全量备份或增量备份。备份数据保存到 EMS 服务端或运营商指定的 FTP/SFTP 服务端。

EMS 还支持在备份的同时，对数据库中的过期历史数据进行自动清除，节省磁盘空间。EMS 支持将备份的拓扑、告警、性能、配置、安全、日志等数据文件恢复到 EMS 系统中。

② NFVO/VNFM 系统备份支持人工备份和自动备份。

NFVO/VNFM 系统支持人工备份配置数据、安全数据等，用户可通过手动执行人机命令备份配置数据、安全数据等，备份数据可以输出到本地服务端或运营商指定的 FTP/SFTP[1] 服务端。

1　SFTP（Secret File Transfer Protocol，安全文件传输协议）。

NFVO/VNFM 系统支持自动备份配置数据、安全数据等，系统可按照一定的周期执行定时配置数据或者安全数据备份，支持按照日、周、月定时备份，备份数据可以输出到本地服务端或运营商指定的 FTP/SFTP 服务端。系统支持使用自动备份或人工备份的数据进行系统恢复。

9.5.3　5G 核心网安全运营

5G 网络需要日常全面的安全运营管理才能有效实现安全保障，5G 网络建设初期就需要同步考虑 5G 网络的安全运营，其安全运营模式应是全局性的。5G 网络运营商的 5G 核心网均采用区域或省集中设置的建设方式，应考虑在 5G 核心网侧具备相应的安全运营全局管理能力，实现对于 5G 网络的安全事件集中监控管理，对 5G 网络资产、安全资源实现统一管理，对安全策略实现统一调度，与 5G 边缘安全进行实时协同联动，从而实现全局性的安全防范与处理。

5G 核心网侧的安全运营管理系统需要具备 5G 资产管理、安全资源管理、漏洞安全扫描、安全基线核查、异常流量监测、攻击溯源、5G 安全威胁情报关联分析预警能力，并能够调度僵木蠕和移动网络恶意代码检测系统，面向 5G 网络和 5G 行业客户提供对内或对外的安全运营管理服务。综合考虑建设成本和 5G 安全需求，5G 安全运营管理一般可以复用运营商已有的网络安全运营管理系统能力，同时增加 5G 安全相关特性。整体安全运营管理体系架构（纳管 5G 网络）如图 9-15 所示。

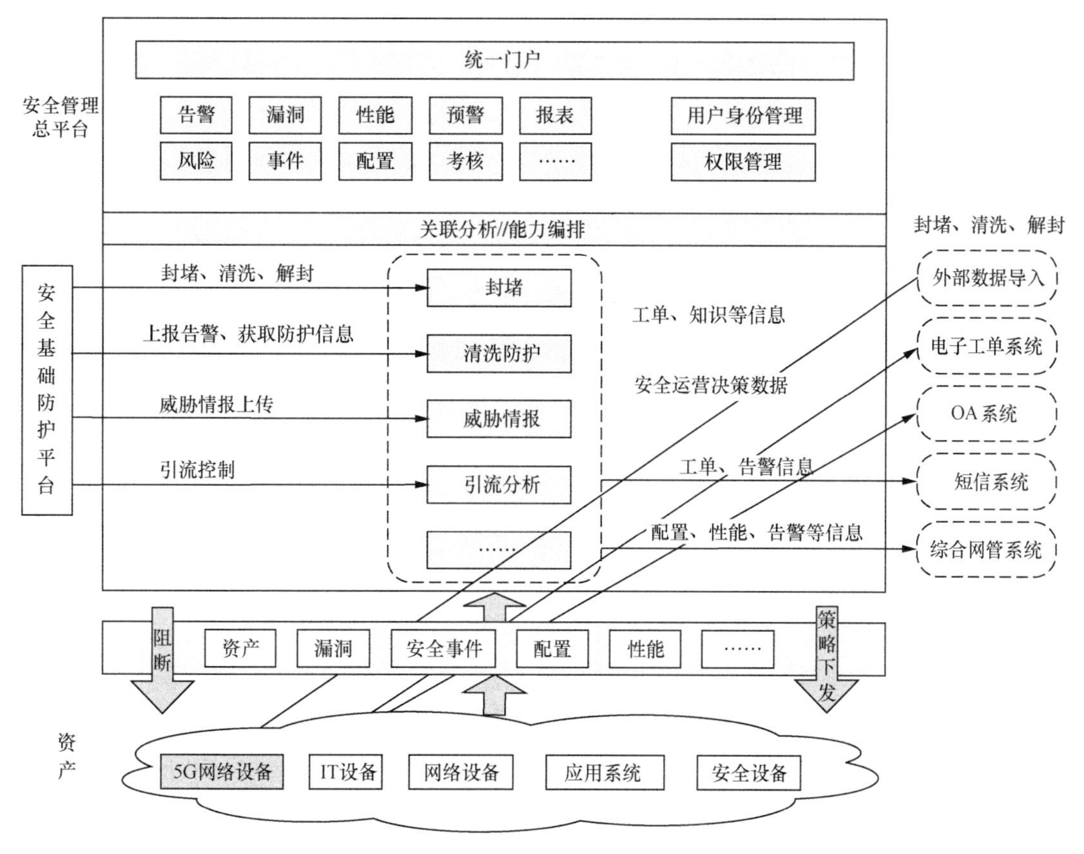

图 9-15　整体安全运营管理体系架构（纳管 5G 网络）

5G 核心网安全运营管理系统需要增加的 5G 安全相关特性包括以下内容。

① 5G 资产纳管。5G 核心网安全运营管理系统均需要纳管 5G 核心网、无线接入网、5G 管理和计费域、5G 网络内相关数据承载设备等资产信息。

② 基于 5G 网络协议层的安全监测。5G 核心网安全运营管理系统需要补充对于 5G 网络协议安全的监测能力，增强对 5G 新增协议、信息及字段的解析能力，补充相关 5G 威胁情报。

③ 5G 主要业务场景的安全监测。5G 核心网安全运营管理系统需要补充基于 5G 主要业务场景的安全特征识别与监测处理能力，例如，大带宽、低时延应用下的安全威胁识别、海量物联网终端对应的安全数据采集和安全攻击风险分析，同时提升关联分析能力，实现面向 5G 业务应用平台、接入终端和 5G 核心网的端到端安全风险分析与预警。

④ 5G 安全自动化编排响应。5G 核心网安全运营管理系统应具备安全自动化编排响应能力，需要根据 5G 的各类应用场景的安全要求进行相关应急响应剧本的编排及联动部署，并能与 5G 网络编排进行智能化协同，最终建立场景驱动的自适应应急响应联动，实现安全事件自动化闭环处理。

9.6 小结

5G 核心网安全是 5G 网络安全的关键环节，在考虑 5G 核心网整体安全方案时首先需要做好网络平面的安全隔离，以及核心网网元功能、网络切片的安全隔离；其次，需要充分配置 5G 核心网自身的安全基础能力，包括 5G 核心网架构及基础安全、网元及网络功能安全、认证及授权机制（用户、网元、切片）、机密性及完整性保护机制、云化基础设施安全、做好边界防护等方面的基础安全能力；同时，需要配套相应的安全防护和检测能力，这些防护和检测能力可充分利用运营商已经具备的各类网络安全防护和检测系统，并遵循安全数据按需及时处理、能力统一纳管和兼顾成本效益的原则，进行安全防护和检测能力的集中设置和就近部署；最后，5G 核心网需要同步制定安全管理规定，并纳入运营商已有的安全管理体系统一管理，从制度上实现 5G 核心网的全生命周期安全管控。

9.7 参考文献

[1] 吴成林，陶伟宜，张子扬，等 . 5G 核心网规划与应用 [M] 北京：人民邮电出版社，2020.
[2] 方琰崴 .5G 核心网安全解决方案 [J]. 移动通信，2019, 43(10): 19-25.
[3] IMT-2020(5G) 推荐组 . 5G 安全知识库 [R] . 中国信息通信研究院，2021.
[4] IMT-2020(5G) 推荐组 . 5G 安全报告 [R] . 中国信息通信研究院，2020.

第10章 5G MEC安全方案

MEC通过将能力下沉到网络边缘，在靠近用户的位置上，提供IT服务、环境和云计算能力，以满足低时延、大带宽的业务需求，是5G网络的关键能力之一。MEC的主要功能是网络位置处于5G网络的边缘，一方面同多场景多用户互联，另一方面与5G网络互通，是5G网络与行业用户之间实现业务互通的重要网元节点。本章结合MEC所处的特殊位置和MEC自身特点，在分析MEC面临的主要安全风险的基础上，结合MEC的通用网络结构，重点对MEC网络安全架构、安全域划分、基础安全能力、MEC各级系统和应用的安全防护和检测，以及安全管理等方面进行了说明。本章能够对5G MEC安全方案的体系化实施提供借鉴，从而满足5G网络和行业应用对MEC的安全要求。

10.1 MEC主要安全风险

MEC是5G网络的边缘节点，面临多场景、边界泛化、网元接近用户、暴露面不可控、安全措施防护薄弱等安全防护挑战。结合5G MEC平台技术架构和运行模式，MEC平台面临与IT系统相似的脆弱性，总体来看，MEC平台可能面临的安全风险主要包括以下6个方面。

（1）物理环境安全风险

5G MEC平台部署物理环境靠近网络边缘，很多位于区（县）级机房，是微型边缘数据中心。5G MEC平台边缘机房所处位置受环境限制，电力供应、防火、防水、防静电、温/湿度控制、机柜安装等往往配置不够规范，可能缺少必要的监控系统和设备，从而导致设备断电、网络断连、平台下线等安全风险，另外，边缘机房的物理环境相对开放，MEC平台设备容易遭受劫持、软硬件被篡改等物理安全风险。

（2）基础设施安全风险

5G MEC平台设备承载在虚拟化基础设施之上，主要包括通用/定制服务器、网络设备、存储设备、安全设备、操作系统、数据库、中间件及虚拟化/容器软件等，这些基础设施面临着与云计算平台相似的安全风险，主要包括以下内容。

① 设备安全风险：基线配置不符合要求、登录和访问控制策略配置有误、设备资源管理策略配置不当等带来的非法用户登录、非授权攻击等安全风险；设备的维护管理认证过程不严密带来的窃听、劫持和篡改攻击等安全风险。因未部署恰当的设备级IDS、抗DDoS、防火墙等防攻击手段，导致无法及时发现、拦截和响应针对设备的非法访问、入侵等安全风险。

② 安全漏洞风险：设备硬件漏洞、软件漏洞，以及容器、虚拟化软件、数据库开发等第三方组件漏洞等。

③ 虚拟化安全风险：虚拟化安全边界相对模糊，存在一定的资源越权访问的安全风险。同时，虚拟机和容器具有弹性动态变化的特性，当资源动态变化时，如果采用人工维护安全的策略，容易遗漏部分安全策略资源，从而引发安全策略不一致的风险。

④ 供应链安全风险：因设备整机、关键芯片、核心部件、软件等断供导致的供应链完备性问题，以及因设备研发、生产、组装、存储、运输过程有安全隐患而带来的供应链安全性问题等。

（3）网络安全风险

5G MEC 平台与 5G 核心网连接，接受核心网分流策略、DNS 策略等统一配置管理。从组网架构、服务提供方式、运营模式等方面来看，涉及的网络安全风险主要包括以下内容。

① 设备接入风险：边缘设备存在不安全的通信协议接入、非法设备接入边缘平台。

② 远程管理风险：主要涉及远程管理控制软件与平台相关功能网元之间的控制传输安全性问题，包括控制传输流量、上报资源状态，以及业务信息被监听、窃取、篡改等安全风险。

③ 网络攻击威胁风险：攻击者可通过实施针对 5G MEC 平台 UPF 网元的欺骗、流量劫持、信息窃取等攻击，还有 Restful 接口攻击等，进而入侵 5G 核心网。

④ 网络级安全防护措施不当：因未部署相应的网络级 IDS、抗 DDoS、防火墙等防攻击手段，或缺乏网络告警管理、安全资源管理、安全审计措施等，导致无法及时发现、拦截和响应来自网络层面的非法访问、入侵等安全风险。

⑤ 网络配置风险：网络连接配置不当、资源分配配置不当、UPF 的访问控制策略配置不当、多 MEC 平台间管理编排调度不当等缺陷带来的安全风险。

（4）应用安全风险

5G MEC 平台的应用主要包括运营商自有的 MEC 应用及用户侧在 MEC 平台加载的第三方应用，这些应用将使用 MEC 平台的基础网络能力、通用安全能力，同时可能调用 MEC 或核心网向第三方开放的平台能力，在应用运行过程中，涉及的应用安全风险主要包括以下内容。

① MEC 应用安全隔离风险：当 MEC 边缘平台加载多种应用时，应用与应用、应用与网元，以及用户与应用间的隔离措施不完善，可能引发用户越权访问、敏感数据丢失和泄露等安全风险。

② 接口开放的风险：MEC 为边缘计算提供了一个应用承载平台。为了便于用户开发所需的应用，MEC 需要为用户提供一系列的开放 API，允许用户访问 MEC 相关的数据和功能。这些 API 为应用的开发和部署带来了便利，同时也成为攻击者的目标。如果缺少有效的认证和鉴权手段，或者 API 的安全性没有得到充分的测试和验证，那么攻击者将有可能通过仿冒终端接入、漏洞攻击、侧信道攻击等手段，达到非法调用 API、非法访问或篡改用户数据等恶意攻击目的。

③ MEC应用安全配套能力不足：没有为MEC应用提供相应的防火墙、IDS/IPS、WAF等通用安全保障能力就上线应用，或对应用、API等缺乏对应的恶意应用检测、安全管理、配置和监测等能力，导致无法及时发现、拦截和响应针对应用的非法访问、入侵等安全风险。

④ 安全漏洞风险：MEC管理模块、MEC应用、API等在开发、部署、更新等过程中可能引起的安全漏洞，以及Serverless、Service Mesh、微服务框架等技术架构的安全漏洞，还有监控工具、调试工具等组件安全漏洞等。攻击者将有可能利用相关漏洞实施网络攻击，以MEC应用作为突破口，进而向MEC平台的核心部分甚至核心网、其他MEC平台、无线接入侧等多向渗透。

（5）数据安全风险

5G MEC平台可收集、存储、使用或共享与其连接设备的数据，包括应用数据、用户数据等，其涉及的数据安全风险主要包括以下内容。

① 数据损毁风险：5G MEC平台设备毁坏、设备遭受攻击、重要数据未备份、未具备数据容灾备份、数据恢复机制等造成的数据损毁风险。

② 数据篡改风险：SQL注入、XSS注入等外部攻击入侵造成的数据篡改风险。

③ 数据泄露风险：5G MEC平台在业务开展过程中可获得和处理业务应用数据和用户个人敏感隐私数据，如果未实施数据分级分类管理、访问控制，未部署敏感数据加密、脱敏手段，或开展不合规的数据开放共享等，那么可能存在数据泄露等安全风险。

（6）管理安全风险

5G MEC平台管理安全风险包括涉及平台自身的管理安全风险，以及与其他相关方合作过程中的管理安全风险等，主要包括以下内容。

① 平台管理安全风险：主要涉及因平台安全管理制度缺乏、灾难恢复预案不合理、安全责任划分制度不明确等引发的平台安全防护措施未落实、安全事件应急恢复不及时等安全风险。

② 第三方管理安全风险：在MEC应用上线、升级时，缺乏对第三方应用开发商的安全评估和审核，对于多用户的MEC应用缺乏区分用户的业务运维和安全管理，设备供应商的安全管理、持续性评估不足等安全隐患。

10.2　MEC安全总体架构

MEC的概念最初由诺基亚、华为等6个公司组成的ETSI MEC ISG联合提出，其基本思想是把云计算平台从移动核心网络内部迁移到移动接入网边缘，通过部署具备计算、存储、通信等功能的边缘节点，使传统无线接入网具备业务本地化条件，进一步为终端用户提供更大带宽、更低时延的数据服务，并大幅度减少核心网的网络负荷，同时降低数据业务对网络回传的带宽要求。

ETSI 提出了 MEC 的系统参考框架，MEC 系统被划分为 MEC 系统级（MEC system level）、MEC 主机级（MEC host level）和 MEC 网络级（Network）3 个层级。ETSI MEC 系统框架如图 10-1 所示。MEC 系统级管理单元对 MEC 系统资源进行全局管理，并接收来自用户终端和第三方的业务请求。MEC 主机级由 MEC 主机和 MEC 主机级管理单元组成，MEC 主机级管理单元对 MEC 主机的资源以及 MEC 平台、MEC 应用进行管理，MEC 主机包含 MEC 平台、MEC 应用和虚拟化基础设施。MEC 网络级包含 3GPP 网络、本地网络和外部网络等实体，表示 MEC 主机与外部的连通情况。

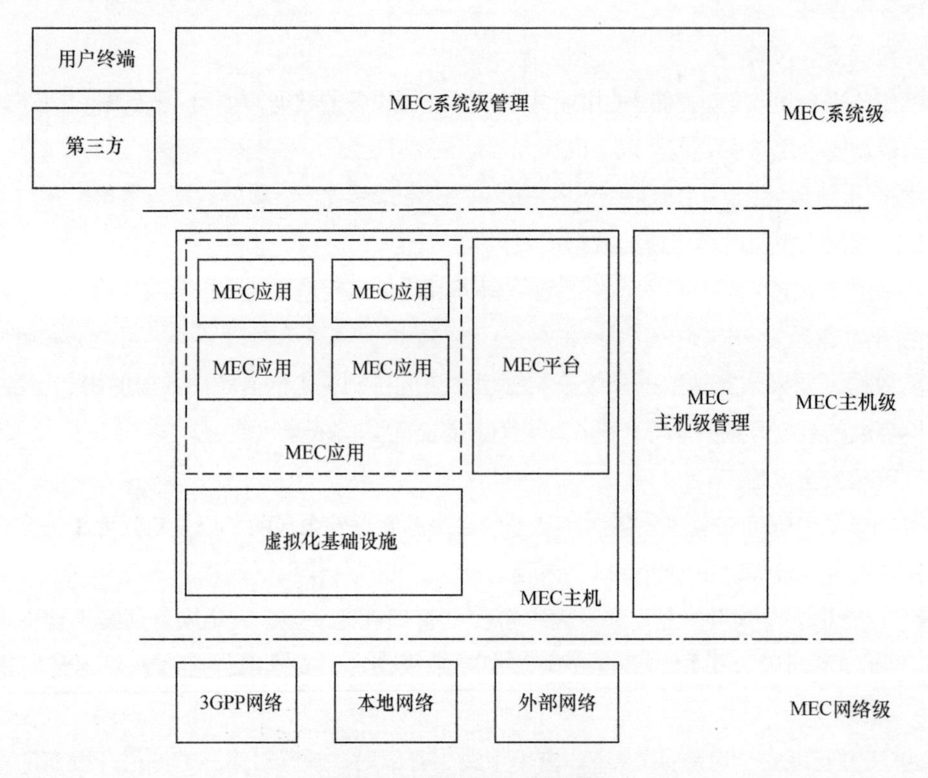

图 10-1　ETSI MEC 系统框架

MEC 在 5G 网络中部署时，MEC 网络级主要为 5G 网络和 MEC 本地网络，MEC 系统可设置为二级结构，包括 MEC 管理平台（对应 MEC 系统级）以及 MEC 边缘节点（对应 MEC 主机级）。

MEC 管理平台：主要负责 MEC 业务和平台的管理和控制，与 IT 系统、OSS、云基础设施管理系统、5G 网络对接实现计费结算、服务开通、运维管理、边缘资源管理、网络能力调用等功能。MEC 管理平台可以分为集团级和省级多级设置，其系统级功能实体 MEC 编排器作为应用功能（AF）可以与 5G 核心网 NEF 进行通信。

MEC 边缘节点：MEC 应用、MEP、NFVI。其中，MEP 接受来自 MEC 管理平台的管理调度，并执行和实现相应策略。MEC 边缘节点分布式部署，由 5G 核心网 UPF 负责将边缘网络的流量分发导流到 MEC 边缘节点业务系统。

5G 网络中 MEC 的总体安全架构应与 MEC 在 5G 网络中的系统框架相适应，MEC 的安全架构需结合 MEC 的部署位置，统筹考虑 MEC 系统基础运行环境、MEC 外部互联方式及 MEC 管理模式，MEC 的安全架构总体分为二层结构。

MEC 管理平台安全层：该安全层与 MEC 管理平台相对应，实现对 MEC 管理平台的安全保护，包括在 MEC 管理平台侧配置防火墙、防病毒、容器安全监测、安全信息采集等能力，同时 MEC 管理平台安全层应基于管理平台所在基础云资源池的安全能力配置 MEC 集中安全能力池，可涵盖 WAF、抗 DDoS、IPS、基线核查、漏洞扫描、镜像扫描、容器检测等通用安全防护及检测能力，根据集约化原则，MEC 系统（包括 MEC 管理平台及边缘节点）的相关安全需求可共享集中安全能力资源池的相关能力。另外，运营商的 MEC 管理平台可能会结合网络规模、功能要求等设置为集团级、省级两级管理平台架构，与此相适应，MEC 管理平台安全层也对应部署集团级、省级两级管理平台侧的安全能力，其中，对于实时性要求高的安全能力可靠近边缘侧部署。

MEC 边缘节点安全层：该安全层与 MEC 边缘节点相对应，可实现对 MEC 边缘节点的安全保护，包括在 MEC 边缘节点侧配置防火墙、防病毒、安全检测探针等能力，同时可设置 MEC 边缘安全能力池，具备 WAF、IPS、抗 DDoS 等流量实时处理型安全能力，对于安全检测类、分析审计类等性能及时延要求不高的安全能力可集约共享 MEC 管理平台集中安全能力池的能力。

MEC 安全架构如图 10-2 所示。

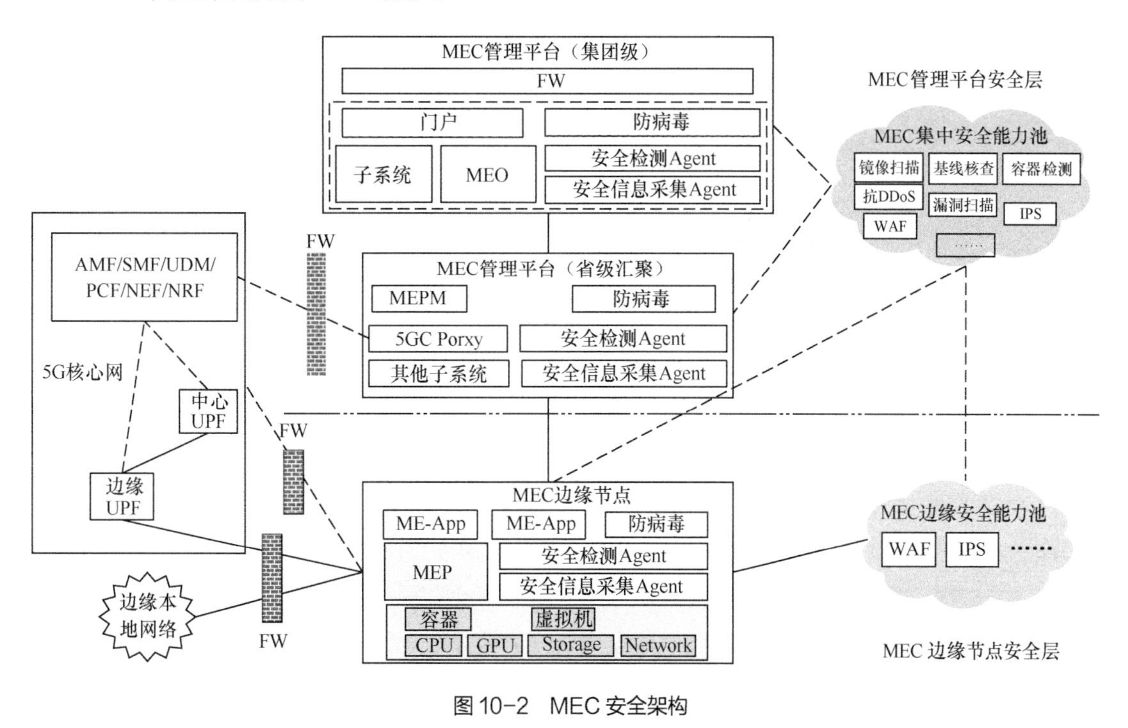

图 10-2　MEC 安全架构

在MEC安全架构下，MEC应根据管理平台、边缘节点的不同网络接入需求、MEC应用要求进行相应的安全域划分，并进行必要的安全隔离。MEC所在的基础资源环境、UPF、MEP自身需要具备基础的安全能力，同时，需要根据MEC应用层的要求提供增强的安全能力；MEC还需要具备安全编排和管理能力，并符合安全管理的相关要求。

10.3 MEC安全域划分

MEC的安全域应根据管理平台和边缘节点的不同需求进行划分。

① MEC管理平台安全域。MEC管理平台均设置在运营商核心机房内，按照其流量类型，可划分为3个平面：管理平面、业务平面、存储平面，应做到平面间相互隔离，必要时可分别占用独立的物理网口，做到物理隔离。平面内根据不同功能接口可进行子网划分，进行逻辑隔离。为防止安全风险扩散，可考虑MEC管理平台与管理平台所在云资源池中的其他系统/平台实行物理隔离，即不共用物理服务器和接入交换机。

根据与互联网连接暴露程度以及自身安全级别，MEC管理平台划分的安全子域在各安全子域间采用防火墙等措施实施访问控制。所有互联网流量只能访问DMZ，管理平面原则上只允许指定授权IP访问。

② MEC边缘节点安全域。MEC边缘节点一般设置在运营商边缘机房或者用户机房，应对边缘节点的管理、业务和存储划分不同的平面，实行平面间隔离。MEC边缘节点的MEC应用和MEP/UPF应属于不同的安全域，彼此之间逻辑隔离。边缘节点若没有访问互联网的需求，则应不设置互联网出口。边缘节点若有访问互联网的需求，则应设置DMZ。边缘节点的UPF和MEP应部署在可信区，MEC应用应部署在DMZ，并且外部互联网流量应进行访问控制，只允许访问指定端口。MEC应用之间应进行安全隔离，如果有互访需求，需要通过防火墙进行安全控制。

10.4 MEC安全基础能力

10.4.1 物理基础设施安全

MEC管理平台在进行建设部署时，相关的局址选择、机房环境要求、出入访问控制、供电要求等物理安全应按照GB/T 22239—2019《信息安全技术 网络安全等级保护基本要求》安全通用要求的安全物理环境部分的三级标准执行。MEC边缘节点在进行建设部署时，应满足MEC所承载业务的相关等级保护要求。同时，为降低边缘节点在用户机房部署时的物理安全风险，MEC边缘节点设备应具备防拆、防盗、防恶意断电等物理安全保护机制，采用安全机柜等方式提高物理环境安全。同时，MEC边缘节点应启用物理安全增强功能，降低安全风险，包括但不限于以下4点。

① 能够关闭本地维护端口，并能禁用不使用的端口，以降低物理安全风险。

② 对于具有 Console 接口的设备，能够取消 Console 接口的登录权限，并能禁用系统通过恢复模式从本地修复密码的功能。

③ 对于使用硬件 WAN 口、LAN 口、串口等进行维护的设备，需要支持并设置口令进行鉴权访问，禁止直接登录。

④ 能够管控本地加载系统路径，不允许从外部存储设备启动系统，能够检测系统补丁和程序加载。

10.4.2 虚拟基础设施安全

MEC 系统的管理平台和边缘节点都是在虚拟化资源池设备上进行部署，MEC 可以通过虚拟机或 / 和容器的方式在虚拟化基础设施上承载，虚拟化基础设施的基础安全能力同时也是 MEC 系统的基础安全能力之一。

虚拟化基础设施安全包括基础软硬件层（物理主机、网络及安全设备、存储设备及操作系统、数据库、中间件）安全、虚拟化 / 容器层安全、虚拟机 / 容器镜像安全、虚拟机 / 容器管理安全等。

（1）基础软硬件层安全

虚拟化基础设施的基础软硬件层安全主要是指基础软硬件的物理安全、账号及口令、认证和授权、日志及审计、基线核查、密码算法、证书管理、维护安全、存储安全、软件安全需要满足运营商对 IT 核心网络基础设施的基本安全要求。同时，MEC 系统的基础硬件设施、软件系统均应纳入运营商资产管理，建立资产台账并定期复核。

（2）虚拟化 / 容器层安全

虚拟化层安全包括物理主机操作系统（Host OS）、Hypervisor、数据库、VIM 及其他软件组件的安全。Hypervisor 应实现不同虚拟机之间的资源隔离，包括 vCPU 调度安全隔离、内存资源安全隔离、磁盘 I/O 安全隔离、内部网络安全隔离。虚拟机之间需要避免数据窃取或恶意攻击，保证虚拟机的资源使用不受周边虚拟机的影响，终端用户使用虚拟机时，仅能访问属于自己的虚拟机资源（例如硬件、软件和数据），不能访问其他虚拟机的资源，保证虚拟机隔离安全，虚拟机应无法探测其他虚拟机的存在。

容器与主机、容器与容器之间应实现安全隔离，包括通过操作系统提供的 Namespace，Cgroup（Control groups）可实现容器与主机、容器与容器之间的资源隔离和限制；通过操作系统内核控制容器 Capabilities 特性，限制容器进程的运行特权；通过操作系统内核的 Seccomp[1] 特性，限制容器进程可使用的系统调用等。

虚拟化 / 容器层的安全管理和安全配置应采取服务最小化原则，禁用不必要的服务。

1 Seccomp（Security Computing Mode，安全计算模式）。

（3）虚拟机/容器镜像安全

虚拟机/容器镜像及模板上线前，需要进行全面的安全评估，并进行安全加固。对于经过安全扫描、上传和下载的虚拟机/容器镜像及模板，应具有数字签名，并进行完整性保护和机密性保护。镜像应加密后上传，只有经过认证和授权的客户端才能执行镜像上传或下载，应约束镜像上传的固定路径，避免用户在上传镜像时随意访问整个系统的任意目录。镜像仓库应保障虚拟机镜像、快照的安全存储，防止损坏、非授权访问、篡改、泄露。

（4）虚拟机/容器管理安全

MEC系统的虚拟机/容器基础设施应进行安全管理，包括身份认证和授权管理、漏洞检测和修复管理、敏感数据保护和数据传输安全管理、端口和服务安全管理、日志安全管理及API安全管理等。

10.4.3 MEC与5GC安全隔离

MEC边缘节点与UPF之间应部署防火墙，实现MEC与UPF之间的安全隔离，同时，对N4/N6/N9接口分别设置UPF的访问控制规则，尤其对于边缘节点设置在非运营商机房的UPF和MEC，应注意要对数据流量和信令流量都进行访问控制。

为降低对5GC可能引入的安全风险，需要对MEC边缘节点到5GC的流量进行访问控制。首先，MEC调用5GC能力，应统一通过MEP的认证授权，并由MEP通过MEC管理平台提交申请。其次，MEC管理平台在接入5GC之前须经过全面的安全风险评估，且需要对流量进行必要的访问控制和安全检测。另外，边缘UPF与SMF之间应采用白名单的方式进行访问控制，仅允许指定IP和MAC地址的边缘UPF与SMF互访，从而降低仿冒UPF设备与5GC通信的风险。

10.4.4 MEP安全

MEP本身是基于虚拟化基础设施部署，对外提供应用的发现、通知的接口。通过实施安全防护措施保护MEP，防止攻击者或者恶意应用对MEP的服务化接口进行非授权访问，拦截或者篡改MEP与MEC应用之间的通信数据，防止攻击者通过恶意应用访问MEP上的敏感数据，窃取、篡改和删除用户的敏感隐私数据。

对MEP的访问需要进行认证和授权，防止恶意应用对MEP的非授权访问。MEP应支持抗DDoS攻击，MEP敏感数据应启用安全保护，防止非授权访问和篡改等。MEP与UPF、MEC管理平台、MEC App等进行通信时，应对MEP、MEC App等进行身份认证，并对传输数据的使用安全的协议进行机密性和完整性保护；应支持对MEP的API调用进行认证、授权和安全审计。

10.4.5 MEC App安全

MEC App可以是运营商自有MEC App以及第三方MEC App。第三方MEC App部署在运营商的边缘节点时，应支持安全评估，包括身份验证、安全合规检查和审核、病毒扫描等，保证只有合法、合规的 MEC App 才能上线。

MEC App 之间需要进行安全隔离，启用访问授权机制，防止 MEC App 之间的非法访问。MEC App 需要进行漏洞扫描及加固，对其镜像进行病毒查杀，MEC App 访问 MEP 的资源情况需要进行实时监控，防止第三方 MEC App 恶意消耗 MEC 系统资源，造成系统服务不可用。对 MEC App 的生命周期进行管理，防止 MEC App 被非法创建、修改及删除，通过有效的数据备份、恢复，以及审计措施，防止攻击者修改或删除用户在边缘节点上的数据。

10.5　MEC 安全防护和检测

MEC 系统在具备基础安全能力的同时还需要配备相应的安全防护和检测能力，以满足所承载 MEC 业务的等级保护要求。根据 MEC 管理平台和 MEC 边缘节点承担的功能和位置不同，其所具备的安全防护和检测能力应各有侧重，并根据综合性能和投入成本的因素，统筹考虑各自的安全防护和检测能力的配置方案。

10.5.1　MEC 安全加固

与核心网安全类似，MEC 安全防护和检测的前提是做好对 MEC 管理平台的日常安全加固工作。包括对虚拟化基础设施、UPF、MEP、MEC App，以及 MEC 编排和管理系统及其使用的操作系统、中间件、数据库和 Web 管理接口进行安全加固，安全加固应符合运营商相关安全加固规范要求，包括最小化服务、开启系统防火墙、文件及目录权限最小化、账号及口令加固、启用日志与审计、关闭不安全的协议和端口（例如 Telnet，FTP）、更新补丁、严格限制管理接入、开启复杂密码策略等，需要在上线前完成安全加固工作，同时将安全评估和加固放在常态化工作中。

10.5.2　MEC 管理平台侧安全防护和检测

MEC 管理平台因业务管理和编排的要求，需要开设互联网门户，同时还需要与 5GC 能力开放等网元互联，MEC 管理平台需要具备防病毒、Web 防护、DDoS 防护、入侵防护、安全信息数据检测等防护和检测能力，以保证及时获知安全威胁，发现安全隐患，实施必要的防护策略，消除对 5GC 及平台业务管理的影响。MEC 管理平台为集中设置模式，其基础硬件资源使用运营商数据机房的 IT 云基础设施资源，一般来说，运营商 IT 云基础资源池（简称云资源池）均已配备了较全面的安全防护和检测能力，MEC 的安全防护和检测应尽量共享 MEC 管理平台所在云资源池已具备的安全防护和检测能力。MEC 管理平台需具备的主要安全防护和检测能力如下。

① MEC 管理平台应具备防病毒能力。对于 MEC 管理平台所在的云资源池设备及相关管理组件均应配置防病毒软件，具备对僵木蠕等恶意软件的检测和防护能力。相关防病毒软件应以模块化的方式部署，并进行定期扫描和检测。

② MEC 管理平台应具备 Web 防护能力。MEC 管理平台涉及互联网门户，必须进行 Web 防护，MEC 管理平台所在的云资源池应配备 WAF 设备，统一为 MEC 管理平台的相关门户提

供 Web 应用层攻击的检测和防护。

③ MEC 管理平台应配备 DDoS 防护能力。MEC 管理平台应基于 MEC 管理侧所在云资源池已有的抗 DDoS 设备，以及运营商已建的异常流量监控系统、攻击溯源系统和异常流量清洗系统，为 MEC 管理平台提供 DDoS 攻击检测和防护能力。

④ MEC 管理平台应部署入侵防护能力。MEC 管理平台应基于所在云资源池已有的 IPS 系统，在 MEC 管理平台流量出入口处采用旁路或串接的方式部署入侵检测和防护能力，以满足等级保护的要求。

⑤ MEC 管理平台安全信息数据检测能力。根据网络安全集约化管理的要求，MEC 管理平台所在云资源池及相关系统需要部署安装安全数据采集代理单元，采集并及时更新网络安全基础信息，例如操作系统软件版本、K8s 版本、容器引擎版本、IP 地址、安全补丁、安全基线、服务端口及进程等安全信息数据。采集的安全信息数据需要及时上传至运营商网络总体安全管理平台或安全数据中心。目前，MEC 管理平台大多采用基于容器的微服务架构，且同时配备容器运行阶段的安全检测能力，能从命令操作、敏感文件操作、网络活动等维度实时发现容器运行时的异常行为，并进行监测及上报。

⑥ MEC 管理平台应纳入 4A 系统管理，为管理运维人员提供统一集中的账号管理、权限分配控制、登录认证和操作审计等功能。管理运维人员应只能通过 4A 系统访问 MEC 管理平台相关系统。

⑦ MEC 管理平台应纳入基线核查系统平台进行管理并实现定期漏洞扫描。基线核查系统能够依据相关安全配置规范对 MEC 管理平台的安全配置信息进行分析处理，实现对各类资产的配置信息进行自动化核查。通过常态化地定期漏洞扫描，可及时发现 MEC 管理平台是否出现已知漏洞和弱口令，及时进行漏洞扫描结果展示、风险告警和闭环处理。

10.5.3 MEC 边缘节点侧安全防护和检测

MEC 边缘节点一般设置在靠近用户侧的边缘数据机房，MEC 边缘节点通过 UPF 与 5GC 互联，并根据部署的 MEC 应用要求来确定是否与互联网互通，MEC 边缘节点需要具备防病毒、抗 DDoS、Web 防护、漏洞扫描、日志和审计、安全信息采集、容器安全检测等安全防护和检测能力，以保证 MEC 边缘节点的自身安全及消除对 5GC 的安全威胁。MEC 边缘节点需具备的主要安全防护和检测能力如下。

① MEC 边缘节点安全防护和检测能力应按需部署。由于 MEC 边缘节点的资源能力有限，受限于边缘节点的建设规模及成本，不可能将所有的安全防护和检测能力在每个边缘节点均进行部署，应根据安全防护和检测的特点及对时延的要求进行按需部署。对于漏洞扫描、堡垒机、日志和审计、数据库审计、网页防篡改等对时延要求不高、可远程提供的安全检测和防护能力，建议基于运营商集约化 MEC 集中安全能力池提供。对于防火墙、WAF、IPS 等对时延要求相对较高的防护和检测能力，可通过运营商设置的靠近 MEC 边缘节点的边缘安全能力池提供。对于需要部署在 MEC 边缘节点内部的病毒防护引擎、容器安全检测引擎等，应随 MEC 边缘

节点同步部署。

② MEC边缘节点应具备安全信息数据检测能力。与MEC管理平台类似，MEC边缘节点也需要部署安装安全数据采集代理单元，及时采集更新边缘节点的网络安全信息，采集的安全信息需及时上传至运营商网络总体安全管理平台或安全数据中心。另外，对于采用容器微服务化架构的MEC边缘节点平台系统，应部署容器镜像安全扫描系统，实现对容器镜像的安全扫描，确保只有通过核查的镜像文件才能部署上线，避免“带病入网”，同时应建设容器运行阶段的安全检测能力，及时发现容器运行期间的异常行为。

③ MEC边缘节点应进行流量安全防护。对于共享型MEC边缘节点，需要根据业务需求限制用户流量带宽，例如，通过对单一用户在UDM签约时限定单会话最大流量带宽，避免总通道被单一用户流量挤占，从而影响其他用户使用业务。

④ MEC边缘节点应对API进行安全防护。MEC边缘节点应具备对MEP的API调用进行认证与鉴权的能力，防止API的非法调用。同时，应启用API白名单，限制可接入的应用，并对请求进行数据包的合法性校验，并启用TLS加密传输，对传输参数进行签名验证，防止信息被篡改。另外，MEC边缘节点应具备API高可用性保证措施，包括但不限于限制并发数、限制服务化接口调用速率等；应采用加入时间戳、设置一次有效的参数信息等方式，防止重放攻击。

10.6 MEC安全管理

MEC安全管理是保障MEC业务和系统日常安全运营的关键环节，应制定并完善MEC业务和系统相关安全管理流程，对MEC业务和系统实施全生命周期安全管理。对MEC业务和系统的配套安全设备，应及时随系统建设及规模扩容而同步规划、同步建设、同步运营。应将安全设备配套落实情况和MEC相关系统的安全风险评估纳入MEC平台工程的验收环节，验收通过，MEC平台才能上线运行。

MEC相关业务和系统应纳入运营商网络安全管理平台的管理范围。网络安全运维人员应按网络安全相关管理规范要求，通过调用网络安全管理平台能力，对MEC相关系统以及容器、镜像等组件定期开展基础信息管理、基线核查、账号端口进程风险处置、漏洞扫描、安全审计等网络安全运维工作。MEC安全管理的总体应与5G网络安全管理要求保持一致，5G网络相关的安全管理要求在5G核心网安全方案章节已有说明，这里不再赘述，MEC安全管理相关要点说明如下。

（1）资产管理

MEC资产应进行统一管理，具备MEC资产信息采集、信息解析识别和风险预警分析能力，并纳入运营商资产管理系统进行统一管理；资产管理系统应支持识别MEC相关资产，处理MEC资产基础信息，支持在单独页面上展示MEC资产状况和报表，支持MEC相关资产的统计、分析等功能。

（2）4A 管理

MEC 相关系统应纳入 4A 覆盖范围，实现对 MEC 内部管理人员和第三方维护人员集中的身份认证管理与访问控制。同时，应按照最小化原则，建立 MEC 权限分离机制，集中账号管理、认证授权管理、访问控制和行为操作安全审计。

（3）配置安全管理

MEC 的版本控制、安全策略和配置的实施、变更等维护操作需要进行配置安全管理，防止因配置不当或误操作而带来运营安全风险。

（4）基线和漏洞安全管理

MEC 需要根据安全配置基线要求，制定相应的基线核查和漏洞扫描制度，定期对 UPF、MEP、MEC 应用、MEC 编排和管理系统等设备和组件实施安全基线核查和漏洞扫描作业，对核查和扫描结果进行及时处理和安全加固，从而避免 MEC 相关系统存在高危漏洞以及存在未使用、不必要的端口和服务。

（5）安全审计

应定期开展 MEC 系统各类日志信息和安全事件信息统一分析和安全审计，包括但不限于账号和权限审计、MEC 业务和运维操作、MEC 应用行为、用户行为等方面，发现违规、越权和异常行为等。审计记录应做好留存。

MEC 相关系统的登录、维护操作、安全等日志的保存时间应不低于 6 个月。日志应存储在安全可备份和可恢复的区域，避免被非授权删除。

（6）应急响应管理

针对安全风险事件，应制定 MEC 完整的应急响应流程及各类分场景预案，对于部署在用户侧的 MEC 边缘节点，应与用户所在单位已有的应急响应流程达成一致，并定期进行应急演练。

（7）敏感数据安全管理

MEC 的业务数据尤其是边缘节点的业务应用可能涉及行业客户的敏感数据，有必要在实施网络安全策略的同时，加强对敏感数据（例如，私钥、用户数据、业务数据等）的保护，防止数据非法访问、获取和篡改。同时，应制定 MEC 数据安全管理制度，包括对 MEC 的数据存储、访问、加密、脱敏、传递、使用、备份及恢复等各方面的管理规定和要求。

（8）MEC 应用的安全管理

MEC 应用需要加强用户签约控制、应用管理系统管控和过载流量保护等安全管理。

① MEC 平台应对 MEC 应用功能的用户进行签约控制，只有经过签约和授权的用户才能够访问相应的 MEC App。

② MEC 平台的应用管理系统需要做好与 MEC App、5GC 的安全隔离，并且应用管理系统与 MEC App 之间需要进行授权控制，只有具备相应权限的应用管理员才能访问对应的 MEC App。

③ MEC 平台应能够管控每个 MEC App 的流量，设置每个 MEC App 的最大流量带宽门限，对超出流量带宽门限的 MEC App 实施流量控制，以防止某单个应用耗尽 MEC 平台流量资源。

10.7　小结

MEC 作为承载 5G 网络各类行业应用的关键网络节点，5G MEC 平台是否安全事关整个 5G 网络以及使用 5G 网络的各类行业用户网络的安全。在考虑整体 MEC 安全方案时，首先应结合 MEC 平台的结构考虑 MEC 的总体安全架构，包括在 MEC 管理平台和 MEC 边缘平台的安全层次框架；其次需要根据 MEC 管理平台和边缘平台的特点划分 MEC 安全域，做好安全隔离规划，并且需要在 MEC 平台的物理安全、IT 云基础设施安全、5GC 互通安全、MEP 安全、MEC 应用安全等方面具备基础安全能力；同时，需要做好日常安全加固，结合 MEC 管理平台和边缘节点的安全需求配套相应的安全防护和检测能力，这些防护和检测能力应根据安全处理时延等要求采用集约化配置或本地就近配置，并充分利用运营商已有的网络安全防护和检测能力；最后需要制定并完善 MEC 业务和系统相关安全管理流程，对 MEC 业务和系统实施全生命周期安全管理。

10.8　参考文献

[1] 何明，沈军，吴国威 . MEC 安全建设策略 [J]. 移动通信，2021，45(3): 26-29.

[2] 吴成林，陶伟宜，张子扬，等 . 5G 核心网规划与应用 [M]. 北京：人民邮电出版社，2020.

[3] IMT-2020(5G) 推荐组 . 5G 安全知识库 [R]. 中国信息通信研究院，2021.

第 11 章　5G 数据安全方案

11.1　概述

5G 作为数字经济发展的重要驱动力，促进数据要素集聚和海量增长。5G 应用场景更多、连接能力更强、传输速率更快，5G 网络承载的数据量大大增加，必将产生和沉淀海量数据。同时，5G 网络性能的提升也会带来数据流动速度、范围和密集度的变化。5G 与垂直行业应用深度融合，使 5G 应用场景下通信数据的流向、路径、汇聚点等都发生了较大变化，数据流向贯穿了企业行业应用网、5G 行业专网、5G 公用网、互联网等，数据从流向垂直行业本地孤立的业务系统，到流向外部的边缘节点、云端平台、大数据中心等，数据互联互通趋势加快。

在 5G 网络数据安全新特点方面。5G 数据量级不断增长、范围不断扩大，数据高度分散流动，可能带来具有各行业特点的新型数据安全风险，因此对数据安全防护提出了新的要求。5G 带来海量数据的汇聚，现有安全防护能力还不够成熟，数据安全传输、处理、存储的能力面临严峻挑战。5G 数据流动与安全防护相互影响，尤其是灵活高效的 5G 网络将带来更快、更密集的数据流，传统的通过加密、访问控制、隔离等技术手段保护存储系统的固定边界模式已无法满足数据流动安全防护的需求，数据安全防护重点由原来静态的数据存储系统防护转变为动态的数据流动全生命周期风险管控，因此需要进一步构建以数据为中心的治理方案。5G 与垂直行业深度融合，应用场景、应用领域的不同，将带来具有行业特点的数据安全新风险，企业已有的数据安全防护产品需要根据 5G 网络特性及数据流量进行升级换代。

在国家政策和规范新要求方面。2020 年 4 月 9 日，中共中央、国务院发布《关于构建更加完善的要素市场化配置体制机制的意见》，首次将数据确定为新型生产要素，数据成为国家基础性战略资源；2021 年 6 月 11 日，《中华人民共和国数据安全法》正式出台，数据安全工作首次提升至国家最高监管层级，这意味着 5G 相关技术、业务需要更加谨慎地处理数据并保证数据安全。2021 年 11 月 1 日，《中华人民共和国个人信息保护法》正式施行，规定了个人信息保护的行为规范、权利规范和治理规范等内容，丰富并完善了数据安全保护体系，成为保障 5G 数据安全的重要依据。另外，国家市场监督管理总局发布等保 2.0 系列标准，也对 5G 网络运营者数据安全保护提出了更高的要求。2021 年，工业和信息化部出台了《5G 网络建设与应用安全实施指南》，提出强化 5G 网络技术和应用数据安全保护，将 5G 网络安全保障要求和措施融入 5G 网络规划、建设、运营的各个环节。

总体来看，我国5G数据安全治理尚处于初级阶段，亟须加快推进5G数据安全保障体系，促进5G产业和数字经济的健康发展。在数字化趋势下，5G网络数据的价值和安全保障对于企业组织的重要性已愈发突出，随着5G产业逐渐增多，数据安全成为企业最关心的问题。因此，加强5G数据安全顶层设计，积极布局5G数据安全，构建行之有效的数据安全防护和治理体系势在必行。

本章在梳理5G应用场景下的数据资产分布和流转情况的基础上，分析了5G数据安全新挑战、新风险，提出了5G数据安全总体设计原则、思路与框架，给出了5G数据安全整体防护方案，并针对未来5G数据安全防护发展思路给出了建议与展望。

11.2 5G数据资产梳理

11.2.1 5G数据分类

5G数据可分为控制面数据、用户面数据、管理面数据，具体介绍如下。

（1）控制面数据

5G控制面数据是用户和网络的交互控制信息，是5G网络实现网元之间的信息通信活动以及为用户提供适当服务所必需的数据，主要是5G网络中各接口之间的信令信息，以及网元进行数据处理转发所需的其他信息。控制面数据主要包含路由信息、鉴权数据、签约信息等数据。

5G控制面数据分布在各个网元，由于5GC功能进一步解耦，相比传统移动通信网，5GC网元种类更多，数据分布较广。同时，网络切片、边缘计算等技术的应用，引入了切片标识、切片可用性等切片信息，UPF分流标识、分流策略等边缘计算业务策略数据，以及与5G安全机制相关的大量鉴权数据等数据类型，让数据种类更加多样化。5G控制面数据示例见表11-1。

表11-1 5G控制面数据示例

网元名称	数据类型
gNB	接口配置数据、UE上下文、位置数据、无线控制数据、会话管理数据
AMF	用户标识数据、位置信息、UE上下文、鉴权数据、签约数据、切片信息
SMF	用户标识数据、会话管理数据、签约数据、计费数据、位置数据
UPF	用户标识数据、用户流量使用报告、用户平面策略规则、业务配置信息、鉴权数据、内容计费规则信息
AUSF	临时鉴权会话信息
UDM	用户标识数据、用户鉴权数据、用户签约数据、短消息业务（Short Message Service，SMS）管理签约数据、会话管理签约数据、用户电信业务动态数据、UE上下文
UDR	用户数据、开销户操作日志
NSSF	切片相关配置数据、切片可用性信息

续表

网元名称	数据类型
NRF	NF Profile（网络功能配置文件）信息、NF Profile 状态订阅信息、鉴权数据
NEF	用户 QoS 会话数据、用户事件订阅会话数据、用户流量引导会话数据、数据包流描述（Packet Flow Description，PFD）规则
SMSF[1]	配置数据、短消息签约数据、位置数据、用户上下文缓存
PCF	控制面策略规则信息、用户签约信息、内容计费规则信息、用户标识信息、用户网络状态信息、位置信息
UDSF	UE 上下文
LMF[2]	位置数据

1. SMSF（Short Message Service Function，短消息业务功能）。
2. LMF（Location Management Function，定位管理功能）。

控制面数据主要涉及基础电信企业的重要数据及用户个人信息。根据已有国家标准或行业标准对电信数据的分级方法，将数据按照安全需求分为 4 级，控制面数据主要涉及 1 ～ 3 级，安全级别较高的数据类型为用户标识数据、位置数据、鉴权数据等用户个人信息中较为敏感的数据类型。

（2）用户面数据

5G 用户面数据是用户访问和使用 5G 网络而产生的实际用户数据流，是用户感知的、直接参与的操作涉及的数据。5G 用户面数据包括用户通过 5G 网络使用互联网服务产生的业务数据，使用电信网络提供的短信、语音等服务产生的通信数据。

用户面数据的特点是数据量大，涉及大量用户个人信息及远程医疗、车联网、工业控制等行业数据，数据安全需求差异较大。传统用户面数据可分为互联网应用数据、电信服务数据；从运营商的角度，基于 5G 网络，还能按照切片和边缘计算服务模式为用户提供服务。5G 用户面数据示例见表 11-2。

表 11-2　5G 用户面数据示例

数据平面	数据种类
5G 用户面	① 互联网应用数据：包括即时通信内容、文件数据、邮件内容、用户上网访问内容等。 ② 电信服务数据：包括新空口承载语音（Voice over New Radio，VoNR）业务数据、5G 消息业务数据，以及 5G 短信等。 ③ 切片业务数据：是指 5G 行业切片中传输的业务数据，包括电力行业切片、智慧工业切片等不同类型的切片。 ④ 边缘计算业务数据：是指部署在运营商边缘节点的业务数据，包括内容分发网络（Content Distribution Network，CDN）、云游戏、车联网等业务数据

用户面数据包含个人用户数据及行业用户数据。个人用户数据属于基础电信企业用户个人信息，根据安全需求级别对电信数据进行分级，个人用户数据为 3 级数据；根据行业重要性，不同行业的用户数据存在不同的安全需求，例如电力行业与国计民生息息相关，有较高的安全需求，而高清直播业务主要为对外公开的数据，安全需求较低。同一行业的数据也可进一步分类

分级。

（3）管理面数据

5G管理面数据主要是虚拟化网络功能管理、NFV管理、切片管理等5G网络管理活动产生和采集的数据，包括虚拟化网络功能和切片生命周期管理数据、网元日志数据、网元状态监测数据等管理功能相关数据。5G管理面数据示例见表11-3。

表11-3　5G管理面数据示例

数据平面	数据种类
5G管理面	① 网络功能管理数据：是网元性能、故障管理涉及的数据，包括网元系统日志、运维账号、网管接口认证数据（口令、证书等）、网管接口配置信息、网元性能参数、告警信息等。 ② NFV管理数据：是虚拟机生命周期管理及运维管理涉及的数据，包括VNF相关信息，例如NF包、NSD、VNF虚拟/物理资源信息等；MANO自身管理信息，例如MANO各组件涉及的端口、IP、标识等设备配置数据，账号、口令等认证鉴权数据等；NFV管理编排信息，例如资源创建/删除、扩缩容、终止等VNF生命周期管理操作涉及的扩缩容类型、虚拟机数量、任务状态等数据。 ③ 切片管理数据：是网络切片生命周期管理及运维管理涉及的数据，包括切片相关信息，例如切片模板信息、切片网络服务参数、网络切片业务标识等信息；切片管理系统自身信息，例如切片管理功能涉及的端口、IP、账号、口令等数据；切片管理编排信息，例如切片上线、下线终止等切片生命周期管理操作涉及的信息等。 ④ 其他管理数据：计费管理、用户管理等其他管理活动涉及的数据，例如计费数据、签约数据、鉴权数据、网元配置数据等

管理面数据涉及大量基础电信企业重要数据，参考相关标准可将电信数据划分为4级，5G网络管理面数据主要属于3～4级，拥有较高的安全级别。

11.2.2　5G数据流转

1）控制面数据流转

控制面数据种类多、流转场景复杂，用户发起业务或位置变动、网元业务活动等均会触发数据在5G网络内部或5G网络与其他网络、设备之间的流转。

（1）5G网络内部的数据流转

基本数据流转：为支持用户通信服务、实现网络连接控制，网元间会通过服务化及非服务化接口进行数据交互，传递会话控制、网络控制等信息。理论上通过服务化接口，一个网元可与任意网元进行数据交互，但实际上网元需要根据业务功能需求按照一定的规则进行接口调用。

数据汇聚和分析：5G网络引入了网络数据分析功能，NWDAF是专门的网络数据分析网元，能够从各网元采集多种UE及NF相关信息来进行数据分析。

（2）5G网络与其他网络、设备之间的数据流转

5G网络与终端数据流转：gNB可与多种形式的5G终端通过空中接口进行数据传输。对于个人用户业务场景，数据可完全暴露在公共环境中；对于垂直行业业务场景，数据会在公共环境或较为封闭的内部环境中传输（例如，工业园区）。

5G网络与其他核心网网元数据流转：4G核心网网元能够访问合设的UDM；移动管理实体（Mobility Management Entity，MME）能够与AMF交互实现4G/5G互操作；归属用户服务器（Home Subscriber Server，HSS）等网元均可调用 NRF 提供的 NF 注册、更新、去注册、服务发现等服务。5GC 与其他核心网网元有较多数据进行交互。

5G 网络与其他运营商网络交互：用户拜访网络与服务网络之间存在信令交互需求。例如 Local Breakout（本地数据分流机制）架构，SMF 由拜访网络实现，归属网络需要与拜访地进行信令交互。如果与国外的运营商网络进行交互，则会涉及数据跨境场景。

5G 网络与第三方 AF 交互：NEF 是 5GC 能力开放功能，可向不属于运营商的第三方 AF 提供网络开放能力，或通过 MEC 平台开放网络能力。NEF 或 MEC 平台与 AF 之间传输的数据主要是可提供给外部应用的网络开放能力信息，例如用户位置信息、网元负载信息、网络状态信息等。由于开放的数据可能被传输至境外，所以该交互场景也可能涉及数据跨境。

2）用户面数据流转

互联网应用数据及 5G 消息数据从 5G 终端经无线空口传输到 gNB，然后由 gNB 转发至核心网 UPF，并在不同的 UPF（包括其他运营商的 UPF）之间流转，最后传输至互联网，或反向流转。其中，gNB 与 UPF 间支持通过 IPSec 机制对用户面数据进行保护，能够提供用户数据的完整性、机密性和抗重放保护能力。

语音业务数据传输路径与互联网应用数据传输路径类似，区别在于数据最后经 UPF 传输到 IMS 核心网而不是互联网。

5G 短信可通过以下两种方式实现，一种是 SMS over NAS，另一种是 SMS over IP。

① SMS over NAS 方式：短信数据经无线空口和 gNB 传输至 AMF，然后由 AMF 转发到 SMSF，通过 SMSF 传输到短消息中心或反向流转。短信数据不在 5GC 进行处理和存储。

② SMS over IP 方式：短信数据由 gNB 转发至核心网 UPF，并在不同 UPF 之间流转，最后通过 UPF 传输到 IMS 网络，由 IMS 进行后续数据的转发和处理或反向流转。短信数据不在 5GC 进行处理和存储。

各类切片业务中的网络应用数据流转与互联网应用数据的流转相同，切片业务中的电信服务数据流转与普通电信服务数据的流转相同。区别在于，不同切片的业务数据可独享 UPF。对于边缘计算场景，用户数据流可从分流 UPF 直接卸载到边缘计算平台。

3）管理面数据流转

网管数据是网元性能、故障管理涉及的数据，主要在网元和网管系统之间流转。由于部分网元（例如，基站、UPF）可分散部署在网络边缘，属于运营商安全管理较薄弱的位置，安全防护能力不及中心机房，网元与网管之间的数据可能会在较不安全的物理环境中传输。

NFV 管理数据主要为虚拟机生命周期管理及运维管理涉及的数据，为实现虚拟机资源分配、虚拟机创建等功能，NFV 管理数据在 MANO 内部流转之外，还会在 MANO 与基础设施层、网管系统间流转。

切片管理数据是网络切片生命周期管理及运维管理涉及的数据。切片建立在虚拟化软件之上并与垂直行业用户紧密相关，所以切片管理数据除了在切片管理系统内部流转，还会在切片管理系统与 MANO、第三方平台及业务支撑系统间流转。其他管理数据包括计费管理、业务管理数据等，主要在网元和业务管理系统、计费系统等运营商其他系统间流转。

11.3 5G 数据安全风险分析

11.3.1 数据生命周期的数据安全风险

5G 网络数据是在 5G 网络场景下全生命周期的数据，包括数据采集、数据传输、数据存储、数据使用、数据共享、数据销毁等数据，各个环节都应分别采取相应的安全管控措施与要求。

（1）数据采集

控制面数据采集主要包括网元创建数据，以及在 4G/5G 互操作等场景中从他网获取的数据；管理面数据采集主要包括网元、MANO、切片管理系统等创建数据，以及获取外部导入数据的行为；用户面数据采集是指终端创建数据，以及 5G 网络从他网采集数据的行为。

数据在采集阶段面临的主要威胁包括数据伪造、数据篡改。具体场景如下。

① 身份认证机制不完善：在数据获取场景，攻击者仿冒合法的数据提供者，向 5G 网络提供伪造或被篡改的数据，例如运营商间信令伪造。

② 设备安全措施不完善：系统存在严重的安全漏洞或数据操作未经严格控制等，攻击者向系统递交被篡改的数据，例如向 MANO 上传遭篡改的 VNF 镜像。

（2）数据传输

数据传输包括控制面、用户面及管理面数据传输。控制面涉及网络边缘传输（包括终端与 gNB、gNB 内部、5GC 网元与无线接入网数据传输）和跨网域的传输（包括 5GC 与其他运营商、5GC 与第三方平台、5GC 与运营商的其他系统数据的传输等）。用户面涉及网络边缘传输场景，例如基站与边缘 UPF 传输。管理面涉及部署在网络边缘的网元与管理系统间的传输。

数据在传输阶段面临的主要威胁包括数据泄露、数据破坏、数据篡改、数据传输中断。具体场景如下。

① 传输通道不可靠：涉及网络边缘、跨地域的传输通道的不确定因素较多，运营商数据中心内部传输更容易出现故障，导致数据被破坏、窃取或数据传输中断。

② 传输节点不安全：在较为开放或安全措施不完善的网络环境，传输节点未得到适当的安全保护，数据从传输节点（包含物理或虚拟化节点）泄露，或被篡改、破坏。

（3）数据存储

数据存储主要包括控制面及管理面数据存储，控制面数据主要存储在基站和网元；管理面数据存储在 MANO（存储 NFV 管理数据）、切片管理系统（存储切片管理数据）、网元（存储网管数据）。5G 网元的运行与存储涉及用户个人身份 / 终端标识、通信密钥、签约数据、位置等敏感信息，尤其是 UDM、PCF 等网元。

数据在存储阶段面临的主要威胁包括数据泄露、数据篡改、数据破坏、数据丢失。具体场景如下。

① 存储环境不安全：5G网络涉及复杂的存储环境，存储设备及系统安全配置不符合要求，存在安全漏洞、后门、未安装防病毒软件或无完善接入鉴权，以及访问控制机制等问题。

② 存储系统容灾备份管理不完善：存在发生火灾等意外灾害导致数据丢失或被破坏的风险。

（4）数据使用

数据使用主要包括控制面及管理面的数据使用。控制面数据的使用主要包括网元对控制面数据的查询、更新、分析等操作；管理面数据的使用主要包括网管、MANO及切片管理系统对管理面数据的查询、更新、分析等操作。

数据在使用阶段面临的主要威胁包括数据泄露、数据篡改。具体场景如下。

① 权限控制机制不完善：5G网络包含大量的接口调用、数据操作，存在因访问控制措施不当而引发的数据泄露风险。例如，切片管理系统的权限控制不完善，会造成内部人员或第三方人员非法进行数据操作等。

② 数据溯源机制不完善：发生数据安全问题时，不能及时发现危险行为并快速定位发生数据安全问题的网络节点。

（5）数据共享

为充分发挥数据价值，可能会将不敏感、经过脱敏处理或得到允许的数据与第三方共享，通过5G网络能力开放功能向第三方开放5G网络能力，即可视为一种数据共享场景。

数据共享阶段面临的主要安全风险为数据共享过程中的数据泄露以及数据共享后可能由第三方造成的数据泄露。具体场景如下。

① 共享基站存储的双方网络私钥、密钥，以及证书面临被恶意篡改、读取的风险。

② 网管能力开放，用户隐私数据、网络竞争力数据面临被泄露、非法传播的风险。

③ 参与共享网络运营维护的人员众多，存在敏感岗位人员安全意识薄弱的风险。

（6）数据销毁

数据使用完毕后需对数据进行销毁，如果数据存储设备中的数据销毁不彻底，或未根据不同要求采取不同的数据销毁策略和技术手段，一旦数据被恢复就会引发数据泄露的风险。

11.3.2 多层面的数据安全风险

5G网络使用多种接入技术，各种接入技术对隐私数据的保护程度要求不同，5G网络中的终端层、无线接入层、边缘层、核心网络层及应用层存在特有数据安全问题。

（1）终端层

5G万物互联，大规模的连接将会有大量的弱终端接入，极大地增加了易受攻击对象。终端能力差异大，弱终端由于资源、能力受限，难以采用USIM等强身份认证机制，容易成为受攻击、受控制的对象。且5G终端设备存在大量的漏洞、权限滥用及数据泄露等安全问题，进一步增加了终端设备的数据安全风险及防护难度。

（2）无线接入层

无线接入数据安全风险包括针对以无线信号为载体对信息内容篡改、仿冒、中间人转发和重放等形式的无线接入攻击，可能存在数据窃听、篡改等安全问题。

（3）边缘层

MEC 基础设施通常部署在网络边缘，客观上缩短了攻击者与 MEC 物理设施之间的距离，使攻击者更容易接触到 MEC 网络基础设施。第三方 MEC 服务、MEC 应用镜像文件、编排和管理控制可能存在被恶意篡改、明文传输、非授权访问等数据安全风险。

（4）核心网络层

核心网络层网元间的数据传输涉及的个人敏感数据可能发生数据窃听和篡改风险，且网元间数据传输存在访问控制等数据安全问题。

（5）应用层

5G 网络面向多种垂直行业应用，例如智慧城市、智慧医疗、智慧家居、智慧农业、智慧金融、车联网等，这些应用通过多种方式进行配置以实现跨网络的运行，但它们都存在安全风险。其中，智慧金融服务、智慧医疗服务、车联网存在较高的安全风险。

11.3.3 5G 物联网 / 车联网场景融合数据安全风险

物联网 / 车联网中的数据来源于用户、电子控制单元、传感器、车载信息娱乐（In-Vehicle Infotainment，IVI）系统及操作系统、第三方应用及车联网服务平台等，种类包括用户身份信息、汽车运行状态、用户驾驶习惯、地理位置信息、用户关注内容等敏感信息。采集的数据在用户行为分析等方面具备很大价值，主要面临以下数据安全风险。

（1）数据采集风险

一是不知情采集，二是过度采集。车联网信息服务所采集的车主身份信息（例如，姓名、身份证、电话）、车辆静态信息（例如，车牌号、车辆识别码）、车辆动态信息（例如，位置信息、行驶轨迹），以及用户的驾驶习惯等，都属于用户个人隐私信息。物联网采集的个人信息种类包括生物特征、地理出行位置、商品消费记录等。

不知情采集即用户并不知晓自身的信息被感知采集，是一种被动的信息采集，由于物联网直接连接的是物体，一般通过人和物的关系产生信息，较为隐蔽和多样；过度采集则是指物联网大量采集了应用不需要的信息，根据我国个人信息保护规范，个人信息的搜集需遵循“知情同意”“最小必要”“目的限定”三大原则，但由于车联网属于新兴行业，管理还在完善中，对于哪些数据可被采集、数据如何利用、是否可以分享给第三方等关键问题，目前还需要细化管理。

（2）传输和存储环节存在数据被窃风险

物联网 / 车联网相关数据主要存储在制造厂商、服务商自己设计的平台上，例如车联网相关数据主要存储在智能网联汽车和车联网服务平台。数据的采集、传输、存储等环节由于没有统一的安全要求，因此存在因访问控制不严、数据存储不当等原因导致的数据被窃。例如，汽车端数据可能被车载诊断（On-Board Diagnostics，OBD）系统外接设备非法读取、IVI 系统数据可能被第三方应用越界读取、网络传输数据可能被攻击者嗅探或遭受中间人攻击、车联网服务平台端数据可能被非法和越权访问。数据被窃取通常与业务设计、技术实现有关，这将是车联网安全防护的重要内容。

（3）用户个人信息使用、交易和删除的风险

物联网 / 车联网用户的个人风险集中在应用层，存在用户个人信息使用、交易和删除等环节中数据挖掘造成的隐私泄露风险。服务提供者利用数据挖掘、大数据分析等手段，对采集的信息进行分析加工，产生与用户密切相关的用户画像、消费偏好、社会关系等深度挖掘后的信息。加工信息的目的在于挖掘用户的商业价值，这个过程往往会产生未经用户直接同意的敏感信息，一旦敏感信息泄露，就是造成用户隐私的直接曝光。

交易环节的主要风险是无授权交易。当获得用户授权的物联网服务提供者将数据转移给第三方，或提供数据接口给第三方时，存在第三方不拥有用户授权的风险，即无授权交易，这会侵害用户对个人信息的知情权和所有权。物联网 / 车联网行业内部涉及设备厂家、软件开发、运营商、集成商等多种角色，行业外部的金融、地产、广告、快消、教育等市场对个人信息的需求较大，个人信息交易的利益会长期存在。

删除环节的主要风险是违约删除和未履约删除。服务提供者对个人信息拥有按服务合约约定的删除权限和责任。一方面，对于不应删除的个人信息，如果服务提供者未按时限留存或由于设备事故误操作等删除了信息，就会造成违约删除，这会给用户带来人身财产或精神损失；另一方面，对于应删除的个人信息，没有删除或删除不及时、不彻底，因漏洞、攻击、撞库等形式泄露，会造成未履约删除的风险，这会危及用户隐私和信息安全。

（4）数据跨境流动威胁国家安全

车联网数据包含道路、地理等信息，涉及国家安全。目前，车联网数据汇总于车联网服务平台，存在云平台数据跨境流动管理问题，主要体现在以下两个方面。

① 存在境外车联网服务商跨界服务隐患。我国部分汽车属于进口汽车，其网络服务及后台服务可能由境外通信企业和整车企业提供，通信数据及车联网数据传至境外，可能泄露国家地理位置信息，危害国家安全。

② 存在国内外云平台数据共享隐患。我国整车企业大多为合资企业，车联网服务以国内云平台为主，但其外资公司通常负责全球车联网运营，国内平台与国外平台可能存在网络互联及数据共享的风险。

此外，随着新能源汽车的应用，以充电桩为代表的物联网设备也存在数据窃取、篡改、非法访问等风险。

11.3.4　运营商 5G 共建共享数据安全风险

（1）数据保护策略不一致

两个用户体量相当的运营商在开展 5G 共建共享时，存在双方网络在资源现状、规划目标、建设流程、维护标准、优化策略等方面的差异。5G 网络要同时满足两家运营商的建网需求和用户感知，需在技术标准、网络演进、用户策略等方面协调一致。因此存在数据保护策略不一致导致数据泄露的风险。

（2）网络运维权责不明

5G是物物互联，当出现网络故障时，需要逐层排查。当跨运营商网络排查时，存在人员配合和责任分担的问题。由于权责划分不明确容易导致某一方对另一方客户故障的响应不及时或互相推诿的问题出现，数据被泄露或篡改的风险增大，且难以追责补救。

11.4 总体方案设计

11.4.1 设计原则

（1）数据可知，风险可视

对5G数据全面摸底，进行5G数据资产梳理、敏感数据发现及梳理、数据资产分级、用户及敏感资产权限梳理，形成资产分布地图，直观地呈现5G数据流转过程的全景路径，研判潜在的风险隐患，及时进行通报预警。

（2）安全可控，事件可溯

构筑覆盖5G“云、网、端、边、数、业”的立体化数据安全防护体系，保障数据共享交换生命周期的安全可控，基于数据行为稽核，可快速有效地定位数据泄露源头，数据安全事件定责有据。

（3）复合治理，持续运营

强化治理过程的联动，将安全与业务复合、管理与技术复合，形成有机整体，充分发挥复合协同效能，构建体系化、准确量化、持续优化的数据安全复合治理模式。利用多种运营手段，提升事前、事中、事后5G数据安全持续运营能力。

（4）围绕场景，贴合业务

在5G网络应用场景中，不同的业务有不同的数据安全防护需求，应围绕5G数据应用场景，进行针对性的数据安全分析，将5G数据安全管控措施落实到5G业务处理流程中。

（5）聚焦重点，急用先行

聚焦重点任务，通过平衡业务需求与数据安全风险，识别优先级，坚持急用先行，成熟先行，增量开发，迭代升级5G数据安全的关键领域和关键环节。

11.4.2 设计思路

5G数据安全建设思路具体如下。

① 一个中心：以数据为中心，以数据生命周期为主线，针对数据生命周期各阶段建立全面的数据保护。

② 四个领域：从组织建设、制度流程、技术工具、人员能力四个领域同步开展建设工作。

③ 五个环节：知——制定数据规范、定义敏感数据；识——数据分类分级、数据风险评估；控——制定安全策略、控制敏感数据；察——数据安全监察、行为追踪溯源；行——数据安全事件处置、持续运营。

④“六个不”防护：为各类 5G 应用数据提供“进不来、看不懂、改不了、拿不走、瘫不成、赖不掉”的“六个不”安全防控能力。

11.4.3 体系架构

5G 数据安全技术体系架构主要是针对 5G 数据安全风险，从 5G 数据安全能力体系、5G 数据安全关键防护能力、5G 通用数据安全、5G 多层面数据安全等维度进行构建。5G 数据安全技术体系架构如图 11-1 所示。

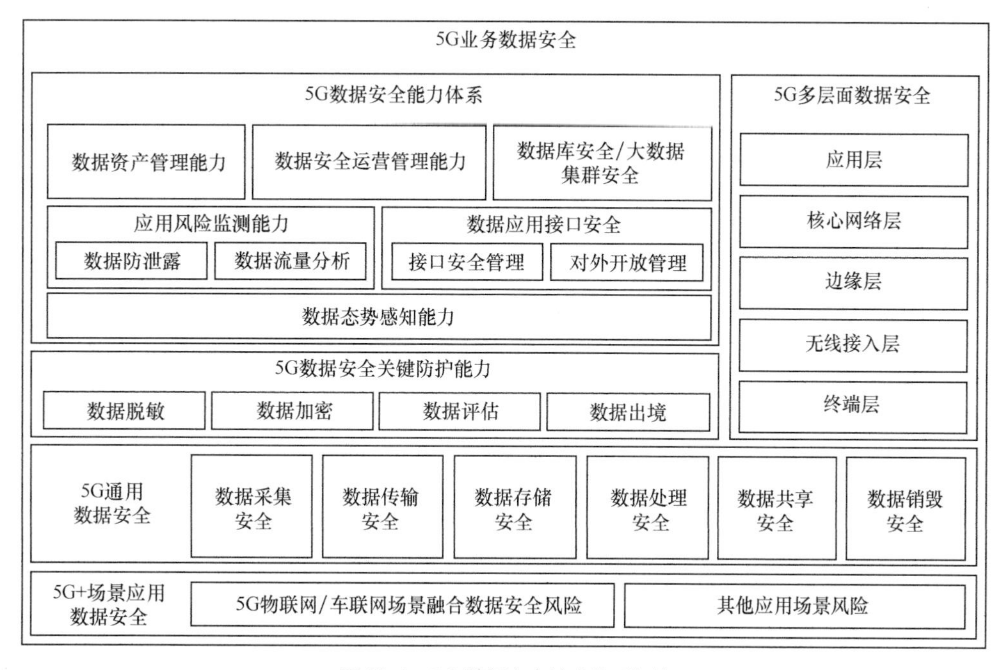

图 11-1 5G 数据安全技术体系架构

5G 数据安全技术体系架构介绍如下。

① 5G 数据安全能力体系：数据资产管理能力、数据安全运营管理能力、数据库安全 / 大数据集群安全、应用风险监测能力、数据应用接口安全、数据态势感知能力。

② 5G 数据安全关键防护能力：数据脱敏、数据加密、数据评估、数据出境。

③ 5G 通用数据安全：数据采集安全、数据传输安全、数据存储安全、数据处理安全、数据共享安全、数据销毁安全。

④ 5G 多层面数据安全：应用层、核心网络层、边缘层、无线接入层、终端层的数据安全。

⑤ 5G+ 场景应用数据安全：5G 物联网 / 车联网场景融合数据安全风险、其他应用场景风险（例如，运营商 5G 共建共享数据安全风险）。

11.5 详细方案设计

11.5.1 5G通用数据安全

（1）数据采集

数据采集阶段应完成数据分类分级、数据源认证、敏感数据识别、个人信息识别等工作。个人信息的采集应严格遵循合法、正当、必要的原则，通过用户协议和隐私政策明示采集目的、方式和范围，并经用户自主选择同意。数据采集接口应明确数据接口调用安全控制措施、数据接口使用规则及协议，具备接口鉴权、接口调用控制、接口调用日志记录等能力。数据采集安全应按照数据类型、数据重要程度、网络安全状况等综合因素，对数据的采集采取不同的安全保护措施，包括但不限于安全通信协议、加密算法、完整性检查算法及抗抵赖攻击方法等。

（2）数据传输

数据传输阶段应利用加密、签名、鉴别和认证机制对数据传输进行安全管理，防止数据丢失、泄露、篡改。重要数据应采用加密或其他保护措施实现存储的保密性、完整性，并能够进行备份及恢复。重要数据在传输时必须经过加密处理，加密可以采用软件加密或者网络通道加密等方式。重要数据包括但不限于用户登录口令、用户个人信息、经营分析数据、重要业务数据。重要数据的应用应考虑数据传输的可靠性和可用性需求，对重要数据的网络传输链路和设备节点实行冗余建设。

（3）数据存储

数据存储阶段应对存储数据的设备及基础设施做好安全防护，包括落实数据存储设备的操作终端安全管控措施及接入鉴权机制、设置访问控制策略、定期实施安全风险评估、配置安全基线、部署必要的安全存储技术手段等。在存储过程中应采取文件加密、数据库加密、密钥管理、数据审计等措施。对不同安全等级的数据采用差异化安全存储，包括差异化脱敏存储、加密存储、不同网元的存储空间相互隔离，并做好加密算法、脱敏方法、密钥的保密工作。

数据存储阶段应建立完备的数据存储容灾备份和恢复机制，提供完整性校验机制，保障数据的可用性和完整性；做好数据存储的容灾应急预案，一旦发生数据丢失或破坏，可及时检测及恢复数据，保障数据资产的安全、用户权益及业务连续性。对于国内运营中采集和产生的个人信息和重要数据应当在国内存储。因业务确需向国外提供的，须按照国家的相关要求进行数据出境的安全评估。

（4）数据使用

数据使用阶段应根据数据类型、数据处理方式、数据安全性要求、与其他接口有关的敏感等级、数据相关业务应用的重要程度来进行数据使用过程的安全性设计。在数据使用与数据共享过程中采取访问控制、数据加解密、数据脱敏、数据追溯、数据稽核、数字水印等措施。数据存储、使用的平台和承载数据产品与应用开发的平台须按照数据保护等级采取适应的安全防护措施和手段，保障全过程安全，防止数据泄露，做好数据操作日志留存。数据操作日志应包含操作时间、源 IP、目的 IP、账号、数据库名、表名、命令和 SQL 语句等字段。数据操作日志应至少留存 6 个月，做好备份，避免日志记录被篡改或删除。在引入第三方对数据进行处理时，应明确第三方的数据安全要求和责任，督促第三方加强数据安全管理。如果第三方发生数据安全事件对用户造成损失，应及时根据合同条款向第三方追责。

（5）数据共享

数据共享阶段应实行相应的审批流程，各业务部门在产品开发、运营时使用 5G 数据须遵照要求及数据需求进行审批流程。在数据使用环节，应采取必要的访问控制措施、用户个人信息对外披露使用“去标识化”措施等，降低数据泄露的风险。各数据运营使用部门在向第三方提供用户个人信息前，应当评估可能带来的安全风险，并征得个人信息主体的同意。与第三方开展数据经营业务时，应当采取必要的技术手段、管理措施，并通过正式的商业合同或协议进行责任约定，安全协议应明确合作方的数据使用权限、期限、安全保护责任、必要的安全保护措施，以及违约责任和处罚条款。通过采取合同约束、信用管理等手段，加强业务合作方的监督管理，在业务合作结束后督促业务合作方依照合同约定及时关闭数据接口、删除数据。

（6）数据销毁

数据销毁面临的主要威胁包括数据销毁不彻底出现数据泄露。数据使用完毕需对数据进行销毁，如果数据销毁不彻底，或未根据不同要求采取不同的数据销毁策略和技术手段，一旦数据被恢复就会出现数据泄露的风险。

11.5.2　5G 数据安全能力体系

5G 数据安全能力体系包括：数据资产管理能力、数据应用接口安全、应用风险监测能力、数据库安全 / 大数据集群安全、数据安全态势感知能力、数据安全运营管理能力。

（1）数据资产管理能力

数据资产管理是数据安全建设的基础，主要包括数据资产识别、数据资产认领、数据资产清单、资产异常发现、分类分级、数据权限管理六大功能模块。

传统的管理方式以访谈为主，存在准确率低、人工投入大的弊端。借助静态扫描和协议解析技术，可有效提升效率和准确率。在开展数据资产管理过程中，还可以发现高频资产、静默资产、僵尸库等，使数据资产的管理水平得到提升。

数据资产管理对数据自动标识并打上分级分类标签，用户可根据系统推荐结果快速对资产进行管理，可视化地展示数据的分类分级情况，让用户更直观地了解业务场景中的数据的使用情况。

（2）数据应用接口安全

随着数据应用越来越广泛，数据交叉共享的场景越来越复杂，给数据安全防护带来了巨大的挑战。传统方式是针对风险点采取管理或技术手段，但在复杂的数据流动场景下，单一的数据安全技术或产品无法整体提升数据安全的管控能力，也无法适应数据应用场景的快速变化。因此，要从审计的角度规范数据传输共享流程，也要从监管的角度持续监测数据流动过程。只有数据在流动时遵守秩序，才能保证数据被安全使用，促进数据应用的发展。

数据应用接口安全包括接口安全管理和对外开放管理两个部分。

① 接口安全管理：通过对流量流转进行实时分析，识别流量中活跃的数据接口，支持对内部接口的自动识别和管理分析能力。提供接口清单、接口使用情况、接口活跃度、接口敏感级别等统计与可视化展示的能力。支持对HTTP、FTP、SMTP等数据接口进行管理，通过对流量进行采集和还原，可筛选出其中的数据接口流量，并结合数据敏感级别来划分规则库，且提供对敏感数据传输情况的监测能力。支持基于通信行业数据分级分类标准的敏感数据识别与敏感数据传输监测，支持对数据分级分类规则的自定义与扩展。

② 对外开放管理：对不同场景下的数据资产共享提供对外开放合作管理能力，包括企业内系统之间、企业与第三方企业系统之间的数据传输共享。提供企业数据开放审批备案管理流程，对传输数据类型、数据范围、传输方式、使用目的、使用人员等约束信息进行限制，并协助企业对合作方资质与背景、合作方数据安全保障能力、合作协议进行评估和审核。记录所有已备案通过的对外合作开放清单，掌握企业数据传输共享现状。监测数据对外合规开放及违规使用的情况，提供正常对外开放日志和违规开放行为日志。

（3）应用风险监测能力

① 数据防泄露：对HTTP、FTP、SMTP、邮局协议版本3（Post Office Protocol 3，POP3）、互联网消息访问协议（Internet Message Access Protocol，IMAP）、Telnet（远程登录）等网络协议上的敏感数据和对上传文件的行为进行监控，并识别上传的附件中是否包含敏感信息。邮件防泄露会保护所有对外发送的邮件，对于涉及敏感信息的邮件会被审计、重定向、阻断、加密、审批后发送等方式进行处理。Web防泄露将会对通过HTTP或HTTPS加密协议向外发送的数据进行敏感信息检测，并根据配置的策略进行审计、阻断等处理。

② 数据流量分析：对网络中流转的数据流量进行分析，包括协议识别、用户行为分析、跨境流量识别、数据流转分析、异常检测等安全能力。对HTTP、SMTP、FTP等明文类型协议的数据流量进行采集和还原。基于对流量的整体分析，可视化地展示了多维度数据分析能力，全面展示数据流动情况，发现可能存在的安全风险。

（4）数据库安全/大数据集群安全

数据库安全/大数据集群安全包括数据库流量审计、数据加密、数据脱敏、数据访问控制、数据防篡改、组件漏洞识别与补丁修复模块。

数据加密处理可依据数据分类分级策略和管理要求，按需制订数据加密策略，实现用户个人信息字段级加密。数据脱敏模块根据敏感数据的识别结果及实施策略，对需要进行脱敏的数据进行处理。数据库流量审计是对数据库的操作行为进行安全监管，实时监控记录用户对数据库的所有访问行为，并对数据库遭受的风险行为进行告警，帮助用户快速生成事后合规性报表与对事故的追根溯源。通过全面监控内、外部数据库的访问行为，可进一步保护数据资产的安全。

（5）数据安全态势感知能力

数据安全态势感知能力对数据安全能力模块进行集中管理，提供统一的数据看板、安全检测、通报预警、响应处置、威胁情报分析、数据溯源能力。

（6）数据安全运营管理能力

数据安全运营管理能力包括人才培养、应急演练、安全管理部分。人才培养包括提供培训平台、学习课件、安全能力培训和安全能力考核；应急演练包括应急源、提供应急演练平台；安全管理包括数据采集管理、权限管理、密钥管理、容灾备份、安全能力认证、数据销毁管理。

11.5.3　5G 多层面的数据安全解决方案

（1）终端层

5G 终端设备数据安全主要包括接入安全、通信安全、数据存储安全 3 个方面。

① 接入安全技术要求。5G 终端设备与网络侧交互应具备接入鉴权能力，识别允许接入的合规设备，限制违规设备的接入。宜记录设备接入鉴权行为日志，包括但不限于终端标识、接入方式、鉴权时间、鉴权结果等。

② 通信安全技术要求。5G 终端设备与网络侧交互应具备建立安全的通信路径的能力，设备建立通信会话时，对传输的信令数据、用户数据，应具备安全加密和完整性保护能力。

③ 数据存储安全技术要求。5G 终端设备的数据存储安全应满足基本及安全技术要求。对于特定行业应用安全需求高的 5G 终端设备，应满足增强级安全技术要求和行业规范要求。

（2）无线接入层

不同的接入认证机制可满足具有不同安全能力的终端的安全需求，为保证用户数据和信令数据的安全，可通过加密、认证机制、密钥技术保护、机密性保护、完整性保护和抗重放保护、隐私保护等进行数据安全防护。

① 基于机密性保护的数据安全技术要求。应对无线接入侧的个人敏感信息或重要数据进行机密性保护。

② 基于完整性保护和抗重放保护的数据安全技术要求。应对无线接入侧的个人敏感信息或重要数据进行完整性保护和抗重放保护。

（3）边缘层

MEC 平台安全技术应针对部署在控制较弱区域的 MEC 节点，引入安全加固措施，加强平台管理安全、数据存储和传输安全。

MEC 网络安全域划分和隔离，需要考虑网络系统规划设计、部署、维护管理到运营全过程的所有因素，对重要系统或应用之间做好隔离及防护。应把系统划分成不同的安全域并实施域间安全隔离，包括物理隔离、虚拟机隔离、网元隔离、网络隔离、数据隔离、流量隔离等措施；安全域和非安全域之间或不同安全域间进行互联访问、数据流转时，应在安全边界进行访问控制，通过接入鉴权、接入策略设置等技术手段来应对数据安全风险；安全域内设备及应用应符合相关安全策略，确保业务通信、数据流转时采取必要的加密和身份识别措施，避免数据被篡改和泄露；不同安全等级的系统或应用要划分不同的安全域，并进行隔离。

MEC 节点相互之间需具备容灾能力，当遇到不可抗的外部事件时，可以快速切换到其他

MEC，保障用户数据的可用性和业务连续性。MEC 节点之间以及与管理和编排系统之间可通过云专线连接，还可通过 4A 平台进行管理操作的集中管控，降低编排管理权限问题导致的数据泄露问题。

在传输和存储敏感数据时，应采用加密等安全措施；如果涉及个人敏感信息或重要数据，在使用之前需要对数据进行脱敏处理；边缘云及数据中心为用户提供的数据访问权限应满足最小特权要求，仅提供其所必需的、符合业务需求的数据；边缘云及数据中心应对数据的主体和客体实施访问控制策略，验证双方的身份及数据访问权限。

（4）核心网络层

核心网的数据安全防护应满足以下要求。

① 应满足信令的机密性、完整性、长期密钥保护。

② 个人敏感信息保护应明确 5GC 涉及处理、存储和使用个人敏感信息的网络实体和相关操作；应依据数据最小化原则，采用访问控制、匿名化、加密保护，以及用户许可等技术手段，对个人敏感信息的请求、存储、传输、使用等操作进行隐私保护。

③ 网元 / 系统间接口调用、数据转发及网络节点间数据使用等过程应采用认证技术防止仿冒身份发送伪造数据。

④ 网元间接口应采用访问控制措施，并限制每类网元可访问的数据类型。网元与基础电信运营企业其他系统间存在的网管等其他接口，还应采用严控数据导出操作、禁用特权操作、金库模式管控等措施保障数据安全。

⑤ 服务注册、发现和授权的安全要求，包括基于 NF 服务的发现和注册应支持机密性、完整性和抗重放保护；NRF 应确保 NF 发现和注册请求经过授权。

（5）应用层

对 5G 具体垂直行业及重点场景，例如 5G+ 高清直播、5G+VR/AR、5G+ 云游戏等，可以通过 API 授权访问进行数据防护，满足数据风险识别和管控要求，包括 5G 业务应用中的重要数据、个人信息、不良信息的有效识别，以及违法违规内容处置拦截等。

11.5.4 5G 数据安全关键防护能力

（1）数据脱敏

数据脱敏包括静态脱敏和动态脱敏两种技术方案。

① 静态脱敏：数据静态脱敏在保留数据原始特征的条件下，根据应用场景的需求，对敏感隐私数据提供保护。对身份证号、手机号等个人隐私信息进行数据脱敏，只有授权的管理员或用户，才可通过特定的应用程序与工具访问数据的真实值。在执行数据抽取、脱敏计算、数据装载等任务时，所有数据均只在内存中进行处理，可根据业务实际需要，采用数据遮蔽、数据仿真、关键部分替换、随机字符串、重置固定值等多种多样的敏感数据处理方式。

② 动态脱敏：动态脱敏不需要改造应用系统、不需要修改数据库及存储数据，通过 SQL 改写技术，在不改动数据库中原始数据的前提下，可完成敏感数据的脱敏。脱敏规则控制细化

到应用用户级别，可以根据不同的用户身份、不同的业务模块对敏感数据可见度与仿真度的不同需求，进行脱敏规则自定义配置。

（2）数据加密

敏感数据加解密可保护数据库内敏感数据的安全。敏感数据以密文的形式存储，保证即使在存储介质被窃取或数据文件被非法复制的情况下，敏感数据仍然安全。数据加密方式主要包括敏感字段加密、密文索引、增强访问控制、多因子认证、操作审计等。

（3）5G数据安全风险评估

5G数据安全风险评估的对象主要为应用5G技术且涉及处理用户个人信息、个人敏感信息、企业敏感信息的系统及平台。

5G数据安全风险评估应具备标准性原则、客观公正原则、可重复和可再现原则、可控性原则、完备性原则、最小影响原则、保密原则、一致性原则。

① 评估准备阶段。

组建评估团队：应组建包含5G数据安全归口管理部门、业务/系统责任部门、开发及运营部门相关人员的5G数据安全风险评估团队。评估人员需具备5G数据安全评估相关能力，以支撑整个评估过程的推进及有效开展。

评估对象调研：5G数据安全风险评估团队应对被评估企业的5G数据安全的相关工作进行充分调研，调研内容包括被评估企业5G数据安全管理的相关制度和流程、5G数据安全设备部署情况等，从而为后续的5G数据安全评估实施奠定基础。

② 评估实施阶段。

5G数据安全风险评估组织实施阶段采用文档查验、人员访谈、系统演示、测评验证等方式对管理措施和技术措施进行评估，对不合规项逐项提出针对性整改建议。具体评估方法包括但不限于以下方法。

文档查验：是指评估人员查阅5G数据安全相关文件资料，例如企业5G数据安全管理制度、业务技术资料和其他相关文件，用以评估5G数据安全管理相关制度文件是否符合标准要求的一种方法。通常在评估准备阶段以及5G数据安全管理类基线评估部分使用该方法，企业需要事先完整地准备上述文档以供评估人员查阅。

人员访谈：是指评估人员通过与被评估企业相关人员进行交流、讨论、询问等方式，以评估5G数据安全保障措施是否有效的一种方法。通常在评估过程中深入企业实地调研时使用，企业需要安排熟悉5G网络数据流转过程，以及承载数据的应用、系统、网络情况的人员参加访谈。

系统演示：是指企业相关人员演示、评估人员查看承载数据的应用、系统、网络，包括数据采集界面、数据展示界面、数据存储界面、数据操作日志记录等，以评估5G数据安全保障措施是否有效的一种方法。系统演示通常在评估过程中深入企业现场调研时使用，企业需要安排相关人员进行现场演示，评估人员根据系统演示情况进行查验。

测评验证：是指评估人员通过实际测试承载数据的应用、系统、网络，查看、分析被测试响应输出结果，以评估 5G 数据安全保障措施是否有效的一种方法。通常是评估人员针对数据全生命周期涉及的相关技术指标进行验证时使用，评估人员需要事先进行业务注册、准备验证工具等以完成相关评估指标。

③ 评估总结阶段。

评估总结阶段通常包括评估风险台账记录和评估报告编写两个部分。

评估风险台账记录：对评估实施过程中发现的风险、整改情况、整改计划进行梳理并形成风险台账，还需进行统一记录，闭环管理。尽可能地采取管理和技术措施进行风险整改，短期无法完成整改的风险要明确整改计划和完成时间，出具风险整改承诺书，无法整改的风险应出具风险接受承诺书，并对 5G 数据安全风险评估结果进行评审和确认。

评估报告编写：根据评估实践情况，完成评估报告的撰写及签字盖章。

（4）5G 数据出境管理

① 梳理跨境数据。

企业首先需要梳理和明确企业内部受管控的数据对象，主要包括个人信息和重要数据。目前，国际尚未对重要数据形成统一定义，企业需要持续关注重要数据的相关监管政策的出台和解读案例，以及时调整对于重要数据的合规策略。对于企业来说，企业在日常运营过程中的一些商业数据或数量有限的个人信息通常不被视为重要数据，但针对一些特殊的行业（例如，测绘、勘探、电信）日常运营过程中的商业数据可能被认定为重要数据。

② 管理跨境场景。

企业对内部数据跨境场景进行识别，为合规差距分析和明确合规治理重点提供坚实的事实基础。建立数据跨境流转管理工具，构建跨境场景梳理表，包括具体业务场景、涉及部门、传输方式、具体字段、目的地区、涉及系统等，呈现各业务场景数据跨境转移的类型，例如跨境传输、跨境访问、跨境采集，以及是否存在跨境中转的情况。

③ 识别外部合规要点。

结合自身业务分布情况，搜集和研究外部监管合规的要求，以明确数据跨境合规治理要点。在合规运行的前提下，充分利用数据跨境流动的国际规则，极大地降低企业的跨境运维成本。不同国家 / 地区的数据跨境合规管控强度不同，致使企业面临的执行难度、合规风险存在差异。

11.5.5　5G 物联网 / 车联网解决方案

（1）对数据进行识别和梳理

车联网信息服务采集的车主身份信息（例如，姓名、身份证、电话）、车辆静态信息（例如，车牌号、车辆识别码）、车辆动态信息（例如，位置信息、行驶轨迹），以及用户的驾驶习惯等，都属于用户个人隐私信息。

首先应对车联网 / 物联网数据进行识别和梳理，识别出重要数据、敏感数据、个人信息，以及其他数据的类别和级别。建设数据资产梳理平台，数据资产包括采集的数据和业务系统存储的数据。

（2）建立行为监管机制

针对物联网 / 车联网信息收集使用等行为建立监管机制，约束数据使用的对象、范围、传输方式、使用目的等信息，形成数据行为清单，协助车企全面了解数据使用的情况。完善检测评估等监管能力建设，对申报的信息进行监测，约束信息收集和使用行为。

（3）发展车联网数据安全检测等公共服务平台

从监管角度对流动的车端发送数据进行检测，建设数据安全检测等公共服务平台，需提升技术研究和信息传输安全保障能力。例如对单车智能、蜂窝车联网通信、路侧感知、高精度定位等功能的数据安全检测，提供了数据可靠性、可信性的安全保障能力。

11.5.6　5G 运营商共享数据安全解决方案

针对运营商共建共享 5G 网络，因管理差异导致数据保护策略不一致，网络运维权责不明的数据安全问题，我们可以利用区块链联盟链技术方案，为多方组织机构提供数据共享安全可信流程，共同维护资源状态、技术标准、用户策略、规划目标、建设流程、维护标准等数据信息。利用区块链“去中心化”特点，为权责进行可信界定，通过智能合约技术将各方协作内容电子化、自动化，将节点信息与主要负责机构、辅助配合机构绑定。

11.6　发展趋势与展望

将数据安全贯穿网络规划建设和应用发展全过程，在网络部署和系统建设的同时，同步落实数据安全管理措施。5G 数据安全的发展可从以下两个方面入手。

① 在标准规范上完善。《中华人民共和国数据安全法》的出台标志着数据安全建设及监管工作进入有法可循、有法可依的时代，但 5G 数据安全相关法规制度仍不完善。建议在《5G 网络安全实施指南》的基础上，结合 5G 在不同领域的应用特点，进一步完善跨行业、跨领域的数据安全规则，提出对所属领域的 5G 网络部署、应用产品等相关数据安全保护要求。

② 在技术能力上突破。以重点项目和课题研究为牵引，鼓励企业加强漏洞挖掘、数据保护、入侵防御、跟踪溯源等数据安全技术研发，增强数据安全技术自主创新能力。通过建立人才培养基地、制订人才培养计划等方式，加强 5G 数据安全高端融合性人才储备与团队培养。

11.7　小结

随着 5G 网络的大规模使用，给 5G 的数据安全防护提出了新的要求。本章梳理了 5G 网络数据主要类型和数据流转场景，提出“一个中心，四个领域，五个环节、‘六个不’防护”的 5G 数据安全体系建设思路。从 5G 数据安全能力体系、5G 数据安全关键防护能力、5G 通用数据安全、5G 多层面数据安全解决方案等方面进行了防护体系架构构建，给出各层面的 5G 数据在数据全生命周期中的安全防护机制和实施方法，并对该架构下的关键技术进行了分析，旨在为提升 5G 数据安全防护能力提供参考。

11.8 参考文献

[1] 中国通信学会 . 5G 数据安全防护白皮书 [R]. 2022.

[2] 未来移动通信论坛 . 5G 数据安全体系研究报告 [R]. 2021.

[3] 中国信息通信研究院 . 车联网白皮书 [R]. 2019.

[4] 许多奇 . 论跨境数据流动规制企业双向合规的法治保障 [J]. 东方法学，2020(2):185-197.

[5] 粟粟，陆黎，张星，等 . 基于图数据库的 5G 数据流转安全防护机制 [J]. 电信科学，2021, 37(4):28-36.

[6] 张佳乐，赵彦超，陈兵，等 . 边缘计算数据安全与隐私保护研究综述 [J]. 通信学报，2018, 39(3):1-21.

[7] 钟磊，宁建创，邓远芬，等 . 5G 数据安全管控体系的研究与实现 [J]. 广西通信技术，2021(3):32-37.

第 12 章　5G 消息安全方案

12.1　概述

5G 消息揭开了运营商消息业务的新篇章。工业和信息化部对 5G 消息相关规范的推进，让国内运营商及其合作伙伴纷纷将 5G 消息纳入未来几年的重点规划。随着产业成熟，像 2G 时代的文本短信一样，5G 消息有望成为 5G 时代的又一“杀手级”业务。

5G 消息作为 5G 新经济数字化转型升级的基础设施，是第一个面向公众的 5G 应用，依托 5G 网络、人工智能、物联网、云计算、大数据、区块链、算力网络等科技引擎，5G 消息提供的数字化信息消费服务，将进一步推动行业数字化转型、加快数字经济运作、循环和快速发展。

5G 消息基于 GSMA RCS[1] UP 标准构建，实现消息的多媒体化、轻量化，通过引入消息即平台（Massage as a Platform，MaaP）技术实现行业消息的交互化。5G 消息带来全新的人机交互模式，用户在消息窗口就能完成服务搜索、发现、交互、支付等“一站式”业务体验，构建了全新的消息服务入口。

5G 消息支持丰富的媒体格式，包括文本、图片和音视频等。5G 消息业务分为两大类，一类是个人用户与个人用户之间交互的消息，另一类是行业客户与个人用户之间交互的消息。个人用户与个人用户之间的消息还分为点对点消息、群发消息和群聊消息。5G 消息业务和语音业务结合可实现行业客户、个人用户在呼叫前、呼叫中和呼叫后进行更丰富、多元化的信息分享和互动，为行业客户、个人用户提供差异化的、更丰富的业务体验。

5G 消息是基础通信业务，与传统短彩信相比，传播方式更多样、传播能力更强，因此加大了安全风险，具体风险如下。

① 业务能力不足带来的安全风险。5G 消息业务作为基础性电信业务，为实现互联互通，并获得广泛的产业支撑，采用了 GSMA RCS UP2.4 标准进行建设运营，但该标准在终端及网络层面缺乏原生或可定制的内容安全管控能力，需要定制非标准能力从而支持对业务的安全管控。

② 自由业务形态带来的安全风险。5G 消息业务是可不经用户同意即向任意号码发送任意内容的业务形态，为不良信息管控带来了巨大挑战。

③ 强大传播能力带来的安全风险。5G 消息群发、群聊、MaaP 消息等新型业务为一对多

1　RCS（Rich Communication Services，富通信服务）。

传播方式，覆盖面广，传播能力强，管控难度极大。

④ 技术能力不足带来的安全风险。2G/4G 的短彩信以文本形式为主，不良信息识别率较高，而 5G 消息富媒体内容占比高，消息类型多样；但目前音视频等富媒体识别难度较大，对部分违法有害不良信息（图片、音视频、文件）的识别准确率较低，内容管控面临极大挑战。

因此，全面分析和梳理 5G 消息面临的安全风险刻不容缓，进而明确了 5G 消息业务安全管控的总体设计思路和框架，为 5G 消息业务的安全系统建设提供有针对性的解决方案。

12.2 5G 消息系统架构简介

5G 消息系统架构示意如图 12-1 所示，主要包括 5G 消息中心、MaaP 平台和 5G 消息互通网关，并与用户数据管理（HSS/UDM）、短信中心、安全管控系统、业务支撑系统等对接。5G 消息中心负责处理 5G 消息，与 MaaP 平台对接提供行业消息功能；MaaP 平台与 5G 消息中心对接，提供行业消息功能，负责行业客户 Chatbot（聊天机器人）和消息的接入管理、鉴权，以及行业消息中多媒体内容上传与存储等功能；5G 消息互通网关提供跨运营商的 5G 消息网间互通业务功能。

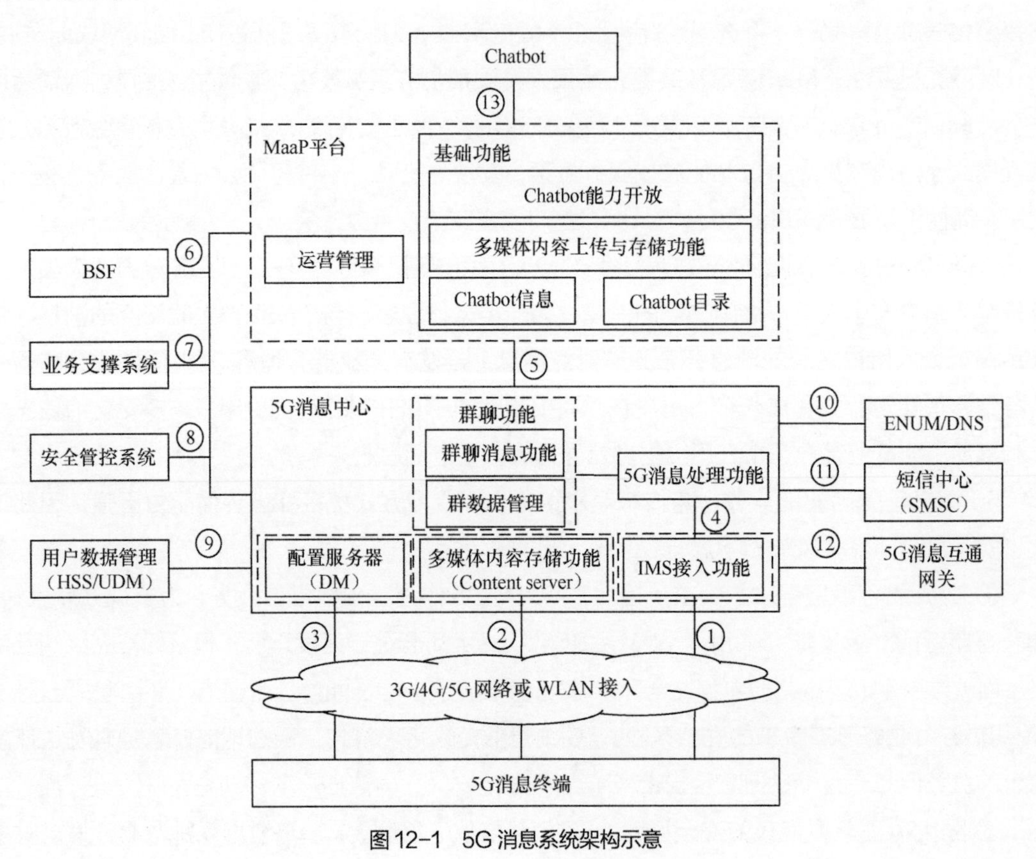

图 12-1 5G 消息系统架构示意

① MaaP 平台：MaaP 平台承载在 5G 消息中心之上，向 Chatbot 开放统一接口，负责行业

客户 Chatbot 的审核、认证，行业消息中多媒体内容的上传与存储，以及支持终端对 Chatbot 目录和信息进行查询。

② 5G 消息中心：5G 消息中心具备 5G 消息管理、分发、路由等功能，可提供统一的终端和网络间接口。

③ 5G 消息终端：终端通过 3G/4G/5G 网络或 WLAN 接入 5G 消息中心，用户使用移动电话号码作为通信标识。

个人消息业务可通过 5G 消息中心实现消息交互；针对行业消息业务，行业客户以 Chatbot 形式通过 5G 消息中心和 MaaP 平台与个人用户进行消息交互。

12.3 现状和需求分析

12.3.1 现状分析

5G 消息受到国内市场高度关注，其提供了数字技术和实体经济深度融合的一个新选择。2020 年 4 月 8 日，中国电信、中国移动、中国联通联合发布了《5G 消息白皮书》，将传统短信升级为融合通信业务，并启动构建了 5G 消息应用生态圈。三大运营商致力于通过统一的业务呈现、统一的功能体验、统一的技术要求，共同加速 5G 消息产业的规模化发展。《5G 消息白皮书》发布一年内，在工业和信息化部等相关行业管理部门的指导下，三大运营商携手产业链合作伙伴，推动 5G 消息产业生态在行业标准、平台建设、终端商用、应用孵化等多个领域取得突破性进展。

在行业标准层面，工业和信息化部已将 5G 消息系列标准制定列为重点工作，由中国通信标准化协会牵头，已先后审查通过了平台、终端、互通、安全 4 项相关标准。5G 消息安全相关的国际标准主要由全球移动通信系统协会研究制定，重点包括 5G 消息网络侧的安全架构、消息完整性保护、用户隐私数据机密性保护、商户认证机制等内容。这些标准为 5G 消息作为基础通信服务升级提供了指导依据。

在平台建设层面，三大运营商在联合发布白皮书后陆续启动了 5G 消息平台的招标和建设工作，各平台设备厂商全力支撑运营商平台建设，围绕 5G 消息已经搭建了管理运营和安全体系化的服务平台，具备了灵活、便捷、安全的业务服务能力。5G 消息全国运营平台已基本建成，为全面商用打下基础。

在终端商用层面，三大运营商的 5G 消息终端采用了统一技术规范、统一业务形态、统一产品名称。目前，除了苹果厂家，其他主流终端厂家，例如华为、小米、OPPO、ViVO、中兴、三星等已经发布超过 60 款适配 5G 消息的终端。

在应用孵化层面，5G 消息已经充分展示了与千行百业融合的潜力。例如，中国移动首先在 15 个省（自治区、直辖市）启动了 5G 消息友好客户和合作伙伴试点接入，举办了 5G 行业消息优秀案例评选，评选出了覆盖十大行业的 50 多个优秀场景；中国电信与中国联通联合发起

5G消息合作伙伴试点招募，并联合举办5G消息Chatbot创新开发大赛；第四届“绽放杯”5G应用征集大赛专门设立了5G消息赛道，共征集到参赛项目400个，涵盖政务、金融、交通、旅游、农业、医疗等多个行业。

5G消息相比传统短信业务引入了多种角色，整体业务架构也更开放化、多元化，因此也带来了安全风险的挑战。主要表现在以下3个方面。

① 多媒体内容的安全：传统短信仅支持140字节文本格式的内容，而5G消息承载于IP网络，可以支持文本、图片、音频、视频、文件、地理位置、卡片消息等更丰富的媒体格式的内容。

② 业务形式的安全：5G消息不仅支持普通的点对点消息，还支持群发、群聊、行业应用和应用交互等业务类型，而且业务形式多种多样，包括视频共享、电子白板、会议、应用订购等。群聊业务又涉及群名称、个人昵称、群公告等内容，这些内容以及群业务的行为也可能存在安全问题。而且由于群业务内容具备一定的隐蔽性，不易识别，且群消息散布范围广，因此带来的风险更大，安全管控难度也更大。

③ 接入安全：传统短信通过电信核心网的信令通道传输消息内容，信令通道是封闭的，公共网络无法访问，这样可以充分保证短信传输通道的安全。而5G消息从协议控制上来说增加了更多的安全性，但由于传输基于IP网络，IP网络组网复杂，部分网络会有公网接口或者暴露在公网之上，因此会给业务带来安全风险，需要加以规避。

12.3.2 需求分析

（1）业务安全需求

业务安全需求包括以下3个部分。

① 业务使用的安全：需要确保用户认证（含发送方和接受方）、消息接收、消息发送、消息访问等功能的安全。

② 业务管理的安全：需要满足对5G消息业务进行管理的安全要求，主要包括用户管理、密钥和证书管理、安全审计、软件管理等要求。

③ 业务支撑内容管理：通过对业务平台的能力进行限制，业务平台或终端支持用户设置拒绝接收推送消息，包括主叫黑名单控制、被叫黑名单控制，实现对内容安全的管理支撑。

（2）内容安全需求

5G消息内容安全是指针对5G消息的内容，5G消息系统应能够通过不良信息管理功能或相关系统实现对不良信息的识别和处理等。通过对不良信息的甄别，并对其采取适当的识别和处理手段，从而能够最大限度地避免不良信息对个人、企业、社会造成的不良影响。内容安全的总体需求如下。

① 5G消息系统应按照要求将各类不良信息管理功能或相关系统进行检测或研判处置。

② 不良信息管理功能或相关系统应能够对有可能承载不良信息的载体进行过滤和检测，包括文本、图片、语音片段、视频片段、表情、电子名片、富媒体卡片等。

③ 不良信息管理功能或相关系统应支持针对5G消息的不同消息类型提供相应的不良信息

管理及处置手段，支持对违规用户进行精细化检测，支持根据用户意愿对单用户或按业务类型对消息进行拦截。

④ 对群聊消息的内容进行检测和处置，可由不良信息管理功能或相关系统实现。

（3）数据安全需求

① 数据存储安全：终端和平台应提供用户数据的安全存储功能。

② 数据备份 / 恢复：业务平台需提供完备的数据备份和恢复机制来保障数据的可用性和完整性。

③ 数据使用安全：防止恶意用户非法接入，需在用户接入、认证和授权方面进行防护；在数据使用过程中，需要有数据安全风险监测与管理的技术手段。

④ 数据传输安全：在 5G 消息的端到端数据传输过程中，系统应提供对消息的安全保护手段，以保证消息的机密性、完整性。

⑤ 数据脱敏要求：需制订与数据脱敏相关的策略，实现敏感数据的可靠保护，对 Web 展示数据中涉及的敏感数据进行脱敏处理。

⑥ 数据安全审计：需支持数据方面的日志审计要求。

（4）终端安全需求

提高移动智能终端的自身安全防护能力，防范移动智能终端上的各种安全威胁，避免用户的利益受到损害，同时防止移动智能终端对移动通信网络安全产生不利影响。需从终端硬件安全、系统安全、外围接口安全、应用软件安全、数据安全等方面提高终端安全防范能力。

（5）网络系统安全需求

① 网络安全防护：系统组网依照其功能可划分为接口层、核心交换层、系统层和存储备份层。接口层与其他系统、用户终端、维护终端交互。核心交换层连接系统内部及其他各层的设备。系统层完成系统的主要业务功能。存储备份层主要存储系统数据。网络安全层是指为了保证网络层涉及的网络链路、网络设备、网络服务的安全性所采取的安全措施。

② 系统安全防护：网络系统应具备基本的安全防护功能，并进行必要的安全配置。网络系统应满足恶意代码、漏洞筛查及组件安全最小化相关要求。网络系统应根据实际情况，有针对性地补充安全防护手段。

12.4 总体方案设计

12.4.1 设计原则

（1）目标导向原则

针对 5G 消息安全发展目标，分析当前网络安全能力与目标的差距，指导 5G 消息安全措施的建设部署。

（2）标准性及先进性原则

结合 5G 消息业务的实际情况，识别需要遵从的国家、行业 5G 消息安全标准，采用标准化的安全框架，并有针对性地提供5G消息安全解决方案，满足安全管理合规性要求。在5G消息系统的安全设计上也要与时俱进地引入人工智能、大数据等技术，让人工智能为网络安全赋能。

（3）体系化原则

通过业务、数据、技术的多视角分析来充分梳理5G消息安全需求，通过设计体系化安全架构，技术上实现对5G消息系统各个领域、各个层面、多个阶段的安全能力支撑；安全运营管理上要落实“分级管控，集中治理”原则。

（4）开放性原则

5G消息系统框架遵循开放性架构，采用开放的接口协议与开放平台，提供统一的、开放的接口；平台维护和发展不依赖厂商，能够保证平台的持续升级和发展。

（5）灵活性、可扩展性原则

5G消息系统具备可扩展性，资源和功能可通过弹性和模块化的方式进行灵活的水平扩展，具备高度灵活可配置的功能单元。

（6）投资保护原则

工程建设应尽量利用已有资源及相关基础设施，以提高资源利用率，降低建设成本，充分保护原有的投资。

12.4.2 设计思路

（1）在安全架构方面

分层防御、区域自治。针对不同层次的安全需求，设计不同的安全能力进行防护，使每个层次能够独立进行安全管控和运营。将安全能力软件化、服务化、资源池化，才能使其满足弹性、动态的需求。同时整体设计安全管控中心，对全局维度的安全能力进行通用监控、管理、运营。

（2）在安全技术方面

本着基础性、系统性、前瞻性的原则，在完善现有安全能力的基础上，积极发展创新领域的安全能力，以适应当前和未来数字化转型与业务发展的需要，5G消息系统依托云计算、大数据、AI等技术对内容进行多维度审核，以提高内容审核的可靠性与安全性。

（3）在安全运营方面

5G消息的安全策略运营沿用“两级共管、集中配置”的原则。集中侧制定策略和运营工作管理要求，开展策略生成、部署、评估、优化等策略生产流程。端侧加强源头，参与样本分析、策略评估优化等工作，提出策略配置建议，从面向5G业务的管控转变为面向5G生态的分级管控，实现精准治理。

12.4.3 总体架构

5G消息安全总体架构如图12-2所示，主要包括以下6个部分。

① 终端安全方面：主要从5G消息终端硬件安全能力、外围接口安全能力、应用层安全能力、操作系统安全能力和用户数据安全能力等维度来保障5G消息终端的整体安全。

② 网络系统安全方面：基于 5G 消息系统结构，进行安全组网，保证通信安全，保证控制面、数据面、管理面之间的隔离，根据安全域划分原则进行安全域划分，并执行不同安全等级的安全域之间的隔离以及边界防护和安全接入。网络系统具备基本的安全防护功能，并进行相关的安全配置。网络系统具备入侵检测、恶意代码检测、异常行为分析等安全检测防护手段，且具备组件安全最小化相关要求。

③ 内容安全方面：通过不良信息管理功能实现对不良信息的检测和过滤，通过对不良信息的甄别，对其采取适当的处置手段。

④ 业务安全方面：包括业务使用安全、业务管理安全、业务支撑内容管理安全等功能模块，确保 5G 消息业务安全。

⑤ 数据安全方面：5G 消息应用数据安全主要从数据存储安全、数据传输安全、数据使用安全、数据安全审计等多重技术手段和机制进行保障。

⑥ 5G 消息安全管控方面：包括 5G 消息内容安全管控，要从“人”“内容”“平台”全方位管控。事前预防，有效封堵，包括下发消息频次管控、黑白名单库、审核策略、关键字库 / 样本库；事中处理，通过行为分析、AI 审核 / 人工审核支撑智能检测和安全管控技术要求；事后处置，对事件进行评估分析，发现问题，及时做好应急预案和应急处置。5G 消息安全的总体架构如图 12-2 所示。

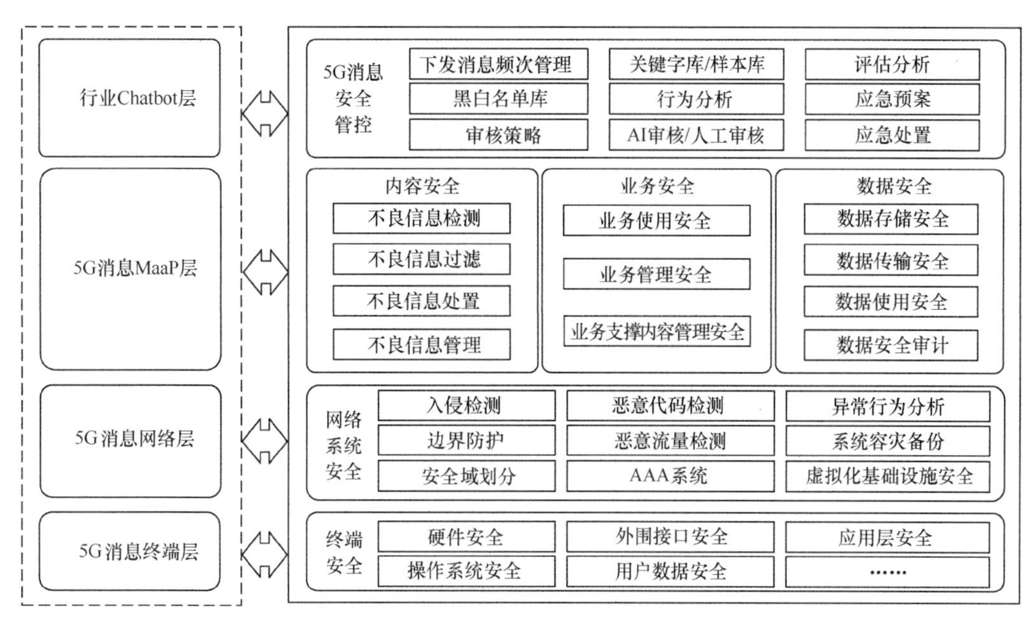

图 12-2　5G 消息安全总体架构

12.5　详细方案设计

12.5.1　内容安全

5G 消息服务具有强大的多媒体消息传播能力，其给用户带来通信便利的同时也容易被不法分子滥用传播不良信息，运营商当前的不良信息管控手段无法有效应对5G消息环境下的新型不良信息。为有效应对5G消息业务以文字、图片、音频、视频、复杂文件等融合消息所产生的场景丰富、传播范围广、内容安全风险大和内容检测难度大的特性，运营商亟须升级现有内容安全管控手段，从而有效应对挑战。

（1）文本类不良信息管控措施

关键词组合匹配具有匹配速度快、可解释性强的特点，是进行文本类不良信息管控的有效手段。对于超长文本内容，除了通用的关键字扫描识别，还需要增加上下文关联、超长文本分段并发扫描识别等优化扫描和匹配算法，识别更隐蔽的不良信息，加快命中速度。具体管控方案如下。

① 针对长文本类不良信息，建议升级现有的关键词组合匹配方法，采用考虑位置的关键词组合匹配方法。即在进行消息匹配时，不但要考虑消息是否匹配组合逻辑的关键词，还要考虑关键词之间的位置是否足够近。

② 针对文本多媒体化信息，需要使用AI算法构造文本转换模型将多媒体化信息还原为文本信息后再进行关键词组合匹配。

③ 针对噪声干扰较大的多媒体化文本信息，在进行文本转换前，可以先使用基于AI的去噪模型对多媒体信息去噪后再进行处理，去噪模型可针对不良信息传播者的加噪手段进行针对性学习，从而有效地去除噪声，提高识别精度。该方案的优点是可以针对新的噪声训练新的去噪模型，而不需要重新训练各种文本转换模型。

④ 针对不良信息发送者为了逃避关键词审查通常将文本信息中的敏感词替换为变体文字、特殊文字、表情符号等问题。一种有效的方案是将敏感词变体还原为敏感词本身，并将这个问题映射为一种语言翻译问题。

不良文本类信息管控措施如图12-3所示，文本多媒体化信息可以先通过AI去噪模型去噪，再经过文本转换模型转换为文本信息后进行关键词匹配。不良文本信息可以通过敏感词变体翻译模型转换后进行关键词匹配。此处的关键词匹配是考虑位置的关键词匹配，能够应对各种长度的文本信息。

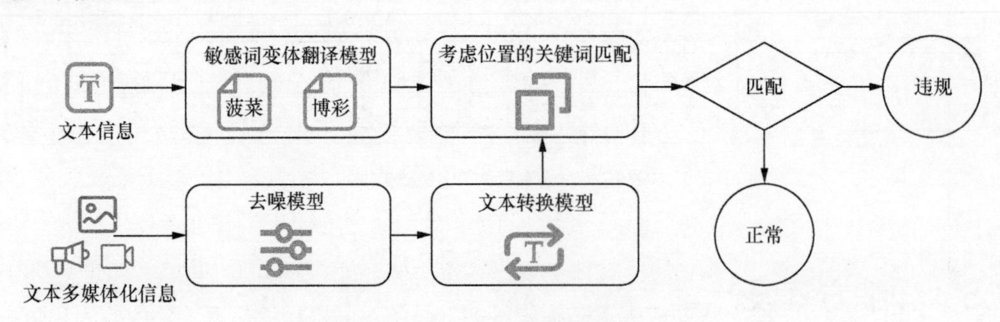

图12-3 不良文本类信息管控措施

（2）多媒体类不良信息管控措施

对于图片、音频、视频及其他类型的文件等多媒体内容，一般先采用精确、相似匹配技术对已知违规样本进行快速精准识别，如果无法识别则依次使用深度特征匹配、深度图片分类、深度目标检测等深度学习模型对多媒体信息进行判别。上述所有深度学习模型的训练数据来自于已知违规样例库，使用深度学习技术判定为违规的样本经过人工审核确认后可以纳入已知违规样例库。

多媒体类不良信息管控措施如图 12-4 所示。

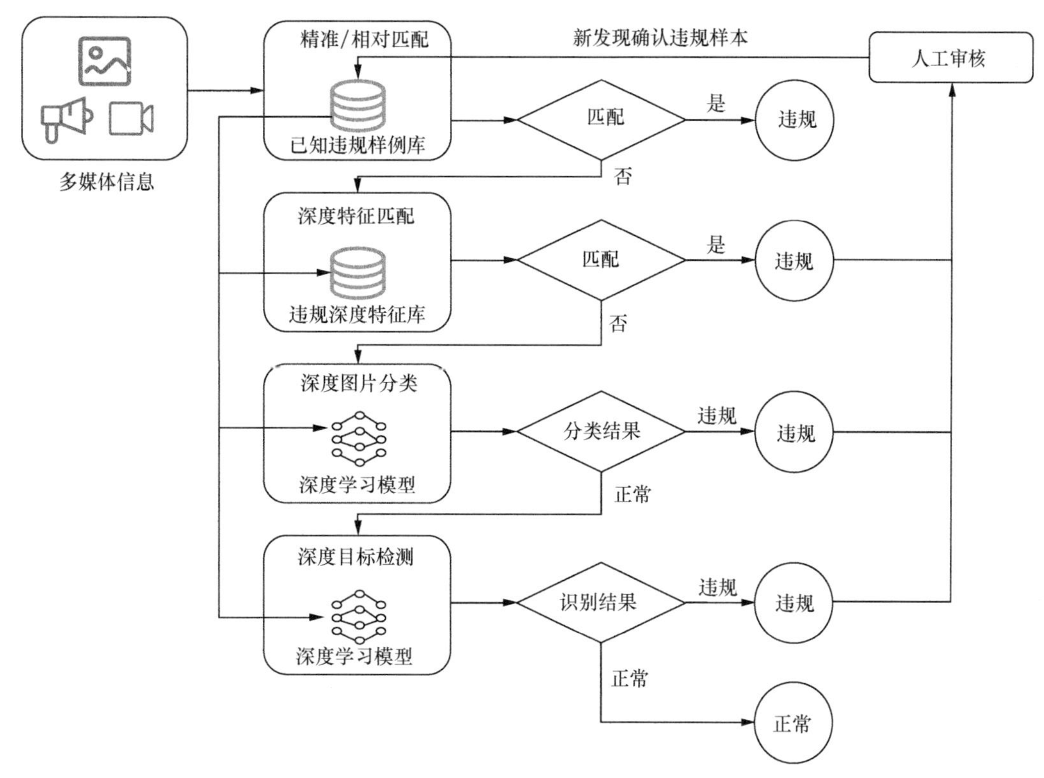

图 12-4　多媒体类不良信息管控措施

（3）AI 辅助 5G 消息文本信息审核

5G 消息的核心是 Chatbot，Chatbot 打造消息服务新入口，完成“一站式”业务体验和人机交互，可提供丰富的内容展示，同时也带来各种内容安全风险。另外，5G 消息时代，信息量剧增，同时富媒体形式多样、内容量大、具有隐蔽性，例如汉字多音字的各种变化、上下文语义识别、不同语言 / 方言等。因此，通过 AI 审核 + 人工兜底审核，可实现智能消息治理升级势在必行。

随着 AI 技术的发展，引入 AI 识别技术用于自动学习和内容识别已成为一种更高效的技术手段。通过海量的多媒体不良信息，训练不良信息特征库。针对提交的多媒体信息进行降噪、切分、特征提取等操作，最终进行特征比对，来识别不良信息。并且通过不断训练 AI 深度学习，进一步提升 AI 自动化审核的能力，从而形成以 AI 为核心，以人工为辅助，通过语义分析构建智能机器学习算法，自定义规则，高效过滤复杂变种文本，实现更为有效、低成本的不良信息审查。

利用 AI 技术管控 5G 消息内容安全模式如图 12-5 所示。

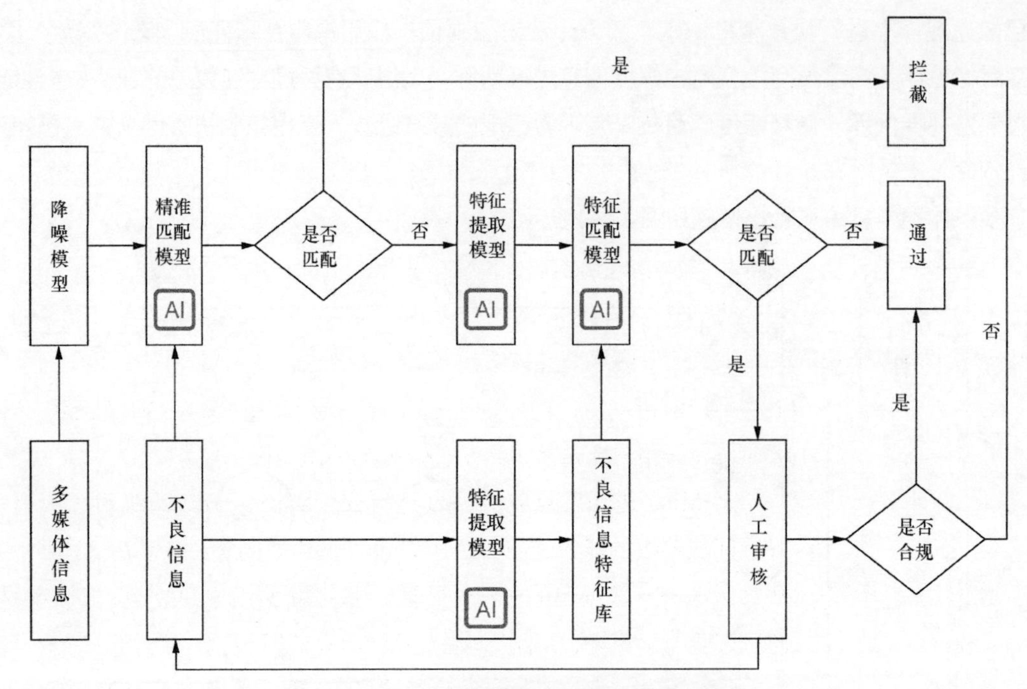

图 12-5　利用 AI 技术管控 5G 消息内容安全模式

此外，内容服务提供商（Content Service Provider，CSP）的消息影响范围更广，因此对于 CSP 的消息内容需要采用更严格的审核机制，例如消息内容需人工审核通过后再下发，避免因错漏造成大范围的恶劣影响。

12.5.2　业务安全

业务安全主要包括消息发送前的实名认证、消息发送中的 AI/ 人工内容过滤、消息发送后的信用评级等。

（1）消息发送前的实名认证

消息发送方和接收方应满足实名制认证要求，业务平台仅向实名制用户开通 5G 消息业务。

个人用户认证：5G 消息涉及多种业务实现方式，对应多种用户认证机制，5G 消息业务安全认证要求见表 12-1。

表 12-1　5G 消息业务安全认证要求

5G 消息业务	安全认证要求
5G 消息（各类即时消息交互，包括点对点消息、群聊、Chatbot 消息等相关的信令和媒体）	USIM 传输层安全协议（SIP 注册支持 AKA 鉴权）
5G 消息（消息存储，包括消息中的多媒体内容上传和下载）	USIM 移动终端通用引导架构
Chatbot 发现	
Chatbot 信息查询	
终端配置管理（DM）	DM 可以根据需要选用 GBA[1] 认证

1. GBA（Generic Bootstrapping Architecture，通用引导架构）。

Chatbot 服务方认证：Chatbot 接入 MaaP 平台之前，都需要对 Chatbot 进行认证，认证采用平台认证与应用层认证相结合的方式，平台认证可以采用基于 HTTPS 的数字证书认证，应用层的认证可以采用基于用户名密码的认证。

Chatbot 服务方应通过合法的 CA 申请服务器证书，并在用户注册过程中将 CA 根证书、Chatbot 服务器合法域名或者 IP 地址提供给 MaaP 平台进行注册审核，注册完成后，MaaP 平台在 Chatbot 接入过程中，对 Chatbot 服务器进行身份认证，认证包括对 Chatbot 服务方证书的校验以及对 Chatbot 身份的认证等。

（2）消息发送中的 AI / 人工内容过滤

AI/ 人工内容过滤系统的技术模型如图 12-6 所示。

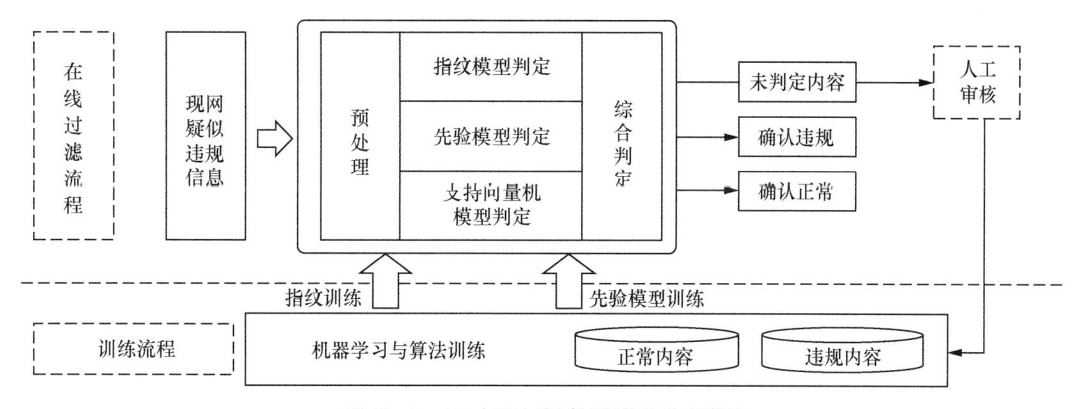

图 12-6　AI/ 人工内容过滤系统的技术模型

该技术模型包括以下两层智能模型。

① 训练流程：基于人工审核短信数据利用人工智能模型进行训练，生成黑 / 白指纹库、先验模型库等训练库，为在线过滤提供基础。

② 在线过滤流程：依据指纹模型、先验模型、支持向量机模型等，对现网系统中待判定的疑似违规信息进行精准判定。

判定结果分为：确认违规、确认正常和未判定内容，可依据生产系统需求进行过滤。

线上判定与线下训练相结合，充分利用已有人工审核结果的短信、用户投诉短信，构造指纹库、文本特征库、聚类分析库、模板库、黑号码库等特征数据库，支撑综合判定模型；并将部分判定结果进行人工抽样检查，不断优化训练、判定模型，避免模型判定的准确率退化。

（3）消息发送后的信用评级

除了对消息内容进行安全过滤，还有必要建设多层次的信用体系和机制来保障系统的业务安全。信用体系建设包括两个方面：针对 CSP 的信用体系和针对终端用户的信用体系。

针对 CSP 的信用体系主要用于对 CSP 安全信用的管理。CSP 信用可以分为不同等级，5G 消息系统根据信用等级限定可以开放的业务范围。5G 消息系统信用评分采用正向激励机制，以激励 CSP 自觉遵守安全规则，共同维护健康绿色的业务环境。

针对终端用户的信用体系被用于用户准入消息收发、群聊业务权限的管理，5G 消息系统为不同的信用等级用户提供不同级别的服务。例如，对于严重违规的用户，5G 消息系统审核确认后加入黑名单，该用户以后不允许使用任何 5G 消息业务。对于群聊业务，用户的信用等级不同，可以使用的业务也不同，例如允许建群的数量，可以加入群的数量，是否可以成为群管理员，是否可以广播消息，是否有禁言权限等。另外，5G 消息系统还可以结合群内成员的信用等级分布、群内出现不良信息的频率等，设置群组级别的信用等级。对于信用等级低的群组可以采用提前预警、限制权限、加重拦截权重、分时段关闭等方式来管理群组，保证业务内容的合规。

12.5.3 数据安全

当前，数据安全已成为新兴技术健康发展的保障，5G 消息应用数据安全主要从数据存储安全、数据传输安全、数据使用安全、数据安全审计等多重技术手段和机制进行保障。

（1）数据存储安全

终端和平台提供用户数据的安全存储功能，即用户敏感数据应采用加密的方式保存在终端和平台数据库，例如验证码、姓名、地址等敏感数据在日志或数据库之后都是密文存储，不会以明文的形式呈现在各个层面。这样恶意应用即使获取存储的数据，也无法解密消息内容。

根据不同的数据类型，系统平台和终端应各自采用合适的保护机制进行敏感数据的安全存储。

① 平台数据安全存储：平台侧应采用不同的密钥对需要保护的数据进行加密保护，加密算法可采用 AES 等高安全强度算法。

② 终端侧数据安全存储：终端侧数据安全存储的介绍详见 12.5.4 节中的终端数据安全防范措施。

（2）数据传输安全

① 终端 /Chatbot 与 5G 消息平台间的数据安全传输。

在 5G 消息的端到端数据传输过程中，5G 消息系统应提供消息的安全保护，以保证消息的机密性、完整性。

在终端 /Chatbot 与 5G 消息平台间数据安全传输过程中，应采用与接入网相适应的安全通信协议，以满足消息的安全传输要求。终端 /Chatbot 与 5G 消息平台间的安全传输协议见表 12-2。

表 12-2 终端 /Chatbot 与 5G 消息平台间的安全传输协议

接口	安全协议要求
UE-5GMC[1]	蜂窝接入 /Wi-Fi 接入：TLS（1，2 及以上版本）
UE-MaaP 平台	HTTPS
UE-BSF	TLS（1，2 及以上版本）
MaaP 平台 -Chatbot	HTTPS

1. 5GMC（5G Message Center，5G 消息中心）。

② 平台间数据安全传输。

平台间的安全传输要求见表 12-3。

表 12-3　平台间的安全传输要求

接口	安全传输要求
5GMC-HSS	保护 IMS 信令传输
5GMC- 短信中心	HTTPS
5GMC- 其他 5G 消息中心 /MaaP 平台	TLS（1，2 及以上版本）
5GMC/ MaaP 平台 – 垃圾短信管理平台 / 不良信息管理系统	保护 IP 承载网数据传输，同时应在平台间采用应用层安全传输机制，以保证平台间 5G 消息的端到端安全传输

（3）数据使用安全

针对敏感数据访问及传输接口，为了防止恶意用户非法接入，5G 消息平台在用户接入、认证和授权方面需要进行防护，以保证只有经过认证和授权的用户终端才能访问其相关服务。

对于某些敏感信息通过脱敏规则进行数据变形，5G 消息平台应制订数据脱敏策略，实现对敏感数据的可靠保护，在不泄露用户隐私的前提下保障业务系统的正常运行。

在数据使用过程中，要有数据安全风险监测与管理的技术手段，可基于对业务日志、系统日志、系统间流量等数据的融合分析，实现对 5G 消息系统的数据访问异常行为分析、数据安全风险监测与预警。对于系统间以及从后台直接进行的数据导出等操作 / 行为，应予以严格控制。

（4）数据安全审计

5G 消息平台应满足数据方面的日志审计要求。审计日志包括但不限于访问层日志记录、应用层日志记录、数据存储层日志记录、数据获取层日志记录，以及元数据管理和数据质量检测的日志记录。

12.5.4　终端安全

5G 消息终端安全能力主要由硬件安全能力、操作系统安全能力、应用层安全能力、外围接口安全能力和用户数据安全保护能力 5 个部分组成，终端安全能力框架如图 12-7 所示。

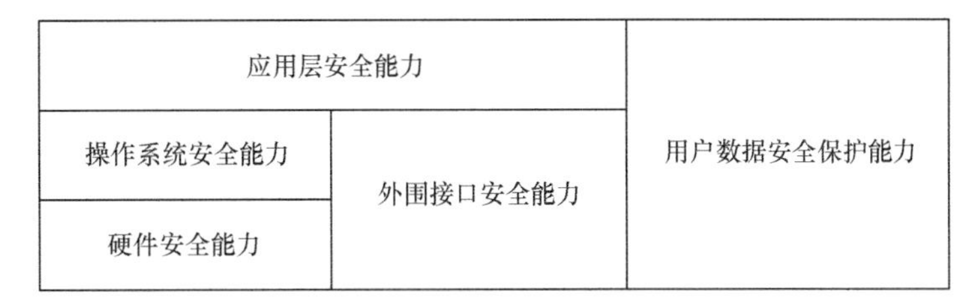

图 12-7　终端安全能力框架

（1）硬件安全能力

终端硬件安全的目标是保证终端内部应用处理器、通信处理器、存储和外设接口的安全，确保芯片内系统软件、终端参数、安全数据、用户数据不被篡改或非法获取，主要措施如下。

① 终端硬件集成专用的安全运行区域，安全运行区域有专享的存储空间，该存储空间不与

非安全运行区域共享，可通过硬件隔离防止篡改或非法获取。

② 终端安全启动代码应进行完整性验证，当验证通过后执行安全启动过程。

③ 终端硬件集成专用安全处理单元（SIM 卡 /SE/TEE），通过物理隔离防止篡改或非法获取数据。具备硬件实现的密码模块，可实现密码算法相关功能。

④ 终端安全区域根密钥随机生成，随机数熵值应满足移动智能终端的安全要求，且不低于128bit。根密钥仅在移动智能终端安全运行区域内使用，无法被外部获取。

（2）操作系统安全能力

操作系统安全的目标是操作系统无损害用户利益和危害网络及终端安全的行为，提供操作系统对系统资源调用的监控、保护和提醒，确保设计安全的系统行为总是在受控的状态下。主要措施如下。

① 终端操作系统具备通过打补丁或软件升级的方式消除重要安全漏洞的能力，发现系统漏洞应及时修补。

② 终端在收到通信信息时，应在遵守个人信息保护的要求下，对不良信息具有基本的识别、提醒和处置能力。

③ 通过本地配置或接入远程云服务的形式，实现对内容违法类、恶意骚扰类和商业营销类不良信息进行识别。对识别后的不良信息和不良统一资源定位符（Uniform Resource Locator，URL）进行提醒。完成不良信息的识别和提醒后，采取一定的保护措施阻断不良信息带来的安全威胁，并进行处置。

（3）应用层安全能力

应用层安全的目标是保证终端对将要安装在其上的应用软件进行来源识别，对已经安装或加载在其上的应用软件要进行敏感行为的控制。另外，还要确保预置在终端上的应用软件无损害用户利益和危害网络或终端安全的行为。主要措施如下。

① 终端支持数字证书解析及合法性验证能力，包括证书名称、证书有效期、使用者备用名称、密钥用法等。

② 预置应用软件应防范未明确告知用户而收集使用用户个人信息、修改用户个人信息。

③ 预置应用软件输入认证 / 支付密码等敏感信息时，采取加密防范措施防止密码被截获，并不得在终端界面上以明文显示。

④ 预置应用软件应采用密文方式传输金融支付类、信息通信类、账户设置类、传感采集类和设备信息类信息。

⑤ 预置应用软件应对其内部包含敏感个人信息的组件及对外接口进行保护，任何未经授权的第三方引用软件不可访问或调用。

（4）外围接口安全能力

外围接口的安全目标是确保用户对外围接口的连接及数据传输的可知和可控。

终端应支持 5G 消息所需要的各类安全认证和传输协议，包括 TLS 1.2 及以上版本、基于 USIM 的 IMS AKA（IMS 认证和密钥协商）、移动终端通用引导架构（Generic Bootstrapping

Architecture Mobile Equipment，GBA_ME）。

（5）用户数据安全保护能力

用户数据安全保护的目标是要保证用户数据的安全存储，确保用户数据不被非法访问、获取和篡改，同时能够通过备份方式保证用户数据的可靠恢复。

5G 消息终端必须保护以下与 5G 消息相关的敏感数据：用户身份鉴别相关数据，例如 tokens（令牌）等；重要数据或敏感数据，例如配置数据 / 文件、日志数据等；密钥数据。5G 消息终端存储上述敏感数据时应进行加密，且应在操作系统层保证只有经授权的应用才能访问这些数据。同时，在使用敏感数据时，应保证其解密过程的安全性及使用完毕后的安全性，确保明文不会被恶意窃取。例如，明文只能解密到内存中，不能以临时文件的形式写入文件系统，使用完毕必须及时释放明文所占用的内存空间，确保不会被恶意窃取。5G 消息终端宜采用相关安全措施保证 IMSI 的安全性。

12.5.5　网络系统安全

1）网络安全

（1）安全域划分

网络安全域划分应遵循业务保障原则、结构简化原则、等级保护原则及生命周期原则。网络安全子域主要包括核心生产区、互联网接口区、内部接口区和核心交换区 4 类安全子域。依照域间互联安全要求以及统一安全防护的要求，设置相应的访问控制策略和部署防火墙、入侵检测系统、防病毒系统、异常流量清洗及检测系统等安全防护手段。

（2）网络安全防护

网络安全防护应遵循集中防护、分等级防护及纵深防护原则。在 5G 消息平台与外网边界处应部署相应的网络攻击检测防护设备。随着网络技术的快速发展，网络攻击者也在使用新的手段进行网络攻击，譬如终端被黑客控制进行网络攻击、攻击者使用更智能的攻击手段等。针对这些新的网络攻击手段，平台侧引入 AI 技术来赋能网络安全，在恶意代码分析、入侵检测、恶意流量、异常行为分析等方面充分发挥人工智能的优势，通过 AI 技术自动识别和处理潜在的网络威胁，更有效地防护网络安全。

（3）系统可靠性安全

基于云提供电信级、高可靠的系统安全：网元软件应具有独立的可靠性机制，确保具备独立于硬件的可靠性；网元及通信链路应进行冗余部署，并提供灵活的扩容方案；网元应支持对各类异常和故障进行检测、告警、快速处理和恢复。

2）系统安全

（1）访问控制

访问控制主要包括用户终端和 5G 消息业务平台之间的访问控制，即用户终端通过认证后，只能访问业务平台前端用户注册的业务服务，禁止直接访问业务后台服务器；5G 消息业务平台的访问控制，即 5G 消息业务平台内部各业务之间允许访问，其他业务平台除了必要的业务访问，均应禁止访问5G消息平台。

（2）安全配置

5G消息系统设备应根据业务需求，配置不同的策略，过滤所有与业务不相关的流量；应通过SSH等加密协议实现远程设备维护功能；存在字符或图形界面的人机交互设备，应提供账号管理及认证授权功能。同时5G消息系统还应满足设备其他安全要求，例如应配置定时自动屏幕锁定、定时账户退出等。

（3）安全审计

5G消息业务平台应在对指定参数进行修改时或到达系统预设的时间时记录系统日志，记录内容主要包括系统参数变化、系统运行信息、系统参数配置、系统管理的设备的状态、系统关键进程状态、系统故障信息等。日志记录中应包含记录时间、参数名称、参数状态、异常情况分析等内容。

5G消息系统日志应支持对用户的登录/退出进行记录，记录用户对设备的操作，记录与设备相关的安全事件，还应支持远程日志功能。5G消息系统还应配置相关权限，控制对日志的读取、修改和删除等操作。

5G消息系统应完整地记录并保留系统配置变更、数据变更及终端用户、内部人员和第三方人员的操作记录。5G消息系统应支持审计发现相关安全事件，例如非正常请求、口令猜解、篡改信息等。

（4）虚拟化基础设施安全

NFV安全应对NFVI、业务通信系统及管理系统（MANO安全、组网安全、安全管理）进行安全防护。

NFVI安全：硬件服务器可使用可信计算技术保证可信，应对虚拟化软件、宿主机及虚拟机OS进行加固，虚拟机之间应进行安全隔离等。

业务通信系统的安全：使用安全的标准化通信协议，并对通信数据进行加密、完整性和抗重放保护。

MANO安全：MANO实体应进行安全加固，应对MANO实体之间以及MANO实体与外部实体之间的通信进行双向认证，对传输的数据进行机密性和完整性保护。

组网安全：对管理、控制和存储流量使用独立网卡进行物理隔离；划分安全域，不同安全等级的安全域之间使用VLAN进行隔离。

安全管理：对管理系统的网元进行安全加固，对管理系统内部接口和管理系统与外部其他系统之间的接口上的数据进行加密、完整性和抗重放保护。

SDN安全应分别对应用层、控制层、数据层及南北向接口进行安全防护。

应用层：基于证书等对控制器和其他App进行认证，并对App软件进行安全加固。

控制层：基于证书等对App和转发设备进行认证，采取措施抵制DDoS攻击，并对敏感数据加密保护，对控制器软件以及所在的服务器进行安全加固。

数据层：基于证书等对控制器进行认证，防止DoS、DDoS攻击。

南北向接口：对传输的数据使用加密、哈希运算消息认证码（Hash-based Message Authentication Code，HMAC），以及时间戳等技术手段，进行机密性、完整性及抗重放保护。

12.6 小结

本章基于 5G 消息业务发展现状，全面分析和梳理了 5G 消息面临的安全风险及安全需求，明确了5G消息业务安全建设的总体设计原则、思路和框架，接着从5G消息内容安全、业务安全、数据安全、终端安全、网络系统安全等维度给出了详细方案设计，为 5G 消息业务的安全系统建设提供了有针对性的解决方案。

12.7 参考文献

[1] YD/T 3989—2021 5G 消息总体技术要求 [S]. 北京：人民邮电出版社，2021.

[2] YD/T 3961—2021 5G 消息终端技术要求 [S]. 北京：人民邮电出版社，2021.

[3] YD/T 2407—2021 移动智能终端安全能力技术要求 . [S] 北京：人民邮电出版社，2021.

[4] 中国电信，中国移动，中国联通 . 5G 消息白皮书 [R]. 2020.

[5] 中兴通讯 .5G 消息技术白皮书 [R]. 2020.

[6] 王鑫，侯赛男，宋玉珊，等 . 5G 消息商业发展机遇及安全风险挑战分析 [J]. 信息通信技术，2021, 15(6):37-44.

[7] 张晨，杜刚，朱艳云，等 . 5G 环境下新型内容管控策略模型研究 [J]. 电信工程技术与标准化，2022，35(5):22-26.

[8] 杜刚，张晨，杜雪涛 . 5G 消息服务中的内容安全风险与应对技术 [C]. 5G 网络创新研讨会（2020）论文集，2020:87-90.

[9] 李雨汝，宋玉磊，蒋璇 . 5G 消息安全认证体系研究 [J]. 邮电设计技术，2021(5):33-37.

第 13 章　5G 垂直行业应用安全方案

当前，5G 行业应用发展驶入“快车道”，5G 网络与垂直行业业务的深度结合，为经济社会各领域的数字转型、智能升级、融合创新提供了坚实支撑。网络安全是 5G 行业应用规模化发展的先决条件，是 5G 赋能千行百业数字化转型的重要基础和坚实保障，构建与 5G 应用发展相适应的安全保障体系成为迫切需求。

本章以 5G 行业应用发展的重大安全需求为导向，以 5G 应用安全供给侧能力提升为主线，针对重点行业 5G 应用安全痛点，遵循实战化、体系化、常态化的原则，融合可信架构、内生安全、安全中台、云边协同等创新理念，打造了“云、网、端、边、数、业”的一体化安全方案，旨在提供与 5G 应用发展相适应的安全保障体系。

13.1　概述

13.1.1　背景与趋势

（1）5G 成为新基建之首，商用进程加速

当前，以数字化、网络化、智能化为特征的全球第四次工业革命孕育兴起。作为新一轮科技革命的核心技术，5G 以其超大带宽、超广连接、超低时延三大特性，成为全球各国发展的重点，对于推动经济转型、社会进步、民生改善具有重要意义。

我国高度重视 5G 发展。2019 年 6 月 6 日，工业和信息化部正式发放 5G 商用牌照；2020 年 3 月，《工业和信息化部关于推动 5G 加快发展的通知》印发，要求全力加快 5G 网络建设部署、丰富应用场景、加大 5G 技术研发力度和着力构建 5G 新安全保障体系。同月，国务院国有资产监督管理委员会明确提出加快以 5G 基站建设为首的七大“新基建”的政策要求，加快推动 5G 成为人工智能、大数据中心等其他新基建领域的信息连接平台。

GSMA 智库预计，到 2025 年，我国 5G 连接数量将达到 8.92 亿。2021 年，移动技术及服务为我国贡献了 5.6% 的国内生产总值（Gross Domestic Product，GDP），相当于 9000 亿美元的经济增加值。预计到 2025 年，随着我国不断受益于移动生态的扩张，移动生态的贡献总量将超过 9600 亿美元。

（2）5G 赋能千行百业，促进数字化转型

5G 的使命是赋能千行百业，促进各行各业的数字化转型，5G 行业应用的融合是 5G 价值全面展现的重头戏和主战场。2021 年是 5G toB 商用元年，也是 5G toB 规模化发展的启动之年，5G toB 规模化发展成为业界关注的核心问题。

为全面加快企业数字化转型，我国陆续出台一系列政策。国家多部委发布 20 余项 5G 相关行业政策；各省（自治区、直辖市）积极推动“百万企业上云”战略，“百行千业上 5G”的探索成为时下各行业数字化转型的风潮。

5G 行业应用发展驶入“快车道”，先导应用开始规模复制。“绽放杯”5G 应用征集大赛已连续举办四年，参赛项目从 2018 年的 330 个，到 2020 年的 4289 个，再到 2021 年 1.2 万个。参赛项目涵盖工业互联网、医疗健康服务、智能交通、智慧金融、体育娱乐等领域。

（3）5G 网络与垂直行业业务的深度融合

5G 网络与垂直行业业务的深度融合，势必会在扩大有效需求、优化投资结构、稳定增长速度、推动高质量发展等方面迸发出更多的化学反应，活跃的数字技术、广阔的市场需求，以及丰富的应用场景，将从根本上推动各类垂直行业走入“产业再造”的新时代，从而推进全产业链的深刻变革，并有力支撑制造强国、网络强国建设。

因此，应统筹好 5G 融合应用发展与安全，遵循 5G 应用发展规律，着力打通 5G 应用创新链、产业链、供应链，协同推动技术融合、产业融合、数据融合、标准融合，打造 5G 融合应用新产品、新业态、新模式，为经济社会各领域的数字转型、智能升级、融合创新提供坚实支撑。

13.1.2 意义和必要性

（1）5G 安全是基石

5G 安全是 5G 高质量发展的重要基础和坚实保障，对于垂直行业来说，引入新技术最担忧的是引入安全风险，因为安全风险一旦发生，可能导致大量的经济损失，也可能导致企业丧失竞争力。5G 时代，随着承载业务的多样性和重要性大大增长，安全需求相对于之前消费者业务有了巨大的增长。因此做好 5G 安全工作，就需要客观认识 5G 安全的特点，积极应对 5G 安全风险挑战。

（2）5G 安全与应用发展适配

随着 5G 技术、产业、应用迈入无经验可借鉴的“无人区”，5G 与垂直领域深度融合引发的安全风险备受瞩目，IT、CT、OT 安全问题相互交织，构建与 5G 应用发展相适应的安全保障体系成为迫切需要。

（3）开展 5G 应用安全示范推广

2021 年 7 月，工业和信息化部联合网络安全和信息化委员会办公室、国家发展和改革委员会等 9 部门印发《5G 应用“扬帆”行动计划（2021—2023 年）》，提出加强 5G 应用安全风险评估，开展 5G 应用安全示范推广，提升 5G 应用安全测评认证能力，强化 5G 应用安全供给支撑服务。

13.2　现状与需求分析

13.2.1　现状分析

（1）新技术挑战

5G 网络本身安全相比 4G 持续增强，例如空口安全、隐私保护、用户鉴权等，但是缺少对行业应用一体化的安全防护。

5G 网络功能虚拟化和服务化架构技术使管理控制功能高度集中，一旦功能失效或被非法控制，将影响整个网络系统的安全稳定运行；网络切片基于共享硬件资源，在没有采取适当安全隔离机制的情况下，低防护能力切片易成为攻击其他网络切片的跳板；边缘计算在网络边缘、靠近用户的位置上提供信息服务和计算能力，受性能成本、部署灵活性等多种因素的制约，其设施可能会暴露在不安全的环境中，易带来接入认证授权、安全防护等方面的安全风险。网络能力开放采用互联网通用协议，易将互联网现有的各类网络攻击风险引入 5G 网络。

（2）新场景挑战

在 5G 典型场景中，其安全风险与融合应用行业和业务场景特点高度相关。

eMBB 场景：该场景下的主要安全风险是超大流量对于现有网络安全防护手段形成挑战。由于 5G 数据速率较 4G 增长 10 倍以上，网络边缘数据流量将大幅提升，现有网络中部署的防火墙、入侵检测系统等安全设备在流量检测、链路覆盖、数据存储等方面将难以满足超大流量下的安全防护需求，传统安全边界设备面临较大的挑战，边缘计算成为新的安全焦点。

uRLLC 场景：该场景下的主要安全风险是低时延需求造成复杂安全机制部署受限。安全机制的部署，例如接入认证、数据传输安全保护、终端移动过程中的切换、数据加解密等均会增加时延，过于复杂的安全机制不能满足低时延业务的要求。

mMTC 场景：该场景下的主要安全风险是泛在连接场景下的海量多样化终端易被攻击利用，对网络运行安全造成威胁。接入设备多、应用地域和设备供应商标准分散、业务种类多，以及大量功耗低、计算和存储资源有限的终端难以部署复杂的安全策略，一旦被攻击容易形成僵尸网络，将会成为攻击源，进而引发对用户应用和后台系统等的网络攻击，造成网络中断、系统瘫痪等。

（3）新业态挑战

网络运营企业与行业应用企业、设备供应商、安全企业等，成为 5G 产业生态安全的重要组成部分，一方面 5G 网络的安全管理贯穿于网络部署运营的整个生命周期，5G 网络的开放性和复杂性给 5G 网络设计、部署运行和安全维护带来了更大的挑战；另一方面，5G 与垂直行业深度融合，不同行业应用存在较大差别，安全诉求也存在差异，安全能力水平不一，给安全保障工作带来较大挑战。

13.2.2 需求分析

1）面向5G垂直行业应用的安全需求模型

5G 网络安全根据系统需要具备的基础安全能力 CIA[1]、数据保护能力和面对攻击的业务保持 / 业务恢复能力可细分为基础安全、数据安全和网络韧性，由此形成面向行业的 5G 安全能力需求模型。面向 5G 垂直行业应用安全需求模型如图 13-1 所示。

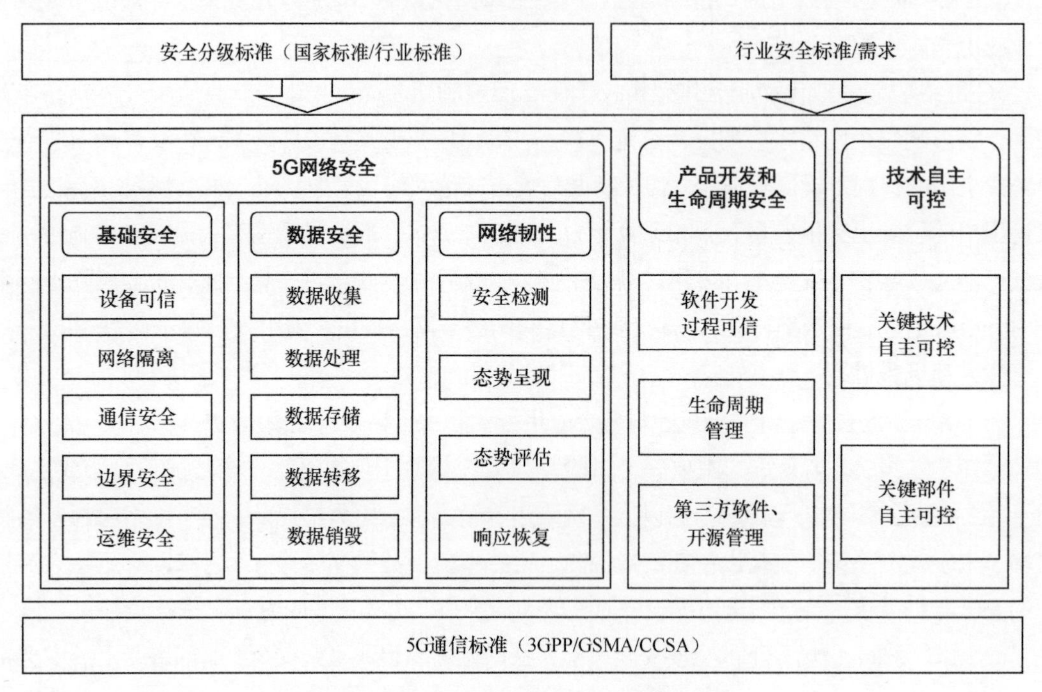

图 13-1 面向 5G 垂直行业应用安全需求模型

（1）5G 网络安全

① 基础安全。

以保障 5G 网络的机密性、完整性、可用性和可追溯性为安全目标，包括设备安全可信、不同网络信任域的隔离、通信的机密性和完整性保护、跨边界通信的访问控制机制、支持行为可追溯的网络运维安全等。

② 数据安全。

5G 网络数据保护的目标是在数据的收集、处理、存储、转移、销毁等过程中保证相关法律法规的保护要求的落实。

③ 网络韧性。

安全检测：能够检测、分析和防御从外部、内部发起的主机、网络、无线接口攻击行为，主动防范各种已知威胁或进一步提供高级别的未知新型威胁检测。

态势呈现和态势评估：安全态势可视化，态势发展情况的预测评估和影响评估。

1 CIA（Confidentiality, Integrity and Availability，保密性、完整性、可靠性）。

响应恢复：包括安全事件可视、事件响应、事件恢复、攻击溯源，以及自适应动态协同防御能力，同时提供应急响应和业务恢复支持。对有高可用要求的行业提供韧性增强能力，支持系统在遭遇攻击时通过降级、恢复并适应攻击的方式保障关键任务达成，以保持有定义的运行状态。

（2）产品开发和生命周期安全

产品开发安全需要从需求分析、设计、开发、发布、部署运行、升级维护等全生命周期过程保障产品的透明、可追溯、可审核。

（3）技术自主可控

技术自主可控要求面向高安全行业场景要保障关键技术、关键部件自主可控；关键技术自主可控（例如，密码算法、操作系统等）；关键部件自主可控（例如，处理器、安全芯片等）。

2）面向 5G 垂直行业应用的分级安全需求

不同 5G 垂直行业应用对 5G 网络存在差异化的分级安全需求，主要分为以下两大类。①基本安全需求：通过继承当前通信网络安全保障技术可以得到满足，工作场景、安全保障目标与传统公众通信网络相同的安全需求。②高级安全需求：为应对新的业务场景、高资产价值带来的安全风险，在基本需求之上的安全需求，需要提供更高保障的安全能力才能得到满足。面向 5G 垂直行业应用的分级安全需求见表 13-1。

表 13-1　面向 5G 垂直行业应用的分级安全需求

需求分类	基本安全需求	高级安全需求
终端身份安全和访问授权	终端身份安全存储和网络进行双向认证	终端身份和设备绑定
网络分域、安全隔离	安全域间技术隔离	数据不出园区，不同安全等级业务数据隔离
数据机密性和完整性	通过密码算法保障业务数据传输和敏感数据存储的机密性和完整性	端到端业务数据传输的机密性和完整性
无线接口通信安全	无线接口数据的机密性、完整性	抗量子算法保障的机密性、完整性
	防御非法网络劫持	保障网络免受无线电干扰
	检测和识别未授权的无线设备	检测和防御无线接口（D）DoS 攻击
隐私保护	在隐私数据收集、处理、存储、转移、销毁等过程中保证相关法律法规中隐私保护要求的落实	无线接口隐私保护、防跟踪
网络韧性和安全态势感知	网络集中管理，检测攻击后上报安全告警、安全 / 操作日志支持审计等	对 APT 攻击、未知威胁的防御和态势感知；对于有业务连续性要求的关键业务，在攻击发生时需要保持核心业务的运行，以及其他业务的快速恢复
网络设备安全可信	物理安全、接口访问控制、软件数字签名和关键文件完整性、机密性保护	具备基于硬件可信根的安全可信链，保障从系统启动到动态运行的系统可信
技术自主可控	满足 3GPP 标准、国家通信标准和设备准入标准	在关系国家安全的网络中，需要使用国密算法等自主可控技术保护数据和网络安全
产品生命周期安全	满足 3GPP 标准、国家通信标准和设备准入标准	关键基础设施通信网络产品在产品设计、实现、运行、运维全生命周期构建可信设备能力

3）5G垂直行业应用多元化场景带来“按需安全”

5G垂直行业应用多元化场景带来从“通用安全”向“按需安全”的挑战，由此形成垂直行业安全需求差异，因业务场景特点、组网方式和安全要求不同，针对CIA三要素的安全策略也存在差异化需求。例如，5G+工业互联网应用场景要求高可用性、数据不出园区保护本地网络和数据安全等；5G+智慧电力应用场景要求严格的网络隔离确保生产业务安全等；5G+智慧医疗应用场景要求高度的用户隐私数据保护等。典型5G融合行业场景安全需求见表13-2。

表13-2 典型5G融合行业场景安全需求

典型5G融合行业场景	主要安全需求
5G＋工业互联网应用场景	① 工业接入终端类型多、数量大，需要防范大量终端仿冒接入引起DDoS攻击、终端被伪基站吸附，导致数据泄露、终端跨地域／超阈值异常使用等安全问题 ② 工业生产数据（尤其是本地园区数据）的安全防护 ③ CT、IT、OT网络具有相互独立的安全体系，在三类网络融合组网环境下，需要通过精细化的网络安全隔离对网络边界和数据通道进行保护 ④ 工业互联网协议复杂多样，需要支持适配多种协议的安全监测能力，实现对协议攻击、网络渗透等事件行为的监测
5G＋智慧电力应用场景	① 5G网络提供的安全能力符合电网“安全分区、网络专用、横向隔离、纵向认证”的原则 ② 多样化电力业务的安全隔离需求不同，需要5G网络灵活划分切片承载，特别是生产类业务需要严格的切片隔离措施（例如，物理隔离） ③ 防范非法终端通过5G专网接入电力系统，窃取或篡改电力系统敏感信息 ④ 电力业务数据端到端的安全机密性和完整性保护 ⑤ 5G网络开放安全管控能力，对电力终端的状态进行监控和安全管理
5G＋矿山应用场景	① 矿山业务涉及人员生命安全，对5G基础网络设施的安全性依赖极高，需要通过严格的安全评估测试保障5G网络安全可靠 ② 矿山终端类型多样，需要防范终端弱加密导致数据泄露、被劫持发起DDoS攻击和终端非法接入等问题
5G＋智慧港口应用场景	① 5G MEC承载港口本地大量控制业务，需要MEC采取安全防护措施，防范攻击者通过MEC渗透进入港口内网IT系统，也需要数据防护措施保证港口边缘平台敏感信息安全 ② 防范港口自动导引车（Automated Guided Vehicle，AGV）／龙门吊等终端通过5G网络非法接入业务系统窃取或篡改港口业务敏感信息 ③ 自动驾驶、龙门吊等控制类业务安全要求较高，需要通过资源和切片有效隔离，防止网络资源抢占或非法跨切片攻击导致业务不可用
5G＋智慧城市应用场景	① 海量异构终端接入5G网络，需要通过增强的接入认证措施防范弱终端被劫持，非法接入窃取平台业务数据，或大量终端对网络发起信令风暴或DDoS攻击 ② 5G网络传输交通信息、消防信息、安防信息等敏感数据，需要对数据进行安全保护 ③ 需要建设统一的安全管理平台对异构设备安全事件进行态势监控，并对终端非法接入、异常访问行为等情况及时监测和响应
5G＋智慧医疗应用场景	① 医疗数据高度敏感，需要通过数据安全防护措施对流经5G基站和MEC的医疗数据进行精准分流，对MEC平台的医疗数据进行保护 ② 5G虚拟专网同时连接医院内网络与院外互联网，需要通过严格的网络隔离措施防止非法数据流入院内网络

续表

典型 5G 融合行业场景	主要安全需求
5G + 智慧教育应用场景	① 部署软硬件隔离措施，保障校园专网与校外网络的安全隔离，实现一张专网对校内外业务场景全覆盖 ② 通过增强的安全认证机制，保障终端接入校园网络的安全

13.3　总体方案设计

13.3.1　设计原则

原则一：业务隔离。遵循业界达成共识的 5G 网络安全分层模型。在产品安全层面，供应商保障安全开发流程和产品安全能力；在网络安全层面，运营商保障网络部署、运维和运营的安全合规；在应用安全层面，多方协作保障 5G 行业安全，不依赖网络管道安全。

原则二：纵深防御。融合 3GPP 最新标准和业界最佳实践，打造边界安全、网元安全、全网安全三道防线，构建 5G 网络全方位纵深防御体系。边界安全主要涵盖终端接入网络时的边界安全机制及能力；网元安全主要涵盖构成网络侧系统的各软硬件及网络功能体的自身安全机制及能力；全网安全主要涵盖全网视角的安全机制及能力。

原则三：信任体系。对 5G 网络重要领域建立信任模型，通过对行业终端、管理人员、基础设施和网元等的任何访问，逐次验证，动态授权，持续评估，实现动态的访问控制，精细化授权，缩小攻击面。

原则四：能力分级。面向垂直行业提供 5G 安全分级原子化能力，通过灵活的管理和编排组成最佳的安全能力集合，实现定制化服务，同时作为基础设施的 5G 网络安全要求不低于承载的行业网络定级。

原则五：网络韧性。基于 IPDRR 方法论，对安全措施进行动态、持续优化，自动闭环，以适应不断变化的安全威胁，使系统快速恢复正常。

原则六：标准一致。5G 行业应用场景的安全评估、设计、开发、测评、运维等全生命周期严格遵循国内外及企业等制定的安全标准规范。

13.3.2　设计思路

（1）合规导向

5G 行业应用安全应放置在总体国家安全观的框架之中考虑。以《中华人民共和国网络安全法》、GB/T 22239—2019《信息安全技术 网络安全等级保护基本要求》、《关键信息基础设施安全保护条例》为依据，实现对 5G 网络安全和应用安全保护领域的全覆盖，强化“一个中心，三重防护”的安全保护体系，满足主动防御、动态防御、整体防控和精准防护的安全要求。

（2）全局视角

全局视角是指5G行业应用安全要做到内外融合、点面结合。内外融合的“内”主要强调注重5G内生安全防护；内外融合的“外”主要强调外借全域智能化运营手段，内外深度融合；点面结合的“点”主要强调5G安全基线要求和合规性要求，守住安全底线；点面结合的“面”主要强调主动防御，综合防范，点面结合从全局构建5G行业应用安全。

（3）整体安全

5G行业应用安全是一个系统性工程，应从合规标准体系、安全管理体系、安全技术和安全运营体系4个方面，构建纵深防御、全网感知、多维检测、智能决策、自动响应的一体化5G网络安全防御体系，形成事前预防、事中消减、事后处置的自适应安全闭环。同时，随需开放安全能力服务，满足差异化业务安全需求 。

（4）创新融合

结合5G行业应用安全实际需求，将零信任、内生安全、威胁诱捕、安全中台等创新理念融入定制化安全方案中，实现对新场景、新安全问题的快速适应。

（5）产业协同

5G安全需要多元的产业生态一起合作，需要行业客户、电信企业、设备厂商、安全企业、监管部门共同参与、协同联动。根据5G行业应用安全生态中的不同角色，明确安全责任边界，承担主体责任，强化共生、共享、共赢，解决5G行业应用安全问题。

13.3.3 总体架构

总体架构以可定制的5G行业应用一体化安全防护建设为目标，坚持网络安全“三同步”原则，构建以可信架构为基础，以内生安全为核心，以安全中台为枢纽，以云边协同为引擎，以攻防对抗为常态的“实战化、体系化、常态化”的安全防护体系，达到全面防护、智能分析、自动响应、协同处置的防护效果。

基于“高内聚、松耦合、易复用、标准化”的设计理念，总体框架按照“1+4+5+*N*”模式设计，可定制的5G行业应用一体化安全防护总体架构如图13-2所示。

① 一个建设目标：可定制的5G行业应用一体化安全防护。

② 四大关键技术：内生安全、可信架构、安全中台、云边协同。

③ 五类能力体系：风险识别、安全防御、安全检测、安全响应、安全恢复。

④ *N*个安全原子能力：参考IMT-2020（5G）推进组于2021年12月发布的《5G安全知识库》，其中总结了当前满足行业安全需求的5G网络九大安全能力，并细分为50多项安全原子能力。

5G网络技术的演进及融合应用的发展，将促进新型安全技术不断成熟、安全能力体系不断丰富、安全原子能力持续迭代，用以不断适应5G网络和应用的发展形势，从而保障5G应用安全可定制化的防护能力与时俱进。

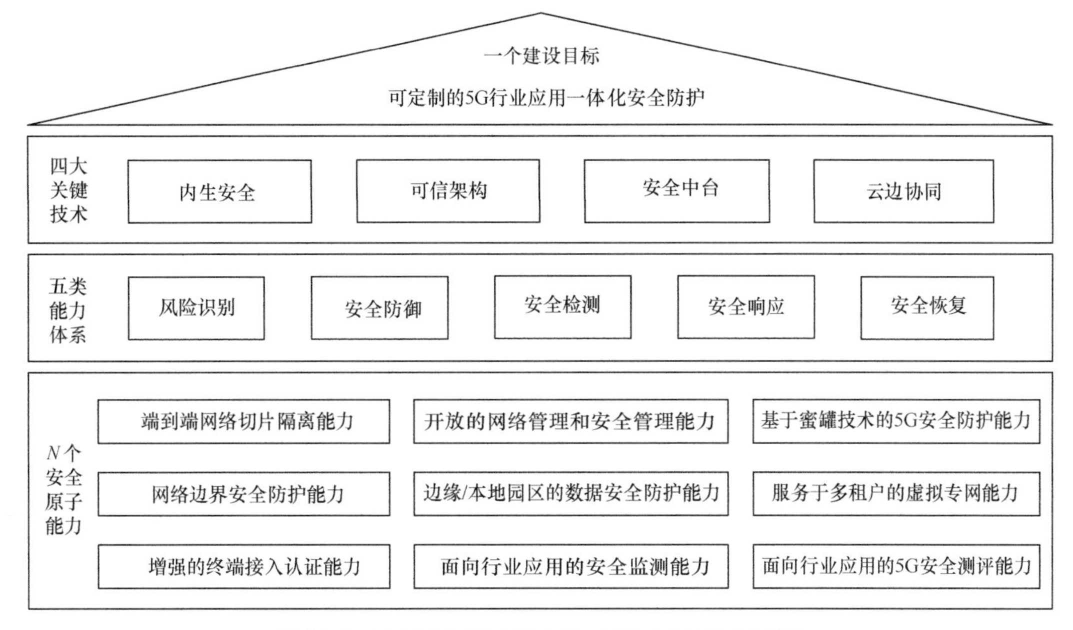

图 13-2 可定制的 5G 行业应用一体化安全防护总体架构

13.4 详细方案设计

13.4.1 5G 终端安全防护

5G 面向垂直行业终端的种类丰富，包括各种工控终端、车载终端、移动医疗终端、环境监测终端、安防监控和各种传感器，这些行业终端通过 5G 终端和模组接入 5G 网络，具有终端设备种类多、数量大、分布广，硬件安全能力各异，软件相对不可控等特点，这带来了 5G 行业终端自身安全风险和 5G 网络接入安全风险，易成为不法攻击者的攻击目标，由此引发病毒植入、身份仿冒、信号欺骗、设备劫持、数据篡改、故障注入等一系列安全问题。因此，对 5G 行业终端的安全防护，成为保障行业应用安全接入 5G 网络的首要问题。

为满足 5G 行业终端执行环境安全可信、身份可靠、信息机密性和完整性、用户隐私保护、灵活适配不同行业应用差异化安全等需求，针对 5G 用户驻地设备（Customer Premise Equipment，CPE）、5G 模组等典型行业终端，在终端安全防护方面设计了以下 5 项防护措施。

（1）终端自身安全防护措施

在终端内部加入可信计算，终端系统基于可信根安全启动，保证系统和应用的完整性，保障系统的安全措施和设置不会被绕过，从而确定系统或软件运行在设计目标期望的可信状态。

终端遵循最小化原则，只安装必要的组件和应用，并使用防病毒软件定期进行病毒查杀。对于存储敏感数据的终端，应在终端上实施敏感数据的访问控制，并对敏感数据进行加密存储。

终端在软硬件方面做好安全加固与安全防护，防御物理攻击、信息泄露或篡改。可基于云的安全增强机制，为终端提供安全监测、安全分析、安全管控等辅助安全功能。

（2）终端接入认证安全防护措施

终端通过接入认证机制接入5G网络，防范恶意终端非法接入5G网络使用5G网络服务或发起DoS等网络攻击。终端应支持3GPP网络定义的主认证机制，并支持演进分组系统-认证与密钥协商协议（Evolved Packet System-Authentication and Key Agreement，EPS-AKA）和5G-AKA认证机制对终端接入进行认证。

在特定场景下：①终端支持主认证之外的二次认证机制，实现行业终端与外部AAA认证服务器的认证，二次认证信令中包含的用户身份认证信息，可通过多协议标签交换虚拟专用网（Multiprotocol Label Switching-Virtual Private Networks，MPLS VPN）或IPSec专线进行保护。②终端支持GBA认证或应用层鉴权和密钥管理（Authentication and Key Management for Application，AKMA）认证机制，智能终端或网关可通过GBA机制与外部AAA进行认证，并使用衍生的密钥［例如，应用功能密钥（Key of Application Function，KAF）］进行数据完整性和机密性保护。

5G网络支持定制深度神经网络（Deep Neural Networks，DNN）及切片，终端号码签约行业定制DNN+切片，UPF仅支持该DNN及切片接入，实现仅允许授权用户接入用户网络功能。多层次认证体系如图13-3所示。

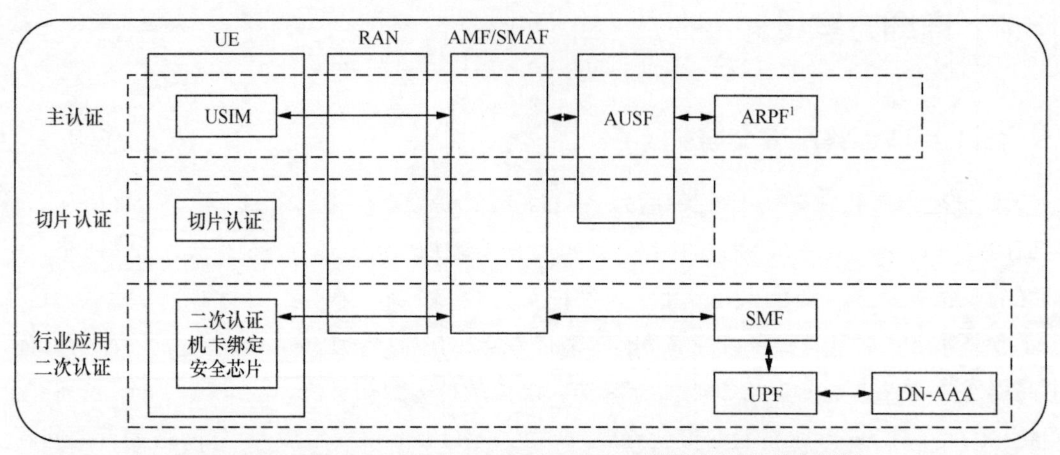

1. ARPF（Authentication Repository and Processing Function，认证凭证库和处理功能）。

图13-3　多层次认证体系

（3）终端信令和数据安全防护措施

采取终端信令和数据安全防护措施的目的在于保护终端与5G网络之间的控制面信令和用户面数据传输被非法篡改和窃取。终端采取加密措施，对终端和gNB/5GC之间的控制面信令［包括接入层（Access Stratum，AS）和NAS层］进行加密；终端采取完整性保护措施，对终端和gNB之间的用户面和控制面信令（包括AS和NAS层）进行完整性保护；终端应支持3GPP标准中要求的机密性和完整性保护算法，包括NEA[1]0，128-NEA1，128-NEA2，128-

1　NEA（Encryption Algorithm for 5G，5G加解密算法）。

NEA3，128-NIA[1]1，128-NIA2，128-NIA3。

（4）终端访问控制

5G 网络基于终端的 IMSI/SUPI、小区全局标识（Cell Global Identity，CGI）、跟踪区标识（Tracking Area Identity，TAI）等用户标识和位置标识，对终端做 5G 网络限制接入；5G 网络对非法国际移动设备标识（International Mobile Equipment Identity，IMEI）的终端（例如，IMEI 黑名单）进行 5G 网络访问限制；通过流量限制、机卡绑定等措施，对终端接入 5G 网络进行限制。

（5）零信任安全网关增强行业终端可信接入

通过部署零信任安全网关进行终端接入统一的认证管理，避免非法设备接入进行攻击、窃听，建立基于环境和行为感知的持续动态认证和权限控制。

可信网关作为用户面的网络准入节点，是确保业务安全访问的第一道关口，是动态访问控制能力的策略执行点。针对 5G 行业终端访问控制需求，通过控制器对访问主体进行认证，对访问主体的权限进行动态判定。只有认证通过并且具有访问权限的访问请求才予以放行。零信任网关增强行业终端接入认证如图 13-4 所示。

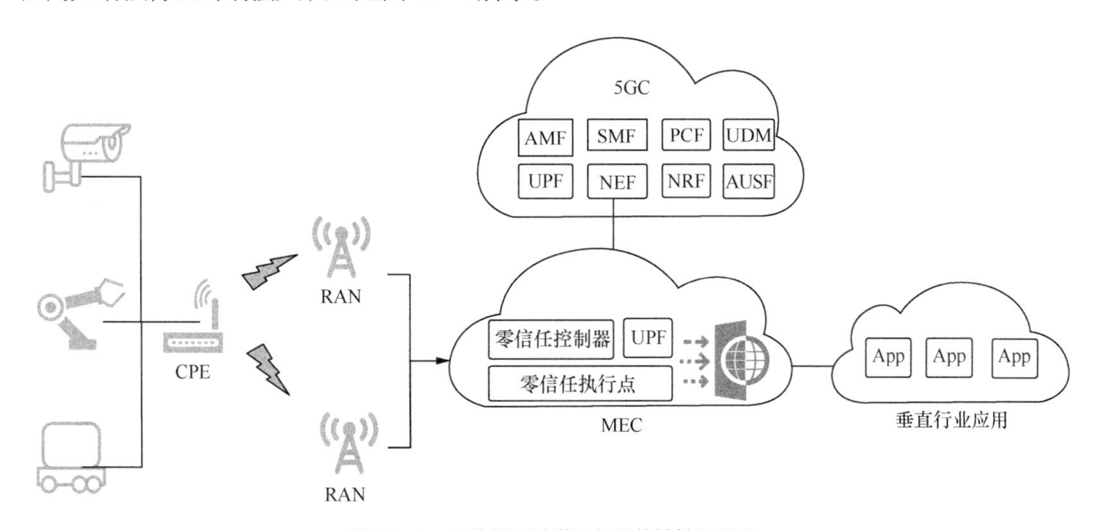

图 13-4　零信任网关增强行业终端接入认证

13.4.2　5G 网络安全防护

1）基础设施安全防护

（1）设备可信

设备防护主要包括硬件安全、系统可信保障和设备接口防护 3 个方面。硬件安全包括从硬件接口的安全防护、防近端攻击到独立硬件安全模块等多个层次的保障；系统可信保障包括基于硬件信任根的系统或软件的静态可信验证、应用程序执行环境的动态可信验证、关键文件的机密性和完整性保护等；设备接口防护包括以最小权限原则设置访问控制策略和规则，增强接口协议健壮性保护等。

1　NIA（Integrity Algorithm for 5G，5G 完整性保护算法）。

（2）虚拟资源隔离

从计算、存储和网络资源等方面加强虚拟化基础设施的安全保障，对虚拟化设施的所有操作纳入统一管理平台，实现集中访问控制和安全审计。定期对物理/虚拟机操作系统、虚拟化软件、第三方开源软件实施安全加固；根据不同的虚拟机功能合理划分内部安全域，做好域间隔离与访问控制；虚拟化设施管理器有关通道应实施双向认证和传输加密。

2）网络边界安全防护

（1）网络隔离

划分不同的网络区域，跨越边界的访问和数据流通过边界设备提供的受控接口进行通信，重要网络区域与其他网络区域之间采取可靠的技术隔离手段。基于共享基础设施多制式、多业务网络共部署场景通过技术隔离手段防御跨制式、跨业务网络攻击能力，最高支持物理隔离。分级网络隔离见表13-3。

表13-3　分级网络隔离

分级	RAN	MEC	承载网	5GC
通用	满足安全分级要求实现边界访问受控；RAN网元支持通过安全网关设备实现核心网网元间的安全隔离和访问控制	三平面实施逻辑隔离；第三方应用间支持VLAN隔离，应与MEP、UPF使用虚拟防火墙实施隔离	可提供虚拟专用网络（Virtual Private Network，VPN）隧道保证数据逻辑隔离传输	提供不同网络切片共用同一个网元实例，切片内的网元与多切片共享网元间部署虚拟防火墙实施访问控制
特定	支持toB网络间技术隔离；支持toB网络物理隔离	三平面实施物理隔离；第三方应用可与MEP、UPF位于不同的物理服务器，使用物理防火墙实施隔离	可提供灵活以太网（Flexible Ethernet，FlexE）方式保证数据物理隔离传输	提供不同网络切片间的VLAN/VxLAN技术隔离，可部署虚拟防火墙实施访问控制。提供不同切片网络间的物理隔离，可部署物理防火墙实施访问控制

（2）边界安全

5G网络提供运营商资产与垂直行业网络资产（包括服务器、交换机等物理资产，也包括在物理资源商的应用、数据等虚拟资产）之间具备的安全边界防护能力，保障网络边界安全。分级边界安全见表13-4。

表13-4　分级边界安全

分级	RAN	MEC	承载网	5GC
通用	N2/N3/Xn接口和管理面接口支持双向认证，同时基站支持过滤链路层、网络层、传输层的非法报文	在N6接口提供防火墙，实现边界安全防护，当短时间内有大量终端访问应用程序时，5G可在RAN、UPF访问流量异常情况下开启流控机制，防止终端向MEC发起攻击；第三方应用支持与MEP、UPF使用虚拟防火墙实施隔离	提供防火墙、IDS等防护设备进行边界访问控制	核心网内的部分网元提供VLAN或防火墙，用于各网元间互访流量隔离，核心网网元与RAN的N2/N3接口传输网络将提供专网或IPSec传输通道，各网元间均要通过认证实现相互访问

续表

分级	RAN	MEC	承载网	5GC
特定	在基站接入网络前提供接入认证；可在双向认证的基础上使用证书白名单校验增强访问控制	第三方应用支持与 MEP、UPF 使用物理防火墙实施隔离	同上	在 N6 接口提供安全缓冲区、异构防火墙、抗 DDoS、IDS 等安全防护

明确垂直行业网络资产与 5G 网络的边界，并在边界位置部署访问控制、网络隔离等安全防护措施，例如，通过网闸、正反向隔离装置等对 CT 与 OT 域进行通信隔离。垂直行业在网络边界上部署流量监测和防护措施，通过设置黑白名单、异常流量识别等机制对可能来自 5G 网络的非法访问和攻击流量进行识别和过滤。

3）**通信安全防护**

使用密码技术进行机密性和完整性验证，保障无线接口和传输网络通信安全，高安全要求场景下支持基于硬件密码模块对重要通信过程进行密码运算和密钥管理。分级通信安全见表 13-5。

表 13-5　分级通信安全

分级	RAN	MEC	承载网	5GC
通用	支持基于校验码的完整性验证，支持基于密码算法保障无线接口和数据传输机密性、完整性和防御重放攻击，支持 TLS/IPSec 机制实现管理通道和回传通道安全	可提供独享的 UPF 等设备，并在边界处进行网络隔离；提供不同业务类别的流量控制和隔离能力，防止局部业务种类受到攻击影响所有业务；提供 RAN 至 UPF 的 IPSec 传输通道，UPF 至行业用户侧可提供专线、第二层隧道协议（Layer Two Tunneling Protocol，L2TP）/ IPSec 隧道传输	提供光纤、切片分组网（Slicing Packet Network，SPN）等方案构建端到端网络进行承载	5GC 可提供行业用户的信令面、数据面数据加密性和完整性保护
特定	支持无线接口用户面全速率完整性保护；支持基于硬件密码模块的密钥保护	UPF 独立部署 /UPF 绑定 DNN	同上	5GC 在 SBA 下可通过 TLS 实现网元之间传输层认证及信息传输保护，应用层引入国际互联网工程任务组（Internet Engineering Task Force，IETF）定义的 OAuth2.0 授权框架，确保只有被授权的网络功能才有权访问提供服务的网络功能，提供切片认证或二次认证能力；对于有安全要求的企业提供对接企业 PKI 的能力，实现企业对终端接入网络的可控要求

4）**行业定制化 5G 安全防护能力**

不同的垂直行业应用存在共性的安全需求，同时各行业应用又存在特殊的安全防护要求，基于软件定义安全理念，通过设计标准化、模块化网络安全防护能力，给行业应用提供基于微服务可动态编排的 5G 安全服务架构。将安全能力形成安全服务开放给垂直行业客户，满足不同行业差异化的网络安全需求，既可以实现共性安全的统一考虑，又能兼顾具体行业应用所需安全机制的灵活定制。

5G 网络安全能力模块主要包括统一接入认证、空口加密、空口完整性保护、隐私保护、数据安全、网元认证、AKMA 等安全能力。

网络切片安全能力模块主要包括切片认证、二次认证、差异化加密算法、切片隔离、资源预留等安全能力。5G 网络安全能力和网络切片安全能力都属于 5G 内生的安全能力，与 3GPP 发布的国际标准适配。

MEC 安全防护能力模块主要包括用户分流、边界防护、虚拟化安全、MEC 平台安全、第三方应用安全检测等安全能力。

此外，运营商侧还提供通用安全能力模块，该模块包括 vIPS、vIDS、vFW、vWAF、DDoS 防护、终端异常检测、漏洞扫描、等保测评等通用安全能力，该类能力对照《关键信息基础设施安全保护条例》和 GB/T 22239—2019《信息安全技术 网络安全等级保护基本要求》等标准，重点满足网络安全保障、网络安全事件应急、数据安全保护等安全监管要求。垂直行业 5G 安全能力开放部署如图 13-5 所示。

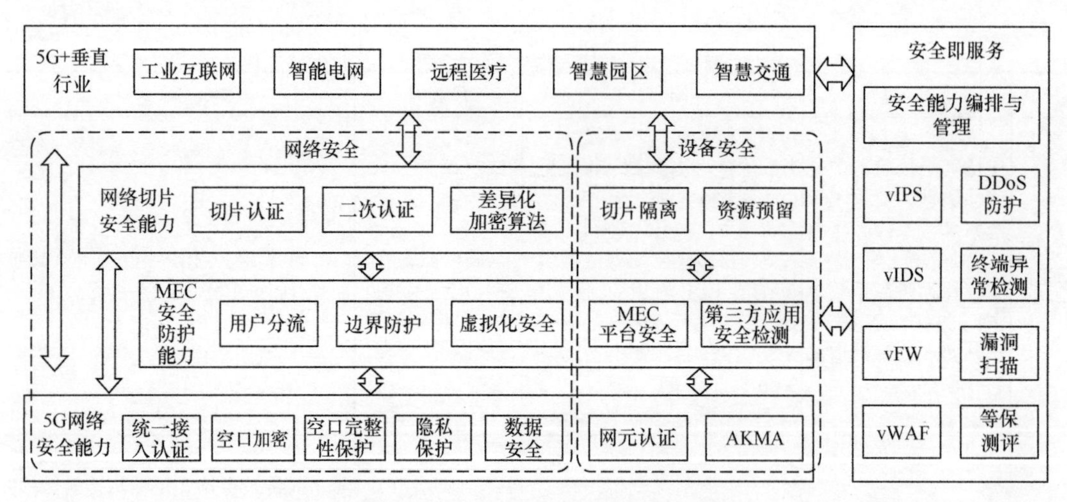

图 13-5 垂直行业 5G 安全能力开放部署

在部署方式上，5G 网络安全能力、网络切片安全能力主要由 5G 安全体系内 3GPP 标准所定义的安全能力来提供，此外，由运营商 MEC 安全能力和云资源安全能力平台提供开放安全的原子能力。5G 垂直行业对于 5G 网络安全能力开放定制的模式主要采用安全能力订阅和安全能力解约方式，并通过微服务架构，为行业客户提供可定制化、差异化的安全能力服务。

5）面向 5G 行业新型安全防护技术

（1）精细化隔离——微隔离技术应用实践

结合微隔离控制中心 + 代理 / 虚墙的工作模式，通过在 5G 虚拟网元上部署微隔离代理 / 虚墙实现服务器之间流量、流向的全面可视化管理，控制中心可以动态地向代理 / 虚墙下发控制策略，实现 5G VNF 间、5G 应用实例间最小化网络隔离。微隔离架构的明显优势在于能够实现 5G 网络流量的可视化，能自适应 5G 网络结构动态变化，微隔离架构通过精细化分段、细粒度防控实现了 5G 网络暴露面的大幅缩减，可有效防御攻击行为在 5G 网络内部的横向移动。5G 网络微隔离技术实践方案如图 13-6 所示。

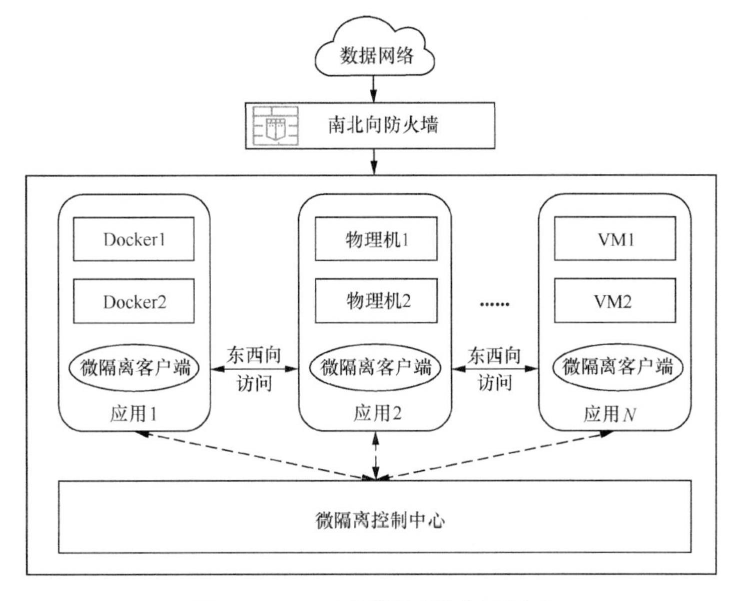

图 13-6 5G 网络微隔离技术实践方案

微隔离部署方法：①明确要实施微隔离的 5G 网络基础设施，以可视化的方式梳理 5G 业务流；②根据 5G 业务特征设计微隔离网络结构，可按业务类型、服务等级、场景类别、安全分级等维度逻辑分组；③生成并配置微隔离策略，对被防护系统实施最小权限访问控制；④收集东西向流量日志，与微隔离控制中心大数据分析平台联动，进行溯源和大数据分析；⑤对业务流进行持续监测，持续学习，不断优化行为基线。

（2）主动防御——蜜罐技术应用实践

采用欺骗防御技术，结合 5G 网络安全及行业应用防御场景，基于 5G Kill Chain（网络杀伤链）攻击模型，在关键预攻击路径上部署 5G 蜜罐节点，伪装各类蜜罐服务组建 5G 蜜网，诱导攻击者进入“陷阱”，在保障 5G 网络应用高效运行的同时，获取攻击痕迹、分析攻击者行为特征、溯源攻击者信息等，提前感知攻击行为，打造“伪装诱捕—感知告警—反制溯源—处置汇报”闭环，提高 5G 边缘场景应用的主动防御能力。

5G 蜜罐系统基于 Docker 架构，轻量化部署且不占用资源，并支持虚拟化部署、拓展上云，通过分析 5G 威胁情报信息，在攻击者的各个攻击阶段和攻击区域部署蜜罐服务，构建一套完善的欺骗防御体系。具体在 5G 核心网、MEC、垂直行业应用等节点部署探针，将异常访问流量重定向至与探针关联的蜜罐服务的蜜网中，实现网络层欺骗。针对捕获到的网络攻击者的异常流量，由 5G 蜜罐管理系统进行分析处理，结合大数据分析、AI 分析等技术，从而精确感知攻击者行为，追溯攻击来源，并可与 5G 安全态势感知系统和 SOAR 协同联动，进行快速安全响应和威胁闭环处置。5G 蜜罐威胁诱捕实践方案如图 13-7 所示。

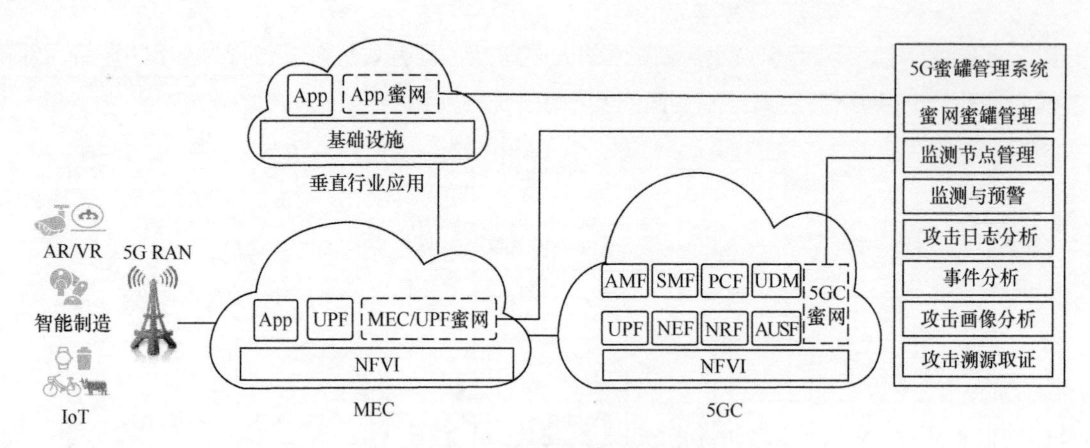

图13-7　5G蜜罐威胁诱捕实践方案

13.4.3　5G行业专网安全防护

1）5G行业专网部署模式

5G专网是基于5G SA网络为垂直行业打造的高质量、定制化、专属化的技术、网络和服务体系，将助力各行业加快数智化转型，降本增效，实现上下游产业链的升级更新。

5G行业专网可面向不同的需求场景提供定制化的解决方案，以满足差异化的行业需求，例如，大带宽需求、高可靠性需求、超低时延需求、定制化网络需求、高安全和强隔离需求。针对不同行业需求会引入不同的组网需求，例如，低时延需求将可能引入业务加速、本地业务保证、边缘云等组网需求；强隔离需求将引入端到端切片、数据不出场的组网需求。同时针对不同行业需求会引入不同的技术手段组合，例如QoS、网络切片、边缘计算等。在对行业需求的技术层面拆分和精确组合的同时，还需要在端到端的专网运营运维进行全新设计和优化，从而满足专网业务端到端的生命周期运营流程要求。

5G的多种专网架构在多个行业已达成一定的共识，5G专网需要根据不同的应用场景和客户需求进行定制化设计，并需要充分考虑公网专网隔离度、部署成本、部署时间、运维模式等因素，5G专网一般分为3种模式。5G行业专网部署模式如图13-8所示。

① 虚拟专网：基于5G切片的公网专用。

② 混合专网：控制面共享，采用切片隔离、转发面及边缘计算独占的混合模式网络。

③ 独立专网：为行业建立5GC的独享网络，无线按需独立或共享。

我国三大运营商均于2020年发布了5G专网解决方案，以满足行业客户差异化的业务需求。中国电信提出“致远”“比邻”“如翼”3类5G定制网服务模式，实现网随云动、云网一体；中国移动将5G行业专网组网模式划分为优享、专享和尊享3个等级，实现网随业动，按需建网；中国联通提出“虚拟专网、混合专网、独立专网”5G行业专网3种部署方式，重点结合边缘计算实现网边协同。

2）5G行业专网关键安全技术

5G行业专网具有网络专用度高、网络质量性能要求高、网络定制化要求高、网络服务支撑要求高等特点。同时，5G 专网对于网络的安全性也有较高的要求，只有安全的行业专网才能向行业提供高质量的网络服务，并且对于不同的行业，5G 行业专网也可以提供按需、差异化的安全服务。

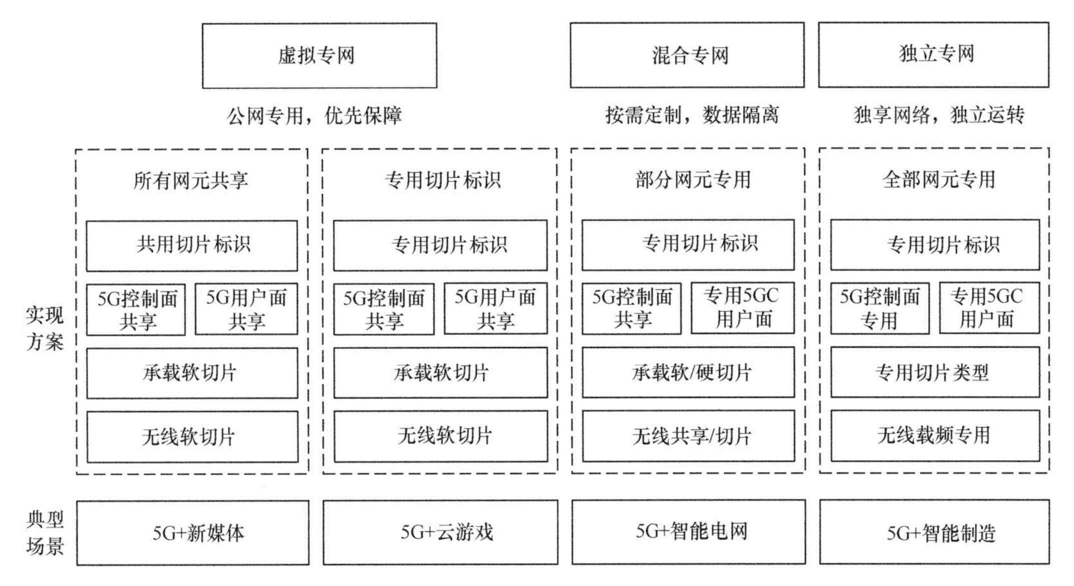

图 13-8 5G 行业专网部署模式

5G 行业专网安全防护主要以 5G 网络自身安全能力为基础，结合 5G 行业的实际应用场景，以等保 2.0 系列标准等合规性规范为依据，将可定制化安全能力融入 5G 应用场景中，来满足应用场景端到端整体防护需求。5G 行业专网定制化的安全技术及能力主要包括网络增强安全、端到端差异化切片安全、MEC/UPF 下沉园区、可定制化的安全能力服务等。

（1）网络增强安全

① 增强接入控制。

接入控制：针对部分有极严格安全隔离要求和极高网络确定性要求的场景，可通过单独 PLMN、定时提前（Timing Advance，TA）与切片绑定、闭合接入组 / 网络标识符（Closed Access Group/Network Identifier，CAG/NID）等技术手段实现专网小区 / 专用基站，即限制公网用户接入专网小区。

二次鉴权：在基于运营商提供的卡鉴权外，在终端建立 PDU 会话时提供对用户进行第三方鉴权的能力，使企业对接入行业专网的终端进行灵活管控，保障行业专网的安全。

AKMA：基于运营商的接入认证凭证，为应用提供商提供身份认证和通信加密的端到端安全解决方案，帮助垂直行业解决密钥分发和管理难题，为专网用户提供运营商独有的应用层安全保护。

② 多级安全隔离。

5G 专网 UPF 与行业网络之间设置防火墙等安全隔离机制，5G 专网通过最小边界访问策略配置，仅允许必要的外部行业网络进行访问，屏蔽无效和多余的控制规则。针对边缘 UPF 或下沉核心网，根据行业应用需求部署防火墙、IPS/IDS、抗 DDoS 设备、防病毒软件、安全配置核查、主机配置防篡改等安全机制，5G 专网与公网之间应根据组网情况进行物理或逻辑安全隔离。

③ 控制面 / 用户面安全增强。

5G 专网可对 AS/NAS 层信令面进行机密性和完整性保护，支持机密性保护和完整性保护算法优先级配置；5G 专网 N2/N4 接口支持物理隔离，具备机密性保护、完整性保护和抗重放保护机制，对 N2/N4 接口消息进行安全保护；N4 接口支持双向认证能力，允许指定 IP 的 SMF 和 UPF 互访，使用 NRF 进行注册和授权，未在 NRF 中合法注册和授权的 SMF 无法访问 UPF；5G 专网 UPF 支持 N4 接口会话防劫持机制，UPF 能够拒绝非法发起的 N4 会话消息；5G 专网核心网的 NF 间服务化接口支持 3GPP 标准要求的 HTTP 2.0 及参数配置，支持使用 TLS 提供安全保护的能力。

5G 专网具备终端与 gNB 之间的用户面数据机密性保护机制，在有完整性保护 / 抗重放保护需求的业务场景下，5G 专网具有终端与 gNB 之间的用户面完整性保护 / 抗重放保护机制；5G 专网 gNB 和 UPF（N3 接口）支持物理隔离，或者具备用户面完整性和机密性机制，对 gNB 与 UPF 之间的用户面数据进行完整性和机密性保护。

（2）端到端差异化切片安全

5G 网络切片建立在开放环境下的虚拟化专用网络，为行业用户提供端到端的安全隔离机制和定制化的安全服务机制。5G 网络切片安全涵盖无线侧、承载侧和核心网侧，除了提供传统移动网络安全机制（例如，接入认证、接入层和非接入层信令安全、数据的加密和完整性保护等），还需要提供网络切片之间端到端安全隔离机制，并根据用户需求提供定制化的安全服务。

根据 5G 网络切片应用场景，健全完善 5G 用户接入网络切片的认证授权机制。在尽量保障端到端切片性能的基础上，细分基础网络，构建不同粒度切片域，按需提供不同等级安全服务，网络切片直接采用严格的隔离措施。做好切片数据保护，以及与虚拟编排单元的协同，可有效提升网络切片安全保障水平。5G 端到端差异化切片隔离方案见表 13-6。

表 13-6　5G 端到端差异化切片隔离方案

切片类别	隔离类别	RAN	传输网络（Transport Network，TN）	MEC	5GC
专用切片	完全独占	基站 / 频谱独享	FlexE 隔离	MEC/UPF 业务独享	控制面功能（Control Plane Function，CPF）全部独享
定制切片 1	部分共享	物理资源块（Physical Resource Block，PRB）独享	VPN/VLAN 隔离	MEC/UPF 企业独享	CPF 全部独享
定制切片 2	部分共享	数据无线承载（Data Radio Bearer，DRB）共享 5G 服务质量特性（5G QoS Identifier，5QI）优先级调度	VPN/VLAN 隔离 QoS 资源保障	MEC/UPF 企业独享	CPF 全部独享
普通切片	完全共享	DRB 共享	VPN/VLAN 隔离	VPN/VxLAN 隔离	CPF 全部共享 UPF 共享

（3）MEC/UPF 下沉园区

基于 5G 的 SBA 架构，支持用户面和控制面的分离功能，核心网的用户面网元（UPF）下沉到网络边缘部署，更靠近用户，快速完成数据缓存、流量转发分流及应用服务响应。

将 UPF 和 MEC 集成下沉后能够大幅降低业务时延，满足低时延业务需求。结合 UPF 分流技术及内部边界安全隔离，能够实现重要数据不出园区，从物理上保障数据的安全性。同时 MEC 平台也可以对轻量级安全能力进行抽象、封装，与其他网络能力一起开放给行业应用，配合资源动态部署与按需组合，为垂直行业提供灵活、可定制的差异化安全能力。

（4）可定制化的安全能力服务

5G 专网安全建设，在做好自身安全防护的基础上，可向行业客户提供定制化安全能力服务。基于实际应用场景特点及安全需求，可通过各种安全原子能力租户，为客户提供定制化的安全能力交付。5G 专网定制化安全能力见表 13-7。

表 13-7 5G 专网定制化安全能力

服务名称	说明	安全原子能力
安全合规分析服务	根据客户等保需求提供相应的等保安全服务	防火墙、基线核查、漏洞扫描、防病毒、安全审计、零信任安全接入等
入侵防护服务	帮助客户解决网络恶意攻击问题	虚拟化防火墙、WAF、IPS 等
态势感知服务	帮助客户解决安全威胁不可视问题	全流量检测、APT 威胁检测、安全审计、WAF、IPS 等
一体化边界安全服务	帮助客户进行 MEC 和企业网安全隔离	防火墙、IPS、WAF、防病毒、零信任安全接入等
客户 App 安全服务	提供客户 App 全生命周期“一站式”安全服务	代码审计、镜像扫描、防病毒、移动恶意代码监测处置等

3）基于云边协同的 5G 行业专网安全部署

在云网融合趋势下，需要构建云边协同的内生智能安全防御系统。云边协同的安全防护架构，以海量行业设备的安全接入为切入点，以可信基础为核心，以软件定义边界为抓手，构建云边协同全生命周期安全管理和服务体系。

5G 行业专网通过部署“云边协同”安全防护方案，能够有效实现将网络安全能力从中心延伸到边缘，实现垂直行业业务快速进行网络安全防护和处理，为 5G 多样化的应用场景提供差异化的网络安全防护。

云端安全能力主要包括身份认证、数据审计、漏洞管理、态势感知、威胁监测等安全能力；边缘安全能力主要包括容器安全、态势分析、访问控制、入侵防御等安全能力；安全协同能力主要包括威胁诱捕、自动化编排和响应、安全能力资源池等安全能力。

云边协同安全防护方案的部署思路：基于云边协同的，以“高内聚、低耦合”的特性和“插件式”配置为设计目标，推动安全能力资源池的全域投放，实现面向业务场景端到端的安全防护。云边协同 5G 行业专网安全部署方案如图 13-9 所示。

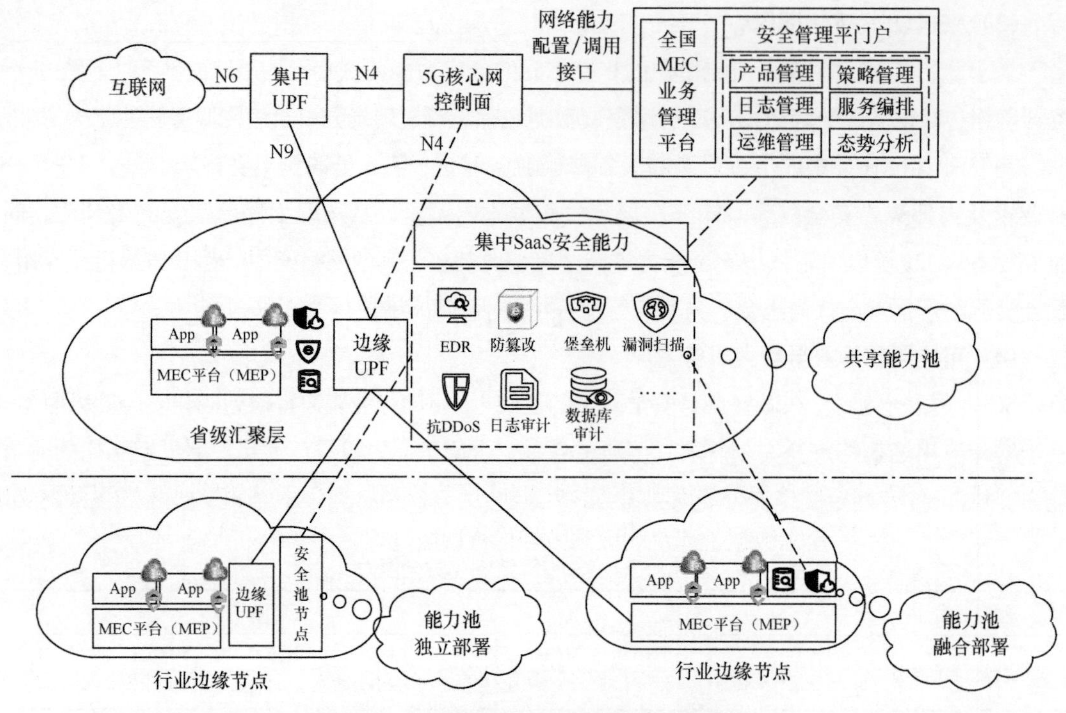

图 13-9　云边协同 5G 行业专网安全部署方案

① 集中安全能力部署：通过云端集中部署 5G 安全运营中心和平台安全能力，实现全网端到端安全态势感知、MEC 节点集中风险分析和管理等安全能力部署模式。

② 全融合安全能力实现：以安全即服务的方式为行业客户提供主机安全、边界隔离等安全能力部署，实现 MEC 用户数据不出园区、内外网接入点隔离等垂直行业业务安全保护。

③ 边缘联动安全能力协同：通过中心节点和边缘节点安全能力协同联动，实现安全策略自动编排、自动响应。

13.4.4　5G 行业数据安全防护

5G 业务数据安全主要包含通用数据安全和承载在 5G 网络上的垂直行业特定的数据安全两个部分内容。5G 业务可明确自己的关键数据清单，针对关键数据清单，做针对性的数据安全防护。5G 行业数据安全防护方案除了考虑 5G 通用数据安全要求，还需要结合特定行业的数据安全需求。

（1）5G 行业数据安全防护思路

针对 5G 典型应用场景和数据特性，按照“谁运营、谁负责”的原则。首先，梳理形成特定业务应用场景数据资产清单，完成数据分类分级，构建行业数据安全风险标准化评估模型；其次，通过数据安全风险评估模型，评估潜在的 5G 行业数据安全风险；最后，基于 DPI、大数据分析、AI 风险建模等技术，对采集到的多维数据进行自动化安全评估监测，动态发现数据安全风险。

（2）5G 行业数据安全防护措施

① 数据分类分级。

针对 5G 专网上的各种应用进行敏感数据识别和梳理，智能化分类分级，形成数据资源清单，准确掌握数据的分布情况，为数据保护方案提供参考。

以“5G + 智能制造”场景为例，数据分类分级可依据工业和信息化部《工业数据分类分级指南（试行）》，结合智慧工厂研发设计、生产制造、运维、管理等环节，对数据进行分类识别并形成数据分类清单。智能制造场景数据类型主要包括研发设计数据、开发测试数据等研发域数据；控制信息、工况状态、工艺参数、系统日志、监控视频、监控图像等生产域数据；物流数据、产品售后服务数据等运维域数据；系统设备资产信息、产品供应链数据、业务统计数据等管理域数据；与外部单位进行交换、共享、交易等外部域数据。根据不同类别的工业数据遭篡改、破坏、泄露或非法利用后，可能对工业生产、经济效益等带来的潜在影响，将工业数据分为一级、二级、三级，将工业数据分类的最小子集按照分类的原则进行定级。

② 数据安全风险评估。

5G 数据安全风险评估模型以 5G 技术架构、5G 终端安全、通用安全管理、数据全生命周期、隐私保护等为核心评估点，从防止敏感数据信息泄露的角度出发，分析可能对 5G 行业数据安全造成影响的各类威胁和隐患。

针对 5G 专网的业务应用，通过采集和分析 HTTP、HTTPS、FTP、SMTP 等协议的流量，针对加密流量采用无监督学习和有监督学习结合的方式，从网络流量特征、协议、流量大小、业务时间、业务操作行为等多维度建立合规基线模型，然后实时对比、分析，从而发现数据安全风险事件；针对非加密协议，可对操作数据内容、传输文件内容进行还原，利用大数据分析、机器学习等技术建立用户画像、业务画像、数据安全合规基线等，实现批量传输敏感数据、数据跨境传输、接口异常访问敏感数据、接口未授权等安全场景的实时监测与风险事件溯源分析，确保 5G 专网上行业应用数据的安全。

③ 数据安全态势感知可视化。

基于行业数据风险评估模型，通过多重维度进行数据的可视化展示。针对 5G 行业数据安全风险事件，展示访问用户、风险类型、风险级别、发生时间、关联业务等；结合历史风险数据、业务数据，进行数据关联分析，实现风险事件的趋势预测。

13.4.5 5G 行业应用一体化安全运营

行业应用系统是企业的关键系统和核心资产，想要长远发展的企业都需要考虑业务的连续性管理，都要关注自身系统的安全和核心业务的持续运营。随着 5G 垂直行业应用中新技术、新模式、新业务的快速发展，催生了新的网络安全需求和安全理念，带来了从“合规化”转变为“运营化”，从“可视化”转变为“实战化”，从针对“安全威胁”的防御演进到面向业务“安全韧性”的保障等一系列变化。如何应对具备隐蔽性、非对称性、不可预见性等特性的网络攻击，我们需要构建具备体系化、智能化、服务化的全局安全能力体系和具备持续、联动、闭环的安全响应机制的自适应安全运营体系，保障5G行业应用安全韧性。

（1）建设思路

按照“体系化、智能化、服务化”原则，基于多级联动及“云、网、端、边、数、业”一体化推进思路，以安全中台为核心，构建自适应安全运营体系，实现安全能力一体调度、安全服务一点开放、安全数据一体化全面获取、开放生态安全服务即插即用的高效安全识别、防护、检测、响应、恢复能力，以及流程化安全运营能力。打造“数据易享、能力易用、态势易感、风险易管”的安全运营建设方案。

① 全网运营。5G行业应用安全运营涉及的产业链极长、行业范围极广，使安全运营工作的开展变得极为复杂和困难。因此，我们需要从宏观层面构建统一的、完整的安全运营体系，统一架构、全网联动，形成跨行业、跨层级的5G“云、网、端、边”一体化的全网运营、分域管理的安全运营体系。

② 数据融通。在大数据治理体系框架下，构建安全数据能力中心，打破“数据孤岛”，优化数据采集路径，构建安全大数据湖，实现安全数据的统一管理与融合共享。

③ 能力聚合。打破原有安全系统的“烟囱式”架构，基础安全能力原子化、服务化，融聚安全共性能力下沉至安全中台，个性化功能作为应用插接在安全中台之上，轻量化按需部署，对共性安全能力统一编排调用，统一纳管、高效协同。

④ 安全闭环。业界先进技术思想与移动体系内落地经验有机融合，参考IPDRR闭环安全防护模型，形成风险、防护、监测、响应和恢复5个阶段的安全闭环，引入软件定义安全、安全能力编排、威胁情报共享、大数据等新技术与新应用，打造一套可视、可管、可控的中台安全防护体系；实现安全防护的事前、事中和事后的联动机制，从而有效提升安全数据中台风险预警和应急处置能力。

（2）方案架构

针对已有的安全能力进行梳理，了解客户的业务需求，形成横纵结构，识别共性数据需求及能力需求，设计中台框架。中台能力建设往往伴随着大数据平台的建设，或者在大数据平台建设完成后进行，基于大数据平台对数据进行集中收集与治理，抽象标准化各类“原子能力”，封装对外接口，构建安全中台。经过一系列的中台改造并形成中台能力后，用户安全基底建设完成，引入各种生态厂商，快速构建上层安全业务，实现安全能力的快速提升。针对“云、管、端、边”各类安全场景进行全场景覆盖，实现底层数据及能力融合互通，随着上层业务的开展，不断强化中台能力，安全建设效率大大提升，安全运营能力快速增长。以安全中台为核心的5G行业应用安全运营体系如图13-10所示。

① 基础资源层：包括资产、流量、安全资源池、硬件安全设备等安全数据与能力基础设施资源，逐步推动安全能力云化、池化与原子化。通过制定安全组件接口标准规范，要求接入安全资源池的安全组件进行主动适配，推动安全中台对能力池异构安全能力的统一纳管。基础资源层产生的与安全相关的数据按需传送给数据中台。

② 安全中台层：基于标准的协议和流程，将安全数据和安全能力等服务，通过服务体系和

运营体系按需开放共享给前台的各个业务应用，实现对前台业务变化及创新的快速响应，具备新的安全能力的快速集成与开放、按需编排与调度、安全数据集约化采集与处理等能力。数据中台和能力中台两个平台之间通过开放式接口实现安全数据传输、数据服务与任务调度。

③ 安全应用层：基于安全能力中心北向接口对安全能力进行基于场景的剧本化编排调用，实现安全应用的提供，安全应用包括但不限于 5G 行业客户、安全运营团队、外部监管部门、安全生态合作伙伴、5G 行业应用攻防演练等。

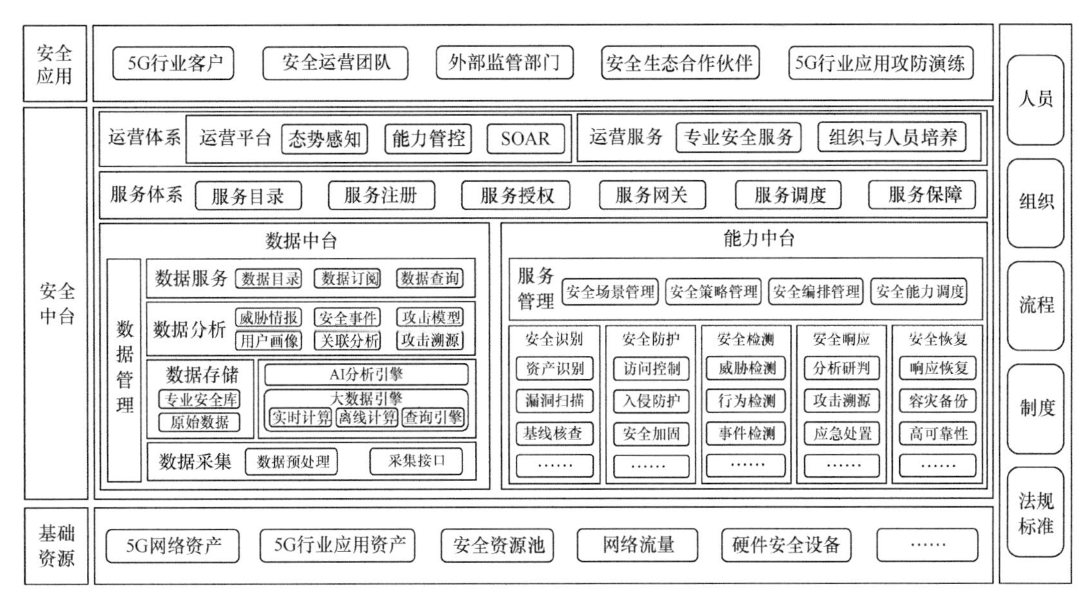

图 13-10 以安全中台为核心的 5G 行业应用安全运营体系

13.4.6 5G 应用安全保障

5G 应用安全需要设备提供商、运营商、行业企业和政府监管机构之间的多方协作，以确保 5G 网络及其支持的行业服务的安全。5G 应用安全对 5G 网络管道安全没有强依赖，垂直行业必须负责解决方案的安全性，确保垂直行业应用层的关键资产免受网络攻击造成的损害，及时发现安全威胁，快速恢复基本服务。依据 ISO 27034 从组织的视角给出保障应用安全的系统性建议，从多个维度识别 5G 应用安全风险，定义应用的安全等级，建立 5G 应用安全控制措施以及配套的 5G 行业应用安全保障体系。

（1）产业协同联动

充分把握 5G 网络安全与行业应用安全中的定位分工，垂直行业、电信企业、设备企业、安全企业、监管机构应凝聚共识、协同联动，进一步深入跨行业、跨领域 5G 行业应用安全保障生态的构建。

① 垂直行业：负责发掘 5G 行业应用的具体业务场景及核心安全需求，提供行业应用安全解决方案试验环境。

② 电信企业：配合行业客户挖掘行业安全痛点、难点，负责 5G 网络的安全运营和网络韧性，

通过安全规划、设计和部署，构建纵深防御的 5G 网络安全防护体系。运营商可以通过成熟的技术手段（例如，防火墙和安全网关）阻止外部攻击。而对于内部威胁，可以管理、监控和审计所有的厂商和合作伙伴，以确保内部各网元及网元间的安全。

③ 设备企业：遵从标准，参考业界优秀实践，集成安全技术，制造安全产品；参与行业安全标准工作；携手客户及其他利益相关方，支撑运营商保障安全运营和网络韧性。

④ 安全企业：负责 5G 行业应用安全关键技术研究，创新研发相关安全产品及服务。

⑤ 监管机构：整个行业需要合作制定统一标准。在技术上，持续对 5G 安全场景化的风险进行分析，对协议安全进行改进；在安全保障上，将网络安全要求标准化，确保这些标准对所有厂商和运营商适用，并且可验证。

（2）5G 应用安全控制措施

5G 应用安全控制贯穿整个行业应用的全生命周期，包括需求分析阶段、设计方案阶段、应用开发阶段、安全测试阶段等。

① 需求分析阶段。

明确 5G 行业应用的具体场景和资产，首先通过法律法规、行业标准、行业客户现场调研等渠道收集与 5G 垂直行业融合应用安全相关的初步需求。然后针对具体的应用场景部署环境、5G 专网架构、运维管理、业务特征，通过威胁建模、风险评估等方法，从保密性、隐私性、可用性、可靠性、安全韧性等维度，分析应用场景下 5G 网络和应用面临的安全风险和威胁，根据评估结果确定 5G 行业应用整体的安全需求。

② 设计方案阶段。

为了满足 5G 行业应用的核心安全需求，同时也为了解决 5G 行业应用安全方案复制和规模化推广的痛点、难点。在设计方案阶段，我们需要对 5G 网络的安全能力进行原子化分解，构筑"服务化、原子化、标准化、产业化"的安全能力，并通过灵活的管理和编排组成最佳的安全能力集合，针对 5G 行业应用不同的应用场景的安全需求，提供细粒度、可定制、原子化、可编排的安全能力和安全模板。垂直行业根据安全最佳实践模板和自定义原子能力集合，一方面，垂直行业可参考《面向行业的 5G 安全分级白皮书》安全能力表，选定匹配行业安全需求的安全措施；另一方面。垂直行业可向运营商订购相应的安全能力要求实现威胁信息共享、共治。协同构建 5G 网络威胁监测、全局感知、预警防护、联动处置一体化网络安全防御体系，形成覆盖行业全生命周期的网络安全防护能力。

③ 应用开发阶段。

在应用开发阶段，参考业界通用指南所采用的安全编码标准，包括业界最佳实践计算机应急响应组 CERT 系列安全编码规范、通用缺陷列表（Common Weakness Enumeration，CWE）、开放式 Web 应用程序安全项目（Open Web Application Security Project，OWASP）开放指南、安全技术实施指南（Security Technical Implementation Guides，STIG）等一系列安全编码标准和最新实践制定安全编码规范。完成编码后，编写的代码需要通过静态检查和自动化扫描，衡量代码的质量、可靠性、安全性、可维护性。工具扫描出的缺陷采取看板化管理，监控缺陷闭环，通过控制门确保达成安全缺陷控制目标。持续安全地交付开发产品由稳固的配置管理系统、与开发流程相融合的 DevOps 工具链，以及研发内部信息安全管控策略来保障。

④ 安全测试阶段。

依据 3GPP SCAS 以及 GSMA NESAS 等标准，重点针对 5G 网络及业务安全应具备的各种基本防护能力的要求，对 5G 专网设备、接口、协议等安全能力与安全防护手段进行测试，具体测试内容包括：接入网和核心网相关 5G 网络基础安全测试，包括 5G 设备与接口安全能力、5G 网络与外部数据网络交互安全能力等；5G 专网向垂直行业提供的定制化安全能力测试，包括切片安全和 MEC 安全等安全测试要求；针对 5G 专网 3 种模式下的专网增强安全、专网部署及组网安全等进行测试；应用安全方面包括边界防护、身份验证、访问授权、接口安全、数据保护等安全测试；安全管理方面包括访问控制、权限管理、传输安全、配置安全管理、安全审计、日志存储与防护等安全管理测试。

（3）5G 行业应用安全保障体系

① 安全管理方面。

企业建立 5G 行业应用安全风险评估管理办法，建立健全评估清单更新、业务定期核查、风险台账管理等风险管理机制，建立 5G 行业应用项目清单管理制度，并将 5G 行业应用安全管理纳入企业内部绩效考核及责任追究制度。企业应针对关键岗位人员建立安全管理制度，依据人员管理制度进行严格管理。

② 安全人员方面。

企业应针对 5G 行业应用建立安全人员配置制度并配备相应的安全人员，提供安全人员配置清单，明确各个角色的责任和权限。在内部人员发生变动（例如，换岗、离职）后，应及时对其相应权限进行变更、删除。

③ 安全运维管理方面。

企业应记录和保存基本配置信息及更新情况，包括网络拓扑结构、各个设备安装的软件组件、软件组件的版本和补丁信息、各个设备或软件组件的配置参数等。企业应针对 5G 行业应用相关业务建立安全运维管理制度并明确相应的安全运维人员、任务分工，详细记录运维操作日志，包括日常巡检工作、运行维护记录、参数的设置和修改等内容。

④ 账号权限管理。

企业应针对 5G 行业应用建立账号权限管理机制，指定专门的部门或人员进行账号管理，对申请账号、建立账号、删除账号等进行限制。

⑤ 应急处置机制。

企业应针对 5G 行业应用相关业务建立应急管理办法，制定安全事件报告和处置管理制度，明确不同安全事件的报告、处置和响应流程，规定安全事件的现场处理、事件报告和后期恢复的管理职责。

企业应制定不同事件的应急预案，配套应急管理小组及相关资源保障，定期进行应急预案培训和演练，及时报告所发现的安全弱点和可疑事件，分析和鉴定事件产生的原因，做好记录并总结经验教训。

13.5 下一步工作重点

（1）嵌入 5G 网络内生安全提升网络“主动免疫”能力

当前，5G 网络 RAN、核心网边界安全和网元安全主要通过外挂安全产品在边界提供安全防护和安全监测，而在安全态势感知方面还缺乏对 5G 移动网元资产、移动网络业务的安全可见性能力，也缺乏对 5G 网元的安全威胁的检测和响应能力。因此，5G 网络需要提供内生网元安全韧性能力、网管内生安全运维能力，来缩短 5G 网络的威胁发现时间，提升安全事件的响应速度，实现“主动免疫”和协同弹性的安全体系与运行机制。

在构建 5G 网元内生安全方面，5G 关键网元及软硬件自身通过内嵌原子化的安全能力，并通过智能编排方式与其他网络设施或服务一起形成柔性的按需服务。包括 5G RAN、核心网提供 NFV 网元级安全配置基线核查、安全运维管理、微隔离访问安全、安全态势感知等内生安全能力，由此加固 5G 设备安全底座，快速发现攻击网元事件，识别网络风险，支撑进一步开展安全风险分析和响应闭环。

在提供 5G 内生安全服务方面，由于各垂直行业的安全需求存在差异性，客户从第三方购买安全设备存在价格高、在运营商网络中部署困难等问题，所以需要具备内嵌在 5G 专网中的安全服务，实现业务及安全保障“一站式”开通。另外，有些专有安全能力，例如漏洞扫描、基线检查、态势分析等，可以以软件即服务（Software as a Service，SaaS）的方式提供给客户。从运营商的角度，该服务即是运营商网络为客户提供的内生安全服务。

综上所述，5G 网络需要在现有安全的基础上，内建网元的安全检测能力、网络自动检测和处置闭环能力、按需的安全服务能力等，通过内生安全全面提升 5G 安全，实现网元可信、网络可靠和服务可用。

（2）构建 5G 行业应用平行仿真场景支撑攻防、验证、测评和实训

通过构建具备独立于生产环境的自组网络、独享频段、能力开放等特点的 5G 行业应用平行仿真环境，数字孪生垂直行业应用场景的 5G 端到端网络环境和典型垂直行业业务场景部署，在不影响生产环境的基础上开展 5G 切片安全、MEC 安全、新技术新算法安全方案验证。同时实现 5G 环境下网络攻防场景，有效支撑 5G 行业应用安全实战演练、安全能力验证与产品测评、安全实训等能力。

（3）基于“云边协同”安全能力开放体系加强 5G 应用安全供需对接

致力于在运营商“云侧”构筑服务化、原子化、标准化、产业化的安全能力，建立包含安全产品、解决方案及安全服务类型等在内的 5G 安全能力目录 / 安全资源池，这些安全服务可集成在“边侧”行业客户的最终应用中。行业客户可通过服务目录购买安全服务，订购功能和服务通过 API 调用提交给安全控制编排器，安全控制编排器根据安全控制策略和用户需求实现安全资源的管理和编排，为行业客户实现安全资源的灵活调度、动态扩展及按需快速交付，快速高效地满足垂直行业对业务安全部署的实际需求。由此，通过“云边协同”安全能力开放体系，5G 应用安全供需技术合作与能力共享不断加强，5G 安全服务及合作模式不断创新，5G 安全供给支撑体系日渐丰富。

13.6　小结

本章以 5G 行业应用发展的重大安全需求为导向，以构建 5G 应用安全供给侧按需定制能力提升为主线，针对重点行业 5G 应用安全的痛点与难点，构建以可定制的 5G 行业应用一体化安全防护建设为目标，坚持网络安全“三同步”原则，构建以可信架构为基础，以内生安全为核心，以安全中台为枢纽，以云边协同为引擎，以攻防对抗为常态的“实战化、体系化、常态化”的安全防护体系，达到“全面防护、智能分析、自动响应，协同处置”的防护效果。

13.7　参考文献

[1] IMT-2020(5G) 推进组 . 5G 安全知识库 [R]. 中国信息通信研究院，2021.

[2] 赵姗 . 5G 技术支持下的应用场景安全应对策略研究 [J]. 网络安全技术与应用，2021 (5):90-91.

[3] 杨红梅 . 面向垂直行业的 5G 网络安全分级技术 [J]. 移动通信，2021, 45(3):30-34.

[4] 邱勤，张峰，何明，等 . 5G 行业专网安全技术研究与应用 [J]. 保密科学技术，2021, (4):41-46.

[5] 闫新成，毛玉欣，赵红勋 . 5G 典型应用场景安全需求及安全防护对策 [J]. 中兴通讯技术，2019，25(4):6-13.

[6] 庄小君，杨波，杨利民，等 . 面向垂直行业的 5G 边缘计算安全研究 [J]. 保密科学技术，2020(9):20-27.

[7] 邱勤，冉鹏，张峰，等 . 面向垂直行业的 5G 安全能力与应用研究 [J]. 信息安全研究，2021, 7(5):418-422.

[8] 邱勤，刘胜兰，韩晓露，等 . 5G 应用安全参考架构与解决方案研究 [J]. 信息安全研究，2020, 6(8):680-687.

[9] 张小强，赖材栋，谢崇斌 . 基于 5G 垂直行业应用的安全能力体系研究 [J]. 中国新通信，2021, 23(4):19-22.

[10] 余晓光，余滢鑫，阳陈锦剑，等 . 安全技术在 5G 智能电网中的应用 [J]. 信息安全研究，2021, 7(9):815-821.

[11] 汤凯 . 基于 5G 的垂直行业安全新特征与对策 [J]. 中兴通讯技术，2019, 25 (4):50-55.

[12] 王继刚，王庆，滕志猛 . 可定制的 5G+ 工业互联网安全能力 [J]. 中兴通讯技术，2020,

26(6):14-20.

[13] 王蕴实，徐雷，张曼君，等.“5G+ 工业互联网”安全能力及场景化解决方案 [J]. 通信世界，2021(16):45-48.

[14] 朱京毅. 面向5G网络边缘计算的安全技术方案与研究 [J]. 通信技术，2020, 53(1):210-214.

[15] 薄明霞，白冰. 5G智慧港口行业应用安全解决方案 [J]. 信息安全研究，2021, 7(5):428-435.

[16] 中兴通讯股份有限公司. 5G行业应用安全白皮书 [R]. 2019.

第 14 章　5G 安全测评方案

14.1　概述

5G 是新一轮科技革命和产业变革的代表性、引领性技术，是实现人、机、物互联的新型信息基础设施和经济社会数字化转型的重要驱动力量。5G 网络引入新架构、新技术、新服务，同时也不可避免地带来了新的攻击面。此外，5G 网络与垂直行业深度融合的特点导致 5G 安全问题不仅影响人和人之间的通信，还将影响各行各业，有些场景甚至可能威胁到人们的生命财产安全乃至国家安全。为此，2021 年 4 月 27 日，国务院正式通过了《关键信息基础设施安全保护条例》，明确指出要对关键信息基础设施每年进行网络安全检测和风险评估，及时整改问题并按要求向保护工作部门报送情况。2021 年 7 月，工业和信息化部联合中共中央网络安全和信息化委员会办公室、国家发展和改革委员会等 9 部门印发《5G 应用“扬帆”行动计划（2021—2023 年）》，提出加强 5G 应用安全风险评估，开展 5G 应用安全示范推广，提升 5G 应用安全测评认证能力，强化 5G 应用安全供给支撑服务。2022 年 4 月，工业和信息化部网络安全管理局在《2022 年基础电信企业网络与信息安全责任考核监督检查工作指南》中强调，按照《5G 网络建设与应用安全实施指南（2021）》（以下简称《实施指南》）要求，建立 5G 行业应用安全风险评估机制，并根据《实施指南》中规定的动态评估要素开展风险评估，并将评估情况报送属地通信管理局。

为了保障垂直行业安全可靠地使用 5G 网络，各行各业迫切需要基于共识的 5G 安全测评标准规范，建立完整的 5G 安全测评体系、丰富的测评手段、高效的测评机制、规范的测评流程，从而推动 5G 安全风险评估和测试工作实施落地，确保从源头减少 5G 安全隐患，避免 5G 行业应用“带病入网”与“带病运行”。本章主要以已达成共识的 5G 安全测评标准系列规范为指导依据，从 5G 行业应用资产安全风险分析入手，梳理测评对象，形成可落地实施的 5G 安全测评体系框架、测评技术和测评方法，形成贴合实际应用的 5G 安全测评体系，进而为运营商 5G 行业应用安全风险评估和测试提供重要参考。

14.2　5G 行业应用安全风险分析

14.2.1　5G 专网安全风险

（1）核心网安全风险

5G 核心网软硬件设备通常存在较高的隔离性，运营商各大区 5G 核心网存在严格的物理访问授权及管理信道访问控制，因此5G核心网安全风险仍聚焦于通信业务层面，即从信令面、用户面角度，针对各类通信过程中的安全特性未正确加载引发的安全风险，具体包括以下5类风险。

① 非服务化接口安全。包括以N2、N3、N4等接口为主的安全风险。理应保护这些非服务化接口传输的安全性，实现具有机密性、完整性、可用性的安全防护。

② 服务化接口安全。各核心网元间使用HTTP 2.0进行通信的接口安全，理应通过TLS等技术实现具有机密性、完整性、可用性的安全防护。

③ 协议符合性安全。3GPP协议在设计之初也考虑到部分安全性，因此通过对协议符合性进行测试，可实现安全性验证；对于不符合3GPP协议设计的设备，势必存在一定的安全风险。

④ 网元控制安全。网元控制安全是指对于网元接入和互相发现，以及网络提供开放能力的安全性及其相关管理措施。如果网元安全管控措施失效，则可能带来极大的风险。

⑤ 重点技术安全。重点技术安全包括网络切片、虚拟化基础设施、能力开放等5G重点技术的安全风险，5G核心网中充分使用了这些新技术，所以应充分考虑这些重点技术带来的风险。

（2）边缘侧安全风险

5G专网与行业应用深度融合后，无论是行业网络还是5G通信网络，其边界都变得模糊，安全态势变得更为复杂多样。而其正是因为边缘侧下沉网络与行业内网的融合交织，使原本封闭的行业内网与通信网络变得不再封闭，原本因网络封闭而可控的协议、应用风险变得开放共享，故5G行业应用建设带来的风险便主要集中在边缘侧下沉部分网络。边缘侧安全风险是最为重要也是最为复杂的一部分，其不仅包含部分5G网络技术迭代引入的新风险，还可能因与行业应用的深度融合，带来通信网络和行业内网的跨域安全风险。总体来说，包括以下6个方面。

① UPF安全能力。UPF可能下沉到园区边缘侧，其应至少支持重点部分的安全能力，例如，访问控制、安全加密能力等基础安全能力。

② MEP安全能力。MEP作为应用搭载管理的平台，理应在边缘侧针对应用存在较强的管理能力，如果缺乏对应用的全生命周期管理，则可能出现较大的安全风险。

③ 基础设施安全。基础设施安全包括物理和虚拟等多种意义的基础设施。如果对物理环境或虚拟化层缺乏安全管理及部署安全检测技术、控制管理能力等，则可能存在直接的风险。

④ 5G切片安全。对端到端切片而言，下沉园区的部分设备也应做好切片管控，尤其注意从边缘计算到承载网隔离层面的风险。

⑤ 能力开放安全。边缘侧的能力开放存在较大的风险，不仅可能出现恶意程序威胁园区网络，还可能上行威胁大网。

⑥ 边缘组网安全。如果组网边界缺乏管控措施，与公网、行业内网隔离失效，或在设计之初就未合理规划安全管控技术措施，则边缘组网可能存在较大风险。

（3）接入和终端侧安全风险

接入和终端侧安全风险包括基站空口、CPE 接入点，以及各类带有或不带有 5G 模组的行业应用终端。相对于 4G 而言，5G 的一大特性就是适配各类泛终端的海量接入，而且往往大部分终端较为轻量且安全能力薄弱。攻击者可以伪造“合法”终端接入网络，尤其是在 5G 网络中嵌入式 SIM（embedded-SIM，eSIM）技术的广泛应用，为终端设备的认证带来更大的挑战。5G 网络与行业内网融合，如果不加以访问控制，伪造的终端接入网络后不仅可以进行大量的探测活动，还可以跨域渗透，同时威胁 5G 通信网络和行业内网。大量伪造终端接入网络后还可能导致空口资源被高度消耗，影响整个网络的正常运行。此外，由于空口的开放性，数据传输过程中的机密性、完整性、可用性等均应得到充分保护。该部分安全要点包括但不局限于以下 4 点。

① 基站安全能力。基站自身需要支持对于空口和非服务化接口收发数据的机密性和完整性保护，同时需要防护诸如大流量攻击等对于资源进行大量消耗的 5G 网络攻击。

② 终端固件安全。终端固件自身可能存在漏洞，或在开发过程中欠缺安全考虑，从而导致 5G 终端设备自身处于较大的风险中。

③ 终端接入合法。终端接入应得到合法性认证，以识别伪造终端或不符合规定的异常终端尝试接入，威胁网络安全。

④ 终端运行安全验证。针对在线终端实际运行时的安全验证，应避免终端被非法入侵者控制后出现攻击生产网、超出授权区域运行、机卡分离、信令劫持等问题。

14.2.2　行业应用安全风险

（1）应用侧安全风险

与其他传统业务应用一样，5G 行业应用业务需要考虑的安全风险同样与其提供的业务服务有关，对于基础的业务安全范畴，风险点包括但不局限于用户规模、类型、流程与规则合规、公共安全影响等，例如，当用户规模达到一定级别、类型单一、业务对公共安全存在较大影响时，则可能存在较大的安全风险。对于此类风险，应同步检验其对应的安全保障能力，以实现对相应中高风险项的控制。

除了业务基础安全，还包括承载业务的平台安全和业务合作安全范畴，即其搭载业务的服务节点是否安全可控合规，对于自建的服务器组应保证物理安全，而云计算则需要确保服务提供者的合作合规及云资源本身的安全。值得一提的是，业务合作安全不止针对云计算提供商，还对整个 5G 行业应用中涉及合作的生态供应链产品进行安全风险评估。

（2）管理侧安全风险

管理侧安全风险包括安全技术与安全管理两个部分。对于行业应用的管理通道，无论是否与 5G 网络进行融合，都需要进行技术层面管控，并拥有身份认证的能力，对于操作权限也应做好严格的区分。同时，对于不同的垂直行业应用，应根据自身业务特点，完善管理制度。

（3）典型应用场景安全风险

本部分内容需要针对不同行业应用对应的5G典型应用场景进行差异化判断后完成风险点排查。例如，针对eMBB场景，应满足超大流量条件下的安全需求，对于高安全要求业务场景，业务运营单位应通过在eMBB业务服务平台与终端之间进行二次身份认证授权以及加密、专线等保障业务安全；针对uRLLC场景，应动态调整网络资源和策略配置，优化完善业务接入认证、数据加解密等环节的安全机制，尽力提高低时延条件下的安全防护能力；针对mMTC场景，应构建基于海量机器类通信场景的安全模型，采用分布式身份管理等方式实现快速安全接入，并部署轻量级的安全算法来实现终端与网络间的认证和数据完整性保护。除了上述不同场景通用的风险点，还应结合具体业务对比各类标准规范，判断其安全风险。

14.2.3　5G数据安全风险

我们可以通过两种不同的角度看待5G数据安全的整体风险。从网络结构来看，数据安全风险应重点关注以下4个部分内容。

（1）园区局域专网数据安全

配置切片应重点关注切片内敏感数据的存储传输过程，是否通过加密等技术手段进行保护，是否满足行业应用不出园区、用户访问可控、不同切片或园区间的数据安全隔离。

（2）边缘计算数据安全

如果边缘节点由于不可抗力因素导致用户数据丢失或损坏，边缘侧也没有提供有效的数据备份与恢复机制，且云端未能及时同步边缘数据，那么用户业务将遭受致命打击。在数据安全方面，边缘层要具有充分的抵抗黑客攻击、容灾的能力。同时，边缘计算对于数据的调用处理也应满足合规要求，不进行越权或异常的行为。

（3）业务应用隐私保护

边缘计算通过将计算任务下沉到边缘层，在一定程度上避免了数据在网络中长距离传输，降低了隐私泄露风险。但是，边缘节点获取的第一手业务数据，仍然包含了未脱敏的隐私数据。如果一旦遭到非法入侵者的攻击、嗅探和腐蚀，则用户的位置信息、服务内容和使用频率将全部暴露。我们应从业务应用与边缘计算结合的角度识别风险，避免隐私数据泄露。

（4）恶意应用检测

如果边缘计算系统、终端等安装了恶意的第三方软件，就会对专网系统中部署的其他应用、终端及边缘计算平台本身造成影响。因此我们需要充分使用好恶意应用检测和防护能力。

此外，我们也可以用传统数据安全生命周期与处理的视角去考虑5G行业应用专网的数据安全风险，这些数据安全风险包括数据安全管理制度、数据分类分级、重要数据安全管理、违法不良信息管理、数据全生命周期分析（采集、存储、传输、使用、开放、共享、销毁、审计）等，此处不再赘述。

14.3　测评对象梳理

14.3.1　5G 专网层面

5G 的通信传输设备作为其基础设施，必须重视通信网络架构接入网、承载网、核心网中相关设备本身的安全性。各通信设备厂家在相关设备上市前，应通过 NESAS、SCAS 等相关合规性评估，因此对于接入网、承载网、部分核心网的各类设备而言，5G 专网层面测评主要集中于各类设备的安全基线配置和基础安全功能核查，包括各类接口的安全隧道、协议，数通组网的隔离和访问控制规则，基础安全能力开关是否开启，涉及安全的协议流程是否正常运行等。

14.3.2　行业应用层面

5G 行业应用专网的 MEC 侧带有较强的 IT 特性，因此 5G 网络在与行业应用融合后，在边缘侧可能面临各类传统 IT 层面的安全风险。下沉到边缘场景中高度定制化的行业专网将承载带有差异化行业的业务应用系统，当场景应用与 5G 网络深度融合时，业务应用层面则也成为 5G 安全测评中必须考虑的一部分。此部分测评对象包括边缘计算的各类应用、API、平台、中间件、虚拟化层、操作系统、各类管理页面等。这些可能存在以 Web 安全为主的大量传统 IT 风险和暴露面。

应用层面的行业应用测评检查点与传统测评类似，包括对上述各类对象的基线检查、漏洞扫描、安全能力的加载检测、身份认证和访问控制等。

14.3.3　安全管理层面

5G 网络与行业应用网络融合带来的模糊边界，为安全管理带来了不小的挑战。在现网环境中，无论是资产归属还是运维管理，都极易出现“三不管”地带，因此在安全管理愈发重要的今天，针对 5G 行业应用专网的安全管理制度理应得到更充分的重视。5G 网络本身就具有较强的复杂性，下沉网络又需要各方针对各自资产进行一些长期维护，因此其对综合安全管理能力提出了较大的挑战。常规的安全保障能力包括企业整体安全管理制度、安全人员、安全运维、权限管理、应急处置等。除了这些安全管理制度，针对管理接口和后台登录等安全访问控制技术也需要进行充分考虑。

14.3.4　数据安全层面

数据是 5G 重要的资产要素，它包含在 5G 行业应用专网的各个部分中。针对专网中的各类数据，包括通信网络中的个人信息与开卡信息、信令面和用户面的各类敏感数据、边缘侧行业应用和终端的各类敏感信息数据，均应在管理和技术两大层面进行安全保护。

14.4 测评体系框架

14.4.1 安全测评体系

根据各类标准规范提出的安全需求，针对识别的资产，通过一定的测评手段，识别安全风险，形成测评报告。5G 安全测评体系如图 14-1 所示。

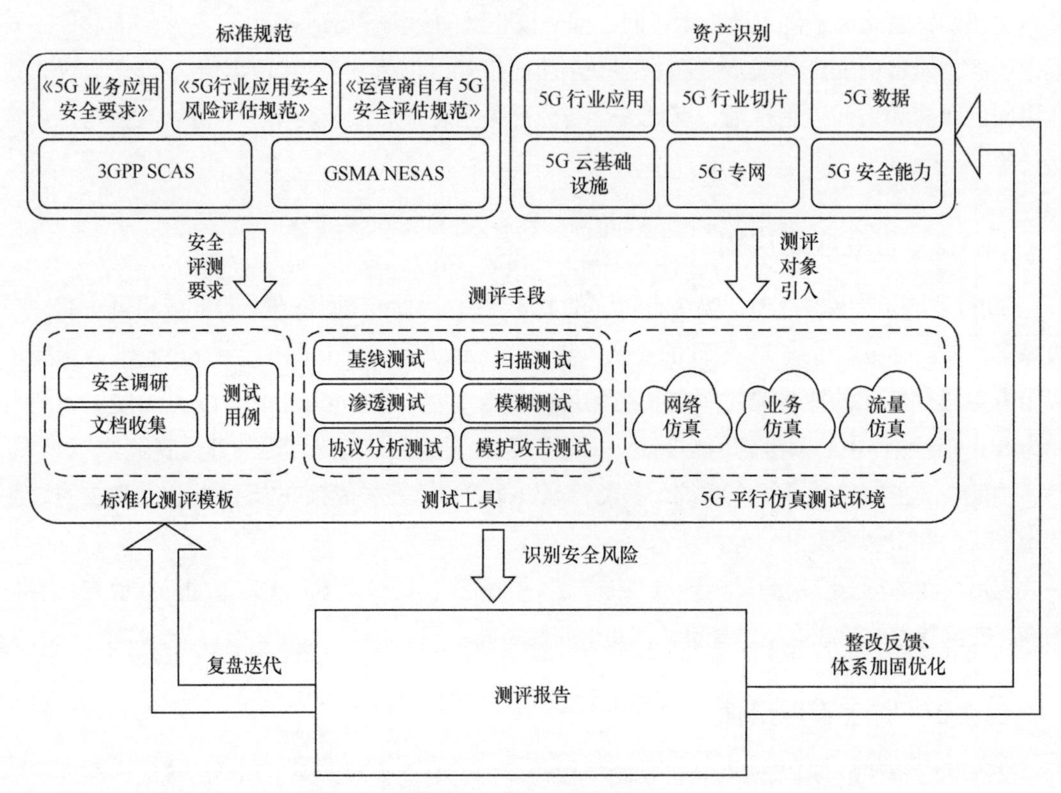

图 14-1 5G 安全测评体系

标准规范是安全测评体系的重要基础，综合考虑 SCAS、NESAS 等针对设备制造商的安全评估体系，以及《5G 行业应用安全风险评估规范》等工业和信息化部和运营商等提出的其他标准规范，梳理形成安全测评要求。资产是安全测评体系的核心，通过与测评框架的对标，在结合 5G 行业应用实际情况的基础上，识别引入 5G 专网、5G 行业应用、5G 数据、5G 重点技术等资产，开展安全测评。

在实施安全测评的过程中，可利用多种测评手段进行风险识别。通过涵盖安全调研、文档收集、测试用例等标准化测评模板，结合多种测试工具进行扫描、渗透、模糊测试等技术手段，完成风险识别。对于一些不适合在现网测试或存在测试风险的场景，可利用数字孪生技术构建 5G 平行仿真测试环境，这样在不影响现网业务的情况下，进行深度测评，发现安全风险。

在识别安全风险，形成测评报告后，应针对可能存在的风险点进行整改、加固，完成闭环处置工作。同样通过对测评工作的总结和盘点，促进对测评流程、测评模板、测试用例的优化和迭代。

14.4.2 安全测评内容

《5G 行业应用安全风险评估规范》明确提出了 5G 行业应用安全测评的 6 个方面，具体包括 5G 专网安全、5G 关键技术安全、典型应用场景安全、5G 行业通用安全、5G 行业应用安全保障、5G 行业应用数据安全，形成 5G 安全测评基础框架，对于有特殊安全需求的业务项目，应在此基础上进行扩展。5G 安全测评基础框架如图 14-2 所示。

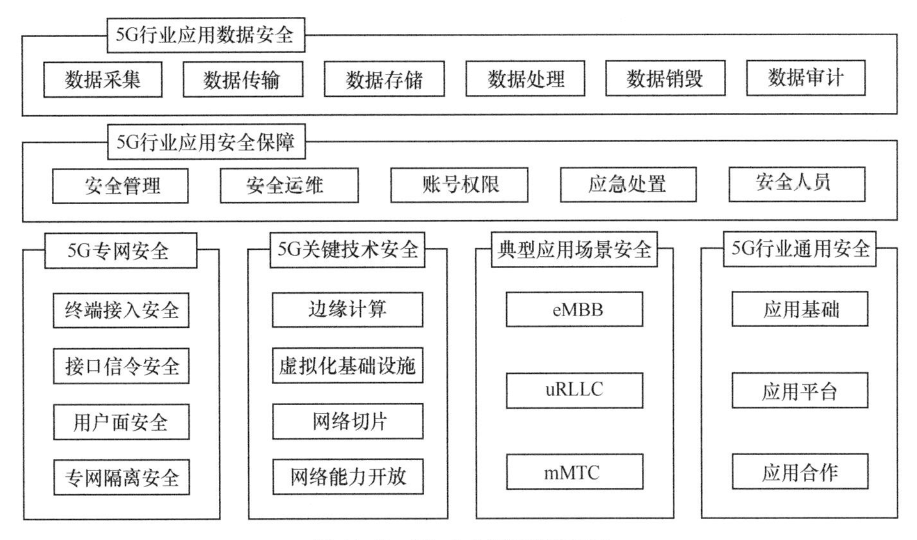

图 14-2 5G 安全测评基础框架

5G 专网安全主要着眼于 5G 组网和专网设备安全能力，针对终端接入、接口信令、用户面及专网隔离 4 个部分提出安全要求；5G 关键技术安全部分则关注 5G 网络中边缘计算、虚拟化基础设施、网络切片和网络能力开放这四大技术；在 5G 网络与行业应用深度融合后，则需要对其承载应用的通用安全进行测评，可结合应用特点，判断其所属的典型应用场景，灵活针对已有的安全能力开展测评。5G 行业应用安全保障能力综合提供对上述 4 个部分的安全保障，具体包括安全管理、安全运维、账号权限、应急处置、安全人员等方面的管控措施。5G 行业应用数据涉及范围较广泛，涵盖信令面、媒体面、用户面、管理面，应针对 5G 行业应用提供整体数据全生命周期的测评内容，以及对应的数据安全管理制度措施。

14.4.3 安全测评能力

针对上述测评内容，可采用合适的测评手段进行有针对性的测评。5G 安全常用的测评手段如图 14-3 所示。

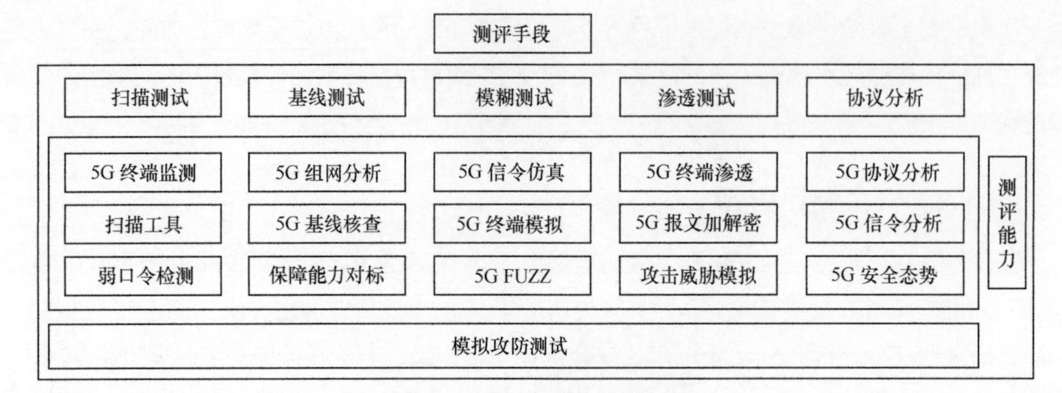

图 14-3 5G 安全常用的测评手段

① 扫描测试。使用扫描工具或设备对 5G 资产进行扫描测试，包括针对 5G 终端的扫描、主机层面的扫描，以及应用服务接口的扫描等。通过形成多样化的扫描能力，发现潜在风险和现存漏洞，以验证 5G 行业专网的整体安全性。

② 基线测试。基线测试是 5G 安全测评体系中较为基础的测评手段，也是与标准化测评模板关系最为密切的部分。形成 5G 设备配置核查能力，对标 5G 行业应用安全管理保障能力及 5G 整体组网方案分析能力，检验 5G 行业专网的安全能力，从而发现系统的不合规处。

③ 模糊测试。可利用平行伴生环境进行模糊测试。使用带有 5G 信令仿真和 5G 终端模拟能力的测试设备，发送恶意信令报文至被测 5G 网络，并追踪后续处理流程。模糊测试可探查发现 5G 网元层面的未知安全风险。

④ 渗透测试。通过调用针对 5G 终端、MEC、网元等多目标的渗透能力和攻击威胁模拟能力，辅以 5G 报文加解密能力，实现对 5G 行业专网的全方位渗透测试。

⑤ 协议分析。协议分析同样是较为基础的测评手段。通过形成 5G 协议分析和 5G 信令分析能力，在访问网元获取消息报文后，验证其与 3GPP 协议定义的一致性，并确认协商形成的安全能力参数是否符合预期、满足规定要求。

14.4.4 安全测评流程

在安全测评流程开始时，应先建立风险评估小组，确定小组成员，规范操作流程。重点在于调研现有 5G 行业应用专网的组网环境，包括现有组网模式、设备类型等，并以此为基础，确认需要评估且可以评估的范围，并针对评估范围对应的各类设备，明确资产归属。5G 行业应用专网资产组成复杂，因此测评中需要重点关注的是明确资产归属，并根据资产归属和具体责任划分，分别获取授权和相关文档，例如，设备配置文档、设备技术文档、各类管理制度文档、各类记录表格及台账文档等。

在完成上述文档材料和权限获取后，便可以启动测评实施流程，采取人员访谈、文档查阅、演示查看、测评验证等常规的测评方法，按照标准测试模板中的测试用例进行实施，并整理评估结果。对于需要深度测试的，可以在完成常规测评流程后利用平行仿真测试环境进行网络仿真和应用搭载，实施渗透、模糊和模拟攻防等深度测试。

在完成所有测评实施流程后，便可以根据所有测评结果整理输出安全风险评估报告，并针对发现的风险点给出整改和下一步安全建设的建议。5G 安全测评的参考流程如图 14-4 所示。

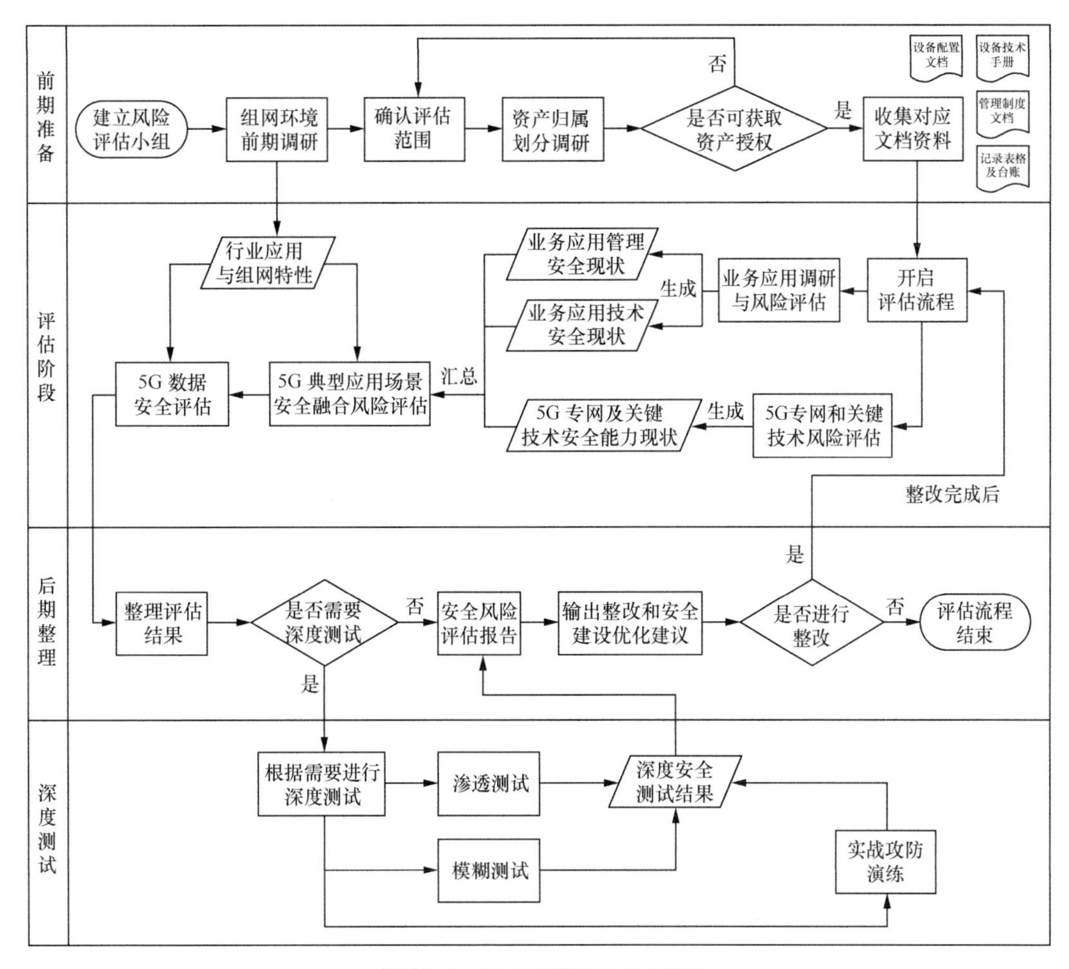

图 14-4 5G 安全测评的参考流程

14.5 测评具体实施方法

14.5.1 行业应用安全调研

通过人员访谈、文档查阅等方式对 5G 行业应用安全现状进行调研，重点关注是否对范围内的资产形成较为完整的安全管理制度，并对现有组网环境、安全能力加载等部分进行深入调研，明确最终的安全需求。通过安全现状调研，相关人员可以充分了解行业应用的现状情况，为后续规划设计与安全解决方案打下良好的基础。

在 5G 网络与行业应用尚未融合的场景中，不仅需要针对通信网络和行业应用进行独立的安全调研与风险评估，还需要预估融合后形成的典型应用场景，综合考虑可能出现的新风险。从系统论的角度来看，5G 行业应用是一个整体系统，是其内部各要素的有机统一，因此在通信网络与行业应用融合后，可能出现新的攻击链，如果没有做好各网络安全域间隔离，则很容易产生横向渗透等安全事件，危害整个系统的安全。

14.5.2 安全基线测评

安全基线测评可以对 5G 行业应用现状进行有效的安全风险评估，也是整个 5G 安全测评中最为重要的方法之一。根据相关标准文档，整理形成对应的测试用例，测试用例中明确说明预期结果与风险值的映射。通过人员访谈、文档查阅、实地查验、测试验证等方法得到每项测试用例的结果，比对测评实际结果与预期结果，判断是否一致，决定当前风险值。

在实际实施过程中，可以根据梳理出的测试用例形成 Checklist，便于在操作过程中进行实时记录，为后续编写安全风险评估报告提供便利。

值得一提的是，对于 5G 专网安全方向以及 5G 关键技术方向的测评，是有可能通过总结脚本的方式进行简化的。部分要查询的内容通过登录网管界面进行人机语言（Man-Machine Language，MML）命令查询得到结果，MML 配置测评示例如图 14-5 所示。利用网管拥有的 MML 批处理功能，只需将每个网元要查询的命令汇总，便可一次操作获得全部结果。再通过文本分析脚本或直接提取关键词，实现部分自动化的安全测评。

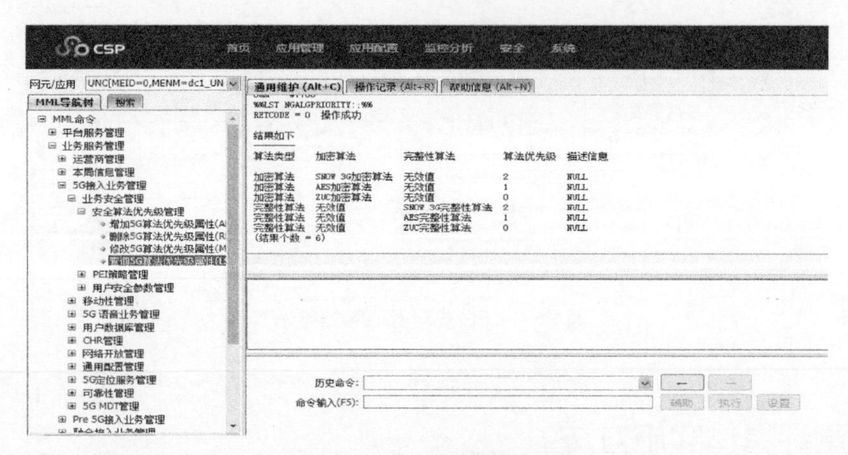

图 14-5　MML 配置测评示例

14.5.3 协议参数分析

通过对各类网元进行消息追踪，核验协议一致性及各消息中特定参数的情况，包括基站 Uu、NG 等空口中的消息，以及使用核心网元的用户追踪功能，对测试终端进行信令流程追踪。通常是在协议流程中寻找涉及安全能力协商的消息，并在消息中查找安全能力协商结果参数，验证该参数是否符合安全规范要求。此外也包括功能一致性验证，即通过追踪全流程的信令交互过程，确认是否符合 3GPP 协议或安全需求。消息追踪界面示例如图 14-6 所示。

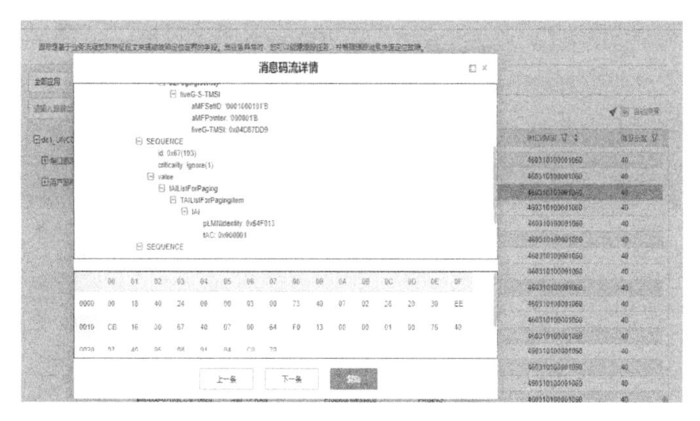

图 14-6　消息追踪界面示例

同时，对于较为深入的模糊测试，也将涉及协议参数分析。在完成畸形参数的构造后，应对后续消息流程进行持续跟踪，以确认是否存在可能出现漏洞或安全威胁的异常信令产生。

14.5.4　渗透测试

针对 5G 行业应用的渗透测试通常着重于边缘侧的业务应用，该部分内容以传统 IT 层面为主，比较容易根据原有方法论完成渗透测试，包括边缘侧的应用 Web 界面、管理信道、虚拟机容器、镜像应用、数据库、中间件等目标。对于常规系统而言，按需完成 IT 层面的渗透测试即可。与此同时，针对 5G 切片专网部分的渗透攻击则门槛较高，如果要涵盖设备、网络级到行业应用级三层的全部内容，则需要对 5G 协议拥有较为深入的了解，拥有相关测试工具和测试经验，且具备不影响现网运行的独立测试环境。具体可参照以下 5 个方面进行 5G 专网的渗透测试。

① 5G 切片环境下的安全隔离性，包括基站侧、承载网切片、核心网等。

② 5G 终端安全，包括 CPE、数据传输单元（Data Transfer Unit，DTU）等。

③ 5G 网络安全，包括基础环境、接入安全、传输安全、边缘计算安全、核心网安全等。

④信令安全，包括信令网 DoS 攻击测试、信令、NF 和协议伪造等。

⑤ 业务安全，尝试通过用户身份模块（Subscriber Identity Module，SIM）卡盗取、面向消费者（to Customer，toC）或其他业务切片 SIM 卡跨切片攻击等方式，突破边界，获取渗透入口等。

基本工具包括传统渗透需要的漏洞扫描工具（例如 AWVS）、端口扫描工具（例如 nmap）、嗅探分析工具（例如 wireshark）、渗透框架和 exp 利用（例如 msf）。

针对以 5G 专网为目标的渗透，则需要特殊的测试工具进行，例如，5G 攻防模拟工具和 5G 协议安全测试工具等。也可以结合 14.5.5 节的模糊测试工具，进行同步信令伪造测试。

14.5.5　模糊测试

使用测试终端或测试仪表，针对 5G 专网进行模糊测试，以发现高风险漏洞。模糊测试是指通过向目标系统提供非预期的输入并监视异常结果来发现漏洞的方法，在 5G 领域，便可通过修改信令协议中重点参数的方式，对 5G 专网设备进行模糊测试。以触点 5G 信令仿真测试仪为例，后台提供了一个配置脚本，其中包含信令参数修改的逻辑和对应值，通过对其内容代码进行修改，即可实现对异常信令的构造，测试仪信令参数修改示例如图 14-7 所示，该图展示了 RegistrationRequest 的参数修改代码段。

```
------------------------------------
--function: SecurityModeCommand_customize
--params: SecurityModeCommand
------------------------------------
local function SecurityModeCommand_customize(SecurityModeCommand)
    print_nas_log["SecurityModeCommand"] = "entry"
--    if SecurityModeCommand["TypeOfIntegrityProtectionAlgorithm"] ~= nil then SecurityModeCommand["TypeOfIntegrityProtectionAlgorithm"] = 1 end
--    if SecurityModeCommand["TypeOfCipheringAlgorithm"] ~= nil then SecurityModeCommand["TypeOfCipheringAlgorithm"] = 1 end
--    if SecurityModeCommand["ngKSI"]["TSC"] ~= nil then SecurityModeCommand["ngKSI"]["TSC"] = 1 end
--    if SecurityModeCommand["IMEISVRequest"] ~= nil then SecurityModeCommand["IMEISVRequest"] = 0 end
--    if SecurityModeCommand["ABBA"]["type"] ~= nil then SecurityModeCommand["ABBA"]["type"] = "56" end
--    if SecurityModeCommand["ABBA"]["len"] ~= nil then SecurityModeCommand["ABBA"]["len"] = 3 end
--    if SecurityModeCommand["ABBA"]["value"] ~= nil then SecurityModeCommand["ABBA"]["value"] = "110000" end
--    if SecurityModeCommand["ngKSI"]["NASKeySetIdentifier"] ~= nil then SecurityModeCommand["ngKSI"]["NASKeySetIdentifier"] = 2 end
--    if SecurityModeCommand["UESecurityCapability"]["EA"] ~= nil then SecurityModeCommand["UESecurityCapability"]["EA"] = {"5G-EA0", "128-5G-EA
--    if SecurityModeCommand["UESecurityCapability"]["IA"] ~= nil then SecurityModeCommand["UESecurityCapability"]["IA"] = {"5G-IA0", "128-5G-IA
--    if SecurityModeCommand["UESecurityCapability"]["EEA"] ~= nil then SecurityModeCommand["UESecurityCapability"]["EEA"] = {"EEA0", "128-EEA1"
--    SecurityModeCommand["UESecurityCapability"]["EIA"] = {}
--    SecurityModeCommand["UESecurityCapability"]["EIA"] = {"EIA0", "128-EIA1", "128-EIA2", "128-EIA3", "EIA4", "EIA5", "EIA6", "EIA7"}

end
```

图 14-7　测试仪信令参数修改示例

通过接入测试仪，连接被测网络，测试仪可仿真与被测网元交互接口协议，配置并运行测试用例，程序便根据配置情况进行信令收发和运行。模糊测试示例如图 14-8 所示。

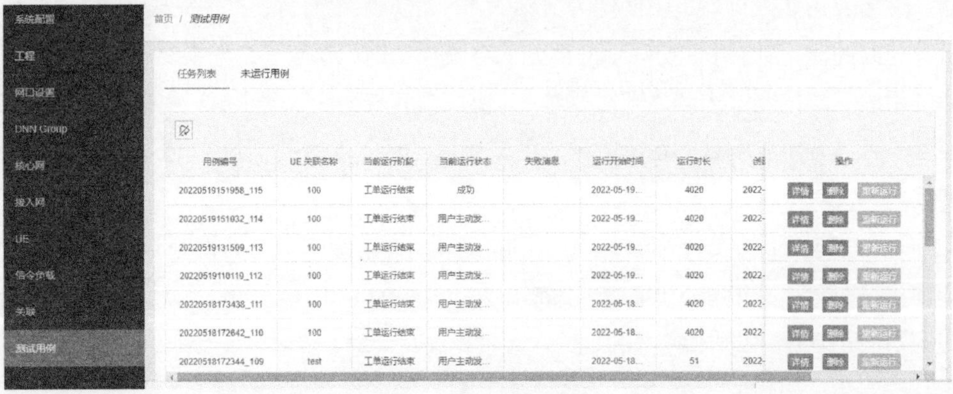

图 14-8　模糊测试示例

14.5.6　实战攻防

实战攻防演练是完整检验系统安全能力的“试金石”，它突破了上述测试的局限性，以最贴近实战的角度完成安全风险的识别。但与此同时，它的成本也是最高的，需要招募大量红蓝军测试对抗人员，提供攻防靶场环境和接入场地。实战攻防和渗透测试的区别：一个是实战，另一个是模拟。实战攻防能挖掘出渗透测试中没有注意到风险点，并且能持续对抗，不断提升企业系统的安全防御能力；渗透测试是通过模拟黑客攻击行为，评估企业网络资产状况。通过实战攻防，企业及机构可以了解自身全部的网络资产状态，可以从攻击的角度发现检验系统存在的隐性安全漏洞和网络风险。关于 5G 安全实战攻防可详见本书第 15 章“5G 攻防靶场部署与实践”。

14.6　5G 行业应用安全测评用例参考

14.6.1　测评用例总览

对于 5G 行业应用安全测评而言，主要包含 5G 专网设备、行业应用、安全管理和 5G 数据四大类测评对象。在评估实施过程中，我们将安全管理保障能力及传统数据安全体系融入 5G 专网设备和行业应用等具有可操作性的实体资产评估中。从实际组网可操作性、资产归属和责任划分角度看，可将测评用例涉及的对象分为应用业务、5G 终端、5G 基站、5G 边缘侧网络和 5G 核心网五大部分，5G 行业应用安全测评项参考如图 14-9 所示。由于篇幅有限，下面根据不同的测评对象或手法，选出 5 个代表性的测评用例来说明。

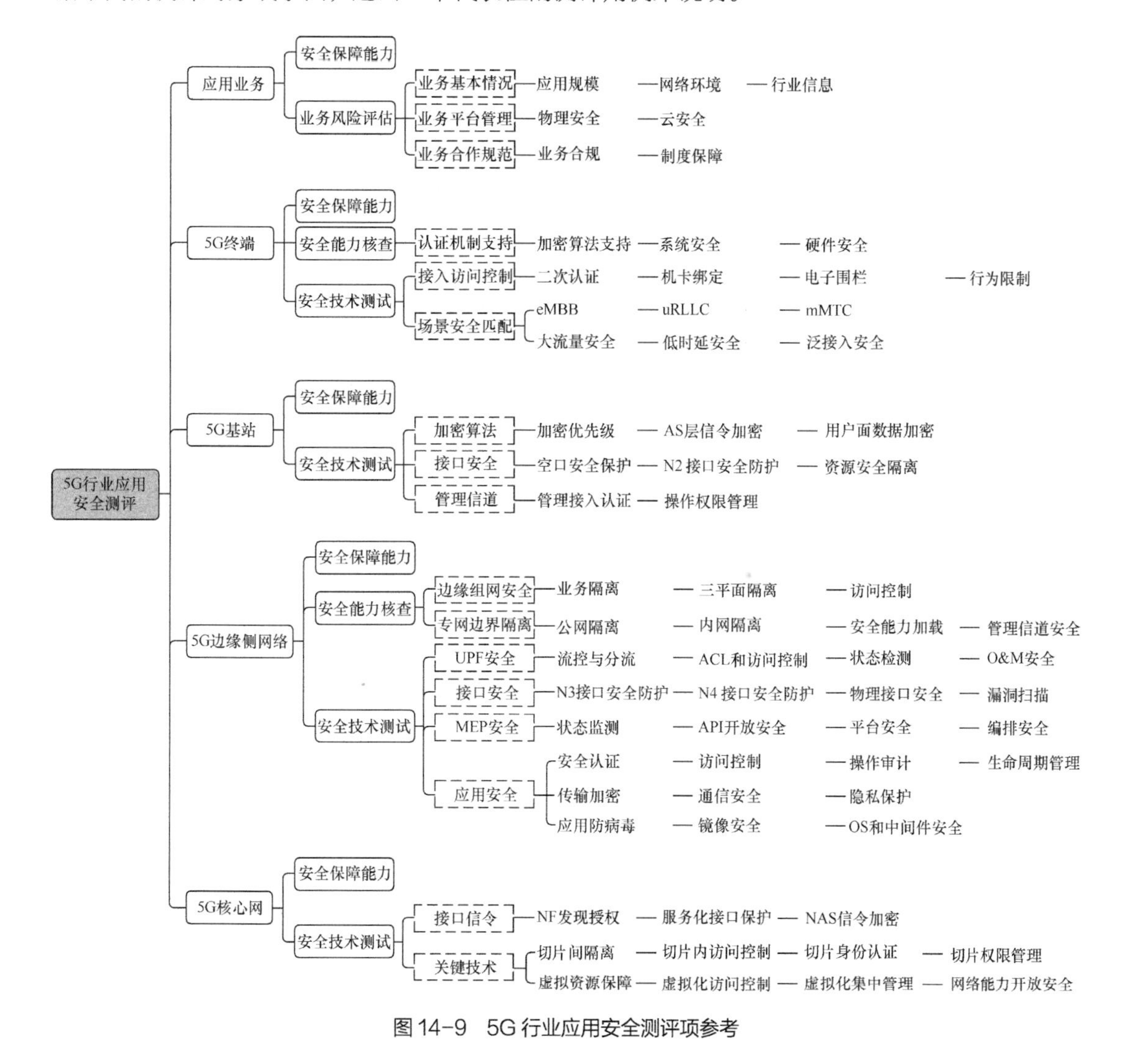

图 14-9　5G 行业应用安全测评项参考

14.6.2 AS层信令保护

根据《5G行业应用安全风险评估规范》要求，应针对AS层信令进行安全保护。该测评用例使用消息追踪手法，在基站进行Uu接口抓包，核查RRC信令的安全模式命令消息。该消息中包含安全加密算法配置参数及完整性算法配置参数，该字段的值定义了后续将调用的加密算法，0代表空算法，故通过对比该字段值可验证RRC信令加密算法协商情况。测评用例1——AS层信令保护见表14-1。

表14-1 测评用例1——AS层信令保护

测评名称	AS层信令保护
测评目的	核查基站是否开启AS层信令的机密性和完整性保护
安全需求	5G专网gNB应开启AS层信令机密性和完整性保护，能够对RRC信令进行机密性和完整性保护。如果企业不具备或未开启加密机制，需要提供说明材料
测评需求	• 基站室内基带处理单元（Building Baseband Unit，BBU）登录授权 • 相关说明材料
执行步骤	• 进行Uu接口抓包，找到RRC_SECUR_MODE_CMD报文，查看securityAlgorithmConfig中cipheringAlgorithm字段值，核查是否为0 • 如果为空算法，则对相关说明材料进行核查
预期结果	• 字段值不为0 • 如果为空算法，则需要提供相关说明材料

14.6.3 NAS层信令加密

根据《5G行业应用安全风险评估规范》要求，应针对NAS层信令进行安全保护。该测评用例使用配置核查手法，在AMF网元中执行MML命令，核查NAS加密算法协商优先级配置。该命令运行结果中将包含加密算法和完整性算法两类结果，通过确认NAS层ZUC、SNOW3G、AES，以及空算法的优先级查询命令执行结果，可验证NAS层信令现有加密算法的开启情况及优先级配置情况。测评用例2——NAS层信令加密见表14-2。

表14-2 测评用例2——NAS层信令加密

测评名称	NAS层信令加密
测评目的	核查是否开启NAS层加密保护
安全需求	5G专网应开启NAS层机密性和完整性保护，能够对NAS信令进行机密性和完整性保护。如果企业不具备或未开启加密机制，需要提供说明材料
测评需求	• AMF网元登录权限 • 相关说明材料
执行步骤	登录AMF网元，输入加密算法优先级核查MML命令，核查空算法优先级是否排在最后
预期结果	空算法优先级排在最后

14.6.4 N3接口IPSec配置

根据《5G行业应用安全风险评估规范》要求，应针对N3接口进行安全保护。在确定没有执行物理隔离时，应配置 IPSec 以保证通信过程中的机密性保护、完整性保护和抗重放攻击能力。通常，N3 接口 IPSec 在基站和 UPF 侧防火墙间建立，故需登录网元、防火墙进行 IPSec 协商参数，以及建立隧道情况的验证。该测评用例同时也可以核查 N2、N4 等接口的 IPSec 配置情况，操作方法和涉及设备皆相同。测评用例 3——N3 接口 IPSec 配置见表 14-3。

表 14-3　测评用例 3——N3 接口 IPSec 配置

测评名称	N3 接口 IPSec 配置
测评目的	核查 N3 接口是否配置 IPSec
安全需求	5G 专网 N3 接口应支持物理隔离，或者具备机密性保护 / 完整性保护 / 抗重放保护机制，对 N3 接口消息进行安全保护
测评需求	• UPF 网元、基站及防火墙的登录授权 • 相关说明材料
执行步骤	• 登录 UPF 和 BBU，输入 IPSec 的 PROPOSAL 核查 MML 命令、APN 绑定查询命令，核查 IPSec 配置情况 • 登录配套防火墙，输入查询命令：dis ipsec proposal br;dis ipsec sa br，核查 IPSec 配置情况
预期结果	可以查询到 N3 口 IPSec 通道，N3 接口正确配置 IPSec

14.6.5　MEP App 安全认证

根据《5G 行业应用安全风险评估规范》要求，MEC 应支持对 App 的各类安全保护功能。针对不同厂家的 MEC，其操作与界面逻辑均存在差异性，故 MEC 侧安全测评应先获取该 MEC 的技术手册或操作说明，根据功能点进行材料提供。通常针对 MEC 的安全测评均为功能点核查，对于传输加密和协议则可以根据 App 服务类型，核查 TLS 等协议配置情况。测评用例 4——MEC App 安全认证见表 14-4。

表 14-4　测评用例 4——MEC App 安全认证

测评名称	MEP App 安全认证
测评目的	核查 MEP App 安全认证
安全需求	应支持 MEP 与 MEC App 的通信安全，对接入 MEP 的 MEC App 进行安全认证、访问控制、操作审计和生命周期管理，对通信内容采用传输加密机制或协议
测评需求	• MEP 技术手册 • MEP 登录授权
执行步骤	• 检查技术文档，查看是否提供对 MEC 应用安全认证 • 登录 MEP，核查是否存在针对 App 的安全认证功能点
预期结果	MEP 提供对 App 的安全认证，包括安全认证、访问控制、操作审计和生命周期管理，以及对通信内容采用传输加密机制或协议

14.6.6　UE 安全能力篡改

安全能力篡改用例属于模糊测试范畴，利用与实体网络对接的测试仪表模拟 UE 接入，并触发 Xn 切换流程以更新参数值，在网元利用该异常值代入后续消息流程后，进行报文分析，确认是否由于该异常参数产生了错误的处理流程，并以此进一步验证是否存在可能出现的漏洞。测评用例 5——UE 安全能力篡改见表 14-5。

表 14-5　测评用例 5——UE 安全能力篡改

测评名称	UE 安全能力篡改
测评目的	验证修改 UE 安全能力后的消息收发流程
测评需求	• 用于测试仿真 UE 的 IMSI 等参数信息 • 测试仪表的仿真 gNB 与实体网络完成对接 • 测试仪表开启信令参数自定义功能
执行步骤	• 通过 lua 脚本修改 UE 安全能力值 • 测试仪表发起 Xn 切换流程 • 检查 Initial Context Setup Request（Registration accept）消息中的 UE 安全能力值 • 检查 Path switch request 中的 UE 安全能力值 • 检查 Path switch request acknowledge 中的 UE 安全能力值 • 确认后续消息收发流程
预期结果	• 各消息中的参数值已经完成修改 • 后续消息收发流程产生变化

14.7　自动化测评工具开发辅助

基于《5G 行业应用安全风险评估规范》要求，打造一款专业易用自动化测评工具，可简化测评人员的操作手续，对整个测评过程起到辅助作用，将原本仅靠人力、分散的测评工作，变得更加系统化、流程化、工具化、自动化，进而提升测试效率和测试结果的准确性。

自动化测评工具主要包含测评标准辅助、测评项目管理、测评流程辅助、测评工具四大功能模块。

① 测评标准辅助：对《5G 行业应用安全风险评估规范》基本要求进行解读，结合行业应用场景和 5G 专网中的资产特性，形成标准评估模板及测评知识库支撑测评过程，满足标准要求。

② 测评项目管理：测评人员可在此模块中对测评项目进行新建、修改。在实际测评过程中，通过标准化表单分发的形式进行分工合作，在结果汇总时导入。一旦项目进度显示为完成，可以下载输出报告。

③ 测评流程辅助：该模块可以实现对测评人员测评流程的辅助执行和自动化运作，完成对信息和测评任务的整体辅助管理。

④ 测评工具：根据项目的不同情况和组网类型，可灵活自动地编排调整测试用例，并集成多种测评所需的技术工具。

利用自动化测评工具，提供符合标准的测评流程引导，安全的测评项目管理过程，以及完备的技术检测。

14.8 小结

本章节主要对 5G 行业应用安全测评方案进行简单阐述，从当前国内 5G 安全测评体系建设现状出发，分析了现有 5G 网络和行业应用融合后可能存在的安全风险，梳理了包括 5G 专网、业务应用、5G 数据等各层面的测评对象；综述了安全测评的整个体系框架，即以资产为核心，以标准规范为基础，孵化测评能力，打通整个测评体系，跑通整个测评流程。针对 5G 安全测评体系中涉及的测评手段进行深入介绍，给出具体可操作的测评用例，并根据上述测评体系和实施流程，给出辅助测评工具的开发思路，为运营商推广与落地 5G 行业应用安全测评提供参考。

14.9 参考文献

[1] IMT-2020(5G) 推进组 . 5G 安全知识库 [R]. 中国信息通信研究院，2021.

[2] 杨红梅 . 护航“新基建”，加强 5G 安全标准及评测体系研究 [J]. 中国信息安全，2020 (7):52-54.

[3] 刘婧璇，韩佳琳 . 5G 网络设备安全评测体系分析 [J]. 信息通信技术与政策，2020 (2):53-56.

[4] 冯泽冰，司培培 . 面向 5G 资产的统一安全评测模型与体系构建 [J]. 信息安全研究，2021, 7(5):436-442.

[5] YD/T 4056—2022. 5G 多接入边缘计算平台通用安全防护要求 [S]. 北京：人民邮电出版社，2022.

[6] 解晓青，余晓光，余滢鑫，等 . 5G 网络安全渗透测试框架和方法 [J]. 信息安全研究，2021, 7(9):795-801.

第 15 章　5G 攻防靶场部署与实践

15.1　引言

当前，以 5G 为代表的新一代信息通信技术创新活跃，加速与经济社会各领域深度融合，日益成为推动经济社会数字化、网络化、智能化转型升级的关键驱动，有力支撑了制造强国、网络强国建设。随着近两年的 5G 商用化发展，5G 赋能千行百业，工业和信息化部发起的 5G 应用“扬帆”行动计划推动 5G 应用从“样板房”向“商品房”加速转变，加快应用向千行百业的复制推广，全面赋能数字中国建设。

5G 商用化加速了科技、经济及社会各领域的变革，同时也引入了比过去移动通信网络更复杂的安全风险，5G 网络攻击的目标、对手、手段、危害及环境都发生了较大的变化。其一，在 5G 时代，联网设备越来越多，也越来越复杂，软件漏洞的数量也随之增加，同时随着 5G 网络中新技术、新模式、新业务的引入，5G 网络的攻击面急剧增长已成为定势，5G 作为关键信息基础设施，一旦遭到破坏，将严重危害国家安全、社会稳定，影响经济运行；其二，5G 网络攻防模式也在发生变化，攻击者从个人黑客发展到分工非常严密的黑客组织，黑客组织的产业链变短，盈利模式简单清晰，风险也在降低；其三，攻击手段从数据攻击拓展到供应链攻击，攻击者的战术选择越来越多，进攻武器的技术含量高且具有极强的针对性，这样的武器比常规武器更隐蔽、更精准，更具进攻性和破坏性。

面对变化的战场、对手、目标、武器和技术，5G 安全建设理念要向实战、对抗思路演进。5G 威胁框架应进入“攻防兼备”的新阶段，通过建立攻击技术和防御技术之间的关联，探索用于主动防御的实战型指导框架。该框架基于对真实攻防对抗环境涉及的主动防御战术、技术提炼而成的知识库，构建面向 5G 场景的 5G 安全新战法、新框架和新能力。以新战法打造新框架，以新框架构建新能力，应对数字化条件下的复杂安全场景挑战。

15.2　5G 攻防靶场建设需求

2016 年《中华人民共和国网络安全法》颁布，出台网络安全攻防演练相关规定：关键信息基础设施的运营者应“制定网络安全事件应急预案，并定期进行演练”。网络安全实战化攻防演练对促进各个行业重要信息系统顺利建设、加强关键信息基础设施的网络安全防护、提升应急响应水平等关键工作至关重要，以实战、对抗等方式促进网络安全保障能力提升，具有非常重要的意义。

2020 年 7 月，公安部发函，要求重点行业、部门全面落实网络安全等级保护制度和关键信息基础设施安全保护制度，健全完善国家网络安全综合防控体系。全面贯彻等保 2.0 系列标准“新目标、新理念、新举措、新高度”的“四新”要求，有效落实网络安全保护“实战化、体系化、常态化”和“动态防御、主动防御、纵深防御、精准防护、整体防控、联防联控”的“三化六防”措施，以此构建国家网络安全综合防控系统，深入推进等保和关保的积极实践。

网络安全建设离不开攻防对抗。实战化演练逐渐成为安全保障能力体系建设的重要手段，也成为检验 5G 网络安全防护能力的“试金石”、提升 5G 网络攻防能力的“磨刀石”、打造 5G 网络安全专业人才的“练兵场”。

以实战为导向，以攻促防，提升 5G 网络安全威胁识别、智能分析和自动响应的一体化防护效果，建立健全网络安全应急响应机制和攻防一体化协同保障体系。通过实操演练、培训赋能，全力提高 5G 场景化应用应对重大安全事件的“韧性”，在发生重大事件时能够实现由常态化安全运营向战时应急的迅速转换，达到平战结合一体化。

15.3 5G 网络攻击面分析

虽然 5G 网络相比 4G 网络加强了内生安全能力，尤其在对加密、相互认证、完整性保护、隐私和可用性等方面获得了极大的增强。但 5G 网络中新技术、新模式、新业务的引入，不可避免地带来了新的攻击面，并且 5G 网络的攻击面急剧增长已成为定势，5G 网络攻击面分析如图 15-1 所示。

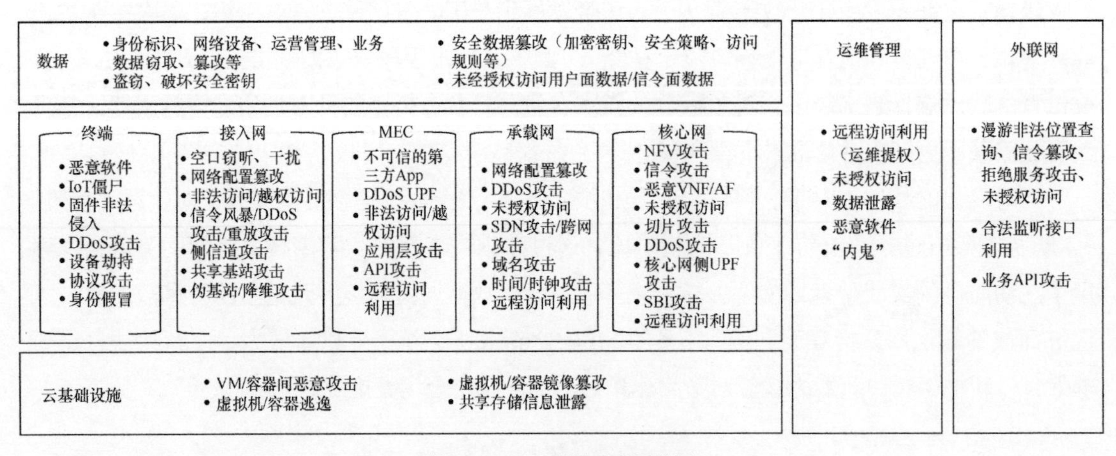

图 15-1　5G 网络攻击面分析

5G 网络攻击面可按终端侧、接入网侧、MEC 侧、承载网侧、核心网侧、云基础设施侧、运维管理侧、数据侧、外联网侧来进行分析。

终端侧：经植入恶意软件，感染海量设备而组成的移动僵尸网络，可由攻击者的命令与控制（Command and Control，C&C）服务器控制，对 5G 基础设施发起 DDoS 攻击，使 5G 网络的功能和服务不可用。同时，恶意软件使攻击者非法侵入并窃取存储在该设备上的个人数据，并利用假冒身份，控制该设备对其他设备和网络发起攻击。

接入网侧：攻击者可以利用 5G/LTE 互联需求发起降维攻击，也可以使用伪基站对移动用户和网络发起不同的攻击，这些攻击可能包括空口窃听、干扰，窃取用户信息，通过非法访问篡改网络配置，对基站发起信令风暴、DDoS 攻击、重防攻击等。

MEC 侧：用户面下沉，企业互联网接口多，暴露面增加，企业应用将是攻击的最佳入口，通过植入恶意 App 发起攻击，UPF 与 MEC 存在横向攻击风险；下沉网元部署在客户机房，存在假冒、非授权操作等风险，一旦非法授权接入，将访问 5GC 公网内的所有网元，对 5GC 造成严重影响。

承载网侧：控制面的攻击面主要来自篡改、窃听、协议修改、协议降级、SDN 攻击、基站侧及互联网 DDoS 攻击、切片间的隔离攻击等；用户面的攻击面主要来自对应用容器的攻击。

核心网侧：网络功能虚拟化和服务化架构技术使原有网络中基于功能网元进行边界防护的方式不再适用，且其底层多使用开源软件，出现安全漏洞的可能性较大；网络切片基于共享硬件资源，在没有采取适当安全隔离机制的情况下，低防护能力切片易成为攻击其他切片的跳板；网络能力开放采用互联网通用协议，与之前相对封闭的通信网络相比，易将互联网现有的各类网络攻击风险引入 5G 网络。大量被感染的移动设备受到恶意控制，可以对 5G 核心网功能发起用户面和信令面攻击。

云基础设施侧：资源共享，打破原有物理边界，它可以相对容易地受到针对物理共享硬件资源的负载攻击，未经授权访问网络切片和共享资源，通过共享资源分发恶意代码，以及配置错误的虚拟化管理软件进行攻击。

运维管理侧：基础设施与 VNF 分层，toB 运维的引入，使攻击暴露面增加，例如未授权访问、“内鬼”、数据泄露。

数据侧：主要攻击面有从网络流量中盗窃或泄露数据，从云计算中盗窃或泄露数据，从审计工具中滥用安全数据，盗窃、破坏安全密钥，未经授权访问用户平面数据和信令面数据等。

外联网侧：漫游侧攻击面主要有非法位置查询、信令篡改、拒绝服务攻击、信息泄露 / 篡改；互联网侧主要有信息泄露 / 篡改、应用仿冒、拒绝服务攻击、未授权访问、假冒网络服务、地址端口扫描。

15.4　5G 实战攻防框架设计

15.4.1　5G 安全攻击框架

如果从攻击角度出发，通过分析攻击者的攻击思路与战术套路，从而预测攻击者可能采取的攻击路径，并通过评估实际 5G 网络资产安全风险情况，制定相应的安全防护手段和应急响应机制，才能在攻防对抗过程中争取到主动权。

（1）5G 攻击建模思路

随着 5G 网络中新技术和新服务的引入，5G 网络的攻击面急剧增长已成为定势，威胁建模和风险评估过程的一个重要前提就是识别威胁。在复杂、异构、开放的 5G 网络环境下，有效的攻击模型必须考虑一种方法，该方法并非只定义一个静态系统抽象的威胁识别，而是不依赖于某一特定时间点，且不仅仅针对特定的 5G 系统配置和架构的方法。

MITRE 提供的“对抗战术、技术和常识”（MITRE ATT&CK）框架确定了攻击者可能使用的攻击技术组合。这些形式的攻击场景表示为攻击图，以演示攻击的多个阶段，而不依赖于定义特定的系统抽象。与传统的高级威胁建模方法不同，在这些方法中，适当安全控制的选择是基于与抽象系统安全上下文相关威胁的高级描述，ATT&CK 知识库中的每一种对抗技术都存在特定的检测和缓解技术，并不依赖于特定环境是如何配置的，这些都可以用于解决一些通用威胁。这种方法被认为是威胁建模的中级抽象方法。MITRE ATT&CK 框架是根据特定的攻击行为制定的，它的制定和扩展在很大程度上根据实战环境中的 APT 攻击向量得出结果。因此，它可以被认为是一个主动事件驱动的框架，随着新的对抗行为的观察、分析和系统记录而不断更新完善。

5G 攻击模型框架方法论示意如图 15-2 所示。主要结合现有的 MITRE ATT&CK 知识库和 5G 安全标准规范来共同构建 5G 攻击模型框架。

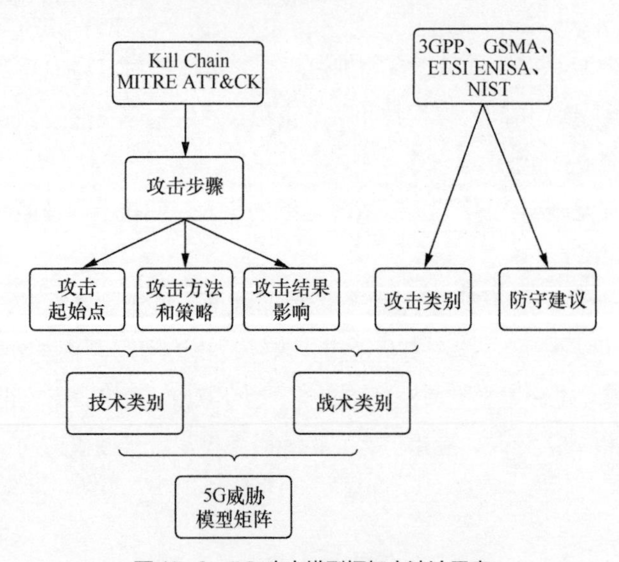

图 15-2　5G 攻击模型框架方法论示意

MITRE ATT&CK 知识库主要提供了关于单个攻击的丰富资源，帮助我们深入了解攻击流及其根本原因。而来自移动通信标准化组织 [例如，3GPP、GSMA、ETSI 、欧洲网络与信息安全局（European Network and Information Security Agency，ENISA）、NIST] 的标准规范，包含了对攻击子集的一般性总结，并给出了建立防御策略的最佳实践指南和攻击分类。

首先，可从 MITRE ATT&CK 知识库中提取出“攻击步骤”，通常以消息序列图的形式提供，并进行简要描述。继而得到攻击者的“攻击起始点”“攻击方法和策略”及每次攻击造成的“攻击结果影响”。同时，我们可从 5G 安全标准规范中总结出一般的“攻击类别”和“防守建议”。

其次，通过归纳“攻击起始点”和“攻击方法和策略”的共同点，将它们分组为不同“技术类别”。通过将防御策略（来自 5G 安全标准规范）与技术类别交叉引用，以验证攻击执行是否绕过任何推荐的防御。这种交叉参照推断出一种“技术类别”，即“逃避防御”。在定义“战术类别”时，与 MITRE ATT&CK 框架保持一致，保留了 ATT&CK 的战术名称，只做一些修改，以适配 5G 网络环境。

最后，我们将技术表示为行，将战术表示为列，最终形成 5G 攻击模型框架。

5G 攻击建模过程充分考虑了 5G 网络环境与一般 IT 系统环境的差异性和特殊性，基于 5G 威胁全视图，将其映射到 ATT& TTP 框架中，形成 5G 威胁模型矩阵。这种表示不仅有助于基于已知攻击构建系统分类和通用分类法，还可以保留消息序列图的攻击流。

（2）5G 攻击 TTP 矩阵

5G 攻击矩阵中的战术和技术参考了 ATT&CK 框架的企业级和移动类框架，并根据 5G 网络环境的威胁视图进行了调整。该框架模型中的技术是专门针对 5G 的，并且策略与 ATT&CK 框架保持一致，只做了少量的调整，5G TTP 攻击矩阵如图 15-3 所示。

初始访问	执行	持久控制	防御规避	发现	横向移动	收集	命令与控制	渗出	影响
信任关系	通过API执行	植入虚拟机/容器镜像	植入虚拟机/容器镜像	NF服务发现	配置利用	NF存储数据	应用层协议	通过C&C通道渗出	合法监听滥用
利用面向公众的NF		控制面信令	控制面信令	SDN流表发现	虚拟机/容器逃逸	SBI窃听	外部远程服务		服务欺诈
有效账户		信任关系	网络边界桥接	控制面信令	控制面信令	内存擦除	加密通道		控制缺失
外部的远程服务		有效账户	削弱防御	流量嗅探	NF威胁	管理证书			安全缺失
供应链威胁		隐蔽信道	信任关系	端口扫描	利用漫游协定	特定用户的标识符			网络切片隔离失效
无线接入攻击		无线网欺骗	有效账户	资产测绘	互联功能滥用	特定用户数据			资源过载
传输网攻击			安全审计伪装	威胁情报收集	利用平台或服务漏洞	特定网络标识符			数据篡改
IP网络攻击			黑名单规避			特定网络数据			服务拒绝
内部攻击和人为错误			中间设备配置错误利用			中间人			位置跟踪
			绕过防火墙						SMS窃取
			绕过归属路由						
			降维						
			重定向						

图 15-3　5G TTP 攻击矩阵

① 预入侵（Initial Access，Execution）。

初始访问和执行战术的组合被称为预入侵战术，表示一组技术或攻击向量，攻击者以此作为入口点。例如，利用系统的漏洞、弱点或通过访问系统来进行诱导。总体来说，初始访问策略下的技术代表了不同的入口点，通过这些入口点，攻击者可以对5G网络系统发起攻击。例如，在5G核心网中，NFs采用公共协议，可以通过RESTful API访问，这样暴露给外部网络的API，例如NEF和UPF的API，就为5G提供了新的攻击向量。另外，5G网络中的信任关系也面临重大的安全挑战，这包括漫游场景中归属地和拜访地的网络之间的信任关系、跨MEC部署的分布式网络组件、第三方应用程序和服务，以及属于不同网络切片的NFs之间的信任关系。已经确定了利用漫游伙伴和网络切片之间的信任关系的攻击场景，外部远程服务（例如，MANO组件提供的服务）为运营商提供了重要功能，但也引入了攻击向量，通过使用有效用户账户等方式访问5G网络。

②后入侵（Persistence，Defence Evasion，Discovery，Lateral Movement，Collection，C&C）。

后入侵战术指的是攻击者在最初入侵之后和最终目标完成之前使用的战术。这些活动被认为是那些帮助攻击者执行至攻击的最后阶段而仍不被发现的活动。在APT的背景下，后入侵战术主要包括帮助攻击者建立立足点、防御规避、保持持久性和在网络内横向移动到目标等活动。在5G中使用虚拟化和容器技术对NFs进行编排，增加了在系统中植入映像文件以引入恶意NF的可能性，这种类型的技术可能由于供应链的破坏而产生，也可能由恶意的内部人员促成。这种类型的技术是一种持久性和防御规避战术。使用驻留在同一物理基础设施上的虚拟组件也会带来虚拟机/容器逃逸的风险，如果管理程序软件中存在漏洞或错误配置（例如，虚拟机和容器的隔离不够），则允许攻击者横向移动。

与初始访问策略一样，可信关系与可信关系引入的漏洞有关。在后入侵战术的情形中，可信关系指的是5G中的可信关系，例如SBA中的NFs和网络切片之间的关系。一旦在SBA中对NF进行了身份验证和授权，就无法保证这些资产不会被破坏，并通过信令滥用而破坏网络信任关系。SBA中的许多安全控制工作在网络层/传输层，但这并不能防止应用层误用或滥用。考虑到缺乏应用程序级别的安全性和在动态环境中维护清晰信任边界的复杂性，这些类型的技术可用于防御规避并保持持久性。控制面（Control Plane，CP）信令误用是广义标准协议误用技术集的一个子技术，这种类型的对抗技术在对电信网络的攻击中比较常用，包括那些针对传统协议（例如SS7、Diameter和GTP）的攻击。滥用CP信令的影响广泛，包括DoS、数据泄露、服务欺诈和数据完整性安全风险。这种技术误用了有效的协议，很难检测到恶意行为，因此可以作为一种实现持久性的技术、防御规避、发现、横向移动、数据收集和C&C战术。

攻击者常常通过网络MANO提供的远程服务，获得初始访问的可能性，将此作为攻击的第一步，由此可能使用误用服务，更改5G网元配置。配置的潜在变化可能导致SDN流表的变化，从而防御规避或网络边界桥接。这类技术的一个更普遍的目的是通过更改网络配置，达到横向移动的目的。

在所有类型的网络中，数据收集有很大的风险。无论是为了从网络中提取数据，还是为了获取有关网络的有用信息，以施行进一步的攻击，数据收集技术都对安全提出了重大挑战。在5G网络中，典型的收集技术主要有：直接从NF存储库访问数据，其中，包括制作HTTP请求或利用数据库本身；内存抓取目标是云基础设施中的底层内存数据，以及窃听SBI（基于服务的接口）数据等。

命令与控制（C&C）战术的目的是为攻击者的活动提供隐蔽通道，这可能是为了提供一种从网络外窃取敏感数据的方法，维持与网络的后门连接，或通常掩盖目标网络与外界之间的通信。在 5G 网络中，典型技术用例包括使用应用层协议来掩盖漫游伙伴之间，以及 MEC 服务或第三方应用程序间的恶意通信。确定攻击某个 NF 组件，将其作为潜在的初始接入点，其一旦被攻破，逻辑上可以作为 C&C 通道的一种形式。与 NF 一样，MANO 组件的合法外部服务也可以作为 C&C 通道。

③ 目标（Exfiltration，Impact）。

目标反映了攻击的最终目的，MITRE ATT&CK 框架将其定义为数据泄露或影响技术。影响技术可以组合起来以实现攻击的最终目的，也可以采用独立的方式。资源过载和网络切片隔离失效技术作为一些先前攻击行为，可以被用来促进更进一步的攻击行动，例如，诱发 DoS 或导致网络切片的数据泄露。数据修改可以对网络产生广泛的影响，从破坏数据存储库到妨碍和影响网络物理系统，服务的具体影响包括合法拦截功能的滥用，以及通过收费和计费欺诈实现的服务欺诈。对网络部分的安全性或控制的丧失，可能对事件响应和恢复产生重大影响，这取决于攻击方实现的控制级别。

总之，上述攻击框架与底层技术无关，并与 MITRE ATT&CK 框架保持一致，同时考虑 5G 网络涉及移动专用技术与 IT/IP 专用技术的差异性，继承通用框架的同时也应充分考虑 5G 网络的特点。

15.4.2　5G 安全防护框架

以攻促防，应站在攻击方的视角去思考防御手段，即从 5G 攻击模型的梳理引申到 5G 安全防御的思考，这可以让我们明确方向，知道攻击方在什么阶段使用什么战术，具体会采用什么样的攻击手段。尝试从攻击方的视角，保护 5G 网络的各个层面、各个分域的资产，通过检测攻击中的各个环节，将整个的攻击链条化整为零，并通过情报和数据驱动挖掘攻击路径，准确溯源，这是以攻促防构建 5G 安全防护框架最核心的思想。由此，可以参考基于 NIST CSF IPDRR 框架进行 5G 网络纵深、主动和自适应的安全防护，基于 NIST CSF IPDRR 的防护框架模型如图 15-4 所示。攻击前通过识别、保护，收敛攻击风险；攻击中通过检测和响应，提高检测效率；攻击后通过响应、恢复进行攻击溯源和应急恢复。

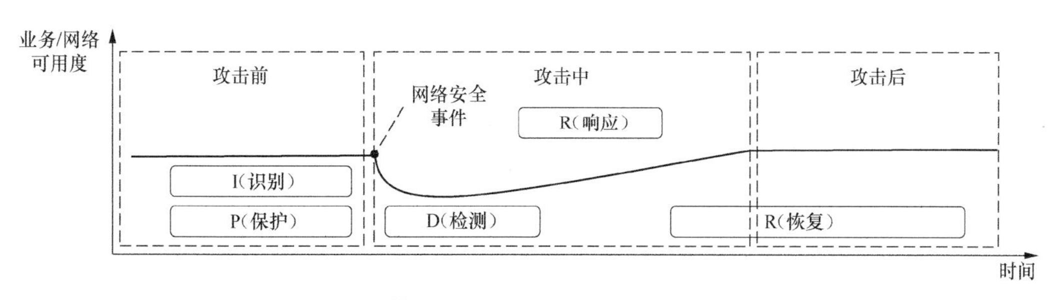

图 15-4　基于 NIST CSF IPDRR 的防护框架模型

5G IPDRR 防护框架如图 15-5 所示。Identify（识别）是整个防护框架的基础，可以建立企业对管理系统、资产、数据和能力的网络安全风险的了解，例如资产管理、风险评估等；Protect（保护）可以限制或抑制网络安全事件的潜在影响，例如身份管理和访问控制、数据安全、维护和保护技术等；Detect（检测）可以及时发现网络安全事件，例如异常和事件、安全持续监测等；Respond（响应）可以遏制潜在网络安全事件的影响，例如响应、分析、缓解等；Recover（恢复）可以及时恢复正常操作以减轻网络安全事件的影响，例如恢复、沟通和改进等。

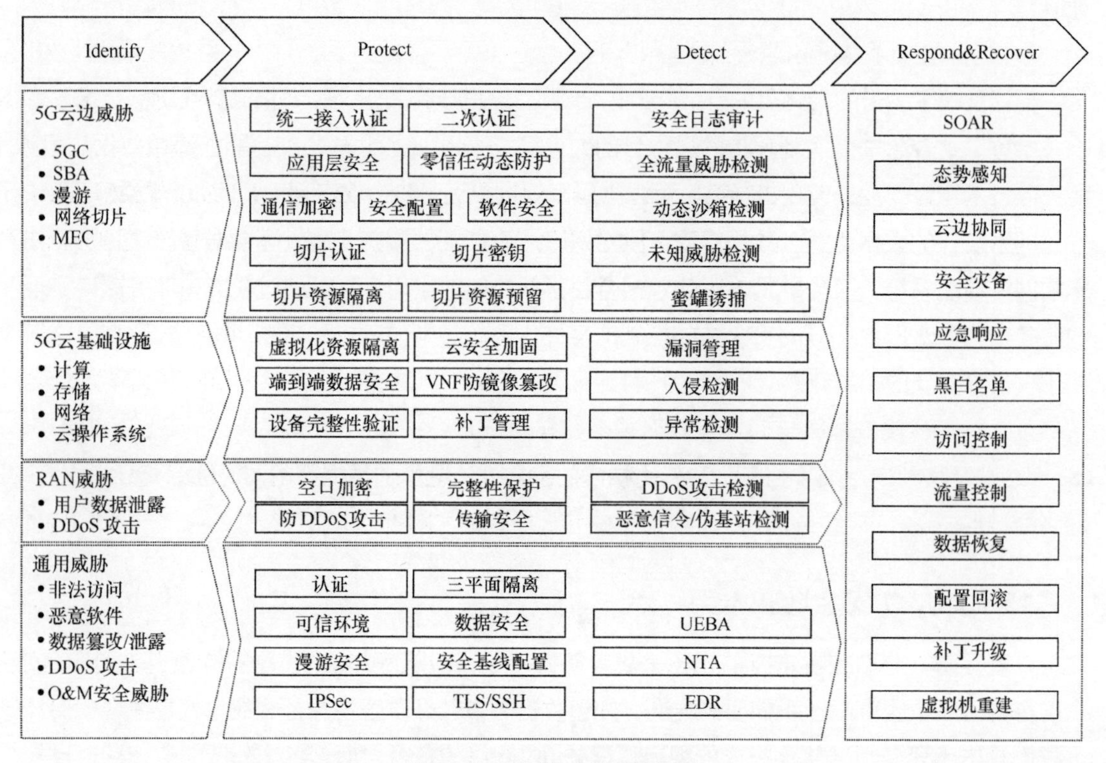

图 15-5　5G IPDRR 防护框架

（1）识别资产风险，暴露面收敛

识别 5G 靶标资产，实现对 5GC 相关主机、虚拟化软件、VNF、设备等相关资产及版本信息的识别和管理，实现基于资产的风险发现和展示；基于 5G 靶标资产持续进行风险识别、评估。资产暴露面具体包括：组织机构、人员信息、应用层漏洞、数据库漏洞、中间件漏洞、平台漏洞、操作系统漏洞、IP/ 端口 / 域名、VPN、用户面、口令等内容。

（2）边界防护和区域控制

安全域划分原则：每个安全域的信息资产价值相近，具有相同或相近的安全等级、安全环境、安全防护策略等；根据流量业务类型，可将 5GC 划分为管理平面、信令平面和用户平面，不同平面之间逻辑隔离，提高网络韧性。

构建边界、域间、域内网络安全防护能力，与安全域结合，形成纵深防御体系，通过在网络内外交界处部署防火墙、Anti-DDoS、WAF 和 IPS 等安全设施，对 5GC 做好边界安全防护，

5GC 安全域通过安全组来实现更精细的安全控制，解决安全域内的横向移动攻击问题。

虚拟化 / 云平台安全：云平台安全加固、虚拟化资源隔离；支持设备完整性验证，启动态、运行态设备完整性感知，让客户实时感知设备的基本输入 / 输出系统（Basic Input/Output System，BIOS）、内核、内存代码、文件等是否被篡改，让攻击结果可视；VNF 防镜像篡改；基础设施端到端数据生命周期安全防护，确保数据安全。

5G 安全运维方面，通过技术和管理措施构建 5G 网络的安全运维能力，有效防止黑客从管理面入侵破坏 5G 网络稳定运行，防范“内鬼”的越权访问和数据窃取，还应通过技术管控和安全运维，加强维护操作安全管理、人员安全控制。

（3）建立 5G 安全监测处置体系

全流量检测系统对全部流量数据进行分析采集及解析，存储解析后的日志，基于规则引擎、威胁情报能力来检测已知威胁，基于动态沙箱检测引擎、机器学习引擎来检测未知威胁，实现对威胁事件的全方位分析，并进行威胁的统计和呈现。

（4）5G 安全响应和恢复体系

5G 应急响应方面，基于安全策略统一管理和编排，与各类安全防护和网元联动，实现事件的自动化响应和告警。

5G 安全灾备恢复体系，通过制定并实施适当的活动，以保持 5G 业务弹性，并恢复因网络安全事件而受损的功能或服务。

（5）5G 安全能力开放

基于服务化的 5G 安全能力开放体系是一种全新的电信网络设计理念，5G 网络需要具备模块化、可编排、可灵活调度、开放的安全能力，用以满足不同应用场景的动态、差异化的安全要求。构建基于服务化的 5G 安全能力开放架构体系，能够实现安全能力的抽象、封装、编排和协同，提供快捷、弹性、随需和差异化开放的安全能力，确保更好地满足 5G 业务多样化和 5G 系统架构变迁带来的安全新需求。

构建基于软件定义的 5G 安全能力开放架构体系，实现 5G 网络模块化的、可调用的、快速部署的原子安全能力，对安全能力进行抽象与封装，按需编排组合，以更加灵活、弹性的形式为垂直行业提供差异化、随需的安全服务。

15.5　5G 攻防靶场部署

15.5.1　部署方案

5G 攻防靶场部署可具体分为 7 个域：接入域、安全防护域、安全管理域、核心交换域、5GC 实体靶标域、MEC 实体靶标域、攻防演示平台域。5G 平行仿真网络靶场部署方案如图 15-6 所示。

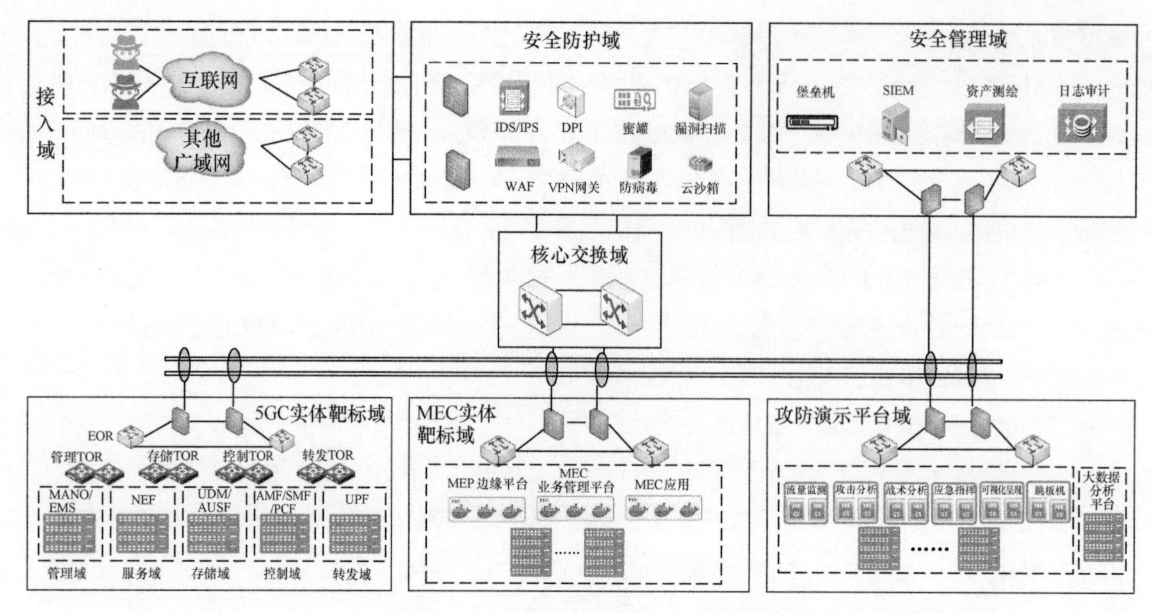

图 15-6　5G 平行仿真网络靶场部署方案

（1）接入域

接入域主要包含远程攻击方、防守方从公网通过 VPN，经双因子认证后接入；本地攻击方、防守方通过局域网，也经双因子认证后进入靶场；另外，其他外联网络也是以接入域为出入口与靶场环境互通，接入域主要部署了接入路由器和交换机设备。

（2）安全防护域

采用基于软件定义的设计理念，打造统一安全资源池，通过接口抽象、能力封装和服务编排，实现安全能力服务化，构建具有服务化、智能化和协同防御等特征的主动安全防护体系。安全资源池提供 API，安全能力可通过 API 调用实现，安全资源池包含 SDN 交换机、安全资源两个部分，虚拟化安全功能单元中的 IDS/IPS、WAF、DPI、VPN 网关、蜜罐、防病毒、漏洞扫描、云沙箱等均部署在云安全资源池中，云安全资源池通过 SDN 控制器实现流量编排，可将业务流量负载到不同的安全网元，实现安全防护位置无关性，可以根据网络环境变化，快速调整安全策略和安全防护措施，为不同业务仿真场景提供差异化安全防护模板。

（3）安全管理域

安全管理域主要部署堡垒机、SIEM、日志审计、资产测绘等功能单元。实现对相关操作进行认证、授权及审计，资产管理和风险识别，利用 SIEM 和威胁情报相结合，实现对靶场安全态势全面监控、对安全威胁实时预警，最终实现安全态势感知和安全防护主动化。

（4）核心交换域

网络的核心交换域主要由网络核心交换设备组成，实现对外与其他相关系统的互联及信息交互；对内连接 5GC 实体靶标域、MEC 实体靶标域、攻防演示平台域、安全防护域与安全管理域。

（5）5GC 实体靶标域

5GC 实体靶标以独立组网进行部署，通过用户面、控制面分离技术，部署的网元主要有：

AMF、SMF、AUSF、UPF、PCF、NEF，以及计费网关（Charging Gateway，CG）等，采用 NFV 虚拟化、云化方式部署。部署中，根据业务类型，将 5GC 中的信令、转发、管理及存储划分为不同安全域，各安全域分区部署，并部署独立的机架顶部 / 排尾（Top of Rack/End of Row，TOR/EOR）。5GC 计算资源池采用通用 x86 服务器部署，存储资源池采用 IP 存储局域网络（IP Storage Area Network，IP RAN）集中存储方式部署。5GC 实体靶标具备 SDN/NFV、网络切片、能力开放、MANO 等功能。

（6）MEC 实体靶标域

MEC 实体靶标在云资源池中主要部署了 MEP 边缘平台、MEC 业务管理平台、MEC 应用 3 个功能单元，采用 Kubernetes+Docker 的集群方式部署。按管理、业务、存储 3 个平面安全分域，平面内根据不同功能接口可进行子网划分，进行逻辑隔离。

（7）攻防演示平台域

攻防演示平台主要部署了流量监测、攻击分析、战术分析、应急指挥、可视化呈现、跳板机、大数据分析平台等功能单元，大数据分析采用 x86 物理机集群的方式来部署，负责数据汇聚、处理、存储、挖掘等功能。

15.5.2 技术选型

技术选型是在满足业务需求的前提下，兼顾考虑技术的先进性、稳定性、安全性、兼容性、可维护性、可扩展性、可靠性、易用性等方面的综合权衡。

资源层主要基于 OpenStack 和 Kubernetes 等技术来实现计算、存储、网络资源的虚拟化、抽象和管理；基于 SDN/NFV 和 SDS，采用了通用、可编程、虚拟化的开放架构，对安全设备进行抽象、重构，实现多种安全技术的动态协同联动、纵深防御，安全防护，可以做到自动、动态、闭环处理。

5G 实体网络采用 5G SA 的技术体系，具备 SDN/NFV、网络切片、能力开放、SBA、MANO、MEC 功能，其中 5GC 和 MEC 可满足云边协同；虚实结合主要利用 SDN 技术、动态路由仿真技术等，实现虚拟化节点、容器节点、离散事件仿真节点和 5G 实体节点的虚实互联，满足不同逼真度、不同规模的场景模拟要求。

数据采集主要有资产数据、流量数据、日志数据、监测数据、情报数据等。采集方式主要包括主动采集、被动采集、插件采集、资产扫描、流量采集、自定义代理服务器采集、第三方导入及接口文件采集等方式，具体可基于 Syslog、SNMP trap、SSH、FTP、Java 数据库连接 / 开放数据库连接（Java Database Connectivity/Open Database Connectivity，JDBC/ODBC）、File、NetFlow、Web Service、消息队列（Message Queue，MQ）、Agent、DPI 等方式进行采集。

大数据计算引擎可选择现已成熟的流批一体计算引擎 Flink 来实现，Flink 提供了丰富的接口，包括 SQL、DataStream、复杂事件处理（Complex Event Processing，CEP），减少了不同的系统之间数据频繁输入 / 输出的过程。此外，在将数据打通之后，可以使用 SQL、DataStream 等丰富的 API 来处理数据。同时，机器学习引擎也可基于 Flink 的机器学习框架，提供回归、分类、聚类、神经网络四大类机器学习基础算子，支持AI的模型训练和推理预测。通过大数据分析引擎对原始数据进行分类和提取，构建基于本体的网络安全态势要素知识库模型。数据存储引擎基于分布式存储，主要包括HDFS、Redis、ElasticSearch、MangoDB、Neo4j等。原始数据主要存储在HDFS中，读写频繁的热数据存储在Redis中，安全事件存储在ElasticSearch中便于检索和查询。威胁情报、资产库主要存储在MangoDB中，涉及知识图谱建模的数据存储在图数据库Neo4j中。各存储引擎提供数据访问接口，提供数据读取、写入和分析能力，为上层业务提供统一数据服务支撑。

资产测绘能够测绘5G接入域、网络域、用户域、管理域、应用域、服务域资产，基于资产进行风险识别、评估，形成5G靶场网络空间知识图谱。通过构建5G资产测绘知识库，可帮助防守方收敛攻击面。

攻击研判和安全事件关联，可基于SIEM和威胁情报的结合来实现，将来自威胁情报的攻陷指标自动发送到SIEM中进行预警，并将来自SIEM的特定事件发送回威胁情报来进行关联分析、数据挖掘和优先性排序。通过威胁情报平台确定威胁来源，或通过被识别出的恶意行为与网络位置信息进行关联，从而锁定恶意行为的所在位置。

训练效果验证评估可基于：ATT&CK矩阵型网络攻防特征评估技术、CVSS漏洞分析等级漏洞利用与防御能力评估技术、威胁数据标准网络空间安全测试与评估技术、支付卡行业数据安全标准网络空间安全渗透评估技术等来实现。量化评估可基于多维度（攻击、漏洞和系统状态等维度）、多层次（网络拓扑）和多粒度的在线网络安全指数计算体系及算子集合，实现网络攻击的科学、量化、实时评估。

利用丰富的可视化设计组件，包括常用的数据图表、图形、控件及具有3D效果的地图组件等，通过拖拽操作即可进行布局，全局动态呈现资产状态、攻防过程和攻防态势。

15.6 5G实战演练实践

15.6.1 实战演练流程

（1）需求确定

演习在保障5G整体网络和业务安全性的前提下，明确目标系统，确定测评、实战演练、训练和教学研究等应用场景，以及所需进行测评、实战演练等的靶标、网络环境、仿真场景等具体任务。通过对靶场环境的安全性监督，最大限度地模拟真实的5G网络攻击，实现以检验诸如5G网络及运行在5G网络上的场景业务等的安全性和运维保障的有效性。

（2）任务设定

在正式演习开始之前，以项目主办单位为核心，成立演习指挥部，下设演习组织机构，形成相应的工作组，例如领导组、协调组、专家组、裁判组、应急组、技术支撑组等，并明确各工作组的职责分工，做到工作到组、责任到人、分工有序、密切配合。创建一场演练，输入演练的基本信息，明确演练开始、结束时间。将本场演练的角色（攻击方、裁判员、防守方、区域管理员）分配给各个用户，并将用户信息和团队信息批量上传。

（3）资源配置

为保证演练顺利开展，该项目各工作组以指挥部为中心，集中办公，并为各工作组准备单独的工作场地。

基于云计算平台，搭建 5G 攻防靶场，并根据演练需求部署相应的靶标。其中靶标包括 5G 核心网、MEC 平台等。对 5G 攻防靶场和靶标进行系统配置，以满足 5G 实体攻防对抗和虚拟场景仿真的要求。

5G 攻防靶场平台应有大屏展示设备，用来动态展示演习过程和结果，并进行演习风险管控。攻击方使用专用计算机，系统环境统一初始化，安装录屏、终端管控软件。

可视化 5G 攻防靶场演练平台，对攻击行为全程监控、全程审计，对演习态势与成果进行大屏展示，对演习过程与成果进行长期管理，实现演习的全程监控、全程审计、全程可视、全程管理。所有参演人员（例如，有攻击操作、防守成果提交、裁判评分等）动作都须在实战攻防靶场演练平台上进行，便于事中事后的审计。

（4）运行部署

攻击方针对靶标及武器库、工具库和样本库，制定相应的攻击策略，例如漏洞攻击、渗透攻击等。防守方对靶标和整个 5G 网络进行实时视频监控，且防守方针对靶标的固有弱点对攻击方的进攻手段进行分析研究，提出合适的防护措施，并基于拥有的安全能力资源池，选择和部署合适的安全能力，对靶标进行安全检查加固，做好防守准备。

（5）攻击演练

攻击方在对 5G 靶标系统进行针对性、有组织性的攻击时，力争在短时间内以较小的代价取得最大战果。防守方对于攻击方的进攻手段进行分析研究，提出合适的防护措施，并对防护措施的实施效果进行测试验证和分析评估。通过攻防双方反复的实战化攻防演练，以完成对 5G 网络整体安全性能、5G 核心网、MEC 平台、多场景业务等演练目标的防御手段和效果，并完成应急响应、对抗演练、作战演习、复盘推演等任务演练活动。

演练过程应做到风险可控。例如，在演练开始之前，需向攻击方明确提出禁止使用和谨慎使用的攻击方式，并在演练过程中通过终端录屏、终端管控、现场录像、平台流量审计等技术手段进行监控溯源；对于突破重要边界及核心业务系统的行为，需要专家组及用户予以研判和审核，关注业务状态决定是否可以进行下一步突破。

（6）采集数据

为了后续开展针对性安全测评和建立安全防御系统，需要组织方对本次演练的成果做好总结、汇报。攻击方上报的攻击报告除了包括攻击成果，还需要包括完整的攻击路径、木马及恶意程序上传位置、代码修改情况等信息。防守方需要针对防护策略效果进行数据采集和评估。在 5G 攻防演练结束后，通过平台记录的流量信息对攻击方提交成果的真实性进行审计；同时，组织方应及时通知各防守单位清理战场，避免已有攻击线索及遗留风险造成二次伤害。

（7）测试评估

5G 攻防演练的目的是掌握 5G 网络性能及场景业务的安全状态，实现对 5G 网络切片、服务化架构、能力开放与编排、MEC 等新技术、新架构、新业务的安全风险进行验证和评测，并且验证 5G 安全整体防御、应急处置和指挥调度能力的有效性。演练结束后，通过采用实战化的方式审视现有安全体系的有效性，开展专项安全规划、设计，将已有安全体系升级为可抵御实战化攻击的安全体系。攻防双方对演练过程和结果进行分析研究和复盘推演，建立有效的 5G 安全防御体系，制定 5G 安全相关标准和规范。

15.6.2 实战演练工具库

在攻防演练中，攻击方会借用各类工具进行辅助攻击，这些工具在攻击全过程中都将起到关键作用。初步的信息收集工具主要为各类搜索引擎，包括面向网络空间测绘的搜索引擎与普通的页面内容搜索引擎，旨在初步确认存在的暴露面等信息；在完成初步的信息收集后，攻击方将使用更有针对性的工具，对目标进行扫描、资产梳理、应用系统识别和子域名收集，以便后续更有效地确认攻击点位、投递攻击载荷；漏洞扫描阶段通常使用主流的扫描工具，配合收集的一些 PoC 和 EXP 进行人工测试，以确认漏洞是否存在且可被利用；在确认漏洞信息之后，便可以使用收集整理的 EXP 合集进行攻击，或使用自动化工具（例如，SQLMap、MSF）进行综合攻击；在进入目标系统之后，上传可以持久化控制的 Shell 木马，配合收集整理的提权 EXP 合集进行提权，并使用工具进行内网转发和横向渗透、监控，在需要操控时使用连接工具（例如冰蝎、蚁剑等）进行远程访问。5G 实战演练工具库见表 15-1。

表 15-1 5G 实战演练工具库

攻击阶段	常用攻击工具	工具描述
初步信息收集	Google/Baidu	利用 google hack 技术查找泄露信息与漏洞情况
	fofa	网络空间搜索引擎，进行空间测绘和漏洞影响范围分析
	shodan	网络空间搜索引擎，进行主机设备资产搜索漏洞分析
	zoomeye	网络空间搜索引擎，进行 Web 层面资产搜索漏洞分析
扫描信息收集	nmap	开源网络探测扫描工具，进行拓扑测绘和资产分析
	layer	子域名扫描工具，枚举或匹配子域名
	oneforall	GitHub 开源子域名收集工具合集包
	subdomain	子域名爆破工具
	云悉	资产梳理与 CMS 指纹识别平台
	御剑指纹识别	御剑自带的指纹识别功能
	Ehole	可以精准定位攻击资产的指纹识别工具
	御剑目录扫描	御剑自带的目录扫描功能
	Dirsearch	网页目录文件扫描工具

续表

攻击阶段	常用攻击工具	工具描述
漏洞扫描	AWVS	一款经典自动化 Web 漏洞扫描工具
	Nessus	一款经典主机远端漏洞扫描工具
	Xray	长亭科技开发的强大 Web 漏洞扫描工具
	Goby	可结合 PoC 的网络测绘与漏洞探测工具
漏洞利用及爆破	超级弱口令检查	Windows 平台下的弱口令审计工具
	Hydra	开源的密码口令爆破工具
	Burpsuit	多阶段渗透测试综合工具
	CMS 漏洞 EXP 合集	整合收集的 CMS 漏洞 EXP 合集
	中间件漏洞 EXP 合集	整合收集的中间件漏洞 EXP 合集
	CVE 漏洞 EXP 合集	整合收集的 CVE 漏洞 EXP 合集
	反序列化漏洞 EXP 合集	整合收集的反序列化漏洞 EXP 合集
	SQLMap	强大的开源自动化 SQL 注入工具
	MSF	自带载荷的多阶段渗透测试综合框架
Webshell 渗透与提权	哥斯拉	Shell 综合管理工具
	蚁剑	Shell 综合管理工具
	冰蝎	Shell 综合管理工具
	中国菜刀	Shell 综合管理工具
	Windows 提权 EXP 合集	整合收集的 Windows 提权 EXP 合集
	Linux 提权 EXP 合集	整合收集的 Linux 提权 EXP 合集
内网转发与横向渗透	mimikatz	开源密码抓取破译工具
	cobaltstrike	团队渗透测试多阶段综合工具
	pwdump8	Windows 平台下的密码获取工具
	Metasploit	利用 MSF 中的横向渗透模块
	Lcx	开源的内网端口、转发端口映射工具
	EW	开源的内网端口、转发端口映射工具

15.6.3 实战演练战法

5G 实体靶标典型攻击路径如图 15-7 所示：①运维客户端安全管控弱，容易被攻击；②运维客户端之间横向渗透，获取高安全域的运维访问权限；③运维人员越权访问 EMS 或者设备；④网元间通过 NMS 域横向渗透；⑤网元间通过 EMS 网元为跳板渗透到其他网元；⑥ toB 切片业务门户到 NSMF 等的访问风险。攻击工具和方法主要有：信息收集类、漏洞扫描类、payload 生成类、密码破解类、提权工具类、漏洞利用工具类、命令控制类、ATT&CK 攻击矩阵。

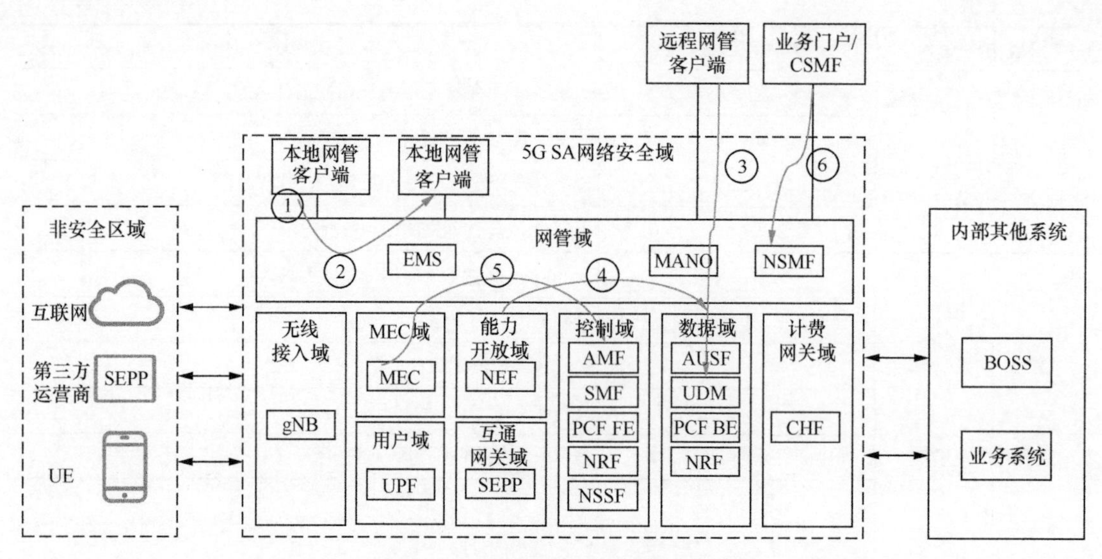

图 15-7　5G 实体靶标典型攻击路径

下面将通过典型场景分析，展示如何使用 5G TTP 知识库来建模多阶段攻击战术，主要通过将 APT 多阶段攻击分解为与 5G TTP 知识库相关的攻击链，并确定攻击者在攻击链中使用的具体技术，最终达到以攻促防的目的。这样即使不可能通过安全风险评估来检测和减轻攻击的所有阶段，也有可能检测到部分阶段来识别 APT，并通过消除关键路径提供足够的防御手段来防止攻击方达到他们的目的。

场景一：数据窃取场景。

数据窃取攻击场景如图 15-8 所示，其分析了 APT 攻击从 5G 核心网提取核心数据的目标。

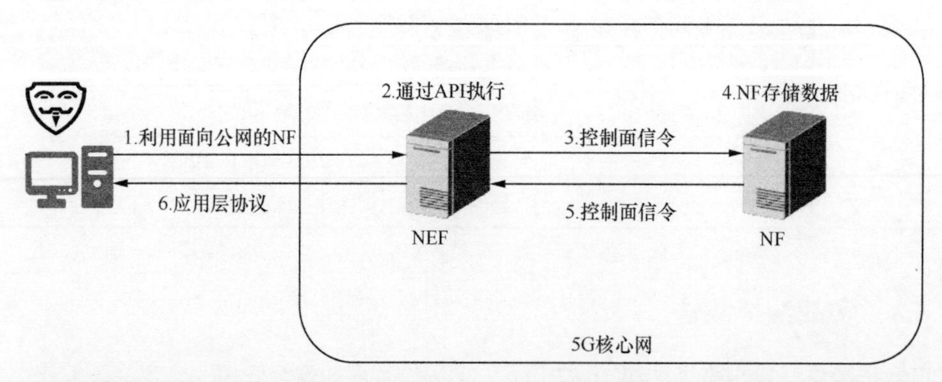

初始访问	执行	持久控制	防御规避	发现	横向移动	收集	命令与控制	渗出
利用面向公网的NF	通过API执行	控制面信令	控制面信令	NF服务发现	控制面信令	NF存储数据	应用层协议	通过C&C通道渗出
		信任NF关系	信任NF关系					

攻击TTP

图 15-8　数据窃取攻击场景

一开始，攻击方瞄准面向公网的 NEF 目标，通过利用 API 攻击 NEF 来获得初始访问入口。通过在攻击方和受控的 NEF 之间建立 C&C 通道，攻击方能够发现在 SBA 中注册的可用 NFs。CP 信令用于向攻击目标 NF 请求数据，攻击者利用 CP 信令攻击，同时利用在 SBA 中已注册 NFs 之间的可信关系，保持持久且不被网络防御检测到。在接收到服务请求时，目标 NF 从其数据存储库访问请求的数据，并将其返回给发起请求的受控 NEF。在数据收集阶段之后，使用应用层协议将其隐藏在 5GC 之外。图 15-8 也显示了与此场景相关的攻击向量。

场景二：MANO 服务滥用。

为了提供服务可扩展性和灵活性，5GC 使用 SDN 和 NFV 技术提供了可重编程和动态的网络架构。为了支持随需服务和差异化业务需求，5GC 组件的重新配置很可能是一项经常重复的任务。在云环境中，无论是恶意的还是无意的，针对虚拟基础设施的配置错误将会对 5G 安全造成重大威胁。MANO 服务滥用攻击场景如图 15-9 所示。

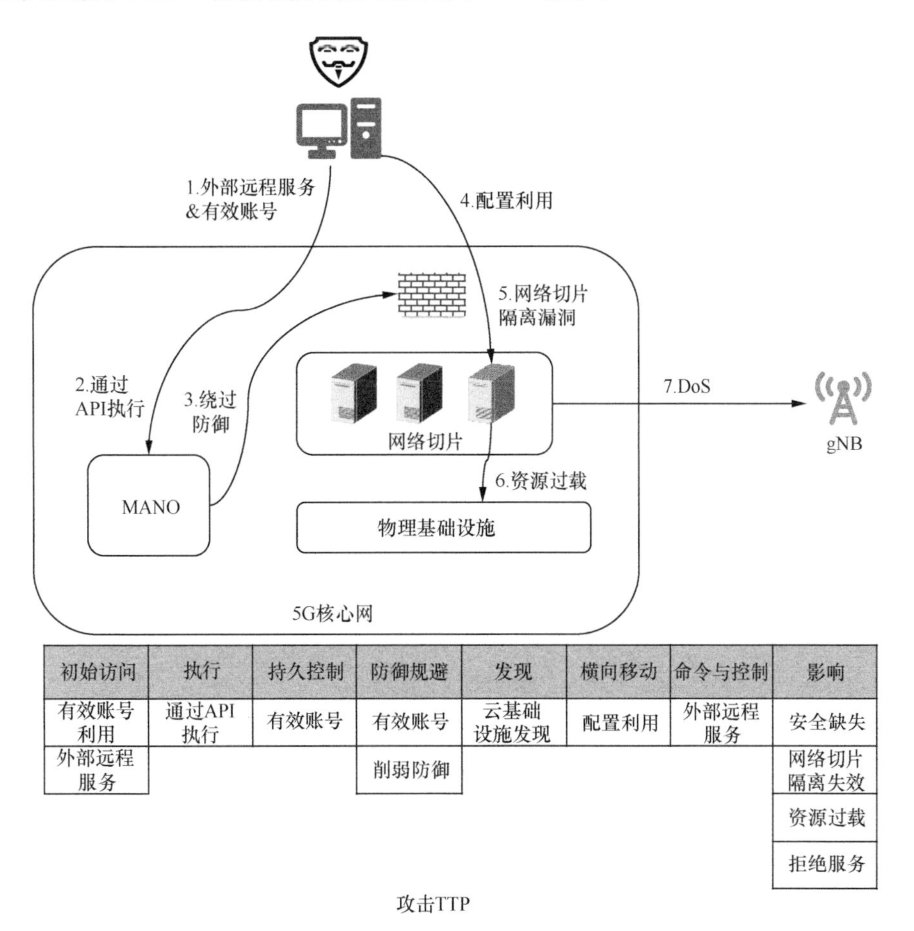

图 15-9　MANO 服务滥用攻击场景

MANO 组件的目标是通过外部远程服务和使用有效的用户凭证对 5GC 进行初始访问，通过使用管理 API 修改防火墙设置，从而允许攻击方绕过安全控制，网络切片的安全隔离遭到破坏。当 NF 暴露给外部攻击方时，会启动一个 DoS 攻击，导致底层物理资源耗尽，最终的影响是导致由目标网络切片提供服务给 UE 的 DoS。在图 15-9 中，攻击的每个阶段的对抗技术被映射到 5G TTP 矩阵。

15.7 小结

本章主要阐述了 5G 攻防靶场建设背景和建设需求，从终端侧、接入网侧、MEC 侧、承载网侧、核心网侧、云基础设施侧、运维管理侧、数据侧、外联网侧对 5G 网络攻击面进行梳理，基于 5G 实战攻防框架的设计理念，给出了 5G 攻防靶场部署方案和技术选型，最后从实战出发介绍了 5G 实战演练流程、工具和典型战术应用。希望以实战为导向，以攻促防，提升 5G 网络安全全面防护、智能分析和自动响应的一体化防护效果，全力提高 5G 场景化应用应对重大安全事件的“韧性”。

15.8 参考文献

[1] 章建聪，陈斌，戢茜 . 5G 平行仿真网络靶场的架构设计与部署实践 [J]. 电信工程技术与标准化，2021, 34(10):73-79.

[2] 解晓青，余晓光，余滢鑫，等 . 5G 网络安全渗透测试框架和方法 [J]. 信息安全研究，2021, 7(9) : 795-801.

第 16 章　5G 安全技术实践发展趋势

随着 5G 的快速发展，开放与融合已成为 5G 乃至未来网络的发展趋势，架构、能力、服务的开放，IT、OT、CT、运营 / 数据 / 信息 / 通信技术（Operation/Data/Information/Communication Technology，ODICT）等异构网络的融合、场景的融合、业务的融合等在未来网络中将得以充分体现，空天地海一体化将成为必然。未来网络对基础信任机制、智能检测分析、存证与溯源、安全密码技术等内生安全需求将更为强烈，5G 网络安全亟须在技术和理念层面进行变革和创新。零信任、人工智能、区块链、量子加密等安全创新技术作为内生安全关键能力，正逐步融入 5G 网络安全体系的发展和演进中，这对构建 5G 网络威胁的自我发现、自我修复、自我平衡的安全免疫能力，形成网络一体化安全服务，有着不可或缺的作用，从而保障 5G 安全向下一代网络安全平滑演进。

16.1　5G 零信任架构实践发展

5G 网络基础设施的异构性使传统的基于边界的网络安全方法越来越难以保护网络资源，零信任架构假设攻击者已经在网络内部，通过阻止对网络资源的非法访问和防止攻击者在 5G 网络内部横向移动来增强安全性。

16.1.1　零信任原则

NIST SP 800-207 概述了零信任的关键原则，NIST 零信任关键原则如图 16-1 所示。

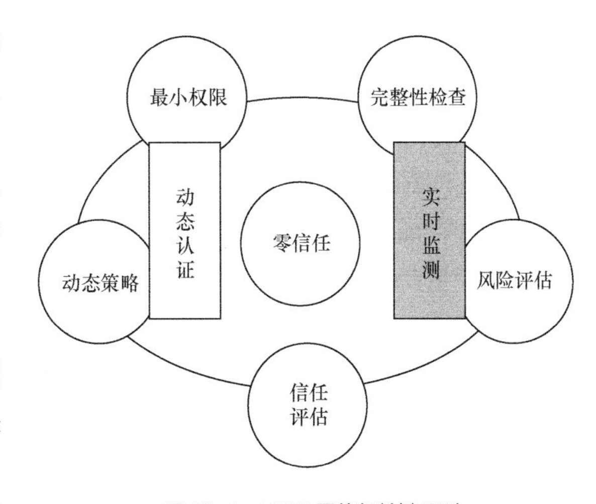

图 16-1　NIST 零信任关键原则

① 零信任：所有网络资产和功能，包括设备、计算资源和服务，无论在网络中的位置如何，都被认为是不受信任的，因此，所有通信应满足与第三方等同的安全要求。

② 信任评估 / 风险评估：对每个访问请求都进行信任评估和风险评估，评估是连续的和动态的。

③ 动态策略：动态策略对于授予访问

权的决策是必要的，关键的决策因素包括安全状态（凭证、软件版本 / 补丁、位置等）及主体和网络资产的行为属性。

④ 最小权限：任何访问，如果被授权，应该以最小权限授权。访问权限只授予特定的资源（取决于资源的敏感性），对不同的资源无效。

⑤ 完整性检查：对所有网络资产和请求主体的安全态势进行持续监控，最好是实时监控。通过自动化系统评估资产的安全态势，以及用户的行为模式是否符合安全策略规则。

16.1.2 5G 零信任架构及应用

自动实时监控和动态安全评估是零信任架构的主要特点。此外，随着用户数量的增加，零信任架构需要大数据处理组件。因此，使用人工智能的智能监测、评估、决策是零信任架构在下一代网络中的关键因素。

零信任架构的核心由策略执行点（Policy Enforcement Point，PEP）和分组数据协议（Packet Data Protocol，PDP）组成。PEP 是访问请求的第一个接触点，如果允许访问，它还会在主体和请求的资源之间建立连接。授予访问权限的决定由 PDP 做出，主要依据主体和网络资产安全状态的所有内外部信息来进行决策。

零信任架构主要与两大外围模块相连，即静态规则模块和动态规则模块。静态规则模块主要包括数据访问策略、PKI 、身份管理和行业合规。静态规则模块共同定义了安全通信的安全策略规则和完整性检查规则，安全策略规则可以通过零信任架构动态调整。动态规则模块是零信任架构的显著特征，主要包括持续诊断和缓解（Continuous Diagnostics and Mitigation，CDM）系统、SIEM、活动日志（关于用户 / 资产和网络流量的行为信息）及威胁情报（用于识别新的安全漏洞），用于收集关于长期安全状态和潜在攻击的信息。

除了外围模块，零信任架构中的 PEP 和 PDP 功能包含了相应的 AI 引擎来实现整个决策链。智能代理门户（Intelligent agent and Portal，IGP）就是一个属于 PEP 的 AI 引擎，提供资产态势感知。PDP 的处理引擎是智能策略引擎（Intelligent Policy Engine，IPE），根据智能网络安全状态分析（Intelligent Network Security State Analysis，INSSA）、IGP 和安全策略规则等模块提供的信息决定是否授予访问权限。

零信任架构将网络划分为 3 个逻辑平面。主体与网络资源之间的数据通信是在数据平面上进行的，其中还包括主体的初始访问请求；零信任架构的核心组件 PEP、PDP 通过控制平面通信，进行决策和连接配置；零信任架构的第 3 个平面为元数据平面，用于通信 AI 引擎所需的所有数据。其中数据平面和控制平面也存在于当前的 5G 网络架构中。零信任架构逻辑组件如图 16-2 所示。

零信任架构与 5G 网络的集成参考示例如图 16-3 所示。它利用开放无线接入网（Open Radio Access Network，O-RAN）实时处理和数据采集实现了智能策略引擎和 AI 网络状态态势分析，利用 MEC 实现了决策的 IGP 组件，并为远程设备和服务的实时监控提供了合适的接口。PEP 被分为代理、门户和网关 3 个组件。代理是一个轻量级的软件模块，其在需要访问资源的每个网络资产上。门户设置在 PEP 中，执行类似的任务，但用于资源型设备，例如物联网和传感器设备。网关是位于网络资源前端的代理，直接由策略管理员（Policy Administrator，PA）配置。

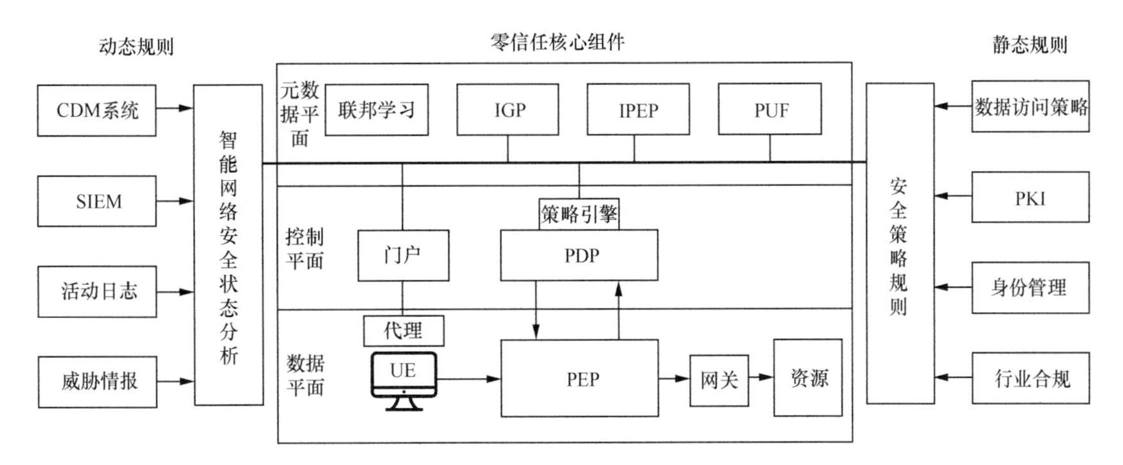

图 16-2 零信任架构逻辑组件

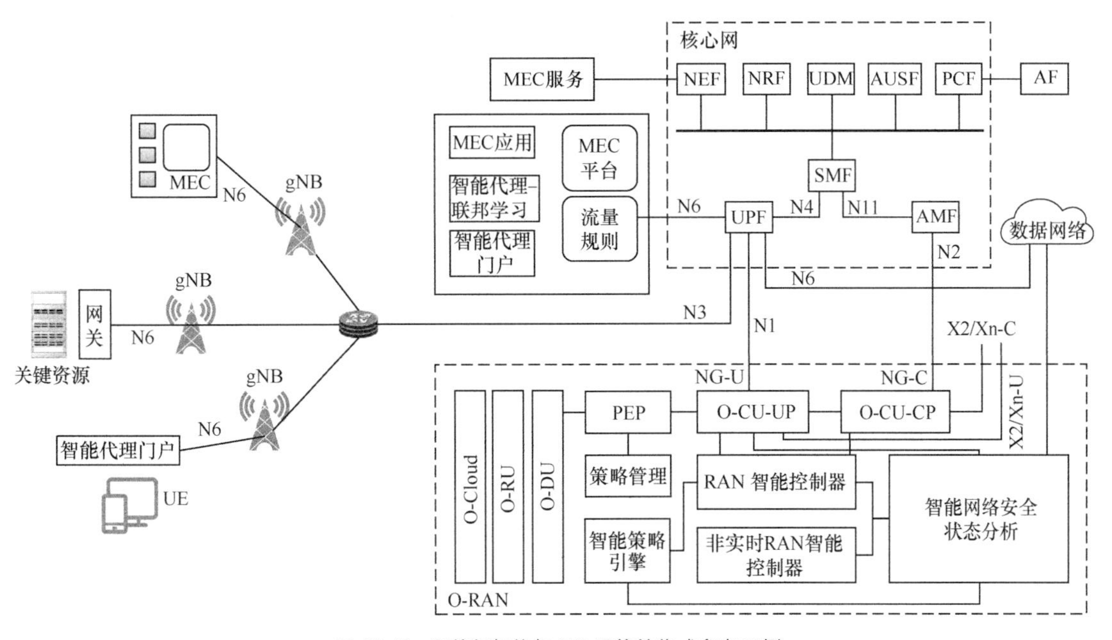

图 16-3 零信任架构与 5G 网络的集成参考示例

5G 零信任架构采用基于 SBA 的设计思想，用 AI 引擎在不可信网络中实现零信任原则。核心模块包括智能策略引擎和 IGP，用于对访问请求进行动态授权。前者使用强化学习，以最大化保证分值为目标，后者使用联邦学习为用户提供网络态势分值、利用图神经网络（Graph Neural Networks，GNN）的智能网络安全状态分析实现了对网络资产的动态监控和对抗学习的风险评估。

零信任架构与 5G 网络的集成，对确保 5G 网络中 4 个关键安全方面的应用有重要的意义，具体如下。

（1）安全数字身份

身份是零信任架构中需要防护的新边界，因为它是决定授予资源访问权的主要因素。安全数字身份包括两个部分。第一部分是唯一识别主体或资源的标识符（用户名、完全合格的域名、序列号）。第二部分是凭据（密码、私钥、令牌），它是用于验证主体或资源真实性的秘密数据。安全数字身份的使用必须辅以安全管理身份和凭证的流程和技术。

在5G网络中，每一个主体（例如，用户或gNodeB）和资源（例如，SBA NF）是唯一可识别的，安全数字身份在对跨5G安全域的实体之间建立信任和安全通信方面发挥着重要作用。例如，用于用户认证和网络访问控制的SIM卡数字身份，用于网络设备和NF相互认证的基于X.509证书的数字身份，以及用于管理访问控制的管理用户身份。安全数字身份能够创建网络资产清单，对通过零信任架构来实现主体和资源的身份验证有重要意义。

（2）安全传输

零信任架构可增强所有通信的安全，这与3GPP的5G标准一致，其假设开放网络的所有链路都可能被拦截，使用行业标准机制来保护用户和信令数据跨3GPP接口安全通信。

用户设备和无线电基站之间的数据采用加密算法进行保护，提供机密性和完整性保护。在5G中引入了SUCI，进一步加强了对用户隐私的保护，防止被动窃听或主动探测用户永久和临时标识符。

传输网络中的通信及NFs和互联网之间的通信使用行业标准的安全协议进行保护，例如（D）TLS 1.2和（D）TLS 1.3、IPSec和MAC安全（Media Access Control security，MACsec），均支持相互认证。

（3）策略框架

电信网络中许多逻辑实体和物理实体之间的关系和交互必须进行管理，以确保只有经过授权的主体才能访问资源。策略捕获访问规则和需求，以确定请求的资格。这些策略由策略框架管理、分发和执行。这使基于角色、凭据和环境属性的细粒度访问控制能够实现微边界。

基于3GPP的5G系统使用零信任策略框架来管理对不同安全域资源的访问。例如，要获得访问5G网络服务的UE与AMF交互，AMF可作为一个零信任策略框架中的PEP角色，PDP角色可以由多个NFs来表示，典型的有UDM和PCF。AMF将UE的访问请求发送给UDM，以验证UE的身份并触发认证和授权过程以建立安全通道。PCF向AMF提供访问和移动策略，这些策略可能会由于移动限制等原因影响终端授权访问5G网络资源。

（4）安全监控

安全监控支持对网络威胁进行检测，衡量网络资产的安全状况和安全策略的符合性。在决定是否允许访问资源时，对主体、资源遵从性、可信度，以及状态的监控和评估很重要。

ETSI为NFs定义了安全与信任指南，由于指导方针强调必须持续监控资源遵从性和状态测量，以有效评估NF的信任水平，ETSI的指导方针遵循零信任原则。在授予请求资源访问权限之前，必须通过动态访问控制策略评估请求实体的安全状态。此外，为了满足零信任原则，5G网络中的所有资产都应该被监控，并且应该持续评估其安全状况，这些资产包括但不限于访问网络的设备 RAN NFs、核心网 NFs 和管理功能。结合上下文的基于评分特征的信任评估算法的实现将使提供动态和细颗粒度的访问控制成为可能，因为评分为请求账户提供了信任度级别，并比静态策略更快地适应变化的因素。

16.1.3 未来发展

电信标准通过采用零信任原则发展了电信安全模型，零信任原则更好地反映了运营商面临的安全现实。虽然最新的标准为健壮可靠的网络和服务提供了更好的安全风险管理，但运营商完全实现零信任架构的能力还依赖于其他的技术、优先级和流程。

当前 5G 规范中引入的新要求和功能已经与大多零信任原则保持一致。但是，在策略框架、安全监控和信任评估等领域还需要进行进一步的技术开发、标准化和实施，以支持在分布式、开放、多供应商或虚拟化的新电信环境中采用零信任架构。

今天的零信任概念侧重于网络安全，在未来还需扩展，以解决如何从应用程序、执行环境和云环境中的设备硬件中实现垂直信任的问题，这包括在实例化网络功能时测量系统，并确定软件的完整性和来源。

此外，用于保护软件和数据的保密计算技术对于保护共享和分布式环境中的敏感资产至关重要。基于硬件的安全对于建立从硬件到在其上运行的应用程序的可验证信任链至关重要，并保护传输中及静止状态和使用中的数据，以解决硬件和软件分解及多供应商部署带来的风险。

虽然各种技术可以支持组织坚持零信任原则，作为其全面积极防御战略的一部分，但是仅靠技术永远不能挖掘出零信任的全部潜力。成功实施基于零信任原则的网络，在兼顾安全流程、策略和最佳实践的同时，具有专业知识的安全人员同样不可或缺。无论零信任架构在向 5G 及未来网络集成过渡中处于什么位置，人员、流程和技术这三大支柱将是确保安全架构健壮的基础。

16.2 AI/ML 赋能 5G 安全实践发展

随着 5G 网络在全球范围内部署，其技术和架构的先进性已经证明了其价值。接入核心网的网络功能的软件化、云化和虚拟化促进了关键性能的提升。随着系统的快速发展，系统也面临新的风险、威胁和漏洞。5G 网络需要敏捷、自适应和健壮的安全管理和自动化，安全自动化应该成为整个 5G 网络中不可分割的一部分。

目前，领先的行业合作伙伴正计划利用 AI/ML 为 5G 网络提供网络安全保障，AI/ML 有望在 5G 网络的智能、自适应和自主安全管理方面发挥关键作用，以高效应对各种威胁。

16.2.1 5G 网络中的 AI/ML 标准框架

AI/ML 已经在不同领域证明了它们的有效性，其在分类、识别和自动化方面具有更高的准确性。AI/ML 有能力从大规模、时变的数据中揭示隐藏的模式，同时提供更快、更准确的决策。为了顺应在电信网络中集成 AI/ML 的发展趋势，将 AI/ML 技术融入 5G 网络架构中，国际电信联盟电信标准化部门（ITU Telecommunication Standardization Sector，ITU-T）和 3GPP 在标准化上做了一定的工作。

（1）ITU-T 未来网络（包括 5G）- 机器学习焦点组（Focus Group on Machine Learning for Future Networks including 5G，FG-ML5G）框架

ITU-T 专注于 FG-ML5G 发布的一个未来网络 ML 的统一架构框架，ITU-T B5G 网络 ML 统一架构框架如图 16-4 所示。

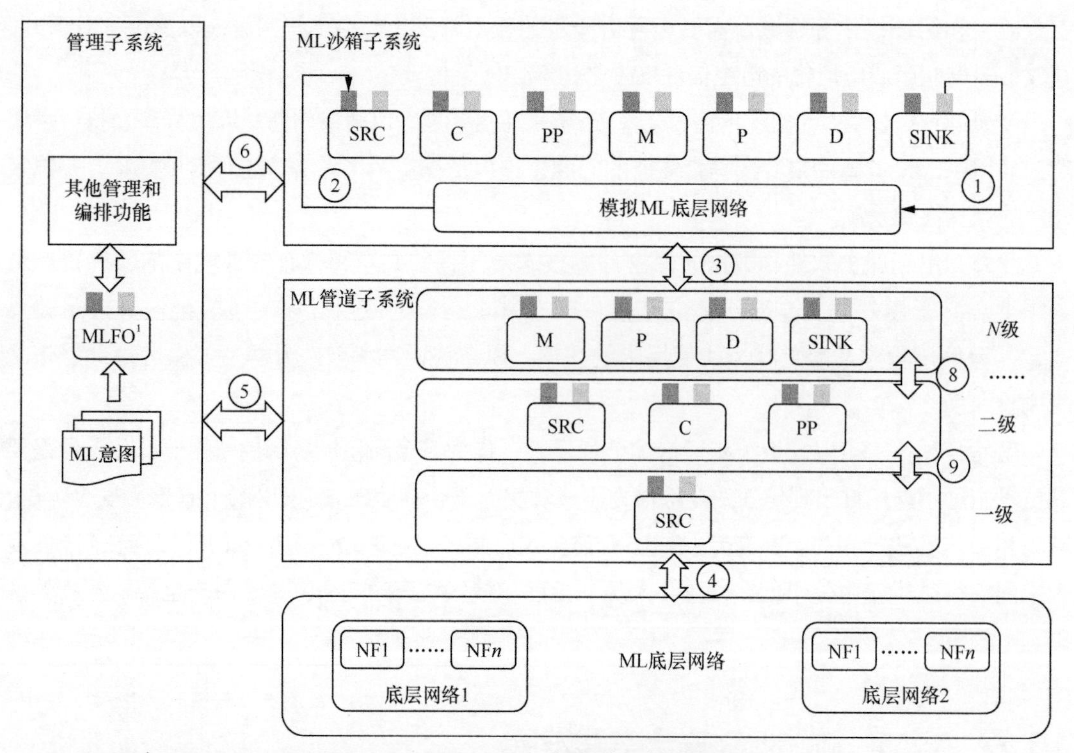

1. MLFO（Machine Learning Function Orchestrator，机器学习功能编排器）。

图 16-4　ITU-T B5G 网络 ML 统一架构框架

该架构主要包括以下组件。

① ML 管道：ML 管道是一组逻辑节点，每个节点都有特定的功能。ML 管道可以部署在 ML 底层网络上，可能包括源（SouRCe，SRC）、收集器（C）、预处理器（Pre-Processor，PP）、模型（M）、策略（P）、分发器（D）和接收（SINK）。

② ML 沙箱：ML 沙箱是一个独立的领域，可用于在 ML 模型部署到生产环境之前对其进行训练、测试和评估。

③ MLFO：具有管理和编配 ML 管道节点功能的逻辑节点。

5G 网络实现 AI/ML 架构示例如图 16-5 所示。

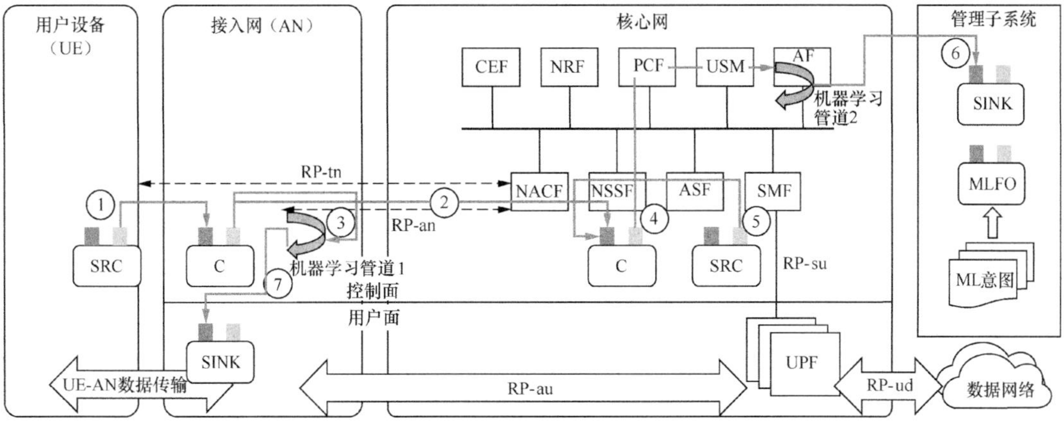

图 16-5　5G 网络实现 AI/ML 架构示例

（2）3GPP NWDAF 框架

3GPP TS 29.520 中定义的 NWDAF 包含了基于服务的 SBA 的标准接口，3GPP NWDAF 框架如图 16-6 所示。NWDAF 通过订阅或请求模型从 5G 网络功能收集网络运行数据，从运维管理系统 OAM 获取终端和网络相关的统计数据，从第三方应用获取应用数据。NWDAF 生成的分析结果也会输出到 5G 网络功能、OAM 或第三方应用上。

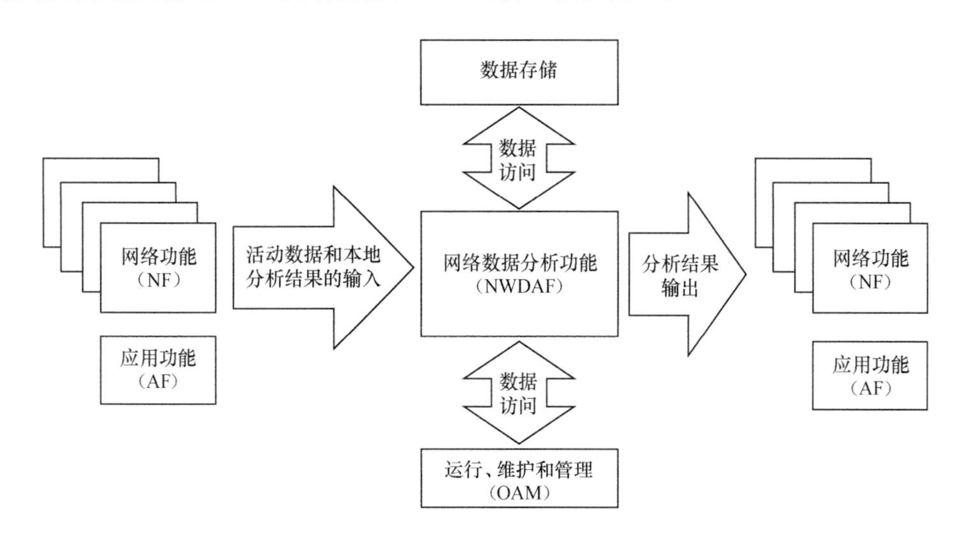

图 16-6　3GPP NWDAF 框架

3GPP SA5 也在研究 NWDAF 如何将分析功能赋能给 OAM 或 RAN。另外，NWDAF 将参与和 MEC 的融合，通过 MEC 支持垂直行业应用，为更多的垂直行业应用赋能。5G 网络中 NWDAF 与 MD/RAN 数据分析功能（Data Analysis Function，DAF）的融合架构如图 16-7 所示。

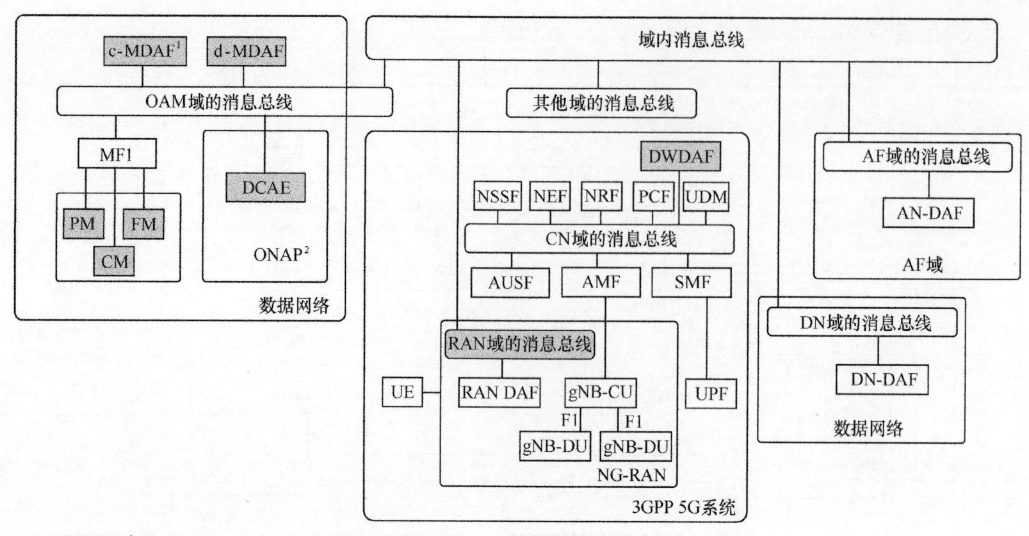

1. MDAF（Management Data Analytics Function，管理数据分析功能）。

2. ONAP（Open Network Automation Platform，开放的网络自动化平台）。

图16-7　5G网络中NWDAF与MD/RAN DAF的融合架构

16.2.2　AI/ML在5G安全中的应用

AI/ML为5G网络的安全、隐私和威胁检测领域的创新和动态解决方案带来了便利。在5G时代，数据呈指数增长，数据来源丰富，数据的生成、存储、管理并不困难。同时，5G云边协同的算力分布及算网融合的基础设施，为使用AI/ML以较小的代价获得更高的性能收益铺平了道路。AI/ML在5G安全中的应用如图16-8所示。AI/ML模型可以通过分析5G网络活动模式和参数实时检测可疑活动。分类算法可以通过监测网络参数（例如，网络流量和网络错误日志等）来检测异常。聚类算法可以对5G网络安全中的各种威胁和漏洞进行分类。统计推断攻击和GAN等模型可以生成假数据集来开发和评估新的安全措施，以及测试和实现进化的安全协议和算法。

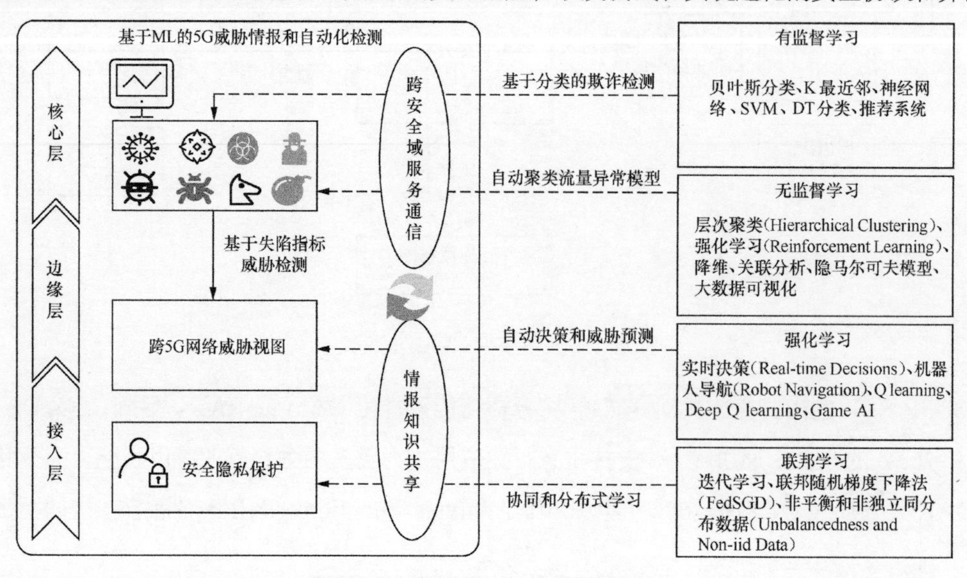

图16-8　AI/ML在5G安全中的应用

在 AI/ML 领域，按照数据集是否有标记分为有监督学习、无监督学习。在有监督学习中，每组数据有一个明确的标签。有监督学习算法常用于分类问题和回归问题。常见算法有贝叶斯分类、K 最近邻、神经网络、SVM、DT 分类、推荐系统等。在无监督学习中，数据不包含标签信息，但可以通过无监督学习算法推断出数据的内在关联，无监督学习常用于聚类问题。常见的算法有层次聚类、强化学习、降维、关联分析、隐马尔可夫模型、大数据可视化等。

此外，近些年来出现的深度学习、迁移学习、强化学习、联邦学习算法及生成对抗网络为解决 5G 网络安全问题提供了新的选择。深度学习凭借强大的自动提取特征能力，被用于解决异常协议检测、恶意软件检测、网络入侵检测、DDoS 检测等网络攻击，也被用于对恶意应用程序、垃圾邮件、未知流量和僵尸网络进行分类及差分隐私保护等安全问题。擅长于场景或领域迁移的迁移学习也用于对侧信道信号检测进行校正。深度学习与强化学习相结合的深度强化学习算法可应用于移动终端恶意软件检测。联邦学习可以帮助解决隐私保护、数据无法汇聚训练等问题。生成对抗网络作为一种生成式模型，和深度学习算法相结合可用于随机域名生成算法及恶意代码检测。

具体来看，基于 AI/ML 在 5G 网络安全中的应用可从以下 5 个方面来体现：① 基于 AI/ML 的威胁发现，包括漏洞利用的检测、网络攻击的检测、病毒的发现及同源性分析；② 基于 AI/ML 的威胁狩猎，利用 AI/ML 技术主动搜寻网络中的高级威胁，进行情报研判和情报生产；③ 基于 AI/ML 的安全运维，即通过自动化的方式处置威胁，提升安全分析人员的工作效率和威胁响应速度；④ 基于 AI/ML 的数据隐私保护，包括联邦学习和差分隐私领域的应用等；⑤ 基于 AI/ML 自身系统的防护，加强对 AI/ML 生产系统的保护，防止对抗样本、数据投毒和模型窃取等恶意攻击行为发生。

16.2.3　未来发展

5G 全自动网络防御系统的目标是一个长期目标，但与此同时，也需要将 AI 和 ML 集成到现有 5G 网络和未来移动网络的成本和发展方向进行评估与可行性分析。此外，网络黑客开始利用 AI 和基于 ML 的智能算法进行攻击和漏洞利用，一些根本性的挑战仍需要重点研究，具体如下。

训练数据的完整性和真实性：AI/ML 算法的设计、训练和验证都高度依赖数据集的可用性，未来的研究应考虑开发 ML 训练数据验证器，有效地保证 ML 模型训练数据的完整性和准确性。

ML 安全模型的零信任验证：在未来的研究中，基于 ML 的安全协议的零信任测试模型具有很大的潜力。

ML 安全模型之间的协作与协调：现有的研究大多集中在利用 ML 进行研判威胁情报的开发上，但迫切需要对跨网络实现的分布式 ML 模型之间的通信与协调机制进行研究。未来的研究还应在不损害模型隐私和完整性的前提下关注 ML 模型之间的知识交换共享，这种交换共享促进了基于合作 ML 通信协议的威胁情报的发展。

对抗机器学习：通过研究对抗机器学习，旨在通过评估 ML 技术的弱点和设计适当的防御措施来提高 ML 技术对抗攻击的鲁棒性。

AI/ML 伦理：用于安全的 AI/ML 技术也应从伦理和道德的角度进行评估。机器驱动的协议应该遵守伦理和道德规范。这一领域需要进行大量的研究，以探索操作中安全、可靠、无偏见的透明模型。

16.3 区块链与 5G 融合实践发展

16.3.1 背景

5G 作为新一代移动通信技术，具有高可靠、低时延、大带宽三大特性，区块链作为新一代互联网技术，具有“去中心化”、可追溯、开放性、防篡改等特点。5G 与区块链拥有各自的优势和劣势。5G 的优势在于网络覆盖广、数据信息传输速率高、通信时延低及支持海量连接，有利于构建和提升数字化的社会经济体系。然而，作为一项底层网络通信技术，5G 存在一些亟待解决的问题。在用户隐私信息安全、线上交易信任确立、虚拟知识产权保护等领域，5G 仍存在短板。区块链技术旨在打破当前依赖中心机构信任背书的交易模式，用密码学的手段为交易“去中心化”、交易信息隐私保护、历史记录防篡改、可追溯等提供技术支持，其缺点包括业务时延高、交易速率慢、基础设备要求高等。

5G 和区块链技术结合有利于数字化社会经济的安全健康发展。5G 是通信基础设施，为传递庞大数据量提供了可能性。同时，快速的传输速度大大提升了数据传输的效率。区块链提出了业务开展的新模式和新框架，区块链作为“去中心化”、隐私保护的技术工具，协助 5G 解决了底层通信协议的部分短板，例如隐私、安全、信任等问题，在 5G 时代发挥重要作用，以提升网络信息安全，优化业务模式。

16.3.2 区块链与 5G 融合架构

区块链本身是一个“去中心化”的网络，可以完美地适应像 5G 这样的分布式网络。区块链凭借其固有特性，以高安全性和可信赖性的点对点（Peer-to-Peer，P2P）技术进行数据交易，从而实现 5G 网络中的各种服务。当前面向众多垂直行业的 5G 应用需求，最大的挑战是如何在非信任伙伴间共享 5G 跨域资源，确保构建一个开放、透明、公平的 5G 网络架构体系。区块链以其特有的“去中心化”、高水平的数据隐私性、安全性、透明性和不易篡改性成为一个显而易见的选择。因此，区块链融合到 5G 网络架构体系后将产生一个自我维护、自我服务和自我管理的网络，它可以在不需要中央代理的情况下，基于智能合约执行资源自动化协同分配和网络编排过程，为多个利益相关者之间共享资源提供无缝服务。例如，5G 网络基础设施可以在运营商之间共享，频谱可以租赁。整个过程对所有利益相关者透明、安全、可靠和可追溯，区块链融入由多家运营商组成的 5G 网络架构，区块链与 5G 融合架构如图 16-9 所示。此外，在世界移动通信大会上，区块链已被确定为 6G 网络的关键推动者之一，区块链将在实现 5G 和 B5G 的全部潜力方面发挥重要作用，例如，自主资源管理、安全和防欺诈、无处不在的计算、可靠的内容分发和数据管理。

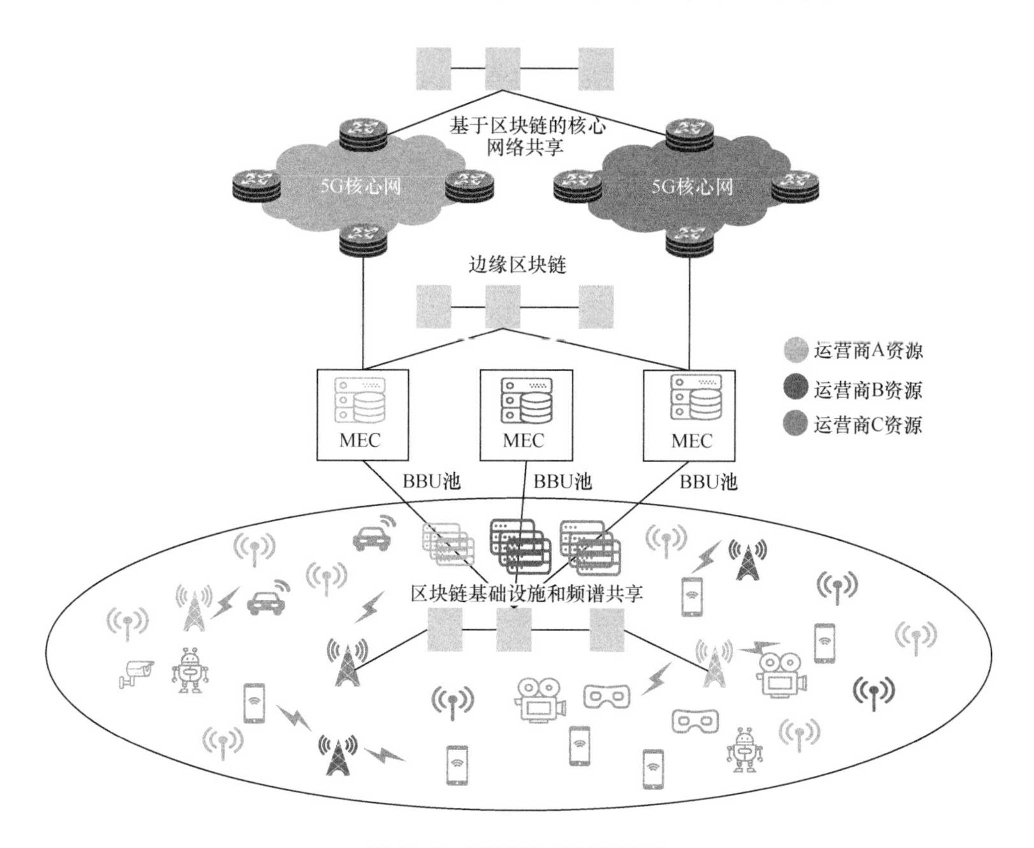

图 16-9 区块链与 5G 融合架构

16.3.3 区块链在 5G 中的应用

如果将区块链与 5G 网络融合在一起，会给整个 5G 生态系统的各个层面带来诸多好处。区块链在 5G 中的应用分类如图 16-10 所示，分类方法基于区块链在 5G 生态系统中的应用。

网络管理：网络管理的核心功能是告警故障管理和配置管理等，结合区块链的数据防篡改、可追溯的特性，在告警记录管理、操作维护日志管理等方面，有紧密结合的场景，通过相关数据上链能够实现对操作维护日志的可靠存储与可追溯，以及对关键告警记录的可信存储。区块链和网络管理的结合，可以进一步提升现有网络管理系统的安全性和操作维护可信度。

计算管理：计算管理指的是数据处理和存储资源的布局，以实现5G垂直领域的预期性能。在5G这样高度异构和动态的网络中，资源的动态安全分配和配置是一个挑战。利用区块链数据可靠、可信等特征，基于智能合约将执行自动化分配资源和网络编排过程，可以实现高效、智能、透明的5G网络计算资源管理。

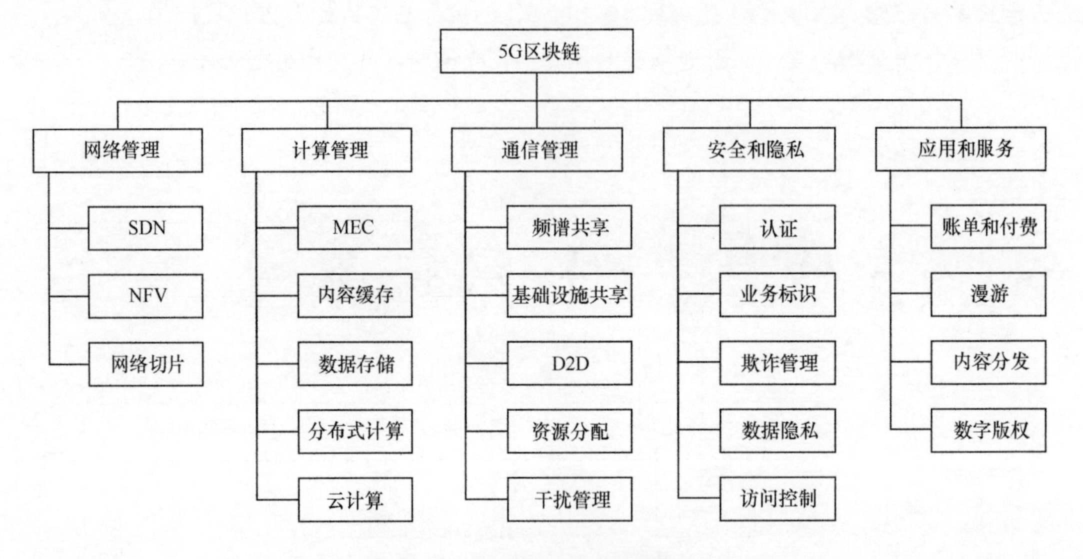

图16-10 区块链在5G中的应用分类

通信管理：区块链分布式记账的本质及上层智能合约具有使能智能结算、价值转移、资源共享的优势，很适合与网络资源共享相结合。例如，“授权频谱”之间的相互共享、频谱拥有者之间的相互信任、频谱价值转移、资源共享等。随着未来网络的密集化，基于区块链的动态频谱共享将成为未来网络的发展趋势。

安全和隐私：在一个由数十亿设备组成的分布式异构网络中，隐私和安全是最大的挑战。目前，所有与安全和隐私相关的事务都由一个集中的机构或可信的第三方处理，这将使系统易暴露在单点故障中。区块链的“去中心化”、透明和无信任的本质可以帮助解决5G网络中的安全和隐私问题。

应用和服务：区块链有望为运营商提供多种服务和应用，从而形成一种新的商业模式，推动整个生态系统的业务增长和创新。区块链可以以分布的方式建立信任和进行交易，使移动通信行业的多方可以在没有争论的情况下协同工作。区块链的集成将有利于降低成本，提供更好的服务，并构建自治和灵活的分布式系统。

区块链赋能5G跨域网络如图16-11所示，重点强调了区块链在5G跨域系统中的重要作用，关键在于区块链将降低涉及多个异构实体的协作和网络管理的复杂性。此外，它对于以安全、可靠和自动化的方式交付服务也至关重要。

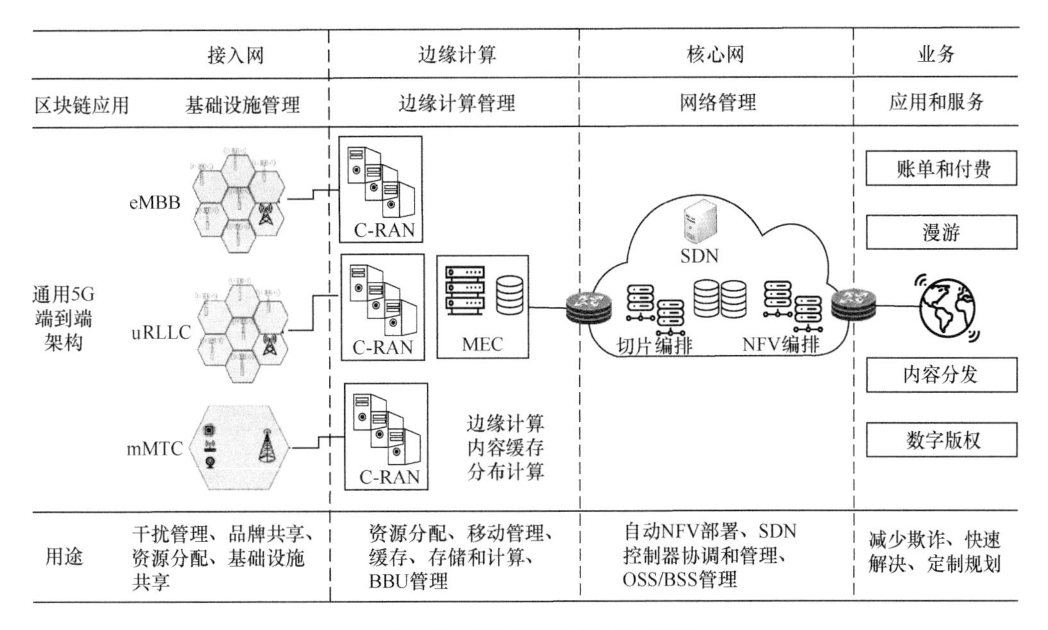

图 16-11 区块链赋能 5G 跨域网络

16.3.4 未来发展

目前，5G 与区块链技术融合尚处于发展初期，其商业模式尚在摸索阶段，大多数应用还处于研究或实验阶段，离规模化应用还有一段距离。

5G 技术可以加速区块链应用落地，区块链技术也会给 5G 发展带来新思路。区块链不易篡改、安全、可溯源、零知识证明等特点可以在 5G 基础设施建设、5G 应用发展及网络演进方面发挥重要作用。利用区块链技术构建“去中心化”网络基础设施，可促进运营商间的基站共享、频谱动态管理和共享，调动用户将身边的电子产品打造成可以进行传输的微基站，实现宏微基站的协作。在当前运营商网络建设资金的压力下，通过区块链“去中心化”、安全、智能合约等特点，可实现运营商间及运营商与用户间网络基础设施、资源的共享，帮助运营商广泛建立 5G 相关基础设施，推动 5G 的快速落地和发展。在物联网应用的多个领域，例如车联网、无人驾驶、工业控制、智慧城市等领域，5G 的万物互联可以实现实时并快速地传输硬件数据，区块链的不易篡改、安全、可溯源、零知识证明等技术能为设备与设备间大规模协作提供“去中心化”的解决思路。5G 与区块链技术相结合，将加速应用场景的落地。

随着 5G 网络的建设和技术的更新，下一代 6G 网络技术也将提上日程，助力 6G 引入具有内生安全的网络，为 6G 提供强有力的安全保障。区块链与 6G 的融合在网络架构、频谱共享、数据共享与资源交易方面都将带来新的技术突破。因此，区块链将会是保障 6G 网络发展最有潜力的技术。

16.4 5G 网络量子加密实践发展

16.4.1 背景

量子信息技术是未来基础科学研究探索和信息技术产业升级的重点发展方向之一，已成为全球各国科技政策布局热点。2021 年 3 月，我国“十四五”规划正式发布，明确提出在量子信息领域组建国家实验室，谋划布局未来产业，加强基础学科交叉创新等一系列规划部署。

密码技术作为 5G 网络安全技术的基石，在保障信息的机密性、真实性、完整性和不可抵赖性方面发挥着核心作用。而以量子计算为代表的计算能力飞跃发展，已经给基于大数分解、离散对数等数学难题的公钥密码体系带来了前所未有的挑战。与此同时，基于量子物理的量子密码技术和基于新型数学难题的抗量子计算公钥密码算法担负起了抵御量子计算挑战的重任，并在国际上催生了新的安全概念——量子安全。

目前，量子加密通信作为量子安全的主要应用，包括量子密钥分发（Quantum Key Distribution，QKD）、量子秘密共享（Quantum Secret Sharing，QSS）、量子安全直接通信（Quantum Secure Direct Communication，QSDC）、量子身份认证（Quantum Identity Authentication，QIA）和量子签名（Quantum Signature，QS）等。其中，发展最快和最好的是 QKD 技术，已经形成商业化产品并开展了大规模的网络化部署。量子加密技术在 5G 网络中可以占有一席之地，除了 5G 手机等典型应用场景，量子加密技术还可以应用于空口安全保护、接入认证、切片安全等方面。

16.4.2 标准及架构

国际标准组织 ITU-T、ISO/IEC JTC1、IETF、ETSI 等都在开展 QKD 的标准化工作。2019 年 10 月，ITU-T 正式发布了首个 QKD 网络国际标准 Y.3800 “Overview on networks supporting quantum key distribution”（支持量子密钥分发的网络综述）。该标准对 QKD 网络的概念、结构及基本功能进行了描述，并且明确指出“可信中继是目前唯一已知的被广泛应用于远距离 QKD 光纤网络的解决方案”。基于 Y.3800 标准建议书达成的国际共识，ITU-T 正在抓紧制定 QKD 相关的一系列国际标准，包括 QKD 网络功能要求、安全要求、密钥管理、商业模型、QoS 通用要求、QoS 保障要求等。

量子密钥分发网络（Quantum Key Distribution Network，QKDN）拓扑与用户网络的关系如图 16-12 所示，QKD 系统被扩展为 QKDN，该 QKDN 由两个或多个 QKD 节点通过 QKD 链路连接而成。QKDN 允许通过密钥中继功能在 QKD 节点之间共享密钥，当 QKD 节点之间不直接通过 QKD 链路连接时，密钥中继功能通过中间的 QKD 节点提供密钥。用户网络是一种网络，例如，5G 网络可以作为用户网络，其中，加密应用程序使用 QKDN 提供的密钥。

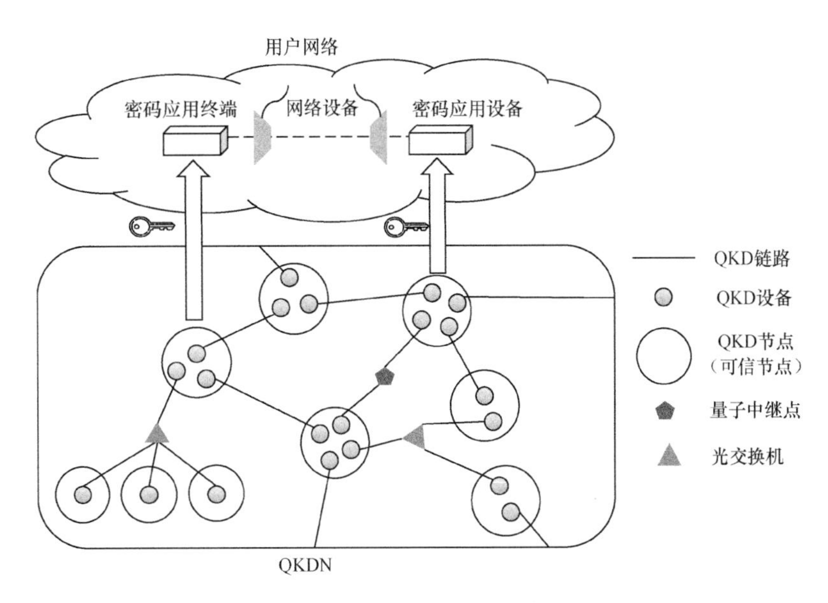

图 16-12　QKDN 拓扑与用户网络的关系

ITU-T Y.3800 概述了 QKDN。其目标是为 QKDN 的设计、部署、运营和维护的实现提供标准化技术支持，以及 QKDN 和用户网络的概念结构。QKDN 分层功能结构如图 16-13 所示，QKDN 的分层结构由量子层、密钥管理层、QKDN 控制层和服务层组成。

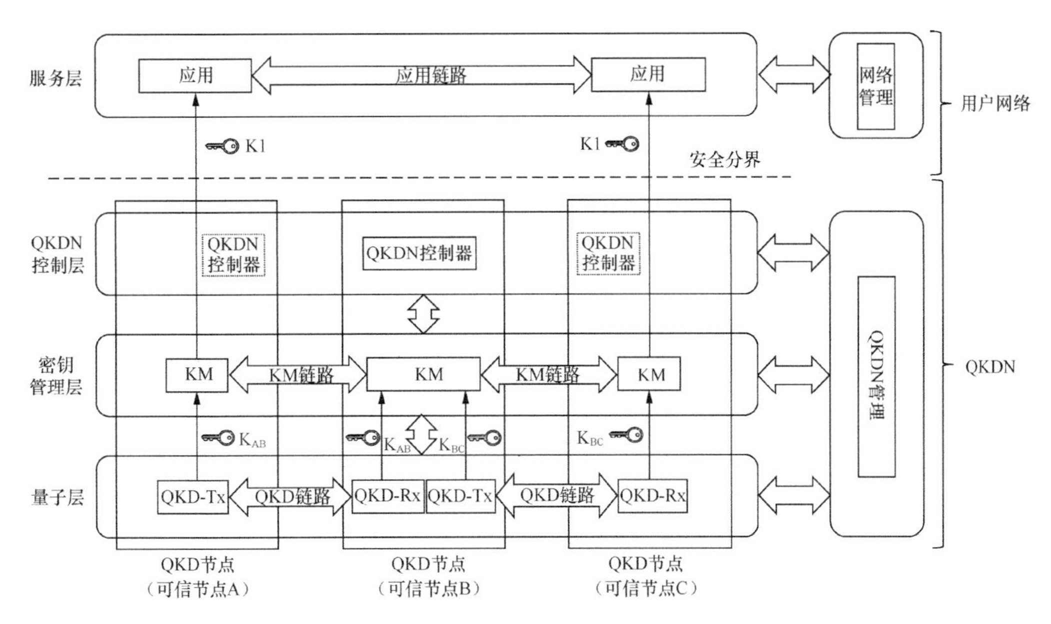

图 16-13　QKDN 分层功能结构

16.4.3　量子加密在 5G 中的应用

（1）5G 终端设备量子加密应用

该应用是通过 QKD 分发的密钥应用于 5G 移动终端，保障 5G 移动终端的数据通信安全性。

为克服 QKDN 目前无法直接接入 5G 移动终端的问题，可通过 QKD 生成的量子密钥，预置在移动终端侧用于保护其通信安全性，可在移动办公、移动作业、移动支付、物联网等场景进行应用。

5G 移动终端量子加密安全服务场景如图 16-14 所示，QKDN 产生的对称量子密钥对，分别缓存在量子安全服务密钥分发中心和靠近用户的量子密钥充注设备中。当移动终端用户首次注册或密钥耗尽时，可通过量子密钥更新设备充注一定量的密钥，预置在终端的安全存储介质中，例如安全数字（Secure Digital，SD）卡、SIM 卡、U 盾、安全芯片等，用于其后续通信过程中的鉴权和会话加密。

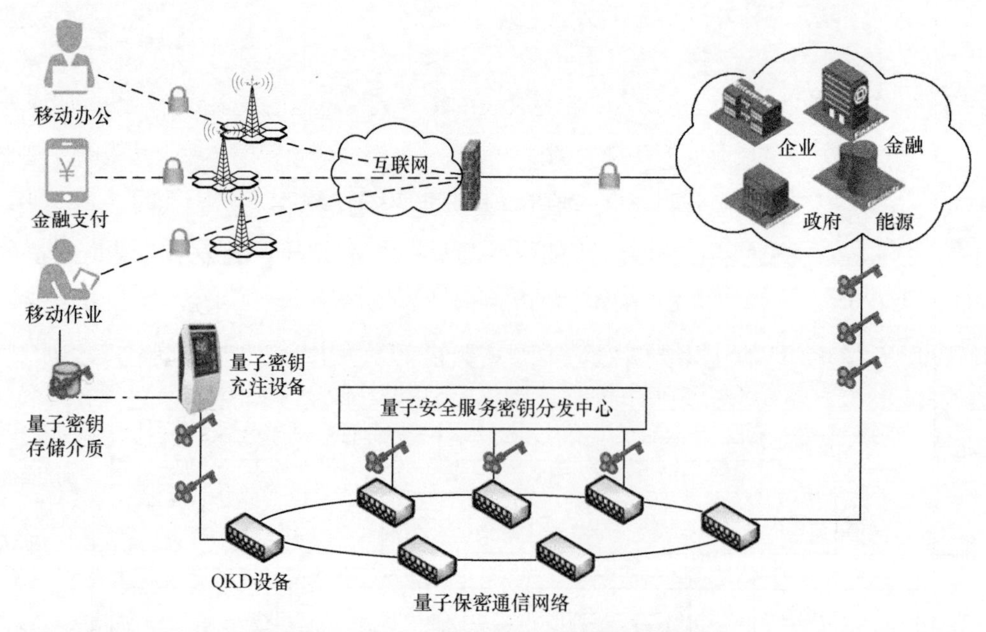

图 16-14　5G 移动终端量子加密安全服务场景

当 5G 移动终端与服务器通信时，可先利用 5G 移动终端预置的部分量子密钥，通过量子安全服务密钥分发中心完成认证鉴权。然后，利用量子安全服务密钥分发中心在移动终端和服务器之间进行会话密钥协商，产生一次性使用的会话密钥。最后根据用户安全需求，结合动态密码（One Time Password，OTP）或其他对称密钥加密算法对信息进行加解密，以实现高安全性的保密通信。

（2）5G 网络量子加密应用

大多数 5G 回程和骨干网链路都是通过光纤实现的，QKD 可以作为密钥分发层逻辑加入光网络中。QKD 解决了传输网络的安全量子威胁，而无线链路的安全依赖于对称加密和量子随机数生成器（Quantum Random Number Generation，QRNG）的结合。

5G 网络量子加密应用示例如图 16-15 所示，韩国 SK 电信将最新的量子加密技术融入 5G 网络，即利用 QKD 保护 5G 网络前传、中传、回传及骨干网的安全连接，以满足客户的安全需求，确保客户数据连接的高速、稳定和安全。

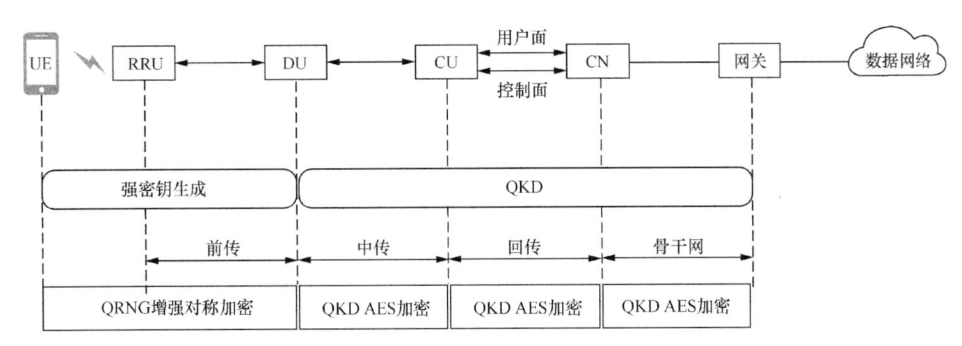

图 16-15　5G 网络量子加密应用示例

（3）域间 5G 服务编排器量子加密应用

QKD 技术结合 SDN 和 NFV 可以应用于分布式虚拟网络功能（VNF）的安全互联，实现量子安全的域间 5G 业务编排。

5G 域间服务编排器量子加密应用示例如图 16-16 所示，2019 年，英国量子通信中心联合布里斯托大学基于英国 5G 测试网开展了一系列 5G+QKD 融合技术试验，演示了一个基于量子安全的多域 5G 网络，该网络使用一个编排器，即 5GUK Exchange，实现了具有以下新特性的端到端服务组合：①网络服务按需组合，通过链接分布在不同数据中心 5G 网络域的 VNFs，可实现 5G 网络服务按需组合；② SDN 控制平面和业务编排器支持量子加密 NFV 链；③利用 QKD 技术，通过一种新颖的量子交换控件 q-ROADM[1] 可实现量子加密安全；④通过动态调整调制格式、功率等光学参数，可按需优化网络节点的服务质量（带宽和连通性）。

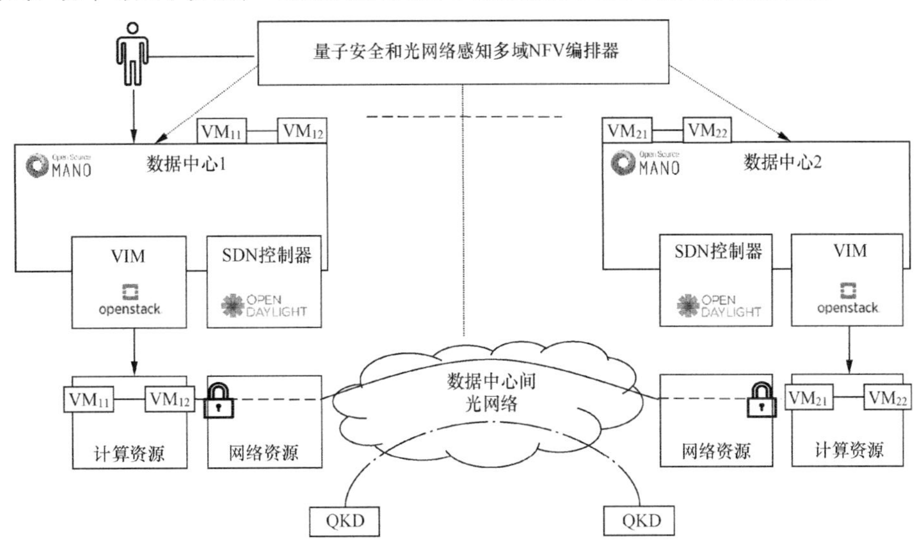

图 16-16　5G 域间服务编排器量子加密应用示例

（4）5G 认证协议量子安全增强应用

① 通用 AKA 认证协议的量子安全增强。

利用 QKDN 实现安全密钥分发的优势。用户设备（UE）和认证服务器 AAA 通过 QKDN

1　ROADM（Reconfigurable Optical Add-Drop Multiplexer，可重构光分插复用器）。

共享密钥。对称加密完全保证了数据的安全性。QRNG 可以生成足够安全的真随机数，供用户设备和认证服务器在 AKA 进程中使用。SK 电信 5G 认证中心的 QRNG 应用示例如图 16-17 所示。

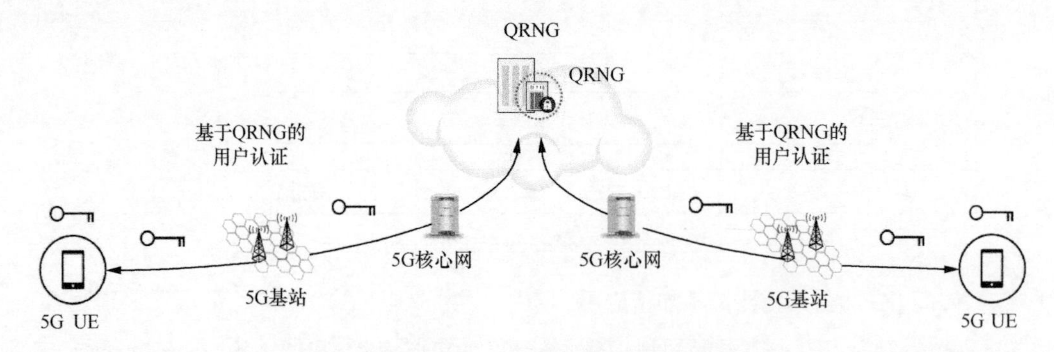

图 16-17　SK 电信 5G 认证中心的 QRNG 应用示例

② 基于量子安全的 5G 二次认证协议。

本应用示例使用了两种新设计的基于量子安全的方案：EAP_QSSE[1] 和 EAP_QSSEH[2]。认证双方采用量子随机数作为认证因子，QKDN 共享密钥，实现 UE 和 AAA 双向认证，也实现了 5G 网络轻量化、快速、对称加密的二次认证。

（5）5G“云、管、端”量子加密应用

量子信息安全能力可与 5G+ 物联网、5G+ 车联网等新兴 ICT 技术集成，形成泛在 5G 量子安全网络融合应用方案。5G 泛在网方案以量子密钥服务台为核心，将量子密钥服务扩展至量子专网未覆盖的移动终端，打造 5G“云、管、端”一体化信息安全方案，提供高机动性、高可用性的安全通信方案。量子密钥云平台部署于核心网，为应急指挥、无人机中转通信、车联网等关键场景保驾护航。5G“云、管、端”量子加密应用示例如图 16-18 所示。

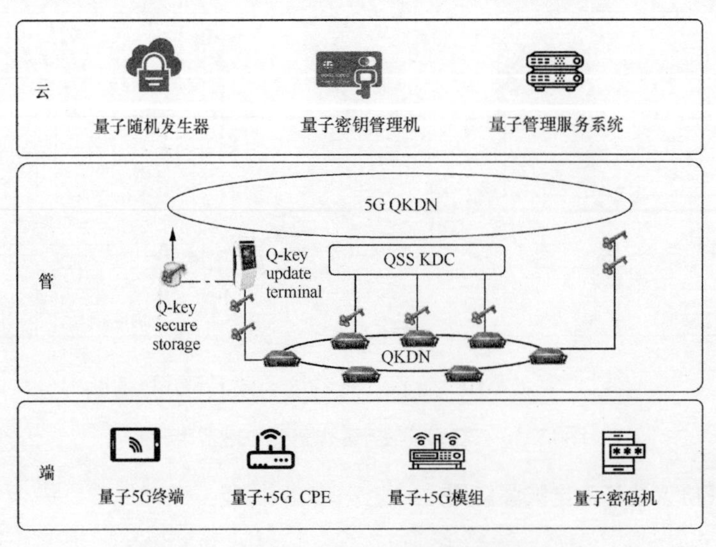

图 16-18　5G“云、管、端”量子加密应用示例

1　QSSE（Quantum-Secure Symmetric Encryption，量子安全对称加密）。

2　QSSEH（Quantum-Secure Symmetric Encryption and Hash，量子安全对称加密和哈希函数）。

16.4.4 未来发展

总体而言，量子信息技术发展非常迅速，并有潜力推动量子网络基础设施与当前的数字基础设施 5G 网络的融合，可能会对许多 5G+ 行业产生重大影响，尤其是政府、金融、能源、交通等领域的应用。

就目前量子服务商业化和实现最成熟的技术 QKD、QRNG 而言，未来，QKD 应用探索需进一步明确发展定位，找到区别于后量子密码学（Post-Quantum Cryptography，PQC）的差异化发展空间。基于 QRNG 的加密应用成为关注与探索的新方向，例如，基于 QRNG 产生高速率、高质量随机数源，可替代传统公钥密码体系的伪随机数生成器（Pseudorandom Number Generator，PRNG），用于数据库加密、用户身份认证、VPN 加密等多种类型加密任务，提升信息系统的整体安全防护水平，有望成为未来量子信息技术在信息安全领域应用的另一重要发展方向。

标准化工作也将有助于协调和加速量子信息技术的进步。其中一个关键方面涉及未来量子节点和设备与 5G 网络基础设施的集成，这需要定义标准的接口以及实现对管理、控制的标准抽象。

持续发掘 5G 量子通信的需求场景，推进应用落地。可根据实际情况，结合使用 QKD 与量子密钥分发云平台的方式，灵活选择不同安全等级、不同成本的多样化业务能力。

积极推动量子通信上下游的产业化发展，打造积极健康的产业生态环境。量子通信产业化发展需要科研开发支撑、应用场景开拓、标准规范引导和测评认证保障等多方协同推动。

16.5 5G 网络内生安全实践发展

16.5.1 背景

随着5G的快速发展，开放与融合已成为5G乃至未来网络的发展趋势，架构、能力、服务的开放，IT/OT/CT/ODICT 等异构网络的融合、场景的融合、业务的融合等在未来网络中将体现得更加频繁。

架构开放、引入新技术、云网融合、各行业场景的渗透，不可避免地将其原来面临的安全风险交织到一起，安全问题复杂且充满不确定性。尽管 5G 标准相较于 4G 已经做了诸多提升，但从市场需求尤其是各垂直行业诉求和实际建设验证来看，还需要进一步增强其固有的安全性。因此，传统 IT 领域的分散式、外挂式、补丁式安全防御模式已无法有效支撑安全需求，5G 网络安全亟须在理念层面进行变革和创新，在设计构建时就要提前做出充分考虑。

借鉴人体生物免疫的内生安全理念，在 2019 年被广泛重视，2020 年得到迅速发展。邬江兴院士指出：“如果要彻底摆脱困扰，必须从源头治理，将安全基因根植到网络信息系统之中，建立起具有内生效应的免疫机制”。邬贺铨院士指出：“新一代的信息基础设施需要构建内生安全体系”。2020 年年底，业界在理念层面已基本形成共识：内生安全理念是未来网络安全的主要方向，5G 内生安全旨在为 5G 网络同步构建网络免疫体系和能力，交付具备内生安全能力的 5G 网络，同时保障 5G 安全向下一代网络的平滑演进能力。

16.5.2 内生安全内涵

内生安全理念最早源于生物领域的生物免疫系统，后来被借鉴和延续到科技领域、IT 领域，在信息系统中构造类似人体的免疫机制是理想的主动防御措施，最早由弗瑞斯特（Forrest）等人提出并在计算机上建立了一个人工免疫系统，由此逐步发展形成计算机免疫学概念，然后又延伸到 CT 和多网融合领域。在延伸过程中，内生安全也出现了多种不同的理解：“依靠网络自身构造因素产生的安全功效”“通过增强计算机系统、网络设备内部的安全防范能力，使攻击根本不可能发生”等。

面向 5G 及未来空天地海一体化网络，基于通用性、广泛性、长期演进性，通用的内生安全可以定义为：内生安全是网络的一种综合能力，这个能力由一系列安全能力构成，这些安全能力共同协作，构成自感知、自适应、自生长的网络免疫体系。它必须在网络构建的时候同步构建，且能够在网络运行中不断自主成长，随网络的变化而变化，随系统业务的提升而提升，持续保障网络及业务和数据的安全。

根据内生安全的通用定义，内生安全应具备两个最基本的特点：先天构建和后天成长。先天构建指从标准制定阶段安全能力就要与网络功能系统深度一体化，后天成长指安全能力能够对网络环境尤其是攻击环境进行主动智能的感知、调整和适应等。

根据内生安全的通用定义，内生安全应具备两个核心特征：一体化和免疫。一体化指标准制定、顶层设计、建设、运维等阶段的各层面需要将网络安全与功能网络全面融合；免疫指的是对恶意攻击、主动情报信息等的反馈和响应进行智能和完整的闭环处理，同时保障网络数据全生命周期的不可泄露、不易篡改和不可否认性。

根据内生安全通用定义，面向 5G 及未来空天地海一体化网络，通用内生安全能力体系框架设计如图 16-19 所示，框架以基于统一的身份与信任体系为基础，由 3 道防线构成：边界安全、网元安全、全网安全。边界安全指终端接入网络时的边界安全机制及能力。网元安全主要指构成网络侧系统的各软硬件及网络功能体的自身安全机制及能力。全网安全指全网视角的安全机制及能力。3 道防线间通过智能协作，支撑自感知、自适应、自生长等功能，形成具备一体化、免疫两大核心能力的网络内生安全能力体系。

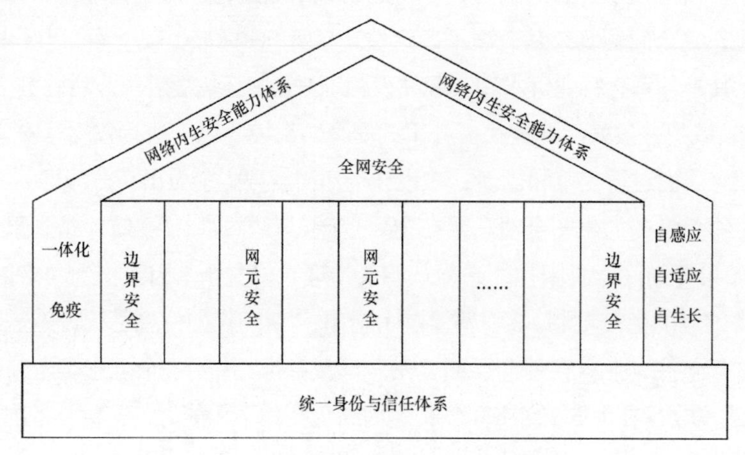

图 16-19 通用内生安全能力体系框架设计

内生安全基于内聚、协同、原生等属性，使安全具备原生创建、共生演进等特征。内聚是将安全与网络进行伴生设计；协同使安全机制与业务系统无缝贴合；原生可充分挖掘系统的安全特性。内生安全使安全与系统高度融合，随系统变化而自适应地调整，持续保障网络及业务和数据的安全。

16.5.3 5G 内生安全能力体系

依据网络内生安全能力体系、5G 标准及网络建设现状，5G 内生安全能力体系可分为 3 个基本组成部分：5G 边界安全、5G 网元安全、5G 全网安全。5G 内生安全能力体系的核心目标是实现 5G 安全能力的智能化协同和安全业务全流程闭环。

5G 边界安全是构成 5G 内生安全能力体系的第一道防线，涉及终端、网络侧。构建 5G 边界安全机制及能力，目的是将 5G 安全威胁第一时间在边界进行发现和拦截，最大化降低威胁的影响。

5G 网元安全是构成 5G 内生安全能力体系的第二道防线，主要涉及网络侧，包括 5G 基站、5GC、MEC、传输及网管 EMS/UME 等。网元安全有多种不同维度的分类方式：从形态分，包括软件安全、硬件安全；从功能逻辑分，包括 AMF、UPF、UDM 等 5G 功能网元安全，以及网管 EMS、UMS 等；从技术层面分，包括 5G 空口安全、5G 切片资源安全、5G MEC 安全、虚拟化 5GC 安全、5G 云化安全等。

5G 全网安全是构成 5G 内生安全能力体系的第三道防线，主要指通过以安全为视角的 5G 全网安全集中管控，聚合 5G 边界与各 5G 网元能力，并真正从 5G 全网全局角度形成全网协同的智能安全管控，主要能力包括 5G 资产安全管理、安全可视、安全检测、事件关联分析、5G 全网统一安全策略控制与下发、5G 安全的应急处置、5G 安全存证溯源等。5G 全网安全能力构建，是实现 5G 全网级体系化、智能化协同的核心。

面对未来网络演进，5G 内生安全架构体系如图 16-20 所示，应具备以下特征。

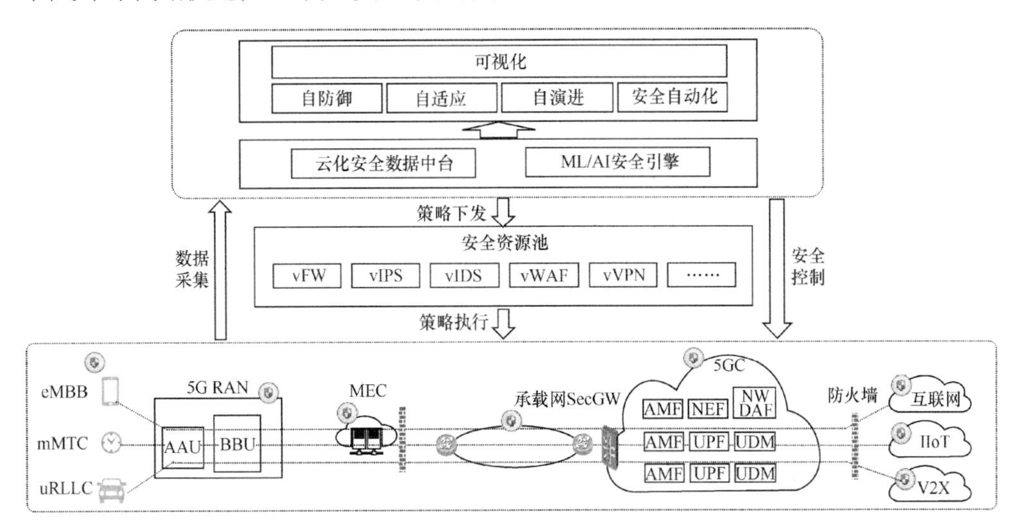

图 16-20 5G 内生安全架构体系

① 全面自动化：基于自动化安全引擎，为网络基础设施、软件等提供自动化部署、自动化检测、自动化修复等主动防御能力。

② 安全自防御：根据行业防护的安全需求，提升网络及网络服务功能的安全能力，并实现安全能力的弹性部署，降低安全风险，增强韧性。

③ 安全自适应：利用 AI、联邦学习技术实现网络预测与修复。

④ 安全自演进：通过“云、网、端、边”的智能协同，准确感知整个网络的安全态势，敏捷处置安全风险，形成基于自适应安全模型的，即细粒度、多维度、可持续的实时动态安全防御体系。

16.5.4 未来发展

考虑现有网络正处于多个异构网络的快速交织渗透和融合进程中，5G 及云网融合等也正在紧密的开展，因此，从当前现状出发，面向未来，5G 网络内生安全预计分为 3 个阶段来演进。

（1）基础体系建设阶段（2020—2025 年）

此阶段是 5G 网络内生安全的初级阶段，主要从业界网络现状出发，目标是初步构建一个完整的、没有严重漏洞的基础内生安全体系。

架构层面：该阶段主要以“云、网、端、边”协同为特征，初步构建一个端到端、分层、闭环的内生安全体系，重新梳理当前的安全能力。

免疫能力：基于软件定义、零信任等技术初步构建边界安全能力；基于软件定义安全、NFV、云等技术初步实现具备原子化安全能力的网元；基于密码、量子 QKD 等技术初步实现数据安全能力；基于态势感知、关联分析、APT 等技术初步构建和实现全网安全联动；构建基于 AI、威胁模型、关联分析模型等。

在初级阶段，网络安全将由发散式、不可控建设，转向收敛式、可规划建设。

（2）自适应发展阶段（2026—2030 年）

此阶段是 5G 网络内生安全的中级阶段，主要基于初级阶段构建的先天体系，着重进行后天自适应能力建设及发展，并反向促进先天体系的健全和成熟。

架构层面：该阶段主要以“云、网、端、边”及“云、网、边”一体化为特征，发展和催熟内生安全自适应能力。基于共识身份和统一标识，通过构建基于分布式技术实现信任体系和溯源体系，进一步推进深层的全网一体化；在初级阶段工作的基础上，边界、网元等安全能力向智能和协同方向深化。

免疫能力：进一步基于 AI 和网络空间灾害模型、密码、量子、抗量子等提升网络免疫能力。

在自适应阶段，内生安全需要部分人工干预，网络安全建设逐步具备一定的可控和收敛。

（3）完全自塑阶段（2030 年及以后）

此阶段是 5G 网络内生安全的高级阶段。此时，网络内生安全应该已具备基本健全的先天体系和全网一体化的后天免疫能力。在此阶段，网络内生安全将反向促进网络架构的演进与变革。

架构层面：该阶段主要以端—网—管模式为特征，正式构成以共识体系为基石的第五空间一体化系统。

免疫能力：网络的免疫能力也将能够量化，安全将能够弹性自治，以支持协议级变化和身份变化等网络安全技能来适应安全诉求。

该阶段基本不需要人为干预，这也意味着网络安全将完成彻底的、系统化的收敛。

16.6 小结

先进的安全理念和技术决定了 5G 网络和未来网络发展及演进方向。网络内生安全被称为变革性理念、新的网络安全范式，同时强调安全与功能的先天一体化融合设计和后天自感知、自生长等能力建设，形成类生物免疫的全网级安全智能、协同、闭环的 5G 内生安全能力体系。从技术发展趋势看，零信任技术较契合内生安全的“严格”原则及 5G 内生安全泛在接入的特点。基于 AI 来构造系列化的 5G 关键网元安全能力知识库及算法，是实现 5G 内生安全自感知、自适应、自生长能力的关键途径。区块链具有“去中心化”、不易篡改、全程留痕、可以追溯、集体维护、公开透明等特点，这些特点给 5G 内生安全中的统一身份与标识体系诉求提供了技术思路。基于 QKD 进行 5G 密钥传输，其主要目的是保障 5G 密钥安全，以提升 5G 内生安全对数据安全保护的能力。

16.7 参考文献

[1] 欧阳晔，王立磊，杨爱东，等 . 通信人工智能的下一个十年 [J]. 电信科学，2021, 37(3):1-36.

[2] 中国联通研究院 . 云时代量子通信技术白皮书 [R].2021.

[3] 中兴通讯股份有限公司，等 . 2030+ 网络内生安全愿景白皮书 [R].2021.

[4] 江伟玉，刘冰洋，王闯 . 内生安全网络架构 [J]. 电信科学，2019, 35(9):20-28.

[5] 韩永刚 . 基于内生安全的新一代网络安全体系构建思路 [J]. 网信军民融合，2021(7):51-54.

[6] 杨春建 . 构建 5G 可信网络内生安全体系 [J]. 中兴通讯技术简讯，2021(11).

附录 缩略语

缩略语	英文全称	中文全称
(D)DoS	(Distributed) Denial of Service	（分布式）拒绝服务
toB	to Business	面向企业
3GPP	3rd Generation Partnership Project	第三代合作伙伴计划
4A	Authentication, Authorization, Accounting and Auditing	认证、授权、计费、审计
5GC	5G Core Network	5G 核心网
5GMC	5G Message Center	5G 消息中心
5QI	5G QoS Identifier	5G 服务质量特性
AAA	Authentication Authorization and Auditing	身份认证、授权和记账协议
ACL	Access Control List	访问控制列表
AEF	API Exposing Function	API 开放功能
AF	Application Function	应用功能
AGV	Automated Guided Vehicle	自动导引车
AI	Artificial Intelligence	人工智能
AKA	Authentication and Key Agreement	认证与密钥协商协议
AKMA	Authentication and Key Management for Application	应用层鉴权和密钥管理
AMF	Access and Mobility Management Function	接入和移动性管理功能
ANN	Artificial Neural Network	人工神经网络
APF	API Publishing Function	API 发布功能
API	Application Programming Interface	应用程序接口
APT	Advanced Persistent Threat	高级持续性威胁
AS	Access Stratum	接入层
ATT&CK	Adversarial Tactics, Techniques and Common Knowledge	对抗性战术、技术和常识
AUSF	Authentication Server Function	鉴权服务功能
AV	Anti Virus	抗病毒
B5G	Beyond 5G	超五代移动通信技术
BBU	Building Base band Unit	室内基带处理单元
BIOS	Basic Input/Output System	基本输入 / 输出系统
BSF	Bootstrapping Server Function	引导服务功能
BSS	Business Support System	业务支撑系统
C&C	Command and Control	命令与控制
CAG/NID	Closed Access Group/Network Identifier	闭合接入组 / 网络标识符
CAPIF	Common API Framework for 3GPP Northbound APIs	3GPP 通用 API 框架

续表

缩略语	英文全称	中文全称
CDM	Continuous Diagnostics and Mitigation	持续诊断和缓解
CDN	Content Distribution Network	内容分发网络
CEP	Complex Event Processing	复杂事件处理
CERT	Computer Emergency Response Team	计算机应急响应小组
CG	Charging Gateway	计费网关
CGI	Cell Global Identity	小区全局标识
CIA	Confidentiality, Integrity and Availability	保密性、完整性、可靠性
C-IWF	Customized-InterWorking Function	定制化信令互通网关
CMDB	Configuration Management Database	配置管理数据库
COTS	Commercial Off-The-Shelf	商用现成品或技术
CP	Control Plane	控制面
CPE	Customer Premise Equipment	用户驻地设备
CPF	Control Plane Function	控制面功能
CPU	Central Processing Unit	中央处理器
CSF	Cybersecurity Framework	网络安全框架
CSP	Content Service Provider	内容服务提供商
CT	Communication Technology	通信技术
CVSS	Common Vulnerability Scoring System	通用漏洞评分系统
CWE	Common Weakness Enumeration	通用缺陷列表
DAF	Data Analysis Function	数据分析功能
DBSCAN	Density-Based Spatial Clustering of Applications with Noise	具有噪声的基于密度的聚类方法
DC	Data Center	数据中心
DDoS	Distributed Denial of Service	分布式拒绝服务
DevOps	Development、Operations	过程、方法与系统
DFD	Data Flow Diagram	数据流程图
DHCP	Dynamic Host Configuration Protocol	动态主机配置协议
DMZ	Demilitarized Zone	非军事区
DNN	Deep Neural Networks	深度神经网络
DoS	Denial Of Service	拒绝服务
DPI	Deep Packet Inspection	深度包检测
DRB	Data Radio Bearer	数据无线承载
DSP	Digital Signal Processor	数字信号处理器
DTU	Data Transfer Unit	数据传输单元
EAP	Extensible Authentication Protocol	可扩展认证协议
EAP-AKA	Extensible Authentication Protocol-Authentication and Key Agreement	可扩展认证协议 - 认证与密钥协商
EDR	Endpoint Detection and Response	终端检测和响应
eMBB	enhanced Mobile Broadband	增强型移动宽带

续表

缩略语	英文全称	中文全称
EMS	Element Management System	网元管理系统
ENISA	European Network and Information Security Agency	欧洲网络与信息安全局
EPS-AKA	Evolved Packet System-Authentication and Key Agreement	演进分组系统 - 认证与密钥协商协议
eSIM	embedded-SIM	嵌入式 SIM
ESP	Encapsulating Security Payload	封装安全负载
ETSI	European Telecommunications Standards Institute	欧洲电信标准化协会
FlexE	Flexible Ethernet	灵活以太网
FQDN	Fully Qualified Domain Name	完全合格域名
FTP	File Transfer Protocol	文件传输协议
FW	Firewall	防火墙
GAN	Generative Adversarial Network	生成对抗网络
GBA	Generic Bootstrapping Architecture	通用引导架构
GDP	Gross Domestic Product	国内生产总值
gNB	the next Generation Node B	下一代基站
GNN	Graph Neural Networks	图神经网络
GPU	Graphics Processing Unit	图形处理单元
GSMA	Global System for Mobile Communications Alliance	全球移动通信系统联盟
GTP-U	GPRS Tunneling Protocol-User Plane	GPRS 隧道协议 - 用户面
GTPv2	GPRS Tunneling Protocol version 2	GPRS 隧道协议第二版
GUTI	Globally Unique Temporary Identity	全球唯一临时标识
HDFS	Hadoop Distributed File System	Hadoop 分布式文件系统
HMAC	Hash-based Message Authentication Code	哈希运算消息认证码
HSS	Home Subscriber Server	归属用户服务器
HTTP	Hyper Text Transfer Protocol	超文本传输协议
HTTP 2.0	Hyper Text Transfer Protocol 2.0	超文本传输协议 2.0
HTTPS	Hypertext Transfer Protocol Secure	超文本传输安全协议
ICT	Information and Communication Technology	信息与通信技术
ID	Identity	标识
IDS	Intrusion Detection System	入侵检测系统
IEC	International Electrotechnical Commission	国际电工委员会
IETF	Internet Engineering Task Force	国际互联网工程任务组
IGP	Intelligent agent and Portal	智能代理门户
IMAP	Internet Message Access Protocol	互联网消息访问协议
IMEI	International Mobile Equipment Identity	国际移动设备标识
IMS	IP Multimedia Subsystem	IP 多媒体子系统
IMS AKA	IMS Authentication and Key Agreement	IMS 认证和密钥协商
IMSI	International Mobile Subscriber Identity	国际移动用户标志
INSSA	Intelligent Network Security State Analysis	智能网络安全状态分析
I/O	Input/Output	输入 / 输出

续表

缩略语	英文全称	中文全称
IOC	Indicators of Compromise	失陷指标
IoT	Internet of Things	物联网
IP	Internet Protocol	互联网协议
IPDRR	Identify, Protect, Detect, Respond and Recover	识别、保护、检测、响应、恢复
IPE	Intelligent Policy Engine	智能策略引擎
IPS	Intrusion Prevention System	入侵防御系统
IPSec	Internet Protocol Security	互联网络层安全协议
IPv6	Internet Protocol version 6	第 6 版互联网协议
ISO	International Organization for Standardization	国际标准化组织
ISRA	Information Security Risk Assessment	信息安全风险评估
IT	Information Technology	信息技术
ITS	Issue Tracking System	问题追踪系统
ITU	International Telecommunication Union	国际电信联盟
ITU-T	ITU Telecommunication Standardization Sector	国际电信联盟电信标准化部门
IVI	In-Vehicle Infotainment	车载信息娱乐
JDBC/ODBC	Java Database Connectivity/Open Database Connectivity	Java 数据库连接 / 开放数据库连接
JSON	JavaScript Object Notation	JS 对象标记
KAF	Key of Application Function	应用功能密钥
KNN	K-Nearest Neighbor	K- 近邻
L2TP	Layer Two Tunneling Protocol	第二层隧道协议
LADN	Local Area Data Network	本地局域数据网
LMF	Location Management Function	定位管理功能
LR	Logistics Regression	逻辑回归
LTE	Long-Term Evolution	长期演进（即 4G）
MaaP	Massage as a Platform	消息即平台
MAC	Media Access Control	媒体访问控制
MACsec	Media Access Control security	MAC 安全
MANO	Management and Orchestration	管理和编排
MCAP	Micro-Core and Perimeter	微型核心和边界
MDAF	Management Data Analytics Function	管理数据分析功能
MDS	Multiple Dimensional Scaling	多维尺度变换
MEC	Multi-access Edge Computing	多接入边缘计算
MEP	MEC Platform	MEC 平台
ML	Machine Learning	机器学习
MME	Mobility Management Entity	移动管理实体
MML	Man-Machine Language	人机语言
mMTC	massive Machine-Type Communication	大连接物联网
MPLS VPN	Multiprotocol Label Switching-Virtual Private Networks	多协议标签交换虚拟专用网络
MQ	Message Queue	消息队列

续表

缩略语	英文全称	中文全称
MTTD	Mean Time To Detect	平均检测时间
MTTR	Mean Time To Respond	平均响应时间
N3IWF	Non-3GPP Inter-Working Function	非 3GPP 互操作功能
NAS	Non-Access Stratum	非接入层
NEA	Encryption Algorithm for 5G	5G 加解密算法
NEF	Network Exposure Function	网络开放功能
NESAS	Network Equipment Security Assurance Scheme	网络设备安全保障方案
NF	Network Function	网络功能
NFV	Network Functions Virtualization	网络功能虚拟化
NFVI	NFV Infrastructure	NFV 基础设施
NFVO	Network Function Virtualization Orchestrator	网络功能虚拟化编排器
NGAP	NG Application Protocol	NG 接口应用协议
NIA	Integrity Algorithm for 5G	5G 完整性保护算法
NIST	American National Institute of Standards and Technology	美国国家标准与技术研究所
NMS	Network Management System	网络管理系统
NRF	Network Repository Function	网络仓库功能
NSA	Non Standalone	非独立组网
NSD	Network Service Descriptor	网络服务模板
NSMF	Network Slice Management Function	网络切片管理功能
NSSF	Network Slice Selection Function	网络切片选择功能
NTA	Network Traffic Analysis	网络流量分析
NWDAF	Network Data Analytics Function	网络数据分析功能
O&M	Operation and Maintenance	运行和维护
OAM	Operation Administration and Maintenance	运行、维护和管理
OBD	On-Board Diagnostics	车载诊断
ODICT	Operation/Data/Information/Communication Technology	运营 / 数据 / 信息 / 通信技术
OODA	Observe-Orient-Decide-Act	观察、定位、决策和行动
O-RAN	Open Radio Access Network	开放无线接入网
OS	Operation System	操作系统
OSS	Operation Support System	运营支撑系统
OT	Operational Technology	运营技术
OTP	One Time Password	动态密码（亦称一次性密码）
OWASP	Open Web Application Security Project	开放式 Web 应用程序安全项目
P2DR	Policy, Protect, Detection and Reaction	策略、保护、检测、响应
P2P	Peer-to-Peer	点对点
PA	Policy Administrator	策略管理员
PCA	Principal Component Analysis	主成分分析算法
PCF	Policy Control Function	策略控制功能
PDCP	Packet Data Convergence Protocol	分组数据汇聚协议

续表

缩略语	英文全称	中文全称
PDP	Packet Data Protocol	分组数据协议
PDRR	Protect, Detect, Respond and Recover	保护、检测、响应、恢复
PDU	Protocol Data Unit	协议数据单元
PEP	Policy Enforcement Point	策略执行点
PFCP	Packet Forwarding Control Protocol	报文转发控制协议
PFD	Packet Flow Description	包流描述
PGW	PDN Gateway	分组数据网络网关
PKI	Public Key Infrastructure	公钥基础设施
PLMN	Public Land Mobile Network	公众陆地移动网
PLS	Partial Least Squares	偏最小二乘
PoC	Proof of Concept	概念验证
POP3	Post Office Protocol 3	邮局协议版本 3
PP	Pre-Processor	预处理器
PQC	Post-Quantum Cryptography	后量子密码学
PRB	Physical Resource Block	物理资源块
PRNG	Pseudorandom Number Generator	伪随机数生成器
QIA	Quantum Identity Authentication	量子身份认证
QKD	Quantum Key Distribution	量子密钥分发
QKDN	Quantum Key Distribution Network	量子密钥分发网络
QoS	Quality of Service	服务质量
QRNG	Quantum Random Number Generation	量子随机数生成器
QS	Quantum Signature	量子签名
QSDC	Quantum Secure Direct Communication	量子安全直接通信
QSS	Quantum Secret Sharing	量子秘密共享
QSSE	Quantum-Secure Symmetric Encryption	量子安全对称加密
QSSEH	Quantum-Secure Symmetric Encryption and Hash	量子安全对称加密和哈希函数
RAN	Radio Access Network	无线接入网络
RCS	Rich Communication Services	富通信服务
RLC	Radio Link Control	无线链路控制
ROADM	Reconfigurable Optical Add-Drop Multiplexer	可重构光分插复用器
RRC	Radio Resource Control	无线电资源控制
SA	Standalone	独立组网
SaaS	Software as a Service	软件即服务
SBA	Service Based Architecture	服务化架构
SBI	Service Based Interface	基于服务的接口
SCAS	SeCurity Assurance Specification	安全保障规范
SCP	Service Communication Proxy	服务通信代理
SD	Secure Digital	安全数字（卡）
SDK	Software Development Kit	软件开发套件

续表

缩略语	英文全称	中文全称
SDM	Software Defined Monitoring	软件定义监测
SDN	Software Defined Network	软件定义网络
SDS	Software Defined Security	软件定义安全
SDSec	Software Defined Security	软件定义安全
SE	Secure Engine	安全引擎
Seccomp	Security Computing Mode	安全计算模式
SEPP	Security Edge Protection Proxy	安全边缘保护代理
SIDF	Subscription Identifier De-concealing Function	订阅标识符去隐藏功能
SIEM	Security Information and Event Management	安全信息和事件管理
SIM	Subscriber Identity Module	用户身份模块
SIP	Session Initiation Protocol	会话起始协议
SMF	Session Management Function	会话管理功能
SMS	Short Message Service	短消息业务
SMSF	Short Message Service Function	短消息业务功能
SMTP	Simple Mail Transfer Protocol	简单邮件传输协议
SNMP	Simple Network Management Protocol	简单网络管理协议
S-NSSAI	Single Network Slice Selection Assistance Information	单网络切片选择辅助信息
SOA	Security Orchestration and Automation	安全编排和自动化
SOAR	Security Orchestration, Automation and Response	安全编排、自动化和响应
SOC	Security Operation Center	安全运营中心
SOP	Standard Operating Procedure	标准操作规程
SPN	Slicing Packet Network	切片分组网
SQL	Structured Query Language	结构化查询语言
SRC	SouRCe	源
SS7	Signaling System No. 7	七号信令系统
SSC	Session and Service Continuity	会话及服务连续性
SSH	Secure Shell	安全外壳
SSL	Secure Socket Layer	安全套接层
STIG	Security Technical Implementation Guides	安全技术实施指南
STRIDE	Spoofing, Tampering, Repudiation, Information Disclosure, Denial of Service and Elevation of Privilege	欺骗、篡改、抵赖、信息泄露、拒绝服务、权限提升
SUCI	Subscription Concealed Identifier	用户隐藏标识
SUPI	Subscription Permanent Identifier	用户永久标识
SVM	Support Vector Machine	支持向量机
TA	Timing Advance	定时提前
TAI	Tracking Area Identity	跟踪区标识
TCP	Transmission Control Protocol	传输控制协议
TEE	Trusted Execution Environment	可信执行环境
TEID	Tunnel Endpoint Identifier	隧道端点标识

续表

缩略语	英文全称	中文全称
TIP	Threat Intelligence Platform	威胁情报平台
TLS	Transport Layer Security	传输层安全协议
TLS-PSK	Transport Layer Security Pre-Shared Key	传输层安全预共享密钥
TN	Transport Network	传输网络
toC	to Customer	面向消费者
TOR/EOR	Top of Rack/End of Row	机架顶部 / 排尾
TTP	Tactic, Technique and Procedure	战术、技术和程序
UDM	Unified Data Management	统一数据管理
UDR	Unified Data Repository	统一数据存储库
UDSF	Unstructured Data Storage Function	非结构数据存储功能
UE	User Equipment	用户设备
UEBA	User and Event Behavioral Analytics	用户和事件行为分析
ULCL	Uplink Classifier	上行分类器
UME	Unified Management Expert	(中兴)统一管理专家系统
UMS	Unified Management System	统一管理系统
UPF	User Plane Function	用户面功能
URL	Uniform Resource Locator	统一资源定位符
uRLLC	ultra-Reliable and Low-Latency Communication	低时延高可靠通信
USIM	Universal Subscriber Identity Module	全球用户识别模块
vDPI	virtual Deep Packet Inspection	虚拟深度包检测
vFW	virtual Firewall	虚拟防火墙
vIDS	virtual Intrusion Detect System	虚拟入侵检测系统
VIM	Virtualized Infrastructure Manager	虚拟基础设施管理器
vIPS	virtual Intrusion Prevention System	虚拟入侵防御系统
VLAN	Virtual Local Area Network	虚拟局域网
VM	Virtual Machine	虚拟机
VNF	Virtual Network Function	虚拟网络功能
VNFM	Virtual Network Functions Manager	虚拟网络功能管理器
VNFs	Virtual Network Functions	虚拟网络功能
VoNR	Voice over New Radio	新空口承载语音
VPLMN	Visited Public Land Mobile Network	拜访公共陆地移动网络
VPN	Virtual Private Network	虚拟专用网络
VR/AR	Virtual Reality/Augmented Reality	虚拟现实 / 增强现实
vWAF	virtual Web Application Firewall	虚拟 Web 应用防火墙
VxLAN	Virtual extensible LAN	虚拟可扩展局域网
WAF	Web Application Firewall	Web 应用防火墙
W-AGF	Wireline Access Gateway Function	有线接入网关功能
Wi-Fi	Wireless Fidelity	无线保真
WLAN	Wireless Local Area Network	无线局域网
XSS	Cross Site Scripting	跨站脚本攻击